大学物理实验教程

（第3版）

马 颖 编著

清华大学出版社

北京

内容简介

本书内容符合教育部高等学校物理学与天文学教学指导委员会编制的《高等学校物理学本科指导性专业规范》(2010年版),遵循"加强基础、重视应用、开拓思维、培养能力、提高素质"的指导思想。使用本书可以根据不同的教学内容和课程体系选择实验项目,也可以由各个不同学科学生根据专业特点和兴趣爱好进行选择。

全书共分成6章,各类型的实验项目总和共计45个;按预备实验、基础实验和综合设计性实验、虚拟仿真实验等层次开设。书中每个实验都列有该实验简略的背景介绍、实验原理、计算公式推导、实验装置简介、实验方法提示、实验步骤简介、实验数据记录处理和简要不确定度评定、实验注意事项和实验思考题等,综合性实验还给出了拓展实验部分;本书介绍了测量不确定度的基础知识和物理实验及科学实验的基本方法;虚拟仿真实验给出了对应的网络平台;书末附有大学物理实验中常用的物理数据表。

本书可作为高等院校理工科各专业大学物理实验的教材或参考书,也可供相关的教师、各文科类专业、函大、电大、职大等本专科学生使用。

图书在版编目(CIP)数据

大学物理实验教程/马颖编著.—3版.—北京:清华大学出版社,2022.8(2024.2重印)
ISBN 978-7-302-61381-7

Ⅰ.①大…　Ⅱ.①马…　Ⅲ.①物理学－实验－高等学校－教材　Ⅳ.①O4-33

中国版本图书馆CIP数据核字(2022)第124648号

责任编辑: 朱红莲
封面设计: 傅瑞学
责任校对: 王淑云
责任印制: 宋　林

出版发行: 清华大学出版社
　　　　网　　　址: https://www.tup.com.cn, https://www.wqxuetang.com
　　　　地　　　址: 北京清华大学学研大厦A座　　　邮　编: 100084
　　　　社 总 机: 010-83470000　　　邮　购: 010-62786544
　　　　投稿与读者服务: 010-62776969,c-service@tup.tsinghua.edu.cn
　　　　质量反馈: 010-62772015,zhiliang@tup.tsinghua.edu.cn
印 装 者: 三河市少明印务有限公司
经　　销: 全国新华书店
开　　本: 185mm×260mm　　**印　张:** 25.75　　　**字　　数:** 625千字
版　　次: 2008年1月第1版　　2022年10月第3版　　**印　次:** 2024年2月第3次印刷
定　　价: 73.00元

产品编号: 083174-02

本书第 2 版自 2013 年出版发行以来,在多年来的教学实践中取得良好的教学效果,受到广大师生的肯定。

第 3 版保持第 2 版的结构体系,按照《理工科类大学物理实验课程教学基本要求》(2010 年版)设置实验项目,以满足各层次理工类大学物理实验课程教学需求。近年来,随着计算机应用和网络技术的发展,虚拟仿真实验越来越多地渗透到实验教学中,成为实验教学的有益补充。为适应数字时代实验教学需求,编者对虚拟仿真实验在实验教学中的作用做了一些探索,在第 3 版教材的编写中有所体现。

《大学物理实验教程》(第 3 版)增加了"物理虚拟仿真实验简介"(第 6 章),旨在拓展实验内容,加强实验教学在提高学生的动手实践能力、创新思维能力和研究型学习能力的作用。书中用二维码的方式给出了一些与实验相关的拓展学习资源,读者可以扫描阅读。

本书由马颖编著,梁鸿东、徐丽琴、詹康生、彭智伟、贾兰伟、刘筱燕、王金参与了编写工作。在编写和出版过程中,谢洪鲸对本书提了许多宝贵建议,编者在此表示衷心感谢。

欢迎广大读者继续对本书存在的问题提出批评和建议,以便再版时予以补充和完善。

作　者

2022 年 9 月于广州大学

目录

CONTENTS

绪 ◇ 论

0.1 物理实验课程的地位、作用与任务

1. 物理实验课程的地位和作用

物理学是研究物质基本结构、物质基本运动形式、相互作用及其转化规律的科学,是自然科学的基础学科,其基本理论渗透到自然科学的各个领域,应用于生产技术的许多环节,是自然科学和工程技术的基础。可以毫不夸张地说,任何一门学科都可以在物理学中找到其脉络或踪迹。反之,物理学的发展衍生出了许多新兴的学科并促使其进一步地发展。

早在1993年3月,在美国亚特兰大召开的第23届国际纯粹物理和应用物理联合会(IUPAP)代表大会上所通过的决议就阐述了物理学对社会的重要性。物理学——研究物质、能量和它们的相互作用的科学——是一项国际事业,它对人类未来的进步起着关键作用。

从本质上说,物理学是一门实验科学。物理实验在物理规律的发现、物理理论的建立乃至整个物理学的建立、发展和应用过程中起着非常重要的作用。经典物理学规律是从实验事实中总结出来的。近代物理学是从实验事实与经典物理学的矛盾中发展起来的。物理学中的每一项突破和进展都与实验密切相关。很多工程学科是从物理学的分支中独立出去的,科学技术的进步离不开物理学理论和实验。作为未来的科技工作者和一般工程技术人员,必须掌握物理知识、实验技能和物理学的研究方法。

以诺贝尔物理学奖为例。据不完全统计,从第一次颁奖至今,80%以上的诺贝尔物理学奖颁给了实验物理学家,其余20%的诺贝尔物理学奖中有很多是由实验物理学家和理论物理学家共同分享的,由此可以看出实验对物理学的重要。另外,实验成果比较容易获得诺贝尔物理学奖,而理论成果则要经过至少两个实验的检验。还有,一些建立在共同实验基础上的成果可以连续多次获奖。事实证明,科学的理论来源于科学的实验,并接受实验的检验;而科学的实验也离不开科学理论的指导。

物理实验是大学生进入高等院校后首先接触到的实践性教学环节,是对大学生进行系统的科学实验方法和技能训练的重要必修课,是大学生从事科学实验的起步。物理实验课程的学习是后续专业课的基础,同时对大学生毕业后从事科学研究和工程技术实践也必将产生深远的影响。通过该课程,不仅要培养大学生的实验操作能力,更主要的是培养大学生

的创造性思维能力以及分析问题、解决问题的能力。物理实验的重要意义不仅仅在于它在学习物理中的重要作用,更主要的是它是大学生认识、学习和研究物理问题的一种非常有效的途径和方法。

通过对物理实验现象的观察、分析及对物理量的测量,可以深入学习物理实验知识和设计思想,更好地理解和掌握物理理论。

物理实验课程不同于一般的探索性的科学实验研究,每个实验题目都经过精心规划和设计使大学生们获得基本的实验知识,体会到精美的设计思想,在实验方法和实验技能等方面得到较为系统、严格的训练。同时,在培养良好的科学素质及科学的世界观方面,物理实验课程也起着潜移默化的作用。

2. 物理实验课程的基本任务

(1) 了解实验仪器设备构造,理解物理实验的基本原理,自主完成实验。

(2) 培养、训练和提高大学生从事科学实验的初步能力。包括:

① 能够自行阅读实验教材或查阅相关实验资料,做好实验前的准备,能概括出相关的实验原理;

② 能够借助教材或仪器说明书,熟悉并学会正确使用常用物理实验仪器;

③ 通过具体的实验过程,学习物理实验的基本方法,掌握一定的操作技能;

④ 能够运用物理学理论知识,对实验现象进行初步的分析和判断,体会实验的基本设计思想;

⑤ 能够处理实验过程中出现的简单问题,正常操作实验仪器设备,正确记录实验数据;

⑥ 能够正确处理实验数据、绘制相关曲线、分析误差原因、说明实验结果、撰写合格的实验报告;

⑦ 通过实验的具体操作,领会实验手段,掌握实验方法,学会常见问题的处理;

⑧ 能够根据实验目的和仪器设备设计出合理的实验,并自行完成简单的综合性、设计性实验。

(3) 通过对物理实验现象的观察、分析以及对物理量的实际测量,学习运用理论指导实验,了解分析解决实际问题的方法,掌握基本的物理实验知识,体会实验设计思想,加深对物理学原理的理解。

(4) 在理解掌握物理学基本原理的基础上,能根据实际需求设计初步的实验方案,能结合实际情况调整和修改实验方案,并自行完成具有一定理论意义或实际价值的实验。

0.2　物理实验课程的教学基本要求

依据《非物理类理工学科大学物理实验课程教学基本要求》(2010版)的主要精神,对物理实验课程提出如下教学基本要求。

(1) 掌握测量及测量误差的基本知识,具有正确处理实验数据的基本能力。

① 掌握测量、测量误差及不确定度的基本概念,逐步学会用不确定度对直接测量和间接测量的结果进行评估。

② 学习实验数据的常用处理方法,包括列表法、作图法和最小二乘法等,了解计算机通用软件处理实验数据的基本方法。

③ 了解实验方法、实验条件、实验环境等对测量结果的影响,能够自行进行分析和处理。

（2）掌握基本物理量的测量方法。

学会测量长度、质量、时间、热量、温度、湿度、压强、压力、电流、电压、电阻、磁感应强度、光强度、折射率、电子电荷、普朗克常量等常用物理量及物性参数,了解数字化测量技术和计算技术在物理实验教学中的应用。

（3）了解常用的物理实验方法,并逐步学会使用。

学会比较法、转换法、放大法、模拟法、补偿法、平衡法、干涉法和衍射法等常用物理实验方法,以及在近代科学研究和工程技术中广泛应用的其他方法。

（4）掌握实验室常用仪器的性能,并能够正确使用。

了解常用仪器的基本原理、结构性能,能正确使用长度测量仪器、计时仪器、测温仪器、变阻器、电表、通用示波器、低频信号发生器、分光仪、常用电源和光源等常用仪器。同时应在物理实验课中逐步引进激光技术、传感器技术等当代科学研究与工程技术中广泛应用的现代物理技术。

（5）掌握常用的实验操作技术。

注重实验基本技能的训练,掌握零位调整、水平/铅直调整、光路的共轴调整、消视差调整、逐次逼近调整,根据给定的电路图正确接线,掌握简单的实验故障检查与排除方法,以及近代科学研究与工程技术中广泛应用的仪器的调节和使用。

（6）适当介绍物理实验史料和物理实验在现代科学技术中的应用知识。

（7）培养理论联系实际和实事求是的科学态度,培养求真务实严肃认真的工作作风,树立克服困难坚韧不拔的信念,养成整洁有序的实验习惯,激发主动研究和创新的探索精神,发扬爱护公共财产、保持环境卫生和遵守纪律的优良品德,强调团结协作。

（8）培养科学实验基本能力,提高科学实验综合素养。

培养学生进行科学实验的基本能力,即如何从测量目的（研究对象）或课题要求出发,依据实验原理,采取最佳方法,正确选用仪器和确定测量程序去获得准确的实验结果。强调学习和运用物理实验原理、方法研究实际的未知现象,自行设计实验方案,完成具体测试,取得实验数据,得出相关结论,解决实际问题。

0.3　物理实验课程的教学基本程序

物理实验课程的教学模式多种多样,并不断地改革更新,但物理实验课程的教学基本程序大致是相同的。物理实验课程的作用和任务决定了物理实验课程的教学方式都将以学生的动手操作实践训练为主。学生应在教师和实验相关资料的指导下,充分发挥主观能动性,利用已有资源,了解实验室规章制度,熟悉实验仪器设备,加强实验能力的训练,提高实验的综合素质。物理实验通常按下列程序进行:

1. 实验前的预习

物理实验课前,学生应该认真阅读教材,仔细研究有关实验资料。明确每次实验的目的和任务,弄清实验原理和实验方法,了解实验仪器、实验条件、内容步骤及注意事项。根据实验任务设计好实验数据记录表格,查阅好实验中可能使用的参数资料,充分做好实验前的各项准备工作。

实验开始前,结合实验教材和实验仪器设备,由教师抽查学生的预习情况。对于准备不充分的学生,应该责成其进一步准备;对完全没有准备的学生,教师可以停止其当次实验。

2. 实验中的操作

学生应提前进入实验室,了解实验室规章制度,严格遵守实验室规则,注意安全。

学生应该按学号,在对应号的实验位就座。首先阅读实验资料,对照实物认识和熟悉实验器材。全面考虑当次实验的操作程序,做到胸有成竹,不可盲目搬动和调节实验仪器设备。

实验开始时,实验仪器设备要摆放合理,保证安全,方便操作。实验中要认真细致耐心地调节实验仪器设备,细心观察实验现象。要冷静对待实验中遇到的问题,并认真分析产生的原因和解决的办法,学会排除故障。必要时可相互讨论或询问教师。实验的重点应放在对实验仪器设备的了解、实验技术的掌握和综合能力的培养上,切记不要测完几个实验数据就敷衍了事。测量数据要力求全面、准确。要爱护仪器设备。

要认真做好实验条件和数据的记录,不可弄虚作假,不可拼凑和抄袭别人的数据。测量的原始数据要用钢笔或签字笔整齐地记录在原始数据表格中,不得用铅笔记录,也不可使用涂改液涂改。

实验结束后,要保持当时的测试条件和仪器状态,以备教师检查和有遗漏时补测。测量的原始数据需经教师检查签阅,发现错误要重新测量。仪器设备要整理还原,并经实验室教师检查签字后方可离开实验室。

3. 实验后的总结

实验后要进行认真的总结,并以实验报告的形式体现。

实验报告的书写质量反映出学生报告实验成果的能力。实验报告的撰写,要求简洁明了、工整规范、文字通顺、记载清楚、数据齐全、图表正确美观、结论明确、分析全面,数据处理包括计算、作图、误差分析。计算要有计算式,记入数据要有根据。

实验报告要用统一印刷的报告纸来书写。基础实验和综合设计性实验的报告纸版本虽不同,但都有完整的文本格式,包括下列基本内容:

(1) 实验项目名称。

(2) 学生个人信息。

(3) 实验时间和地点信息。

(4) 实验目的。即实验希望达到的目标。

(5) 实验原理。简要叙述有关原理,包括理论依据、主要公式及简要推导过程,也包括电路图、光路图或实验装置示意图等。

(6) 实验数据记录。实验测得的原始数据要用表格形式列出,正确表示其有效数字和单位。同时还要列出当次实验主要仪器设备的名称、型号、规格、精度等。

（7）实验数据处理。对实验测量的数据进行计算或作图，计算部分要写出主要的计算内容，作图要正确、整洁、美观。

（8）实验结果。作出完整的数据处理表格，绘制实验曲线，写出实验结果，并对实验结果进行误差或不确定度评定。

（9）分析讨论。包括实验现象分析，关键问题的研究体会，实验误差的主要来源，对实验仪器选择和实验方法改进的建议，实验异常现象的解释，实验故障的排除、回答实验思考题等。

实验报告是考核学生学习实验课程的主要依据，必须严肃对待，认真完成。

第 **1** 章

测量的不确定度及实验数据处理

但凡需要定量描述事物的特征和性质时,都离不开测量。

定性地观察物质的物理现象、变化过程和运动规律,以及定量地测量其物理量的大小,探寻各物理量之间内在的联系和规律,进而揭示宇宙的奥秘是物理实验本原的目标和任务。

任何实验都必须遵循一定的原理,按照一定的方法,使用一定的仪器,在一定的环境中进行。由于测量原理的局限性、测量方法的不完善、测量仪器的精度限制、测量环境的不理想、测量者实验技能的差异等若干因素的影响,一切测量都不可避免地有不确定性。

科学技术的不断发展促使人们的实验知识、实验手段、实验经验和实验技能不断提高。但是,所有实验都只能做到相对准确,作为实验测量的结果,必须对被测结果进行综合分析,给出被测量的量值和单位,还应该估计被测量量值的可靠程度,并对实验结果作出合理的解释。没有不确定程度评定的实验测量结果是没有意义的。

本章介绍测量及分类、测量结果的不确定度评定、有效数字等基本知识。

1.1 测量及其分类

1.1.1 测量的概念

为更广泛地研究和探索自然现象,更深入地认识事物本质、揭示自然现象的内在规律,需要进行大量的、各种类型的科学实验。进行科学实验,不仅可以运用归纳和演绎、分析与综合以及抽象与概括等方法加以研究,主要还要解决为研究对象"有没有"或者"是不是"等问题获取定性的信息,而且还希望获取能够运用现代数学方法,将所涉及的变量与研究目标之间的关系以数学公式的形式表达出来,进而探寻达到研究目标的最佳途径所需要的定量的信息。

无论是定性分析还是定量研究,都离不开量的测量。

测量是借助一定的实验仪器设备,通过一定的实验方法,直接或间接地将选作计量标准的同类物理量与待测量进行比较,以某一计量单位把待测对象定量地表示出来的全过程。简言之,确定被测对象量值的全部操作称为测量。

广义地说,测量过程由两个方面任务组成。一方面是采集和表达被测物理量,另一方面是与标准进行比较。同时,测量必须满足被测量有明确的定义和测量标准必须事先通过协议确定两个基本前提条件才能实施。

量是事物存在和发展的规模、程度、速度等可以用数量来表示的规定性,以及它的构成

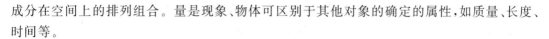

成分在空间上的排列组合。量是现象、物体可区别于其他对象的确定的属性,如质量、长度、时间等。

量值是被测量对象的大小或数值,量值一般由一个数乘以测量单位来表示,如 56kg、1.23m、12s 等。量值包含数值和单位两个部分。

1.1.2　测量的分类

测量的分类方式有多种。按获得测量结果的方式,可分为直接测量和间接测量;按测量条件的同异,可分为等精度测量和非等精度测量;按比较方式,可分为绝对测量和相对测量;按接触形式,可分为接触测量和非接触测量;按同时测量参数的数目,可分为综合测量和单项测量;按测量时被测件的运动情况,可分为静态测量和动态测量等。

本节主要介绍直接测量、间接测量、等精度测量和非等精度测量。

直接测量是指能够从已标定的量具或仪表上直接读取待测量数值的测量方法,或者是将待测未知量与同类标准量在仪器中进行比较,从而直接获得待测未知量数值的方法。

直接测量的优点是测量过程简单快速,它是一般测量中普遍采用的方式。例如,可直接使用天平称质量、米尺测长度、电表测电流等。

间接测量是由若干个直接测量结果通过函数关系计算出待测量量值的测量。例如测量均匀立方体的密度 ρ,可先由直接测量测出立方体的质量 m 和立方体的边长 l,由公式 $\rho = \dfrac{m}{l^3}$ 计算得到。m、l 是直接测量量,ρ 是间接测量值。例如在直流电路中测量电功率 P,可直接测出负载的电流 I 和电压 U,再根据功率 $P = IU$ 的函数关系,间接地计算求得负载消耗的电功率 P。

间接测量比直接测量复杂、费时,一般在直接测量很不方便、误差较大或缺乏直接测量的仪器等情况下才采用。尽管如此,间接测量在工程测量中仍被广泛使用。

等精度测量是在实验方法、实验仪器、实验环境和实验者等都相同的条件下,对同一物理量进行反复多次测量的过程。例如同一个实验者,使用同一套实验仪器,采用同样的方法,在同一实验环境中,对同一待测量连续进行多次测量,这样的各次测量被认为有相同的可靠程度,故称为等精度测量。

非等精度测量是在实验方法、实验仪器、实验环境和实验者不同的条件下(只要有一个测量条件变化)对同一物理量进行测量的过程,这样的各次测量的可靠程度一般不相同,故称为不等精度测量。

等精度测量的不确定度评定和数据处理相对较简单,本书将对其进行介绍。

1.2　测量误差

1.2.1　真值

每一个物理量都是一个客观存在。这个客观存在具有不依人的意志为转移的确定的量值。在一定条件下,被测量所具有的客观真实的数值称为该物理量的真值。被测量的真值是一个理想概念,它无法测出,却又客观存在。

进行测量的目的就是希望获得待测量的真值。然而,任何测量都要依据一定的理论或方法,使用一定的仪器或量具,在一定的条件和环境中,由具体的个人或群体来完成。由于实验理论存在着近似性,实验方法也难以至善至美,实验仪器的灵敏度和分辨能力不可避免地存在局限性,实验环境不稳定、观测者观察力的波动等因素的影响,待测量的真值是不可能测得的。测量结果和被测量真值之间一定会存在或多或少的偏差。

在实际测量中,为了减少或消除误差,通常需对同一个物理量进行多次等精度测量,测得一系列测量值 $x_1,x_2,\cdots,x_n$,则测量结果的算术平均值为

$$\bar{x} = \frac{x_1 + x_2 + \cdots + x_n}{n} = \frac{1}{n}\sum_{i=1}^{n} x_i \tag{1.2.1}$$

算术平均值不是真值,但它比任一次测量值的可靠性都要高。系统误差忽略不计时的算术平均值常称为最佳值或近真值。

1.2.2　误差

测量结果与被测量真值之间的偏差称为测量值的误差。测量总是存在误差的。误差不同于错误,错误是应该而且可以避免的,而误差是不可能绝对避免的。从实验的原理、实验所用的仪器及仪器的调整,到对物理量的每次测量,都不可避免地存在误差,误差存在于所有的科学实验和测量过程之中,而且贯穿实验和测量过程的始终。

误差的大小反映测量结果的准确程度。

至此,我们应该考虑一个问题:为什么要进行测量?答案是肯定的,因为要得到测量结果值 x。如果我们已经知道了待测物理量的真值 x_0,为什么还要去测量待测量结果值 x?我们的测量目的肯定不是为了要知道测量的误差!事实上,正是因为不知道待测物理量的真值才要去进行测量。那么,误差的定义又有什么意义呢?

使用每一种仪器,进行每一次测量,都会产生误差,没有误差的测量结果是不存在的。在误差必然存在的情况下,测量的任务应该是:

(1) 获取测量数据,求出在特定测量条件下,被测量最接近真值的值,称为最近真值(最佳值),并据此了解误差。

(2) 设法将测量结果的误差减至最小。

(3) 估计最近真值的可靠程度(被测量的测量结果接近真值的程度)。

为此,需要分析研究误差的性质和来源,以便采取适当的措施,以期获取最可信的测量结果。

1.2.3　误差的表示

测量误差可以用绝对误差,也可以用相对误差表示。

我们把测量值与真值的差称为绝对误差。设被测量的真值为 x_0,测量结果值为 x,则测量的绝对误差 Δx 为

$$\Delta x = x - x_0 \tag{1.2.2}$$

由于误差无法避免,真值不可能得到,绝对误差的概念只有理论上的意义。因此又定义

$$相对误差 = \frac{绝对误差}{真值} \times 100\%$$

即相对误差

$$E = \frac{\Delta x}{x_0} \times 100\% \tag{1.2.3}$$

绝对误差可以表示单一测量结果的可靠程度,而相对误差则可以比较不同测量结果的可靠性。相对误差有时更能反映测量的准确程度,相对误差越小,准确度越高。例如,测量两条线段长度的结果如表 1.2.1。

表 1.2.1　两条线段长度的测量结果

被测物	量具	测量读数/mm	绝对误差/mm	相对误差/%
线段 1	刻度尺 (最小刻度为 mm)	11.3	0.1	0.88
	游标卡尺 (准确度为 0.02mm)	11.28	0.02	0.18
线段 2	刻度尺 (最小刻度为 mm)	22.1	0.1	0.45
	游标卡尺 (准确度为 0.02mm)	22.14	0.02	0.09

比较这两条线段的测量结果,可以看到:

(1) 用相同的测量工具测量时,绝对误差没有变化;

(2) 用不同的测量工具测量时,绝对误差明显不同,准确度高的工具所得到的绝对误差小;

(3) 相对误差不仅与所用测量工具有关,而且也与被测量的大小有关;

(4) 当用同一种工具测量时,被测量的数值越大,测量结果的相对误差就越小。

1.2.4　误差的来源与分类

按误差的来源及性质可将其分为系统误差、随机误差和过失误差(粗大误差)。

1. 系统误差

在测量条件不变的情况下,对同一物理量进行多次测量过程中保持恒定或以某种确定的规律变化的测量误差称为系统误差。系统误差的特点是测量结果向某一个方向偏离,其数值按一定规律变化。如测量结果与真值之间产生固定偏离,不服从统计性规律,不能靠增加测量次数来减少误差。

我们应根据具体的实验条件,系统误差的特点,找出产生系统误差的主要原因,采取适当措施减小其影响。产生系统误差的原因一般可分为如下几种。

(1) 仪器设备原因。是指由于结构设计不够完善或没有很好校准等一些量具、仪器自身固有缺陷或仪器设备没有按照规定条件使用或调整不到位达不到应有的准确程度而产生的误差。例如,各种刻度尺的热胀冷缩,温度计、表盘的刻度不准确,仪器零点未校准、偏心、灵敏度低,天平砝码缺损,等臂天平的臂长不等,测量显微镜精密螺杆存在回程差,计时工具总是偏快或偏慢等仪器原因造成测量结果相对于真值出现固定偏离。这种误差需要通过修理仪器,提高仪器准确度来消除或减小。

(2) 理论或方法原因。由于实验本身所依据的理论、公式的近似性,或者实验条件达不到理论公式所规定的要求,或者对实验条件、测量方法的考虑不周、实验方法不完善等也会造成误差。例如热学实验中常常没有考虑散热的影响而造成误差。又如用伏安法测电阻时,没有考虑电表内阻的影响。事实上,电压表的内阻不可能为无穷大,电流表的内阻也不可能为零。如果使用欧姆定理 $R=U/I$ 计算测量结果,则必然会出现误差。又例如利用单摆测重力加速度,其理论依据是 $T=2\pi\sqrt{l/g}$,即 $g=4\pi^2(l/T^2)$,该公式成立要求单摆的摆角 $<5°$,忽略摆线的质量,还要求忽略空气阻力和浮力等。物理实验的实际操作当中,这些要求都难以完全达到。

(3) 个人原因。由于测量者在测量时的主观原因、当时的生理特点,例如反应速度、分辨能力,甚至心理状况或者个人固有习惯等也会在测量中造成误差。例如使用秒表计时,操之过急的人,计时总是偏短;反应迟缓的人,则计时总是偏长。还有的人,在观察仪表和测取读数时,总是习惯性地将头偏向一方。

(4) 环境原因。由于如温度、湿度等外界环境因素的变化,以及测量仪器规定的使用条件无法满足,从而造成误差等。例如将要求水平放置使用的电表竖直放置读数,测磁场时受地磁场的影响,在不同的室温下使用在某一特定温度时标定的标准电池等所产生的误差。

系统误差又可分为可定系统误差和未定系统误差。可定系统误差是能够被测量者确定其大小和符号的系统误差,一般是可以消除和修正的。例如螺旋测微计(千分尺)的零点修正值就是可定系统误差。未定系统误差是测量者不能够确定其大小和符号的系统误差,这样的误差一般不能完全修正,只能估计出其极限范围。

发现系统误差,并采取相应的措施予以消减或修正,是一项艰巨而又重要的任务,也是实验者实验水平和技能的重要体现。每一位实验者都必须对每次实验所依据的原理、方法、步骤,以及将要使用的仪器等进行认真仔细的分析,发现可能产生系统误差的地方。实验前,要尽可能采取有效措施来减少或消除系统误差。实验后,进行数据处理时,也要对系统误差进行必要的修正,以期得到理想的实验结果。

减小和消除系统误差的方法有以下几种:

(1) 从系统误差产生的根源入手,采取措施减小系统误差。

① 在测量中,从测量原理和测量方法上尽可能做到正确、严格;

② 对测量仪器进行定期检定和校准,注意测量仪器正确的使用条件和使用方法;

③ 尽量减少周围环境对测量的影响;

④ 尽量减少或消除测量人员主观原因造成的系统误差;

(2) 用修正方法减少系统误差。

修正方法是预先通过检定、校准或计算得出测量器具的系统误差的估计值,作出误差表或误差曲线,然后取与误差数值大小相同、方向相反的值作为修正值,将实际测量结果加上相应的修正值,即可得到经过修正的测量结果。

(3) 尝试采用诸如替代法、交换法、对称测量法和减小周期性系统误差的半周期法等一些专门的测量方法。

系统误差有时是可以忽略不计的,准则是:如果系统误差或残余系统误差代数和的绝对值不超过测量结果扩展不确定度的最后一位有效数字的一半,就认为系统误差已经可以忽略不计。

2. 随机误差(偶然误差)

在相同实验条件下,对同一物理量进行多次测量,由于各种偶然因素,会出现测量值时而偏大、时而偏小的误差现象。测量结果的大小和符号以不可预知的方式变化,这种类型的测量误差称为随机误差,又称做偶然误差。随机误差的特点是不可预知、时大时小、可正可负、服从统计性规律。可用增加测量次数的方法减少随机误差。

随机误差主要是由测量过程中一系列随机因素或不可预知的无规则变化因素引起的。产生随机误差的原因很多,例如读取测量数据时,视线的位置不正确;测量点的位置不准确;实验仪器受如温度、湿度、气压、照度等环境因素的微小波动;气流扰动;电源电压不稳定;外界电磁场干扰;观测者判断和读数上的随机起伏;仪器配件不稳定;示值变动;各次调整时操作上的不一致等因素的影响而产生微小变化等。这些因素的影响一般是微小的,而且难以确定其中各个因素产生的具体影响的大小。因此,找出随机误差的原因并加以排除是比较困难的。但是,实验表明,大量次数的测量所得到的一系列数据的偶然误差都服从一定的统计规律,这些规律有:

(1)绝对值相等的正的与负的误差出现的机会相同;

(2)绝对值小的误差比绝对值大的误差出现的机会多;

(3)误差不会超出一定的范围。

实验结果还表明,在确定的测量条件下,对同一物理量进行多次测量,并且用它的算术平均值作为该物理量的测量结果,能够比较好地减少偶然误差。

3. 过失误差(粗大误差)

此类误差的绝对值数值远大于随机误差和系统误差。完全由于测量者使用的测量方法不正确、粗心大意、测量操作不当、读错或记错数据等,使测量结果明显被歪曲的误差称过失误差。过失误差是由于测量人员的人为过失而产生的,没有一定的规律可循。从本质上讲,过失误差不能看做是科学意义上的误差,含有过失误差的测量结果是无效的。因此,不管造成过失误差的具体原因是什么,只要确认存在过失误差,就应将含有过失误差的测量值从数据中剔除。只要实验者严谨认真、精益求精,过失误差是完全可以避免的。

4. 测量结果的定性评价

在对测量结果进行定性评价时,经常用到精密度、准确度、精确度 3 个术语。这是人们在测量中甚至在日常生活中经常用到,却又往往容易混淆的 3 个名词。虽然这 3 个名词都是评价测量结果好坏的,但含义却有较大的差别。

1) 精密度

精密度表征随机误差的大小。

测量的精密度高,是指随机(偶然)误差较小,这时测量数据比较集中,但系统误差的大小并不明确。

2) 准确度

准确度表征系统误差大小。

测量的准确度高,是指系统误差较小,这时测量数据的平均值偏离真值较少,但数据分散的情况,即随机(偶然)误差的大小不明确。

3) 精确度

精确度表征随机误差和系统误差的综合评定。

测量精确度(也常简称精度)高,是指随机(偶然)误差与系统误差都比较小,这时测量数据比较集中在真值附近。

这3个术语可以用如图1.2.1所示的打靶弹着点的分布来形象地理解。

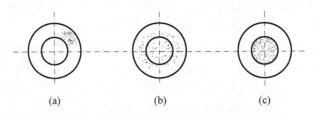

图1.2.1　误差的(a)精密度、(b)准确度及(c)精确度

图1.2.1(a)的弹着点集中,说明精密度高,随机误差小。但弹着点分布明显偏离靶心,说明准确度低,系统误差大。

使用同一测量仪器与方法在同一条件下多次测量,如果测量值随机误差小,即每次测量结果涨落小,说明测量的重复性好,称为测量精密度好。因此,测量随机误差的大小反映了测量的精密度。

精密度是随机误差大小的标志,精密度越高,随机误差越小,但不一定准确。

图1.2.1(b)的弹着点分布分散,精密度低,随机误差大。但固定偏差小,准确度高,系统误差小。准确度表示测量值与真值的偏离程度。准确度高并不一定精密。根据误差理论可知,在测量次数无限增多的情况下,可以使偶然误差趋于零,而获得的测量结果与真值的偏离程度——测量准确度,将从根本上取决于系统误差的大小,因而系统误差大小反映了测量可能达到的准确程度。

图1.2.1(c)的弹着点分布既集中,又无固定偏差,两类误差均较小,即精确度高(既精密又准确)。精确度是测量的准确度与精密度的总称,是测量某物理量可能达到的测量值与真值相符合的程度。精确度高表明精密度和准确度都比较高。在实际测量中,影响精确度的或者主要是系统误差,或者主要是偶然误差,当然也可能两者对测量精确度的影响都不可忽略。在某些测量仪器中,常用精度这一概念,实际上包括了系统误差与偶然误差两个方面,例如常用的电工仪表(电流表、电压表等)就常以精度划分仪表等级。

通常所说的"精度"一词是一种泛指概念,目前国内外还没有完全统一的定义。在很多情况下,仪器的"精度"指仪器的最小分度值。例如游标卡尺的最小分度值为0.02mm、0.05mm,就称游标卡尺的精度为0.02mm、0.05mm。千分尺最小分度为0.01mm,就说千分尺的精度为0.01mm。

还有一种常用的精度定义,以仪器最大量程时的相对误差来代表精度。例如,使用某仪器在全量程条件下测量几次,以这几次测量中最大的相对误差作为该仪器的精度。许多仪表就是用最大量程相对误差作为仪表的精度等级的。例如一台精度为0.1级的仪表,表明测量值的误差不超过最大量程的±0.1%。

1.3　测量的不确定度评定

长期以来,在报告实验或测量的结果时,由于不同国家和不同学科有不同的规定,影响了国际间的技术交流和成果的相互利用。为加速与国际惯例接轨,中国国家质量监督检验检疫总局(原国家技术监督局)于 1999 年 1 月 11 日颁布了新的计量技术规范 JJF 1059—1999《测量不确定度评定与表示》,代替了 JJF 1027—1991《测量误差及数据处理》中的误差部分,并于 1999 年 5 月 1 日起实行。2012 年又颁布了 JJF 1059.1—2012 文件,从 2013 年 6 月 3 日起实行。为了新世纪的人才培养,学生综合素质的提高,大学物理实验课程中正在逐步推行使用不确定度来评价测量结果的质量。

严格的不确定度理论较为复杂,考虑到本课程是物理实验的入门课程,对不确定度理论的介绍和应用部分,将在保证其科学性的前提下,采取简化方式,以免初学者不得要领。

1.3.1　测量的不确定度的基本概念

不确定度一词指可疑程度,广义而言,测量不确定度意为对测量结果正确性的可疑程度。

不带形容词的不确定度用于一般概念,当需要明确某一测量结果的不确定度时,要适当采用一个形容词,比如合成不确定度或扩展不确定度;但不要用随机不确定度和系统不确定度这两个术语,必要时可用随机效应导致的不确定度和系统效应导致的不确定度来说明。测量结果受诸多因素的影响,所以影响不确定度的因素也很多,这些因素分别对测量结果形成若干不确定度分量。测量的不确定度通常由若干不确定度分量组成。

如果这些分量只用标准差给出,称为标准不确定度,用符号 u(通常带有作为序号的下角标)表示。按照评定方法的不同,标准不确定度可分为两类:一类是用统计方法评定的不确定度,称为 A 类标准不确定度;另一类是由其他方法和其他信息的概率分布(非统计的方法)来估计的不确定度,称为 B 类标准不确定度。

1.3.2　A 类标准不确定度的评定

在重复性条件或复现性条件下,测量被测量 x 共 n 次,以其算术平均值作为被测量的最佳值。即

$$\bar{x} = \frac{1}{n} \sum_{i=1}^{n} x_i \tag{1.3.1}$$

为了表征测量值 x_i 的分散性,给出测量值的标准偏差为

$$s(x) = \sqrt{\frac{\sum_{i=1}^{n}(x_i - \bar{x})^2}{n-1}}$$

上式称为贝塞尔公式。

则 x 的 A 类标准不确定度定义为

$$u_A(x) = s(\bar{x}) = \frac{s(x)}{\sqrt{n}} = \sqrt{\frac{\sum_{i=1}^{n}(x_i - \bar{x})^2}{n(n-1)}} \tag{1.3.2}$$

式中,$s(\bar{x}) = \frac{s(x)}{\sqrt{n}}$ 称为平均值标准偏差。应用式(1.3.2)时测量次数 n 应充分多,一般应为 6~10 次。

在某些特殊情况下,只对被测量 x 进行一次测量时,测量结果无法进行 A 类标准不确

定度评定,可以进行 B 类标准不确定度的评定。

1.3.3　B 类标准不确定度的评定

B 类标准不确定度的评定,常常依据的是计量器具的检定书、标准、技术规范、手册上提供的技术数据及国际上公布的常数与常量等。这些信息也是通过统计方法得出的,但是给出的信息不完全,依据这些信息进行估算,往往比较复杂。在物理实验课的教学中,B 类标准不确定度主要体现在对测量仪器的最大允许误差的处理上。

1) 测量仪器的最大允许误差

仪器生产厂家在制造一种仪器时,在其技术规范中预先设计、规定了最大允许误差(又称极限允许误差、误差界限、允差等)。终检时,凡是误差没有超过此界限的仪器均为合格品。因此,最大允许误差是仪器生产厂家为一批仪器规定的技术指标(过去常用的仪器误差、示值误差或准确度,实际上都是最大允许误差)。最大允许误差不是某一台仪器实际存在的误差或误差范围,也不是使用该仪器测量某个被测量值时所得到的测量结果的不确定度。在物理实验课的教学中,测量仪器的最大允许误差通常用 $\Delta_{仪}$ 表示。

测量仪器的最大允许误差是一个范围,某种仪器的最大允许误差为 $\Delta_{仪}$,表明凡是合格的该种仪器,其误差必定在 $-\Delta_{仪}$ 到 $+\Delta_{仪}$ 范围之内。仪器误差通常是由仪器制造商或计量部门使用更精确的仪器、量具,经过检定比较给出的,一般都写在仪器的标牌或说明书中。一些仪器直接给出了仪器的准确度等级。各类仪器的示值误差与其准确度等级之间都存在着一定的关系。一般由仪器的量程和准确度等级可以求出仪器示值误差的大小。不同的仪器、量具,其示值误差有不同的规定。例如,游标卡尺不分精度等级,测量值范围在 300mm 以下的示值误差一律取游标的分度值。螺旋测微计的精度等级分为零级和一级,通常在实验室使用的为一级,其示值误差随着测量范围的不同而不同,量程在 0~25mm 及 25~50mm 的一级千分尺的示值误差均为 $\Delta_m = 0.004mm$。如果测量仪器是数字式仪表,则取其末位数的最小分度值单位为示值误差。在不知道仪器的示值或准确度等级,以及对误差没有明确规定的情况下,可以取其分度值的一半作为示值误差。表 1.3.1 示出了物理实验常用仪器仪表的仪器误差。

表 1.3.1　物理实验常用仪器仪表的仪器误差

名称/型号		测量范围/最大称量	感量/分度值	仪器误差 $\Delta_{仪}$	备注
游标卡尺	五十分度	0~300mm	0.02mm	最小分度值	
	二十分度		0.05mm		
	十分度		0.10mm		
螺旋测微计(千分尺)		0~100mm	0.01mm	0.004mm	①
		100~150mm		0.005mm	
物理天平	WL 型	500g	0.02g	0.02g	②
		1000g	0.05g	0.05g	
	TW-02 型	200g	0.02g	0.02g	
	TW-05 型	500g	0.05g	0.05g	
	TW-1 型	1000g	0.1g	0.1g	
分光计			(1′或 30″)	最小分度值	

续表

名称/型号	测量范围/最大称量	感量/分度值	仪器误差 $\Delta_仪$	备注
读数显微镜		0.01mm	0.005mm	
各类数字仪表			仪器最小读数	
计时器		0.1s	0.3s	③
水银温度计	100℃	0.1℃	0.2℃	④
	不小于0.5℃	分度值	
	0.05℃	0.1℃	
指针式电表			量程×准确度等级/100	⑤
旋柄电阻箱			$(Ra+mb)/100$	⑥
箱式直流电位差计			$\dfrac{a}{100}\left(\dfrac{U_n}{10}+x\right)$	⑦
箱式直流电桥			$\dfrac{a}{100}\left(\dfrac{R_n}{10}+x\right)$	

注：① 千分尺有零级和一级两种。物理实验室使用的是一级,其示值误差需根据测量范围来确定。

② 物理天平仪器误差的组成较为复杂,与天平的灵敏度或感量、称量载荷(或砝码)有关,还与不等臂引起的误差有关。为了简单起见,在物理实验中约定 $\Delta_仪 =$ 最小分度值的一半,也可约定 $\Delta_仪 =$ 感量。

③ 机械停表一般分度值为 0.1s,$\Delta_仪 = 0.1s$。停表的人体反应误差大约为 0.2s,可归并到仪器误差中。故使用停表时,可取 $\Delta_仪 = 0.3s$。

④ 一等标准水银温度计分度值 0.05℃,$\Delta_仪 = 0.1℃$。

⑤ 如电流表、电压表等指针式电表。

⑥ R—电阻示值,a—准确度等级,m—所用转盘数,b—与等级有关的常数。

⑦ a—准确度等级,x—示值,U_n、R_n—基准值(等于有效量程内最大的 10 的整数次幂即 $10^n \leqslant$ 有效量程,$n = 0, \pm 1, \pm 2, \cdots$),有时也可简化地写为 $\Delta_仪 = x \cdot \dfrac{a}{100}$。

仪器误差 $\Delta_仪$ 的取值还应该具体情况具体分析,不能一概而论。具体到某一实验,应根据具体情况,对 $\Delta_仪$ 约定一个合适的数值。许多时候要把示值误差放大后给出 $\Delta_仪$ (如光杠杆法测杨氏模量实验)。

另外,诸如电阻箱、电桥、电势差计等仪器的误差可用基本误差表示,其值需要使用专用的公式来计算。仪器误差提供的是误差绝对值的极限值,不是测量的真实误差,也无法确定仪器误差的符号。

2) 仪器的灵敏阈

仪器的灵敏阈是指足以引起仪器示值产生可察觉变化的被测量的最小变化值,即当被测量量值小于这个阈值时,仪器将没有反应。例如,数字式仪表最末一位数所代表的量就是数字式仪表的灵敏阈。对指针式仪表,由于人眼能察觉到的指针改变量一般为 0.2 分度值,于是可以把 0.2 分度值所代表的量作为指针式仪表的灵敏阈。灵敏阈越小,说明仪器的灵敏度越高。一般来说,测量仪器的灵敏阈应该小于示值误差,而示值误差应该小于最小分度值。对于一些仪器,特别是在实验室中经常使用的仪器,其准确度等级可能有所降低,或者灵敏阈有所变大。因此,在使用这样的仪器前,应先行检查仪器的灵敏阈。当仪器灵敏阈超过仪器示值误差时,仪器示值误差便应由仪器的灵敏阈来代替。

3) B 类标准不确定度的估算

在物理实验课的教学中,B 类标准不确定度的估计方法是：对误差服从正态分布的仪

器,B类标准不确定度为 $u_B = \dfrac{|\Delta_{仪}|}{3}$;对误差服从均匀分布的仪器,B类标准不确定度

为 $u_B = \dfrac{|\Delta_{仪}|}{\sqrt{3}}$。

均匀分布指的是测量值的某一范围内,测量结果取任一可能值的概率相等,而在该范围外的概率为零。若对某类仪器的分布规律一时难以判断,可近似按均匀分布处理。在物理实验课教学中,一般规定:如不特别说明,均按均匀分布处理。

1.3.4　合成标准不确定度的评定

在测量结果的质量评定中,标准不确定度有两类分量 u_A 和 u_B。各个标准不确定分量合成为总的标准不确定度,称为合成标准不确定度 u_C。在直接测量的情况下,合成标准不确定度的计算比较简单;在间接测量的情况下,间接被测量往往由若干量以一定的方式合成。即

$$u_C = \sqrt{u_A^2 + u_B^2} \tag{1.3.3}$$

由于要考查"若干量"中的每一个量,还要考查"若干量"中每个量之间的相关性,因此合成标准不确定度的计算比较复杂。

在物理实验课的教学中,合成标准不确定度的估计方法简化如下:

(1) 当被测量 y 是直接测量量 x 时,即 $y = x$ 时,合成标准不确定度为

$$u_C(y) = u(x) \tag{1.3.4}$$

$u(x)$ 的来源有 A 类、B 类等数个标准不确定度分量,分别为 $u_1(x), u_2(x), \cdots$,如果这些标准不确定度分量是相互独立的,即不相关的,则有

$$u_C(x) = \sqrt{u_1^2(x) + u_2^2(x) + \cdots} \tag{1.3.5}$$

即合成标准不确定度等于各标准不确定度分量的平方和的根(方和根法)。

(2) 被测量 J 是若干个直接测量量 $x, y, z, \cdots$ 的函数时,即 $J = f(x, y, z, \cdots)$。

若 $x, y, z, \cdots$ 彼此无关,则合成标准不确定度可按方和根法求得,即

$$u_C(J) = \sqrt{c_x^2 u^2(x) + c_y^2 u^2(y) + c_z^2 u^2(z) + \cdots} \tag{1.3.6}$$

式(1.3.6)为不确定度传播公式。式中, $c_x, c_y, c_z, \cdots$ 称为不确定度的传播系数,且在数值上,不确定度的传播系数 $c_i = \dfrac{\partial f}{\partial x_i}$(也称为不确定度灵敏系数),等于输入量 x_i 变化单位量时引起 f_i 的变化量。不确定度的传播系数可以由数学模型对 x_i 求偏导数得到,也可以由实验测量得到。不确定度的传播系数反映了该输入量的标准不确定度对输出量的不确定度的贡献的灵敏程度,而且标准不确定度 $u_C(J)$ 只有乘以该灵敏系数才能构成一个不确定度分量,即和输出量有相同的单位。

在物理实验课程中,可以将各个测量量 $x, y, z, \cdots$ 均按照不相关处理,不确定度灵敏系数 $c_i = \dfrac{\partial f}{\partial x_i} = 1$,式(1.3.6)可简化为

$$u_C(J) = \sqrt{u^2(x) + u^2(y) + u^2(z) + \cdots} \tag{1.3.7}$$

(3) 当 $J = f(x, y, z, \cdots) = A_1 x + A_2 y + A_3 z + \cdots$ 形式时,且各个测量量 $x, y, z, \cdots$ 不相关,可得到合成标准不确定度

$$u_C(J) = \sqrt{A_1^2 u^2(x) + A_2^2 u^2(y) + A_3^2 u^2(z) + \cdots} \qquad (1.3.8)$$

(4) 当 $J = f(x, y, z, \cdots) = Ax^{p_1} y^{p_2} z^{p_3} \cdots$ 为乘除或方幂的函数关系时,采用相对标准不确定度(合成标准不确定度与被测量的最佳值之比)可以大大简化合成标准不确定度的运算。方法是先取对数,令 $Z = \ln J$,对 Z 应用式(1.3.6),即可得到相对合成标准不确定度:

$$\frac{u_C(J)}{J} = \sqrt{\left[p_1 \cdot \frac{u(x)}{\bar{x}}\right]^2 + \left[p_2 \cdot \frac{u(y)}{\bar{y}}\right]^2 + \left[p_3 \cdot \frac{u(z)}{\bar{z}}\right]^2 + \cdots} \qquad (1.3.9)$$

1.3.5　扩展不确定度的评定

将合成标准不确定度 u_C 乘以一个包含因子 k,即得到扩展不确定度 $U = ku_C$。一般来说 $k = 1$ 时,则实际测量值 x 落在 $x \pm u_C$ 区间的置信概率近似为 68%;$k = 2$ 时,则 x 落在 $x \pm 2u_C$ 区间的置信概率近似为 95%;$k = 3$ 时,则 x 落在 $x \pm 3u_C$ 区间的置信概率近似为 99%。

1.3.6　实验结果的表示

本教程采用扩展不确定度表示实验的测量结果,将测量 x 的测量结果表示为如下形式:

$$x = \bar{x} \pm ku_C \qquad (1.3.10)$$

不加说明时,取 $k = 2$。

一般情况下,不确定度的有效数字位数取不超过 2 位有效数字。相对不确定度的有效数字位数也取不超过 2 位有效数字。

例 1.3.1　用螺旋测微器(测量范围为 $0 \sim 25\text{mm}$,$\Delta_仪 = \pm 0.004\text{mm}$)测量钢丝的直径 d,5 次测量的数据为 0.577、0.576、0.574、0.576、0.575(单位:mm),求钢丝的直径 d 的算术平均值 $\bar{d}$ 及合成标准不确定度 $u_C(d)$。

解　钢丝的直径 d 的算术平均值为

$$\bar{d} = \frac{1}{n}\sum_{i=1}^{n} d_i = \frac{1}{5} \times (0.577 + 0.576 + 0.574 + 0.576 + 0.575)\text{mm}$$

$$= 0.5756\text{mm}$$

测量的 A 类标准不确定度分量为

$$u_A(d) = s(\bar{d}) = \sqrt{\frac{\sum_{i=1}^{n}(d_i - \bar{d})^2}{n(n-1)}}$$

$$= \sqrt{\frac{\left[(1.4)^2 + (0.4)^2 + (-1.6)^2 + (0.4)^2 + (-0.6)^2\right] \times 10^{-6}}{5 \times (5-1)}}\text{mm}$$

$$= 0.1 \times 10^{-3}\text{mm}$$

测量的 B 类标准不确定度分量为

$$u_B(d) = \frac{\Delta_仪}{\sqrt{3}} = \frac{0.004}{\sqrt{3}}\text{mm} = 2.3 \times 10^{-3}\text{mm}$$

测量的合成标准不确定度为

$$u_C(d) = u(d) = \sqrt{u_A^2(d) + u_B^2(d)} = \sqrt{(0.1)^2 + (2.3)^2} \times 10^{-3}\text{mm} = 2.3 \times 10^{-3}\text{mm}$$

例 1.3.2 求例 1.3.1 中钢丝横截面积 S 的最佳值 $\overline{S}$ 及其合成标准不确定度 $u_C(S)$。

解 钢丝的横截面积 S 的最佳值 $\overline{S}$ 为

$$\overline{S} = \frac{\pi}{4}\overline{d}^2 = \frac{\pi}{4} \times (0.5756)^2 \, mm^2 = 0.2602 \, mm^2$$

其合成标准不确定度为

$$u_C(S) = \sqrt{c_d^2 u^2(d)} = \sqrt{\left|\frac{\partial S}{\partial d}\right|^2 \cdot u^2(d)} = \frac{\pi}{2}\overline{d} \times 2.3 \times 10^{-3} \, mm^2 = 2 \times 10^{-3} \, mm^2$$

在大学物理实验课程中,可以本着不确定度宁大勿小和简化计算的原则,依据式(1.3.7)将 $u_C(S)$ 看作等于 $u_C(d)$。

1.4　有效数字

　　记录数据是实验测量必不可少的环节,任何实验都需要记录数据。我们不可能也没有必要测量出或记录下无限多位的数字。实验中用仪器直接测量的数据都有一定的不确定度,测出的数据都只能是近似数,由这些近似数据通过计算而求得的间接测量结果也是近似数。对于直接测量首先要考虑记录多少位数字。对于间接测量而言,不仅记录数据需要考虑数据的位数,而且经过多种运算,运算结果也必须考虑保留几位数字,这些都是实验数据处理中必须弄清的重要问题。测量结果的记录、运算以及测量结果的表示都必须遵循一定的规则。为了正确反映测量结果及其精度,需要引入有效数字的概念。

1.4.1　有效数字的概念

　　所有的测量结果一般都要用一系列数字来表示,以供分析和研究。我们应该使测量结果尽可能准确地反映出被测量的真实值。测量结果中数位可靠的数字与最后一位含有误差的可疑数字组成的数字整体称为有效数字。简言之,有效数字是准确数字与可疑数字的组合,是从数据左起第一位非零数字开始,到第一位可疑数字为止的全部数字。

　　例如,用米尺测长度 L,测得 $L = 36.8 \, mm$,结果为三位有效数字。其中 36mm 可以直接由米尺读出,是可靠数字;0.8mm 是从 36mm 和 37mm 两条相邻毫米刻线之间估读出来的,是可疑数字。在另一次测量时,或更换测量者时,这个结果可能会是 $L = 36.7 \, mm$ 或是 $L = 36.9 \, mm$。

　　由此可见,表示测量结果的有效数字取决于测量时所使用的仪器。有效数字的取得分两步:第一,以仪器的刻度为依据,读取最小刻度所在位,得到准确数位;第二,在仪器的相邻两条最小刻度之间估计一位,得到可疑数位。

　　1. 不同测量仪器测量结果的记录

　　(1) 测量结果中可疑数字所在位,应该与测量仪器误差发生位相同。分度式仪表或量具,一般估读到仪表或量具最小分度的 1/10。例如螺旋测微计读到 0.001mm。对指针较宽的一些仪表,可估读到最小分度的 1/5 或 1/2。

　　如果仪器上显示的最后一位数为"0",这个"0"也是有效数字,应该记录。例如用米尺测量物体长度为 18.0mm,这表示该物体长度的末端正好与米尺的分度线"8.0mm"对齐,"8"是可准确读出的数字,而下一位的"0"是估计出来的,也应该读出。若读成 18mm,则表明

"8"是可疑数字,这显然是错误的。如果使用游标卡尺测量该物体,读数正好也是整数,则应记为 18.00mm。

一般情况下,数显仪器显示的数字均为有效数字,应全部读出,其中的最后一位是可疑数字。如果数显仪器的示值总是在一个小范围内波动,则应读出该范围内的几个示值,再取其平均值。

已经标明等级或精度的仪表,可先行计算出仪器误差 $\Delta_{\text{仪}}$,有效数字则记录到仪器误差 $\Delta_{\text{仪}}$ 的所在位。例如量程 1A 的 0.5 级电流表,仪器误差 $\Delta_{\text{仪}}=1\text{A}\times0.5\%=0.005\text{A}$,记录电流表读数的末位应记录到小数点后三位(以 A 为单位)。

(2)游标卡尺和电阻箱、箱式电桥等步进式读数仪器,最小分度值以下的数字无法估读,一般将最后一位数字视为可疑数字。例如分度值为 0.02mm 的游标卡尺,读出分度值的整数倍,读到毫米的小数点后的 2 位,尾数必为偶数。

(3)对于分度值为"2"和"5"的仪表,如果测量结果中不确定度只取一位时,则估读位取仪器最小分度位。如果测量结果中不确定度取二位时,则估读位应取仪器最小分度位的下一位。

2. 有效数字中不同位置的"0"

在数字的末尾和中间某数位上出现的"0"是有效数字,在数字前面的"0"不是有效数字。例如 0.08060,数据最左边的 2 个"0"不是有效数字,而其余的 2 个"0"都是有效数字,该数据共有 4 位有效数字。读取记录数据时,数据末尾的"0"不能随便多写或少写。例如使用分度值为 0.1A 的电流表测量电流,指针恰在 5A 的刻线上,应记录为 5.00A,5.0A 能够直接读出来,小数点后第二位的"0"是估读出来的。切记不能记录为 5A 或 5.0A。

3. 小数点位置与有效数字的关系

有效数字位数与十进制单位的变换无关,即与小数点的位置无关。例如,某次测量长度的结果是 8.50cm,有效数字是 3 位。在单位变换时也可写成 0.0850m,或 850mm,仍然只有 3 位有效数字。又例如重力加速度可记为 980cm/s^2、9.80m/s^2 或 $0.009\,80\text{km/s}^2$,三种记法的单位不同,小数点的位置发生了改变,但有效数字位数都是 3 位。

为了避免数据记录可能出现的混乱,物理实验和数据处理中大都采用科学记数法。科学记数法(或称为标准形式)一般用于记录很大和很小的数值。采用科学记数法时,任何数值都只写出有效数字,而数量级则用 10 的幂数表示。通常有效数字的小数点前只写一位数字,末位数字后乘上 $10^{\pm n}$(n 为正整数)。科学记数法记录的数据整齐规范,去掉了非有效数字"0",从而避免了单位换算时可能发生的计位错误,也避免了数字记录结果出现长串数字。例如喜马拉雅山峰顶岩石面海拔高度 8844.43m,采用科学记数法记为 $8.844\,43\times10^3\text{m}$。8.50cm 可以写成 $8.50\times10^{-2}\text{m}$ 或 $8.50\times10^4\mu\text{m}$。

4. 有关仪器精度和测量方法对有效数字位数的影响

用不同测量仪器测量同一被测物体,高精度仪器测量出的结果有效位数多,低精度仪器测量出的有效位数少。例如用米尺、游标卡尺和千分尺测某一厚度,用米尺为 8.6mm,用游标卡尺测为 8.60mm,用千分尺测为 8.612mm,有效数字的位数分别是 2 位、3 位和 4 位。

用同一精度的仪器测量不同被测物体,被测物大的测量结果有效位数多,被测物小的测量结果有效位数少。

事实上,测量方法对结果的有效数字位数也有影响。例如用分度值 0.1s 的停表测单摆周期,测得一个周期为 0.9s。如果连续测 100 个周期得 $100T=91.2\mathrm{s}$,则 $T=0.912\mathrm{s}$。

1.4.2　有效数字的舍入规则

完成实验或测量,必然会有一些实验数据需要处理。在实验数据的运算与处理中,必然会遇到数据的截取、尾数的舍入等问题。深究以前所熟知的"四舍五入"原则,我们会发现四舍五入将会使"入"的概率(50%)大于"舍"的概率(40%),引起最后结果偏大。为了弥补这一缺陷,保证尾数舍入时舍与入的概率相同,目前普遍采用的通用原则是"小于五舍,大于五入,等于五凑偶",具体规定如下:

(1) 当被截掉数据的最左一位数是 1、2、3、4 时,舍去被截掉数据(称为"小于五舍")。例如,下列数据保留四位小数:

$8.0134\,|\,46\Rightarrow8.0134$　(被截掉数据的最左一位数是 4,小于 5,则舍去)

(2) 当被截掉数据的最左一位数是 6、7、8、9 时,则舍去被截掉数据,并向前一位(须保留数据的最右位)进 1(称"大于五入")。例如,下列数据保留四位小数:

$8.0134\,|\,78\Rightarrow8.0135$　(被截掉数据的最左一位数是 7,大于 5,则入,即向其前位进 1)

(3) 当被截掉数据的最左一位数恰好是"5"时,则被截取的尾数过半入,恰为一半左凑偶,即将须保留的数据的最右位凑成偶数。例如,下列各数保留四位有效数字:

$6.511\,|\,5\Rightarrow6.512$　(被截取数据为 5,则左边凑偶,左边的 1 凑成偶数 2)

$8.144\,|\,50\Rightarrow8.144$　(被截取数据为 50,左边的 4 已是偶数,保持不变)

$9.374\,|\,51\Rightarrow9.375$　(被截取数据为 51,已过 50,过半则入,左边的 4 被入成 5)

$2.533\,|\,500\Rightarrow2.534$　(被截取数据的尾数 500,左边凑偶,左边的 3 凑成偶数 4)

$5.544\,|\,501\Rightarrow5.545$　(被截取的数据 501 大于 500,过半则入,左边的 4 被入成 5)

有效数字按"小于五舍,大于五入,等于五凑偶"的规则修约后,还需依据与不确定度末位对齐的原则进行再修约。值得注意的是,对于不确定度的有效数字修约将不再按照"小于五舍,大于五入,等于五凑偶"的规则进行。实际操作时,通常根据具体情况执行"宁大勿小"原则,以确保其可信度。

1.4.3　有效数字的运算规则

毫无疑问,间接测量的结果是需要运算的。事实上,直接测量的结果常常也需要运算。当两个或两个以上的有效数字进行数字运算时,为规范运算和结果表达,同时不致使中间运算过程过于烦琐,有效数字的运算一般须遵循下列规则。

(1) 两个或两个以上的有效数字进行运算,可靠数字与可靠数字的运算结果为可靠数字,可靠数字与可疑数字的运算结果为可疑数字,可疑数字与可疑数字的运算结果为可疑数字。

(2) 运算结果一般只保留一位可疑数字,其余的可疑数字按有效数字修约规则进行修约取舍。

(3) 常数(如光速、电子电量等)、常系数$\left(\text{如}\ \pi,\sqrt{3},\dfrac{1}{7}\right)$、自然对数的底 e 等的有效数字位数视为无限多,可按需取位或看成准确数字参与运算。对 π 等所取位数要足够多,以免引入计算时的误差。

（4）加减运算，尾数对齐。两个或多个有效数字进行加减运算时，所得结果的最后一位与参与运算的各个有效数字中最短的有效数字的末位（末位数数量级最大的那一位）对齐，或者说保留到所有各个有效数字中都有的最后一位为止，即运算结果与参与运算的各个有效数字的尾数取齐。例如：

$$118.25 + \underline{15.8} + 0.126 = 134.176 \Rightarrow \underline{134.2}$$

（5）乘除运算，位数对齐。当两个或多个有效数字进行乘除运算时，所得结果的有效数字位数与参与运算的诸数字中有效数字位数最少的相同，有时可比有效数字位数最少的多取一位（此时两乘数中第一位之积加上后面进上来的数大于 10，例如下面的式②、③）。例如：

$$1.523 \times \underline{18.6} = 28.3278 \Rightarrow \underline{28.3} \qquad ①$$
$$2.453 \times \underline{6.2} = 15.2086 \Rightarrow \underline{15.2} \qquad ②$$
$$\underline{9.81} \times 16.24 = 159.3144 \Rightarrow \underline{159.3} \qquad ③$$
$$12764 \div \underline{361} = 35.357\,340\,72 \Rightarrow \underline{35.4} \qquad ④$$

推论：测量的诸量，若是进行乘除运算，应按有效位数相同的原则选配不同仪器精度。

（6）乘方开方，原位对齐。乘方开方运算结果的有效数字位数，与被乘方开方数的有效数字位数相同。例如：

$$\underline{765}^2 = 585\,225 \Rightarrow \underline{5.85} \times 10^5$$
$$\sqrt{\underline{126}} = 11.224\,97 \Rightarrow \underline{11.2}$$

（7）函数运算。一般来说，函数运算（三角函数、对数函数、指数函数等）结果的有效数字，应该按照间接量测量误差传递公式进行计算后决定，不能照套四则混合运算的规则。试探法是一种较为简便的处理方法：可由被运算测量值的末位改变"1"，由此时的差别所在位决定函数可疑数字或误差发生位。

例如：求 ln543＝？可查表或用计算器算得

$$\ln 542 = 6.295\,266\,001$$
$$\ln 544 = 6.298\,949\,247$$
$$\ln 543 = 6.297\,109\,32 \Rightarrow 6.297$$

被运算测量值的末位改变"1"（增加或减少"1"）时，计算结果的差别都发生在小数点后的第 3 位，所以 ln543＝6.297。

又如求 sin59°58′＝？查表或用计算器算得

$$\sin 29°57' = 0.499\,2440\,6$$
$$\sin 59°59' = 0.499\,7480\,6$$
$$\sin 59°58' = 0.499\,4960\,8 \Rightarrow 0.4995$$

被运算测量值的末位改变"1"（增加或减少"1"）时，计算结果的差别都发生在小数点后的第 4 位，所以 sin59°58′＝0.4995。

再如求 $e^{9.32}$＝？用计算器算得

$$e^{9.31} = 11047.948\,13$$

$$e^{9.33} = 11\underline{2}71.131\ 49$$
$$e^{9.32} = 11\underline{1}58.981\ 85 \Rightarrow 1.12 \times 10^4$$

被运算测量值的末位改变"1"(增加或减少"1")时,计算结果的差别都发生在百位上,所以$e^{9.32} = 1.12 \times 10^4$。

以上所介绍的有效数字运算的一些规则只是一个基本原则,另外使运算的中间过程不过于烦琐也是需要考虑的。在实际问题中,为避免多次取舍造成误差的累积效应,常常采用在中间运算时多取一位的办法。在计算器和微机已普遍使用的今天,中间运算过程多取几位有效数字非常方便。最后表达结果时,有效数字的位数由误差或不确定度所在位截取。

1.5 常用数据处理方法

实验测量获得了大量的数据,只有采用正确的数据处理方法处理这些数据才能得到可靠的实验结果。所谓数据处理就是对实验数据进行记录、整理、计算、作图等处理,使之反映出事物的内在规律或得到最佳结果。常用的数据处理方法有列表法、作图法、逐差法和最小二乘法等。

1.5.1 列表法

在记录和处理数据时,最基本和最常用的方法是将数据列成表格。列表可以简单而明确地表示出有关物理量之间的对应关系,便于对照检查和分析计算,同时也有助于发现实验中的问题,还为作图打下基础。

列表的基本要求是:

(1) 在数据表格的上方应该有明确的表头,标明所列表格的名称。

(2) 标题栏目的设立应该简单明了,注意数据间的联系和计算顺序,方便分析有关量之间的关系,方便计算处理。

(3) 各标题栏目必须标明所测物理量的名称和单位,物理量的名称最好用符号表示,单位和数量级标明在该物理量的同一个标题栏中,不必在每个数据后面都写上一个单位。

(4) 列表并不是将实验测量的所有数据都填入一个表内,写入表中的是一些主要的原始数据。计算过程中的一些中间结果也可列入表内。一些与其他量关系不大的数据可以不列入表内,而是写在表格的上方或下方。

(5) 表格中的数据要正确反映测量结果的有效数字,数据的写法要整齐统一,同一列的数值,小数点应该上下对齐。

(6) 自定义的符号要说明其意义。必要时应该标明有关参数,作出简要的说明和备注。

1.5.2 作图法

作图法能够将物理量之间的关系用图线表示出来,既简单又直观。描绘出图线来后,可以在图线范围内得到任意 x 值对应的 y 值(内插)。在一定的条件下,还可以从图线的延伸部分得到测量数据以外的数据(外推)。如果没有图线,要想获得这些数据需要做很多的计算,甚至要重新进行观测。另外,利用图线可以求出一些物理量。运用作图法还可以由图线建立相应的经验公式。

1. 作图的基本规则

1) 选择合适的坐标纸

作图一律用坐标纸(直角坐标纸或对数坐标纸)。坐标纸的大小和坐标轴的比例应根据所测量数据的有效数字位数以及结构的需要决定。一般原则为测量数据中的可靠数字在图中应该为准确的,最后一位存疑数字在图中应该是估计的。坐标纸的最小格对应测量数据中的最后一位可靠数字。

2) 确定坐标轴和坐标分度

以自变量为横轴,因变量为纵轴,并画两条粗细适中的射线表示横轴和纵轴。在轴的外侧中间区段与轴平行地注明所表示的物理量及单位,中间用斜线(/)分开。对于每一个坐标相隔一定的距离用整齐的数字来标度,横轴和纵轴的标度可以不一样。两轴的交点也可以不从零点开始,可以选取比数据最小值更小的整数开始标值,以便调整图线的大小和位置,使图线在图纸上占据大部分的位置,而不至于偏于一角或一边。对于特别大或特别小的变量值,尽量使用词头(n、μ、m、k、M、G、……)改写单位,以减少数据的位数;也可以先提出乘积因子(如 10^5、10^{-3} 等),并标注在坐标轴上最大值的右边。

3) 标点和画线

根据测量数据,用铅笔在图上标出各测量数据点的位置,以"＋""＊""♯""⊙""◎"等符号中的一种标注。符号在图中的大小,由两坐标表示的物理量的最大绝对误差决定。同一条图线上的数据点要使用同一种符号。如果在图上有两条及以上的图线,要使用不同的符号加以区别,并在图纸上的空白处注明符号所表示的内容。

除了画校正图线要用直线连接相邻两点外,一般在连线时应该尽量使图线紧贴所有的数据点(严重偏离图线的数据点应该舍弃),并使数据点均匀分布于图线的两侧。方法是一边移动透明的直尺或曲线板,一边用眼睛注视所有的数据点,当直尺或曲线板的某一段与数据点的趋势一致时,用铅笔将相关数据点连成光滑曲线。如果希望将此图线延伸到观测数据点范围之外,则应该依据其趋势用虚线表示。

4) 图注

在图纸顶部合适的空白处写出简洁完整的图名。一般将纵轴表示的物理量写在前面,横轴表示的物理量写在后面,中间用符号"-"连接。在图名的下方可以有必要的实验条件或图注。

2. 线性关系数据的处理

物理实验中的图线大多数为普通曲线,这些曲线一般都可以用一个方程式来表示。与图线对应的方程式通常称为经验公式。下面以直线的实验图线为例说明。

设经验公式为 $y=a+bx$,则该直线的斜率为

$$b=\frac{y_2-y_1}{x_2-x_1}$$

$$(1.5.1)$$

式中,(x_1,y_1),(x_2,y_2)分别为图中直线上两点的坐标。该直线的截距的计算方法:如果 x 轴的起点为零,可直接从图上读取截距 $a(x=0,y=a)$。如果 x 轴的起点不为零,可先计算出斜率 b,再在图线上任选一点 (x_3,y_3) 代入 $y=a+bx$ 中,即可计算出截距

$$a=y_3-bx_3 \tag{1.5.2}$$

1.5.3 逐差法

逐差法是常用的数据处理方法之一,通常用它来计算一般线性方程(例如 $y=a+bx$)中的待定系数(例如 a、b)。应用逐差法,可以充分利用数据,减小误差。使用逐差法的前提是自变量等距离变化,并且因变量之间的函数关系为线性关系。

设实验中,自变量 x 等距离变化,测量数据的对应关系为

$$\begin{cases} y_0=a+bx_0 \\ y_1=a+bx_1 \\ \quad\vdots \\ y_n=a+bx_n \end{cases}$$

一般只要测量两组数据,由两个方程相减求差即可计算出 b,进而求出 a。实际上,为了减少误差,通常都测量 n 组数据。如何最大限度、最高效率地利用这些数据呢?下面介绍两种方法。

1. 每两个相邻的方程相减求差

由每两个相邻的方程相减求差后,上面方程组变为

$$\begin{cases} \Delta y_1=y_1-y_0=b(x_1-x_0)=b\Delta x_1 \\ \Delta y_2=y_2-y_1=b(x_2-x_1)=b\Delta x_2 \\ \quad\vdots \\ \Delta y_n=y_n-y_{n-1}=b(x_n-x_{n-1})=b\Delta x_n \end{cases}$$

将等式两边取平均,可得

$$\overline{\Delta y}=\frac{1}{n}\sum_{i=1}^{n}\Delta y_i$$
$$=\frac{1}{n}\left[(y_1-y_0)+(y_2-y_1)+\cdots+(y_n-y_{n-1})\right]=\frac{1}{n}(y_n-y_0)$$
$$\overline{\Delta x}=\frac{1}{n}\sum_{i=1}^{n}\Delta x_i$$
$$=\frac{1}{n}\left[(x_1-x_0)+(x_2-x_1)+\cdots+(x_n-x_{n-1})\right]=\frac{1}{n}(x_n-x_0)$$

所以

$$b=\frac{\overline{\Delta y}}{\overline{\Delta x}}=\frac{y_n-y_0}{x_n-x_0}$$

计算结果表明,中间的数据都一一抵消了,只有首、末两组数据发挥了作用。可见,这种方法没有充分利用全部数据,实际中一般不使用。

2. 逐差法

将多次测量的数据分成数目相同的甲、乙两组,再将甲、乙两组的对应项依次相减求差。

设测量数据共有 $2n$ 组，每组 n 个方程分别为

$$甲组\begin{cases} y_1 = a + bx_1 \\ y_2 = a + bx_2 \\ \vdots \\ y_n = a + bx_n \end{cases}, \quad 乙组\begin{cases} y_{n+1} = a + bx_{n+1} \\ y_{n+2} = a + bx_{n+2} \\ \vdots \\ y_{2n} = a + bx_{2n} \end{cases}$$

将甲、乙两组的对应方程依次相减，求差，得

$$\begin{cases} \Delta y_1 = y_{n+1} - y_1 = b(x_{n+1} - x_1) = b\Delta x_1 \\ \Delta y_2 = y_{n+2} - y_2 = b(x_{n+2} - x_2) = b\Delta x_2 \\ \vdots \\ \Delta y_n = y_{2n} - y_n = b(x_{2n} - x_n) = b\Delta x_n \end{cases}$$

等式两边取平均，得

$$b = \frac{\overline{\Delta y}}{\overline{\Delta x}} = \frac{\dfrac{1}{n}\sum\limits_{i=1}^{n}\Delta y_i}{\dfrac{1}{n}\sum\limits_{i=1}^{n}\Delta x_i} = \frac{\sum\limits_{i=1}^{n}(y_{n+i} - y_i)}{\sum\limits_{i=1}^{n}(x_{n+i} - x_i)} \tag{1.5.3}$$

根据 $\sum\limits_{i=1}^{2n} y_i = 2na + \sum\limits_{i=1}^{2n} bx_i = 2na + b\sum\limits_{i=1}^{2n} x_i$，求得

$$a = \frac{1}{2n}\left(\sum\limits_{i=1}^{2n} y_i - b\sum\limits_{i=1}^{2n} x_i\right) \tag{1.5.4}$$

计算结果表明，逐差法对数据取平均值进行计算，充分利用了全部的数据。与作图法比较，显然逐差法减少了误差，更加精确。因此，逐差法在物理实验中被广泛采用。

1.5.4　最小二乘法

实验中，当测得 $(x_1, y_1), (x_2, y_2), \cdots, (x_i, y_i), \cdots, (x_n, y_n)$ 为自变量 x 与因变量 y 的 n 组对应数据时，要寻找已知类型的函数关系 $y = f(x)$，使残差 $y_i - f(x_i)$ 的平方和

$$\sum_{i=1}^{n}\left[y_i - f(x_i)\right]^2 = \min(最小) \tag{1.5.5}$$

求 $f(x)$ 的方法，称为最小二乘法。

以简单线性函数 $y = a + bx$ 为例，设

$$Q = \sum_{i=1}^{n}\left[y_i - (a + bx_i)\right]^2$$

要使残差的平方和 Q 取最小值，须满足条件 $\dfrac{\partial Q}{\partial a} = 0$，$\dfrac{\partial Q}{\partial b} = 0$，并且 Q 的二阶导数要大于 0。因此，对 Q 求导，并令其为零，可以得到两个联立方程

$$\begin{cases} \dfrac{\partial Q}{\partial a} = -2\sum\limits_{i=1}^{n}\left[y_i - (a + bx_i)\right] = 0 \\ \dfrac{\partial Q}{\partial b} = -2\sum\limits_{i=1}^{n} x_i\left[y_i - (a + bx_i)\right] = 0 \end{cases}$$

整理后,可得

$$\begin{cases} \bar{x} \cdot b + a = \bar{y} \\ \overline{x^2} \cdot b + \bar{x} \cdot a = \overline{xy} \end{cases}$$

其中

$$\bar{x} = \frac{1}{n} \sum_{i=1}^{n} x_i, \quad \bar{y} = \frac{1}{n} \sum_{i=1}^{n} y_i, \quad \overline{x^2} = \frac{1}{n} \sum_{i=1}^{n} x_i^2, \quad \overline{xy} = \frac{1}{n} \sum_{i=1}^{n} (x_i \cdot y_i)$$

方程的解为

$$b = \frac{\bar{x} \cdot \bar{y} - \overline{xy}}{\bar{x}^2 - \overline{x^2}} \tag{1.5.6}$$

$$a = \bar{y} - b\bar{x} \tag{1.5.7}$$

进一步计算表明,上述的 a、b 值,满足 Q 为最小的条件,即能够使 Q 的二阶导数大于零。这样,用最小二乘法求出了方程 $y = a + bx$ 中 a、b 的值。与前述作图法、逐差法等方法相比,最小二乘法是确定待定系数的最好方法。

运用最小二乘法确定待定系数时要求每个数据的测量都是等精度的,而且,假定 x_i、y_i 中只有 y_i 是有测量误差的。在实际处理问题时,可以将相对来说误差较小的变量作为 x_i。

1.5.5 习题

1. 指出下列情况属于随机误差还是系统误差:

(1) 游标卡尺零点不准;　　　　　　(2) 最小分度后一位的估计;

(3) 米尺因温度改变而伸缩;　　　　(4) 米尺刻度不均匀;

(5) 测量质量时,天平未调平;　　　(6) 实验者读数时的习惯偏向。

2. 根据有效数字的含义、运算规则,改正以下错误:

(1) $L = 12.832\text{cm} \pm 0.2\text{cm}$;　　　　(2) $L = 12.8\text{cm} \pm 0.22\text{cm}$;

(3) $L = 12.832\text{cm} \pm 0.2222\text{cm}$;　　(4) $18\text{cm} = 180\text{mm}$;

(5) $266.0 = 2.66 \times 10^2$;　　　　　(6) $0.028 \times 0.166 = 0.004\ 648$;

(7) $\dfrac{150 \times 2000}{13.60 - 11.6} = 150\ 000$。

3. 圆柱体的体积公式为 $V = \dfrac{1}{4}\pi d^2 h$。设已经测得 $d = \bar{d} \pm u_{\text{C}}(d), h = \bar{h} \pm u_{\text{C}}(h)$,写出体积的相对合成标准不确定度表达式。

第 2 章

物理实验基本方法

物理实验方法是指按照物理实验的目的,利用物理仪器设备,人为地控制研究对象,排除多种次要因素的干扰,突出物理实验的现象、过程及其特征,从而研究物理规律,探寻宇宙奥秘所采用的方法。物理实验方法注重的是以物理实验理论为基础,以实验技术和实验装置为主要手段进行科学研究,取得所期待的结果。

从认识论角度看,实验方法不同于诸如分析、综合、归纳、演绎、类比等的思维方法。实验方法是一种感性的活动,能够直接改变客观事物,而分析、综合、归纳等方法都属于理性活动。事实上,物理实验中广泛运用了这些思维方法,并把它们物化到物理实验设备的设计和物理实验教学的过程中。实验方法与思维方法互相联系、互相贯通、融为一体。

实践证明,了解、学习、掌握实验方法的过程是人类由感性到理性认识事物的发展过程,也是学生培养实验能力、提高科学素质的积累过程。

在物理实验课程的学习中,应当注意理论联系实际,在学习实验技能的同时,重点掌握物理实验的基本方法,并在物理实验的实践过程中加深对实验方法的理解,学会实验方法的运用,特别注意综合应用各种物理实验方法解决实际问题。

2.1 科学实验

自然科学是研究无机自然界和包括人的生物属性在内的有机自然界的各门科学的总称。自然科学研究的对象是整个自然界,即自然界物质的类型、状态、属性及运动形式。研究的目的在于揭示自然界发生的现象和过程的实质,进而把握这些现象和过程的规律,以便控制它们,并预见新的现象和过程,为在社会实践中合理而有目的地利用自然界的规律探寻各种可能的途径。

自然科学研究以观察和实验为本。观察和实验是搜集科学事实的基本途径,是形成、发展和检验自然科学理论的实践基础,是自然科学研究中十分重要的认识方法。

人类对自然的研究始于人们对自然发生条件下自然现象的考察(可借助仪器)。物理学及其分支科学中有大量科学事实来源于对自然界的观察。牛顿力学的验证就是基于对天体的观测。长期观测宇宙射线,导致了许多基本粒子的发现。观察有定性和定量两种方式(定量观察也称观测)。在自然科学研究中,观测所起的作用十分重要。但由于观察时并不控制自然现象,使得观察不可避免地具有局限性。弥补观察方法自身的不足,只有依靠实验。实验是根据研究目的,借助科学仪器,人为地控制、创造或纯化某种自然过程,突出主要因素,在有利条件下进行定性或定量观测,以探寻自然过程变化规律的科学活动。观察受到自然条件限制,相比之下,实验可以人为地去控制研究对象,从而可以更全面地认识自然,可以更深刻地揭示自然的奥秘。

科学理论源于科学实验。综观整个自然科学的发展历史,任何一个科学理论的建立和发展都离不开科学实验的佐证。这些科学理论,有的是直接建立在科学家们大量实验现象的发现、观察和探索之上;有的是学者提出了大胆的设想或理论模型;有的则是在演绎的基础上提出了理论的预言。然而,不论这些理论看起来是多么合理,在数学上又是多么完美无缺,在得到实验验证之前,它仍不能成为科学的定论。爱因斯坦说的"一个矛盾的实验结果就足以推翻一种理论",这句话高度概括了科学实验在科学发展过程中举足轻重的地位。

实际上,科学的发展往往经历了无数次失败、曲折和艰苦探索,其中并没有一种固定的模式可以遵循。科学理论的建立虽然常常源于实验规律的总结,但科学理论却能更深刻地反映事物的本质和内在的联系。因此,在科学理论指引下的实验才能沿着正确的方向探索。

在自然科学的建立和发展过程中,实验作出了重要而独特的贡献,也得到了越来越广泛的应用。实验在自然科学与技术发展中的作用概括如下:

(1) 发现新事实,探索新规律。实验是自然科学的基础。自然科学中的许多规律和重大突破往往来自于实验。

(2) 检验新理论,判明新理论的适用范围。实验是检验新理论的重要手段,新理论是否正确,必须接受实验的检验。同时,每个理论的适用范围,也需由实验确定。

(3) 测定重要常数和参数。光速、普朗克常数、电子荷质比等重要物理常数和一些参数都需要通过实验来测定。事实上,许多实验本身就是围绕常数的测量来设计的。

(4) 推广应用新理论。已建立的科学理论通过实验不断扩大应用范围,在认识自然、改造自然的过程中逐步发挥作用。同时也通过认识自然、改造自然的实践,不断补充、改造和完善科学理论本身。

2.2　科学实验的基本类型

科学实验有许多种,可以按不同的方式来进行分类。

1. 实验室实验和自然实验

实验室实验是指在实验室内通过各种实验仪器和设备,在人为地制造、控制或改变实验对象的状态和条件下,考察与研究实验对象的一种有目的、有计划的操作或实践活动。由于实验室内的各种环境和条件便于实验者根据实验目的或实验材料的需要人为制造、控制或改变,而受自然环境干扰较少,因此实验室实验的设计到实验的控制过程、操作过程都比较严格,其实验结果的精确度也比较高。

自然实验是使研究对象处于自然环境中和自然状态下对其加以考察的一种实践活动。自然实验的优点是把观察的自然性和实验的主动性结合在一起,因此自然实验在生命科学实验中被广泛应用。由于自然实验中对某些自然因素的控制不容易严格把握,常常影响其实验结果的精确性。

2. 探索性实验与验证性实验

探索性实验是探索研究对象的未知属性、特征以及与其他因素的关系的实验方法。探索性实验的特点是对研究对象的不了解或不完全了解,需要实验者去"摸索"和"尝试",所以探索性实验也称"试验"。

验证性实验是验证某一个理论是否正确的实验。验证性实验在科学研究中的地位十分重要。任何理论观点或假说的正确性都需要实验证实,没有实验支持的理论是站不住脚的。例如密立根用实验验证爱因斯坦光电效应方程,电子衍射实验证实物质波理论的正确性,吴健雄用实验证实弱相互作用宇称不守恒理论等,都是物理学史上著名的验证性实验。当人们对研究对象有了一定的了解,并形成一定认识或提出某种假说时,就需要用实验来证明其正确与否。因此,验证性实验是把研究对象引向深入的重要环节。验证性实验有两种:一种是实验者验证自己提出的某种设想或假说;另一种是对别人提出的某种理论、假说或成果的验证。

实际上,在物理科学的研究过程中,探索性实验和验证性实验往往是不可分割的。验证性实验的结论也并非都是已知的,假设本身就不是结论,只能是一种预期。在对研究对象的探索过程中,对未知的研究目标,必然要提出假设或猜想,并做出预期。只有通过验证性实验证明假设的正确与否,才能得出科学的结论。虽然探索性实验是带有尝试性质的,但仍然是有一定的目标和方向的,只不过验证性实验的目标更具体。

经典验证性实验一直是基础物理实验的主要内容,绝大多数大学现在所开设的物理实验课中大部分是验证性实验。验证性实验丰富的实验设计思想和方法值得我们认真学习、深入研究。

3. 定性实验与定量实验

定性实验是判断研究对象具有哪些性质,并判断某种物质的成分、结构或者鉴别某种因素是否存在,以及某些因素之间是否具有某种关系或某些观点和假设是否正确、对某些理论的初步验证等的一种实验方法。一般来说,定性实验要解决的是"有与无"、"是与否"的问题,多用于某些探索性实验的初期阶段。主要是把注意力集中于了解研究对象"质"的特性方面,是进行定量实验的基础。在物理学中如证明电磁波存在的赫兹实验、否定以太存在的迈克耳孙-莫雷实验、证明物质波存在的电子衍射实验;证明光波动性的干涉衍射现象实验及大量的演示性实验;化学中鉴定物质中的元素与成分实验;力学中的疲劳实验、冲击实验、光测应力分布观察等实验;物相鉴定、金相组织观察等都属此类,许多现代检测手段都是定性实验的重要手段。

定量实验是为了对研究对象的性质、组成及影响因素有更深入的认识,而揭示各因素之间数量关系的一种实验方法。定量实验的目标是测定研究对象的数值,包括重要常数测量、重要性能的测量、找出某些因素间的经验公式或规律等。科学实验中的大多数实验都是定量研究与测量实验,基础物理实验以定量实验居多。测量是定量实验的重要手段和方法。

定量实验具有定性实验所不能取代的作用。定量实验能够从测量所得的具体数量上准确地判定研究对象所具有的某种性质及其各种因素之间的函数关系或相关关系,从而更深入地揭示其物质运动的规律。

4. 比较实验

比较实验是通过对照或比较来研究和揭示研究对象某种属性或某种原因的一种实验方法。这种实验要设置两个或两个以上的相似组样:一个是对照组,作为比较的标准;另一个是实验组,通过某种实验步骤,在两组之间判定实验组是否具有某种性质或影响。在实际研究中,根据需要,又把比较实验分为相对比较实验和对照比较实验。

相对比较实验是在两种或多个相似组样之间进行比较,以确定实验组样之间某种特性上的异同、优劣。

对照比较实验是在两个相似组样中进行,其中一个是已经确定其结果的事物,称之为"对照组",让其自然发展,实验者对之不加干预;另一组是需要研究的事物,称其为"实验组"。将实验组中的未知因素同对照组的已知因素进行对照比较,通过对实验组的人为干预,以确定该因素的影响作用。

相对比较实验和对照比较实验虽然都是通过比较的方法进行实验,但两者的不同在于相对比较实验只是对比较的双方做出差异的鉴别,而对照比较实验需要通过与已知因素的对照来确定未知因素的影响或作用。因此,对照比较实验中对相关因素的控制作用即人为干预的作用更大。

5. 析因实验

析因实验是由已知结果或现象去探寻原因的实验。析因实验的特点是:结果是已知的,即所表现出的物理现象是客观的、可见的,而影响或造成这种现象或结果的各种因素,特别是主要因素是未知的。通过析因实验对未知原因的探索,常常导致科学上的重大发现,或是新的科学理论的建立。惰性气体氩的发现就是这样。19世纪80年代,英国物理学家瑞利利用空气化学捕集器,将空气中的碳酸气、氧气、水蒸气分别吸收掉,从而得到每升重1.2572g的氮。然而从氨中分解出来的氮每升重为1.2560g,两者相差约千分之一克。为什么会这样?英国物理化学家拉姆塞设计了一个实验来进一步研究大气中获得的氮。他使从空气中捕集的氮通过赤热的镁屑,把氮吸收后,测出剩下气体的密度为氢气的20倍,再经光谱分析证实这是一种新的惰性气体——氩。

阴极射线、X射线、α射线、β射线、γ射线、中子等的发现都是从一些实验中观察到某种特殊现象,再经物理学家利用其他的实验来研究和证实它们的本质所取得的。

在探索性实验中,出现实验现象和结果与预期的不一致,或实验出现了异常现象,以及在解决工农业生产和日常生活的具体问题时,也常用到析因实验。

6. 模拟实验(间接实验)

在研究工作中,由于对研究对象不能或不允许进行实际实验,为了取得对研究对象的认识,根据已知的事实、经验和一定的科学理论,设计和构想出研究对象的"替代物",通过对替代物的实验,以获取研究对象的信息和资料的实验称为模拟实验或间接实验。模拟实验根据相似性原理,用模型来代替研究对象。这种实际存在的研究对象叫"原型",而模拟的"替代物"叫"模型"。在实验过程中,采用的实验手段只直接作用于模型,而不直接作用于原型。模拟实验中的模型大致可分为两大类,一类是理论模型,另一类是实物模型。理论模型包括图像模型、逻辑模型和数学模型。实物模型可分为自然模型和人造模型。自然模型是人们从自然界已有的事物中选择出来代替原型作为研究对象的事物。人造模型是指人工制造出来的代替原型进行实验的某种装置。人造模型是通过人的控制,人为地制造与原型更为相似或更为一致的模型,它可以克服自然模型的局限性,从而使得模拟实验的结果更为精确和科学。

综上,实物模型应具备如下特点:

(1) 与原型有相似关系,即在结构或功能上是相似的;

（2）能被人的感官直接感知；

（3）可用作实验对象。

7. 中间实验

对于较大型或较复杂的生产项目，在确定设计方案后需要做中间试验，以检验所确定的设计方案是否合理。据此修正原设计方案，再实施较大型或较复杂的生产项目。

8. 结构分析实验

结构分析实验的目标是测定物质的内部结构，如原子团的空间结构、晶体非晶体结构、材料内部缺陷等。现代物理检测技术如各种光谱能谱波谱实验、电子探针与电镜、X 射线衍射分析等都是结构分析的重要手段，同时也是定性与定量分析的重要手段。

9. 产品制备与工艺过程研究实验

产品制备与工艺过程研究实验是新产品开发和新工艺开发前的试验性实验。

2.3 物理实验基本方法简介

物理实验的目的是为了研究自然现象，揭示自然规律。了解并掌握物理实验相关的基本方法，对于提高科学实验能力、强化科学实验素质具有十分重要的作用。物理实验离不开测量，如何根据测量要求设计实验过程，从而快捷、有效地达到实际目的是每一个实验者必须考虑的重要问题。物理实验有许多实验方法或测量方法，即便是进行同一个实验，完成同一物理量的测量，也会体现多种方法，且各种方法又相互渗透和融合。

由于使用的目的、学科专业等方面的差异，实验方法多种多样，目前还没有确切统一的分类方法。本节介绍如下几种大学物理实验中涉及的常用的基本的实验方法。

2.3.1 比较法

比较测量法是物理实验中最常用的基本方法，它是根据一定的物理原理，通过与标准对象或标准进行比较来确定待测对象的特征或待测量数值的实验方法。

1. 直接比较

将待测物理量与已标定的仪器或量具的同类标准量发生直接联系，并直接读出待测物理量量值的过程称为直接比较。例如用最小分度为毫米的米尺测量长度，"毫米"就是作为比较的标准量。天平称质量、秒表计时等都是直接比较。直接比较法简便实用，也比较准确。但直接比较法要求标准量与待测物理量有相同的量纲，且大小可比。例如螺旋测微计可以测量细小钢丝的直径，却不能测量原子间的距离。另外，直接比较法的测量精度取决于标准量具和测量仪器的准确度，因此，一定要定期校准标准量具和测量仪器，并严格按规定条件使用。

2. 间接比较

对于无法直接比较的物理量，需要利用中间量或通过某些关系将它们转换成能够直接比较的物理量进行比较。这种转换比较方法称为间接比较法，它是直接比较法的延续和补充。惠斯登电桥测电阻就是将待测电阻 R_x 与标准电阻 R_0 进行间接比较完成测量的。电位差计测电动势或电压，也是通过将待测电动势或电压与标准电池的电动势进行间接比较来实现的。与直接比较法相比，间接比较法的适用范围更广。它不仅可以对同量纲物理量进行间接比较,还可以将不能直接比较的物理量转化为不同量纲的量进行比较。利用间接比较法还可以将很难测准的量转化为较易测准的量,如力学量的电测法和光测法。需要注意的是,间接比较法是以物理量之间的函数关系为依据的,在可能的情况下,应当尽量将物理量之间的函数关系转化为线性关系,以使测量更加方便、准确。

3. 特征比较

将待测对象的特征与标准对象的特征进行比较,确定待测对象特征的观测过程称为特征比较。光谱实验是通过光谱的比较来确定被测物体的化学成分及其含量。每种化学元素都有一定波长的特征谱线(如同人的指纹一样),用已知化学元素的标准谱线同被测物体的光谱相比较,若发现被测物体光谱中包含有与某已知化学元素相同的特征谱线,可确定该被测物体含有该化学元素。再根据被测物体光谱中包含的与某已知化学元素相同的特征谱线的强度,可确定该被测物体含有该化学元素的含量。化学实验中确定被测物质含量的比色分析法、地质学上鉴定相对地质年代的化石分析法等都是采用特征比较。

2.3.2　放大法

当被测物理量或信号数值过小而无法测准时,可以将其放大后再进行测量。

物理实验中常遇到一些量值较微小的量的测量,用实验室提供的某种仪器进行测量通常会带来较大的误差,有时甚至根本无法直接测量,这就要求我们改进测量方法,想方设法将较微小的被测物理量放大,以期达到既能完成测量又能减少误差的目的。将待测物理量按一定规律加以放大再进行测量的方法称为放大法。放大法是物理实验常用的一种基本测量方法,其放大方式有累积放大、机械放大、电子放大和光学放大等多种。

1. 累积放大

累积放大是将被测物理量简单重叠加和进行测量的方法。例如用秒表测摆的周期 T 时,人体反应误差 Δt 为 0.2s。如果测一次摆动的时间为 t,则摆的周期 $T = t \pm \Delta t$,绝对误差 Δt 为 0.2s。如果连续测 $n = 100$ 次摆动时间 t',人体反应误差仍为 Δt,则有 $nT = t' \pm \Delta t$,$T = \dfrac{t'}{n} \pm \dfrac{\Delta t}{n}$,此时的绝对误差为 $\dfrac{\Delta t}{n}$,即 0.002s。

如果要用米尺测量铜丝的直径,可将铜丝密绕 n 匝于一细杆上,测出 n 匝铜丝的长度再除以 n,便可得到。

累积放大法的优点是将待测量重叠加和若干倍后,可增加测量结果的有效数字位数,从而减少测量的相对误差。需要特别注意的是重叠加和的过程中应努力避免引入新的误差,如细丝密绕时出现间隙。

2. 机械(力学)放大

利用机械部件(力学量)之间的几何关系转换,使标准单位量在测量过程中被放大的方法称为机械放大。例如游标卡尺,利用游标与主尺间的几何关系,使仪器的最小分度从 1mm 变为 0.1mm、0.05mm、0.02mm。0.1mm、0.05mm、0.02mm 的长度被放大到可以准确读出。螺旋测微计利用精密螺杆螺母机构使 0.01mm 的长度放大到准确可读。千分表利用齿轮齿条传动机构使 0.001mm 的长度放大到准确可读。分光计读数盘则采用两种放大方法(增大刻度盘直径和应用游标),提高了测量精度。迈克耳孙干涉仪则是将游标放大和螺旋放大结合起来,位置分度值读数值可达 0.0001mm,从而实现了精密测量。

3．电学放大

将微弱电信号(电流、电压或功率)通过电子线路放大后进行有效观察和测量的方法叫电学放大。例如光电效应实验、普朗克-赫兹实验应用微电流放大器来观察微弱电流。示波器中的示波管将电信号放大到能明显地观察和测量。材料力学电测法实验中，电阻应变片粘贴在被测试件表面然后接入电路，构件受力发生微小形变，应变片阻值发生相应变化，测量电路将电阻变化转换成电压信号。这种微小的电压信号经电学放大后可被准确测量。电学放大有直流放大和交流放大、单级放大和多级放大等。电学放大的放大率远高于其他放大方式。为避免失真，要求电学放大过程应该尽可能是线性放大。

4．光学放大

光学中利用透镜和透镜组的放大功能构成各种光学仪器，既可"显微"，又可"望远"。

1）直接光学放大

通过光学仪器将待测对象放大若干倍后直接观测的过程叫直接光学放大。例如放大镜、测微目镜、显微镜、望远镜等，能将人眼难于分辨的量变成可分辨易分辨的量。

2）间接光学放大

借助光学系统和辅助装置将微小的待测量转换成另一种较易测量量的方法称为间接光学放大。例如光杠杆就是一种常用的光学放大装置，它可用来测量长度的微小变化或角度的微小变化。其原理是通过平面镜反射将长度的微小变化转换成测量光线光点相对于参考标尺的位移，通过测量光点相对于参考标尺的位移转而完成长度的微小变化的测量。光杠杆装置在测量技术中有许多应用，金属丝静态拉伸微小伸长、金属杆受热膨胀的微小伸长都可用光杠杆测量。灵敏电流计、冲击电流计等都有光杠杆装置。

2.3.3　平衡测量法

平衡测量法是利用仪器设备暂时的、相对的、有条件的平衡状态，得到某些等量关系，从而完成测量。

1．力学平衡法

力学平衡是一种最简单、最直观的平衡。天平就是利用力学中的杠杆平衡原理设计的，其仪器设计原理是力学平衡，测量方法则是比较法(待测质量与标准质量比较)。

2．电学平衡法

电学平衡是指电流、电压等电学量之间的平衡。惠斯登电桥就是利用检流计两端电位相等时电桥达到平衡状态来测量电阻的。惠斯登电桥电路的设计原理是平衡法，而寻求待测电阻与标准电阻之间的倍数关系是比较法。

3．稳态测量法

稳态测量是利用物理系统处于静态或动态平衡时，系统内的各项参数不随时间发生变化的特性进行测量。例如，在"不良导体导热系数的测定"时，只有在稳定条件下，才满足导热速率等于散热速率的关系，这是稳态法测导热系数的基本条件。

2.3.4　补偿测量法

采取弥补或抵消的方式消除种种使测量状态受到影响的原因后进行测量的方法称为补偿法。补偿测量法在物理实验中的应用非常广泛，例如，箱式电位差计中的温度补偿、迈克耳孙干涉仪光路中加上一个与分束片同质等厚的光学介质,使得两束相干光都三次通过光学介质,从而抵消两光束所经光程不对称造成附加影响的光路补偿等。消除系统误差时使用的"异号法",将正负系统误差互相抵消,也是"补偿"思想的具体体现。例如电压表直接测量某段电路电压时,由于有部分电流流过电压表,使得被测支路原电流发生变化(测量状态受影响),将引起新的测量误差。如果使用电位差计测量,相当于电位差计产生一个电流抵消了从被测支路分出的电流,不会改变被测支路的原电流,所以电位差计测出的电压比用电压表直接测量更准确。电位差计实验综合运用了比较法和补偿法。

2.3.5 转换测量法

不同物理量之间、不同物理效应之间存在多种关系,利用它们之间的相互转换来进行测量的方法称为转换测量法。

1. 参量换测法(换测法)

参量换测法是利用各种参量之间的相互关系测量某一物理量,它在间接测量实验中普遍使用。例如通过测应力与应变的关系来测杨氏模量;通过测光的衍射角、衍射级次来测光波波长等。

2. 能量换测法

能量换测法是利用能量变换装置,将一种形式的量转换成另一种形式的量来进行测量,其测量条件是需要有实现能量转换的换能器或传感器。能量换测法的优点是能够将不易测量的量转换成易测量的量,通常是将非电量转换成电量进行测量。例如热电转换、力电转换(或压电转换)、光电转换、磁电转换等。

热电偶是一种传感器。热电偶能将温度的测量换成温差电动势的测量,将热学量转换成电学量进行测量。声速测量仪中的换能器将声波产生的压力转换为电信号。光电效应实验则通过光电管等转换器件将光学量转换为电学量。

3. 图像转换法

图像转换可将某些抽象的不易直接观察的变化过程或物理现象转换成可直接观测的图像。例如示波器将信号转换成可直接观测的图形。利用光的干涉法测微小长度的变化则是综合利用了图像转换法(易观察的干涉图样)、参量转换法、光学直接放大法等。

4. 替代转换法

替代转换法是用一个测量对象去代替另一个同类对象从而完成测量。例如用电桥测电阻,先在测量臂接上待测电阻,调至平衡;再用标准电阻箱代替待测电阻,并调节标准电阻,使电桥再次平衡,则此时标准电阻的数值就是待测电阻的阻值。

2.3.6 模拟法

模拟法不直接研究本原的自然现象和过程,而研究与该现象或过程相似的模型。受客观条件限制,对不能或不易直接实验的自然现象或过程,先行设计与该自然现象或过程(即原型)相似的模型,通过模型去间接研究原型的本质或规律。常用的模拟法有下列几种。

1. 几何模拟

几何模拟是将所研究的对象按比例制成模型,进行观测研究。这种方法简单实用,但难以弄清被模拟量的内部变化规律,故常用作定性研究。

2. 物理模拟

物理模拟的特点是模拟量与被模拟量的变化服从同一物理规律,即模型与原型保持同一物理本质。模型与原型之间只有大小比例不同,模型是原型的放大或缩小。例如设计埃及著名的阿斯旺水坝工程时,先设计一个水坝模型进行试验;研究飞机模型的风洞实验等。

3. 数学模拟

数学模拟又称类比法,是模型与原型之间在数学形式相似或相同的基础上进行实验的一种模拟方法。这种模拟的模型和原型在物理形式和实质上可能毫无共同之处,但它们遵循同样的数学规律。例如力学中的共振与电学中的共振虽然不同,但它们遵循相同的二阶常微分方程。静电场容易获得,却很容易产生畸变,因此很难直接测量。静电场和稳恒电流场都服从拉普拉斯方程,故可用直流或低频交流电场来模拟静电场。在相同的电极形状和边界条件下,通过测定稳恒电流场分布来确定静电场分布。

4. 计算机模拟

随着计算机技术的发展,出现了计算机模拟。计算机模拟是用程序设计在计算机上动态直观显示实际的物理过程。计算机不仅能够模拟实验中可能发生的现象,还可以通过改变控制参数模拟出不能或不易进行实验的现象。

2.4 测量仪器的选择与测量条件的确定

选择最佳的实验方法、挑选和搭配合适的测量仪器、确定良好的测量条件是从事科学实验非常重要的基本能力。

要想顺利完成实验,并取得理想的实验结果,选择合适的实验测量仪器非常重要。合适仪器的选择有许多要求,需要重点注意的是:

1. 仪器的量程

量程是进行测量时仪器能够测量出的结果的最大值。

2. 仪器的分辨能力

分辨能力是测量仪器能够测量出的结果的最小值。

测量不同的物理量应选用不同的仪器,选择不同的量程和不同的分辨能力。例如在拉伸法测量杨氏模量的实验中,同样是进行长度测量,测钢丝直径用螺旋测微计,测钢丝长度和镜尺距离则用米尺。一般来说,所选测量仪器的量程要大于被测量的量值,仪器分辨能力要高于测量要求。应当注意,所选测量仪器的量程也不宜过大,例如用 10mA 量程的电表去测约 1mA 的电流会造成较大的误差。当然,也不能过分追求测量仪器的高分辨能力。分辨能力过高可能会造成测量仪器的浪费和测量时的麻烦,应该按照测量的具体要求选择合适的量程和适当分辨能力的测量仪器。

3. 仪器的精度

仪器精度即生产厂家对仪器标定的测量的最大误差。有的用相对误差形式表示(如电表准确度等级 0.5、1.0、1.5 等),有的用绝对误差形式表示。误差越小,仪器精度越高。

4. 误差均分原则

对于直接测量的物理量,可根据测量要求直接确定测量仪器的精度。

对于间接测量,一般先由目标测量量与可直接测量量之间的函数关系求出误差传递公式,然后按"误差均分原则"和测量精度要求确定各直接测得量的误差范围,最后根据该误差范围选用仪器精度。在间接测量中,每个独立测量量的误差都会对最终结果的误差产生影响。人为规定各独立测量量的误差(分误差)对最终结果的误差(总误差)的影响大致相等的原则称为误差均分原则。"误差均分"只是一个原则上的分配方法,具体情况还可具体处理。

5. 最佳测量条件的确定

在实验方法及实验仪器都选定的情况下,测量误差的大小还与测量条件的选定有关。我们应该选择最为有利的测量条件,最大限度地减小测量结果的误差。通常按如下方法进行:

(1) 根据误差传递公式确定最佳实验测试的条件;

(2) 在给定实验条件下,选用最佳的实验方案;

(3) 注意各实验测量仪器量程的选择。

环境条件如温度、湿度、气压、射线、电磁场、振动等,对仪器的正常工作都会有一定的影响,也会引起系统误差,所以选定合适的测量环境是不可忽视的。

第 3 章

预 备 实 验

实验 3.1　常用仪器的使用

　　常用仪器的使用是大学物理实验中要求大学生必须掌握的技能,是学生进校后首先接触到的实践性教学环节。很好地掌握常用仪器的使用技术对提高实验效率、得到正确的实验结果起着重要的甚至关键性的作用,也是养成良好实验习惯的需要。本节内容中不可能将所有的实验操作技术全部列出,现介绍一些最基本的操作技能,而其他的一些特殊装置的调整或操作将在各个具体实验中详细地进行介绍。

　　本节主要介绍长度测量工具(如钢直尺、游标卡尺、螺旋测微计)、质量测量工具(如物理天平)、电流或电压等电学量的测量工具(如万用表)、时间测量工具(如数字式秒表、机械秒表)、温度测量工具(如温度计)的原理、使用方法及读数方法,其中使用方法及读数方法是要求学生掌握的重点内容。

3.1.1　常用测量工具的介绍

　　1. 长度测量工具

　　长度是基本物理量之一,在工程技术和科学研究中经常需要测量不同量值、不同精度的长度,应针对具体情况使用不同的测量长度仪器。此外,其他许多物理量的测量也常转化为长度的测量,而且许多仪器的标度也都是按长度划分的。如温度计测温度就是决定于水银柱面在温度标尺上的位置,测电流或电压要确定指针在表盘上的位置。总之,大多数测量都包含有长度测量,可见长度测量是基础。

　　长度的基本单位是米(m)。按照国际计量标准,1m 规定为光在真空中于 $1/299\,992\,458$s 的时间间隔内所通过的距离。在国际单位制中,还可用"m"的十进倍数或分数作长度单位。常见的长度单位及换算关系见表 3.1.1。

表 3.1.1　常用长度单位换算表

1 千米(km)=10^3 米(m)	1 厘米(cm)=10^{-2} 米(m)
1 毫米(mm)=10^{-3} 米(m)	1 微米(μm)=10^{-6} 米(m)
1 纳米(nm)=10^{-9} 米(m)	1 埃(Å)=10^{-10} 米(m)

　　常用的长度测量工具有直尺、游标卡尺、螺旋测微计(千分尺)等,它们的精度是不同的。

用直尺测长度一般可准确到 mm 位,估读 0.1mm。游标卡尺的最小分度值可为 0.1mm、0.05mm、0.02mm,常用来测一些管材的内径、外径或一些孔的深度。螺旋测微计比游标卡尺更精密,其精度为 0.01mm,估读 0.001mm,常用来测小球的直径、金属丝直径、薄片厚度等。读数显微镜是测微螺旋和显微镜的组合体,测量精度一般为 0.01mm,它主要用于精密测量微小的或不能用夹具固定的物体尺寸,如体积较小的钢球、毛细管内径、金属杆线膨胀量、钢板上压痕等。

1) 钢直尺

钢直尺(见图 3.1.1)是一种最简单的测长仪器,一般分度值为 1mm,标度单位为 cm,读数时可以准确读到 mm 位,mm 位以下的 0.1mm 位是凭眼睛估读位。合格的钢直尺,长度小于 300mm 的,全长允许的最大误差位为 ±0.1mm;300~500mm 的钢直尺,全长允许的最大误差位为 ±0.15mm;500~1000mm 的钢直尺,全长允许的最大误差位为 ±0.2mm。

图 3.1.1 钢直尺

使用钢尺测量长度时的注意事项:
(1) 尽量使待测物贴近钢尺的刻度线,读数时视线要垂直钢尺,如图 3.1.2 所示;

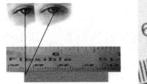

图 3.1.2 钢直尺放置及读数示意图

(2) 一般不要用钢尺的端边作为测量的起点,因为端边易受磨损而给测量带来误差;
(3) 钢尺的刻度可能不够均匀,在测量时要选取不同起点进行多次测量,然后取平均值。

例 3.1.1 用钢直尺测量一条棒的长度 L,如图 3.1.3 所示,钢直尺的分度值为 $e_L = 1mm$。测量中要求量具的标尺总长(也叫量程 F_S)大于被测量,尽量不用小量程分段接力"丈量"。从图 3.1.3 可准确读出十位为 $3-1=2$,个位为 $35-30=5$;用目测将 35、36 两刻线的间隔等分成 10 份,棒的右端大约在 6 份的位置上。测量结果为 3 位有效数字,$L = 25.6mm$。例中的十分位读数 6 叫做估计读数。估计读数只有一位,它是近似值中的不确定数字,误差就发生在这一位上。但绝不能理解为误差等于 0.6mm。本例被测棒左端对齐的是 10mm 而不是 0mm,这样一来是避免对偏,二来避免总是使用标尺的同一工作段。

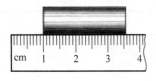

图 3.1.3 估计读数

长度测量是一切测量的基础,直尺刻度是一切仪器刻度的原型。估计读数的方法要视标尺类型灵活掌握。像钢直尺、千分尺等仪器标尺刻度是十进制的,按照例 3.1.1 的方法估读;游标卡尺、机械秒表等量具不必估读,其读数的末位虽然表示整格数,但也是不确定数字。使用每种仪器时,都要弄清它的量程 F_S、分度

值 e，并做记录，学会正确估读。当然在日常生活中，测量一般是不进行估读的。

2）游标卡尺

（1）游标卡尺结构

游标卡尺（见图 3.1.4）是由毫米分度值的主尺和一段能滑动的游标副尺构成，它能够把 mm 位下一位的估读数较准确地读出来，因而是比钢直尺更准确的测量仪器。游标卡尺可以用来测量长度、孔深及圆筒的内径、外径等几何量。

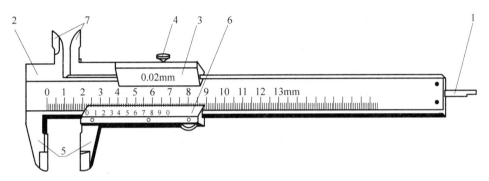

图 3.1.4　游标卡尺

1—测深直尺；2—主尺；3—副尺；4—紧固螺钉；5—下量爪；6—游标；7—上量爪

（2）游标卡尺的读数原理

游标副尺上有 n 个分格，它和主尺上的 $(n-1)$ 个分格的总长度相等。一般主尺上每一分格的长度为 1mm，设游标上每一个分格的长度为 x，则有 $nx=n-1$，主尺上每一分格与游标上每一分格的差值为 $1-x=1/n$（mm），因而 $1/n$（mm）是游标卡尺的最小读数，即游标卡尺的分度值。若游标上有 20 个分格，则该游标卡尺的分度值为 $1/20=0.05$mm，这种游标卡尺称为 20 分游标卡尺；若游标上有 50 个分格，其分度值为 $1/50=0.02$mm，这种游标卡尺称为 50 分游标卡尺。

游标卡尺的仪器误差：一般取游标卡尺的最小分度值为其仪器误差。

（3）游标卡尺的读数

从游标卡尺的主尺上准确读出 mm 位，在副尺上读出 mm 位的下一位。以 50 分游标卡尺为例，若副尺上的第 N 格与主尺上的某一格对齐，则副尺的读数为 $0.02 \times N$，主、副尺读数之和即是测量值。

（4）使用游标卡尺的注意事项

① 测量之前应检查游标卡尺的零点读数，看主、副尺的零刻度线是否对齐，若没有对齐，须记下零点读数，以便对测量值进行修正。②卡住被测物时，松紧要适当，不要用力过大，注意保护游标卡尺的刀口。③测量圆筒内径时，要调整刀口位置，以便测出的是直径而不是弦长。

3）螺旋测微计

（1）螺旋测微计的结构及读数原理

螺旋测微计（又称外径千分尺）如图 3.1.5 所示，它是依据螺旋放大的原理制成的，主要部分为一个螺距为 0.5mm 的微动螺杆在固定螺母中旋转。当微动螺杆旋转时，带有刻度的螺帽也跟随螺杆一起转动一圈，螺杆便沿着旋转轴线方向前进或后退一个螺距的距离。

因此,沿轴线方向的微小移动距离,就能用旋转螺帽上的读数表示出来。螺旋测微计的精密螺纹的螺距是 0.5mm,旋转螺帽有 50 个等分刻度,因此旋转螺帽每旋转一小格,相当于测微螺杆前进或后退 0.5/50＝0.01(mm)。可见,转动螺帽的每一小格表示 0.01mm,所以螺旋测微器可准确到 0.01mm。由于还能再估读一位,可读到毫米的千分位。

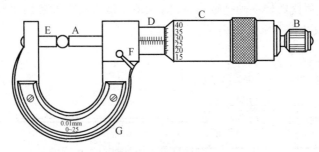

图 3.1.5　螺旋测微计

A—测微螺杆；B—棘轮；C—微分筒；D—固定套管；E—测砧；F—制动器；G—尺架

读数时首先要仔细观察螺旋测微计的标数特点,固定套管上的刻度从左向右上下的刻线标数依次是 0,0.5,1,1.5,…;其次,读数时先从固定套管上读出整毫米包括 0.5mm,再从微分筒上读出不足 0.5mm 的部分并读到千分位。

(2) 注意事项

测量前使螺杆与测砧接触时长度为 0,此时微分筒"0"线应与套管上横线对齐。但有时并未对齐,此时记录的读数为零点读数,这样测量结果就为

$$测量结果＝读数值－零点读数$$

2. 质量测量工具——物理天平

质量测量有两种方法,一种方法不是直接测定物体质量,其测量原理是利用牛顿第二定律,即当在一个物体上施加一个已知的力 F,然后测出物体的加速度,再利用牛顿第二定律 $a=F/m$ 求出物体的质量 $m=F/a$。另一种方法是利用杠杆平衡原理直接测质量。利用该原理制备的用来直接测量物体质量的仪器叫秤,它的种类和结构很多,其中在实验室常用的有精度不太高的物理天平和精度较高的分析天平。下面主要介绍物理天平的结构与使用方法。物理天平的基本原理是杠杆平衡,测量的基本方法是将待测物体与标准砝码进行比较。其外形如图 3.1.6 所示。

1) 物理天平的主要参数

(1) 最大称量值:它是天平允许称量的最大质量,也就是所有砝码的质量总和与游码读数最大值相加之和。

(2) 分度值:是指天平的指针从标尺的中间位置偏离一小格时,天平上两秤盘的质量差。

(3) 相对精度:天平的分度值与最大称量值之比。

2) 物理天平的操作步骤

(1) 调整底座水平:旋转天平的底脚螺丝(F、F′),使底座水准仪(J)中气泡处于中间位置。

(2) 调节横梁水平:调节横梁两端螺母(E、E′),使得称量前指针(C)达到刻度中央位置(S)。

(3) 称量:先制动天平(用制动旋钮 G),将待测物体放在左盘(W),砝码放在右盘(W′),再稍微启动天平,观察指针是否在中央,如不在中央,应先制动天平,反复调整砝码和游标码,

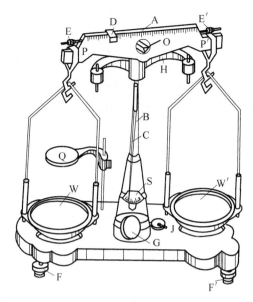

图 3.1.6   物理天平

直至天平平衡为止。这时被称物体的质量就等于所放砝码和移动游码所读数的总和。

3）注意事项

（1）使用天平前，应先了解天平的最大称量值，常用物理天平的最大称量值为 500g 或 1000g，负载量不得超过最大称量值。

（2）为保护天平的刀口，在取放物体、砝码、调节平衡时，要制动天平，只有在观察天平是否平衡时才将天平启动。

（3）不要用手直接拿取砝码，要用镊子夹取，以保护砝码的准确度。

3. 电学量的测量工具

在大学物理实验中，学生还必须掌握诸如电流 I、电压 U 及电阻 R 等的测量。电流强度是国际单位制中基本物理量之一，其基本单位是安［培］（A）。电流的测量是其他电学量测量的基础，也是许多非电量测量的基础。电流测量仪器种类较多，实验室常用的是磁电式电流表，测量时，电流表要以串接方式接入电路中。电压的测量方法也较多，其基本单位是伏［特］（V），实验中常用的电压测量仪有磁电式电压表、数字电压表、晶体管毫伏表及示波器等，其中示波器在测电压幅度的同时，还能显示波形、频率和位相，其缺点是精度不高。电阻的测量也是实验中的重要内容之一，测量方法有伏安法测量电阻、电位差计法、电桥法、四探针法测电阻率等。对于这些常用电学量的测量，目前常使用的测量工具是万用表，万用表作为一种常用的电工仪表，可以测量不同大小的交直流电流、交直流电压和电阻。

1）万用表

万用表是一种能够测量电阻、交直流电流、交直流电压、电容器电容、二极管极性、三极管参数等的多用途工具，分指针式和数字式两种，如图 3.1.7 所示。

（1）万用表简介

① 表头

万用表的表头是灵敏电流计，表头上的表盘印有多种符号、刻度线和数值。符号 A—

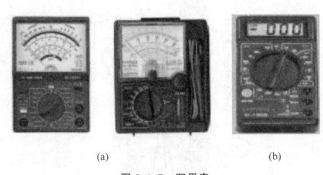

(a)　　　　　　　　　　　　　　　(b)

图 3.1.7　万用表

(a) 指针式万用表；(b) 数字式万用表

V—Ω 等表示这只电表是可以测量电流、电压和电阻等的多用表。指针式万用表表盘上印有多条刻度线，其中右端标有"Ω"的是电阻刻度线，其右端为零，左端为∞，刻度值分布是不均匀的。符号"－"或"DC"表示直流，"∼"或"AC"表示交流，"≃"表示交流和直流共用的刻度线。刻度线下的几行数字是与选择开关的不同挡位相对应的刻度值。

表头上还设有机械零位调整旋钮，用以校正指针在左端指零位。

② 选择开关

万用表的选择开关是一个多挡位的旋转开关，用来选择测量项目和量程。一般的万用表测量项目包括："mA"，直流电流；"$\overline{V}$"，直流电压；"$\widetilde{V}$"，交流电压；"Ω"，电阻。每个测量项目又划分为几个不同的量程以供选择。

③ 表笔和表笔插孔

表笔分为红、黑两只。使用时应将红色表笔插入标有"＋"号的插孔，黑色表笔插入标有"－"号的插孔。

(2) 万用表使用注意事项

① 万用表使用前，应做到如下的操作。首先将万用表水平放置并检查表针是否停在表盘左端的零位，如有偏离，可用小螺丝刀轻轻转动表头上的机械零位调整旋钮，使表针指零；第二，将表笔按上面要求插入表笔插孔；最后，将选择开关旋到相应的项目和量程上，就可以使用了。测量电阻时，必须把电阻从电源中断开，不得带电测量；测量前需对电阻挡调零，将表笔正负极短接，使电阻挡的短路电阻为零。测量直流电时，要确保正负极性不能接反。②万用表使用后，应拔出表笔，并将选择开关置至"OFF"挡，若无此挡，应旋至交流电压最大量程挡，如"∼1000V"挡。若长期不用，应将表内电池取出，以防电池电解液渗漏而腐蚀内部电路。

(3) 用万用表测量电阻

万用表欧姆挡可以测量导体的电阻。欧姆挡用"Ω"表示，指针式万用表分为 $R\times1$、$R\times10$、$R\times100$、$R\times1k$ 和 $R\times10k$ 等挡。使用万用表欧姆挡测电阻，除前面讲的使用前应做到的要求外，还应遵循以下步骤：

① 将选择开关置于 $R\times100$ 挡，将两表笔短接调整欧姆挡零位调整旋钮，使表针指向电阻刻度线右端的零位。若指针无法调到零点，说明表内电池电压不足，应更换电池。②用两表笔分别接触被测电阻两引脚进行测量。正确读出指针所指电阻的数值，再乘以倍率（$R\times100$ 挡应乘100，$R\times1k$ 挡应乘1000，……），就得被测电阻的阻值。而采用数字式万用

表时则在选择好挡位后要注意,此时的挡位指最大电阻测量值,即量程,显示屏上显示的数字乘以该挡位的单位就是被测电阻的阻值。③为使测量较为准确,测量时应使指针指在刻度线中心位置附近。若指针偏角较小,应换用 $R \times 1$k 挡,若指针偏角较大,应换用 $R \times 10$ 挡或 $R \times 1$ 挡。对于指针式万用表每次换挡后,应再次调整欧姆挡零位调整旋钮,然后再测量。

2）晶体管毫伏表

在测量前,晶体管毫伏表的正负两极短接调零,并将量程选择最大量程,以避免表头过载而打弯指针。测量时将正负两极与信号线相连,根据所测信号大小选择合适的量程。为了减小误差,要求晶体管毫伏表指针位于满刻度的 1/3 以上。在使用晶体毫伏表时还应注意:当晶体管毫伏表接入被测信号电压时,一般应先接地线,再接信号线。

4. 时间测量工具

时间是描述物理过程发生发展过程的一个基本物理量,实验离不开时间的测量。根据1967 年国际计量大会的决定,1s 规定为铯-133 原子基态两个超精细能级之间跃迁所对应的辐射周期的 9 192 631 770 倍。基础物理实验中常用计时仪器有机械停表、电子停表和数字毫秒计等。在国际单位制中,时间的单位是 s。在日常生活中,还使用 min、h 等时间单位;在科学技术中还常用 ms 等时间单位,它们的换算关系是

$$1h = 60min = 3600s$$
$$1min = 60s$$
$$1s = 1000ms(10^3 ms)$$

生活中常用钟表计时,物理实验室中,一般用秒表(停表)来计时,可以精确到 0.1s,而现在运动会电子计时系统可以精确到 0.01s,科学实验中运用的计时仪器还可以精确到几十万分之一秒,甚至更小。

通常数字秒表的分度值为 0.01s,机械秒表的分度值通常为 0.2s,如图 3.1.8 所示,它们都有开始按钮、停止按钮和复位按钮。

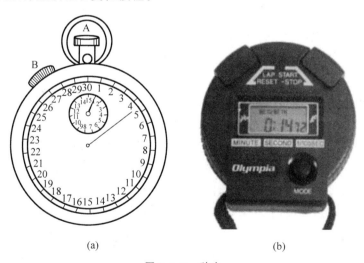

(a)　　　　　　　　　　　(b)

图 3.1.8　秒表

(a) 机械秒表;(b) 数字秒表

机械秒表表面上的数字分别表示秒和分的数值,通常有两种规格:分度值为 0.1s 的,秒针走一圈是 30s;分度值为 0.2s 的,秒针走一圈是 60s。机械秒表上端有可旋转的按钮

A,用以旋紧发条和控制秒表的走动、停止、回零。使用前先上发条,测量时大拇指按下 A,秒表立即走动,松开手再按第二次,秒表停止走动,再按第三次时,秒针、分针归零。有的秒表还装有累计键钮 B,向上推,秒表停止走动,向下推,秒表继续走动,这样可连续计时。

而数字(电子)秒表由表盘上的液晶数字显示时间,最小显示值为 0.01s,表盘上有 3 个按钮,分别为"走/停"、"回零"和"功能"控制选择键。

使用秒表的注意事项:

(1)使用机械秒表时首先上紧发条,然后方可使用,用完后要让表继续走动,防止发条疲劳,延长表的使用寿命。

(2)电子秒表使用完后要复零,以减少耗电。

5. 温度测量工具

现代科学技术中的温度测量范围很广,从接近绝对零度的极低温度到几千度的高温。这样广的温度范围需要各种不同的测温仪器(温度计),它们都是利用一些物理量随温度变化而变化的性质来测温度的。根据所用测温物质的不同和测温范围的不同,有煤油温度计、酒精温度计、水银温度计、气体温度计、电阻温度计、温差电偶温度计、辐射温度计和光测温度计等。

最早的温度计是在 1593 年由意大利科学家伽利略(1564—1642)发明的。他的第一只温度计是一根一端敞口的玻璃管,另一端带有核桃大的玻璃泡。使用时先给玻璃泡加热,然后把玻璃管插入水中。随着温度的变化,玻璃管中的水面就会上下移动,根据移动量的多少就可以判定温度的变化和温度的高低。这种温度计受外界大气压强等环境因素的影响较大,所以测量误差大。后来伽利略的学生和其他科学家在此基础上反复改进,如把玻璃管倒过来,把液体放在管内,把玻璃管封闭等。比较突出的改进是法国人布利奥在 1659 年制造的温度计,他把玻璃泡的体积缩小,并把测温物质改为水银,这样的温度计已具备了现在温度计的雏形。以后荷兰人华伦海特在 1709 年利用酒精,在 1714 年又利用水银作为测量物质,制造了更精确的温度计。他观察了水的沸腾温度、水和冰混合时的温度、盐水和冰混合时的温度;经过反复实验与核准,最后把一定浓度的盐水凝固时的温度定为 0°F,把纯水凝固时的温度定为 32°F,把标准大气压下水沸腾的温度定为 212°F,用°F 代表华氏温度,这就是华氏温度计。

在华氏温度计出现的同时,法国人列缪尔(1683—1757)也设计制造了一种温度计。他认为水银的膨胀系数太小,不宜做测温物质。他专心研究用酒精作为测温物质的优点,并经过反复实践后发现,含有 1/5 水的酒精,在水的结冰温度和沸腾温度之间,其体积的膨胀是从 1000 个体积单位增大到 1080 个体积单位。因此他把冰点和沸点之间分成 80 份,定为自己温度计的温度分度,这就是列氏温度计。

华氏温度计制成后又经过 30 来年,瑞典人摄尔修斯于 1742 年改进了华伦海特温度计的刻度,他把水的沸点定为零度,把水的冰点定为 100 度。后来他的同事施勒默尔把两个温度点的数值又倒过来,就成了现在的百分温度,即摄氏温度,用℃表示。华氏温度与摄氏温度的关系为

$$1°\text{F} = 9/5 x℃ + 32, \quad 或 \quad 1℃ = 5/9(x°\text{F} - 32)$$

现在英、美国家多用华氏温度,德国多用列氏温度,而世界科技界和工农业生产中,以及我国、法国等大多数国家则多用摄氏温度。

随着科学技术的发展和现代工业技术的需要,测温技术也不断地改进和提高。由于测温范围越来越广,根据不同的要求,又制造出不同需要的测温仪器。下面介绍其中几种。

气体温度计多用氢气或氦气作测温物质,因为氢气和氦气的液化温度很低,接近于绝对零度,故它的测温范围很广。这种温度计精确度很高,多用于精密测量。

电阻温度计分为金属电阻温度计和半导体电阻温度计,都是根据电阻值随温度的变化这一特性制成的。金属温度计主要是用铂、金、铜、镍等纯金属以及铑铁、磷青铜合金制成的;半导体温度计主要使用碳、锗等。电阻温度计使用方便可靠,已广泛应用。它的测量范围为 $-260 \sim 600 \text{℃}$。

温差电偶温度计(在后面第 5 章综合性设计性实验的"实验 5.6 不同材料导热系数的测定"中将用到)是一种工业上广泛应用的测温仪器,利用温差电现象制成,即将两种不同的金属丝焊接在一起形成工作端,另两端与测量仪表连接,形成电路。把工作端放在被测温度处,工作端与自由端温度不同时,就会出现电动势,因而有电流通过回路。通过电学量的测量,利用已知处的温度,就可以测定另一处的温度。这种温度计多用铜-康铜、铁-康铜、金钴-铜、铂-铑等组成。它适用于温差较大的两种物质之间,多用于高温和低温测量。有的温差电偶能测量高达 3000℃ 的高温,有的能测接近绝对零度的低温。

液体温度计使用注意事项:

(1) 使用温度计时,手应拿在它的上部,实验中不允许作搅拌棒使用。

(2) 用普通温度计测液体的温度时,必须使温度计的整个液泡全部浸入液体,且不要与容器底、壁接触,否则测出来的温度会有偏差,读数时,也不应在液体中取出温度计。

(3) 玻璃泡浸入液体后要稍候,待温度计的示数稳定后再读数。

(4) 因为温度计是用厚玻璃管制成的,温度计的刻度在管的外表面而液体却装在管子里,因此读数的时候,眼睛必须保持在与温度计液面同一高度上,否则会产生读数误差。

6. 其他测量工具

读数显微镜(见图 3.1.9)是一种用来精密测量位移或长度的仪器,它由一个显微镜和一个类似于千分尺的移动装置构成。当转动转鼓时,镜筒就会来回移动,从目镜中可以看到,十字叉丝在视场中移动,从固定标尺和转鼓上就可以读出十字叉丝的移动距离。固定标尺内螺杆的螺距为 1mm,转鼓转动一圈时,镜筒移动 1mm,转鼓上刻有 100 个等分格,转鼓转动一格,镜筒移动 0.01mm,所以读数显微镜的分度值为 0.01mm,具体测量时还可以估读到千分之一毫米位。

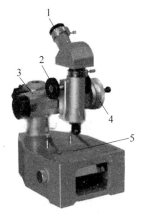

图 3.1.9　读数显微镜
1—目镜;2—调焦旋钮;
3—固定标尺;4—转鼓;
5—载物台

如测量一个小钢球的直径 d,首先调整目镜可在视场中看到清晰的黑色"十"字架;第二,将小钢球放置于载物台上,调整调焦旋钮,在视场中清晰地看到小钢球;第三,摇动转鼓,使"十"字架的竖线与小钢球的一侧相切,从固定标尺及转鼓上分别读数 x_0;第四,继续沿第三步所摇动方向摇动转鼓,使"十"字架的竖线与小钢球的另一侧相切,读得第二个读数 x;第五,两次读数之差的绝对值便为小钢球的直径 $d = |x - x_0|$。

3.1.2 实验

1. 实验目的

(1) 熟练掌握基本测量工具的使用方法。

(2) 能够正确地使用基本测量工具对给定的器材进行测量。

(3) 能够对基本仪器进行正确的读数,巩固对测量数据不确定度的分析,形成规范表示测量结果。

2. 实验装置

直尺、游标卡尺、铜管(铝管)、螺旋测微计、小钢球、物理天平、万用表、电阻、温度计、自来水、机械秒表、电子秒表。

3. 实验内容及步骤

(1) 通过对前述内容的介绍了解各种基本测量工具的结构、原理、读数方法和注意事项。

(2) 使用长度测量工具钢直尺、游标卡尺对木块的几何参数进行测量。

(3) 使用游标卡尺对铜(铝)管的内外径及高度(深度)进行测量。

(4) 使用螺旋测微计测小钢球的直径。

(5) 使用物理天平秤量物体的质量。

(6) 用万用表测电阻的阻值。

(7) 正确测量室温或自来水的温度。

(8) 将测量的原始数据记录在表 3.1.2 中(也可自行设计表格来进行记录)。

4. 实验数据处理

以下为表 3.1.2 内测量量 1～5 的不确定度分析方法表示,其中 x 表示测量量,在数据处理过程中,只要将相应的测量数据代入下面的公式即可得到相对应物理量的不确定度结果。

(注意:若物理量为电压 U 或电流 I 时 $\Delta_{仪} = \pm$ 量程 $\times a\%$,其中 a 为指针式仪表的准确度等级,若测量使用了数字式仪表,则 $\Delta_{仪}$ 为最末一位的一个单位或按仪器说明估算。)

x 的平均值: $\bar{x} = \dfrac{1}{n}\sum_{i=1}^{n} x_i$

x 的不确定度:

A 类分量: $u_A = s_x = \sqrt{\dfrac{\sum\limits_{i=1}^{n}(x_i - \bar{x})^2}{n(n-1)}}$

B 类分量:取仪器的最小分度 $\Delta_{仪}$ 为其误差限,考虑为均匀分布,则

$$u_B = \Delta_{仪}/\sqrt{3}$$

x 的合成不确定度: $u_C(x) = \sqrt{u_A^2 + u_B^2}$

x 的测量结果的完整表示为

$$x = \bar{x} \pm 2u_C(x)$$

$$u_r = \dfrac{u_C(x)}{\bar{x}} \times 100\%$$

班别_____ 姓名_____ 实验日期_____ 同组人_____

原始数据记录

表 3.1.2

(1) 块状物几何参数测量表

测量序号	1	2	3	4	5	6	平均值
长度(a)							
宽度(b)							
高度(h)							

(2) 管状物的几何参数测量表

测量序号	1	2	3	4	5	6	平均值
内径(d)							
外径(D)							
高度(h)							

(3) 钢球的直径测量(零点读数:$D_0 =$)

测量次数	1	2	3	4	5	6	平均值
直径(D)							

(4) 物体质量测量表

测量次数	1	2	3	4	5	6	平均值
物体质量/kg							

(5) 电阻测量表

测量次数	1	2	3	4	5	6	平均值
电阻(R_1)							
电阻(R_2)							
电阻(R_3)							

(6) 温度数据记录:①室温 $t_1 =$ _____℃;②自来水温度 $t_2 =$ _____℃。

(7) 秒表数据记录:脉搏 50 次所用的时间 $T_1 =$ _____ s。

实验项目名称___常用仪器的使用___ 指导教师_____

大学物理实验预习报告

实验项目名称 _____常用仪器的使用_____

班别 _____ 学号 _____ 姓名 _____

实验进行时间_____年_____月_____日，第_____周,星期_____,_____时至_____时

实 验 地 点_____

实验目的：

实验原理简述：

实验中应注意事项：

实验 3.2　固体密度的测量

密度是物体的基本属性之一,它是用来表征物质的成分及其组成结构这一特性的,各种物质具有确定的密度值,它的大小与物质的纯度有关。物质密度测定在生产实践和科学实验中应用非常广泛,工业上常通过物质的密度测定来作成分分析和纯度鉴定。本实验介绍几种固体密度的测量原理及测量方法。

3.2.1　实验目的

(1) 学习测量固体密度的一些方法。

(2) 进一步了解游标卡尺、螺旋测微计、物理天平(或电子天平秤)、水银温度计的原理和结构,掌握它们的使用方法,学会正确读数、记录数据。

(3) 进一步学习使用量筒(或量杯)计量固体体积的方法。

3.2.2　实验原理

若一物体的质量为 M,体积为 V,根据密度的定义,该物体的密度为

$$\rho = \frac{M}{V} \tag{3.2.1}$$

即只要测出物体的质量和体积,就可利用该公式计算出物体的密度。

1. 对于几何形状规则的固体的密度测量

对于规则固体,我们可选用相应的长度测量仪,测量固体的外形尺寸。如固体的长度、高度、直径等,再根据体积公式计算出它们的体积；然后在天平上称出它们的质量,并由密度公式求出它们的密度。

例如当待测物是一直径为 d、高度为 h 的圆柱体时,式(3.2.1)变为

$$\rho = \frac{4M}{\pi d^2 h} \tag{3.2.2}$$

只要测出圆柱体的质量 M、直径 d 和高度 h,代入上式即可算出该圆柱体的密度 ρ。

注意:一般说来,待测圆柱体各个断面的大小和形状都不尽相同,为了精确测定圆柱体的体积,必须在它的不同位置测量直径和高度,求出直径和高度的算术平均值。

2. 对于任意形状物体的密度测量

1) 密度大于水的任意形状的小固体

方法 1:先用天平称出固体的质量 m;向量筒注入一定的水,读出水的体积 V_1;然后把拴有细线的固体轻轻放入量筒中,读出放入固体后水面的刻度,记下 V_2;放入固体前后水面的刻度差就是固体的体积 $V_2 - V_1$。固体的密度为

$$\rho = m/(V_2 - V_1) \tag{3.2.3}$$

方法 2:采用流体静力称衡法测定密度。阿基米德原理指出:浸在液体中的物体受到一向上的浮力,其大小等于物体所排开液体的重量。根据这一定律,我们可以求出物体的体积。

先称出待测固体在空气中的质量 m_1,然后把固体全部浸入水中(图 3.2.1(a)),记下此时天平的示数 m_2,固体在水中所受的拉力即为 $T = m_2 g$,此拉力等于固体的重力 $m_1 g$ 减去

固体在水中受到的浮力(图 3.2.1(b)),而浮力的大小为 $F_浮 = \rho_f V g$(ρ_f 为实验温度下水的密度,V 为固体的体积)。即

$$m_2 g = m_1 g - \rho_f V g$$

于是,固体体积

$$V = \frac{m_1 - m_2}{\rho_f}$$

由密度的定义式,可得在某一温度时固体的密度

$$\rho = \frac{m_1}{m_1 - m_2} \cdot \rho_f \qquad (3.2.4)$$

由上式可见,只要测出 m_1、m_2,就可算得固体密度 ρ(水的密度 ρ_f 可根据书后附表查得)。

2)密度小于水的任意形状的小固体

方法 1:用天平称出待测物在空气中的质量 m;将待测物拴上重物,称量待测物在空气中与重物在水中时的合质量 m_2,称量待测物和重物都浸没在水中时的合质量 m_3。如图 3.2.2 所示,则物体受到的浮力为

$$F = (m_2 - m_3)g = V g \rho_f$$

被测物体的密度为

$$\rho = \rho_f m / (m_2 - m_3) \qquad (3.2.5)$$

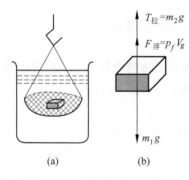

图 3.2.1 流体静力称衡法 1

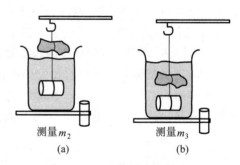

图 3.2.2 流体静力称衡法 2

方法 2:用天平称出待测物的质量 m;在量筒中倒入适量的水,用线拴住一个重物(如铁块)并将它没入水中,记下这时的量筒中水和重物的总体积 V_1;然后用线把重物与待测物绑在一起,再没入水中,记下这时的总体积 V_2。则待测物的体积为 $V = V_2 - V_1$,待测物的密度为

$$\rho = m / (V_2 - V_1) \qquad (3.2.6)$$

3.2.3 实验装置

直尺、游标卡尺、螺旋测微计、物理天平(或电子天平秤)、水银温度计、量筒(或量杯)、待测物体若干。

3.2.4 实验内容及步骤

1. 测量规则物体的密度

(1)用直尺、游标卡尺、螺旋测微计测量被测物体的尺寸,并选不同位置测量 6 次,记录

班别_____　姓名_____　实验日期_____　同组人_____

原始数据记录

表　3.2.1　　　　　　　　　　　　　　　　　　　　　　　　　　　　单位：_____

测量次数	长度	宽度	高度
1			
2			
3			
4			
5			
6			
平均值			

质量　$M = $_____。

表　3.2.2　　　　　　　　　　　　　　　　　　　　　　　　　　　　单位：_____

测量次数	内径	外径	深度
1			
2			
3			
4			
5			
6			
平均值			

质量　$M = $_____。

表　3.2.3　　　　　　零点读数_____　　　　　　单位：_____

测量次数	1	2	3	4	5	6	平均值
直径							

质量　$M = $_____。

实验项目名称____固体密度的测量____指导教师_____

大学物理实验预习报告

实验项目名称＿＿＿＿＿**固体密度的测量**＿＿＿＿＿

班别＿＿＿＿＿＿＿＿＿＿学号＿＿＿＿＿＿＿＿＿＿姓名＿＿＿＿＿＿＿＿＿

实验进行时间＿＿＿＿年＿＿＿＿月＿＿＿＿日，第＿＿＿＿周，星期＿＿＿＿，＿＿＿＿时至＿＿＿＿时

实 验 地 点＿＿＿＿＿＿＿＿＿＿＿＿＿＿＿＿

实验目的：

实验原理简述：

实验中应注意事项：

数据；

(2) 将电子天平秤按清零钮清零；

(3) 将被测物体放入电子天平样品托盘中，称出该物体的质量 M；

(4) 利用式(3.2.1)计算出该物体的密度。

2. 测量不规则物体的密度

1) 密度大于水的待测物(任选一种测量方法)

如选用方法 2：

(1) 将电子天平秤按清零钮清零；

(2) 将待测物放入托盘内，称出该物体在空气中的质量 m_1；

(3) 将盛有大半杯水的容器放在天平支架下，按清零钮清零，用镊子将待测物放入天平下面的网状秤盘内，使其全部浸入水中，记录天平的示数 m_2；

(4) 用水银温度计测出实验室温度，查书后附表得到水的密度 ρ_f；

(5) 利用式(3.2.4)计算出该物体的密度。

2) 密度小于水的待测物(任选一种测量方法)

如选用方法 2：

(1) 将电子天平秤按清零钮清零；

(2) 将待测物放入托盘内，称出该物体在空气中的质量 m；

(3) 将铁块没入量杯水中，记录总体积 V_1；

(4) 用线把铁块与待测物绑在一起，再没入水中，记下这时的总体积 V_2；

(5) 利用密度公式(3.2.6)计算出待测物的密度。

3.2.5　实验数据处理

(1) 依据具体待测物的形状及性质，自行设计表格，记录数据。(例：将规则木块数据记录于表 3.2.1；空心铝管数据记录于表 3.2.2；金属小球数据记录于表 3.2.3。)

(2) 利用密度公式，计算待测物的密度。

(3) 计算不确定度。

(4) 分析实验结果。

3.2.6　注意事项

(1) 将固体全部浸入水中时，用镊子尽量将固体放入天平下面的网状秤盘的中间。

(2) 将固体放入及取出的过程中，轻拿轻放。

3.2.7　思考题

(1) 如何用本实验介绍的方法测量某种液体的密度？

(2) 如何测量不规则木块的密度？

(3) 如何测量食盐的体积？

第 4 章

基础实验

实验 4.1 示波器的使用

我们可以把示波器简单地看成具有图形显示的电压表。普通的电压表是由在其刻度盘上移动的指针或者数字显示来给出信号电压的测量读数；而示波器则与它不同，示波器具有屏幕，它能在屏幕上以图形的方式显示信号电压随时间的变化，即波形。

示波器主要由示波管和复杂的电子线路组成，用示波器可以直接观察电压波形，并测定电压的大小。因此，示波器已成为测量电学量以及研究可转化为电压变化的其他非电学物理量的重要工具之一。

示波器所涉及的知识是电视机、计算机显示器，乃至大型精密医疗显示设备的基础。实验内容包括使用示波器观察交流电信号的波形，并测量其有效值和周期(或频率)。通过观察多种频率比情况下的李萨如图形，加深对振动合成理论的理解。示波器的具体电路比较复杂，实验中对此不作详细介绍，主要介绍示波器的使用方法。

4.1.1 实验目的

(1) 了解示波器的主要组成部分及各部分间的联系与配合，熟悉使用示波器和信号发生器的基本方法。

(2) 学习用示波器观测各类电压波形。

(3) 通过观测李萨如图形，学会一种测量正弦振动频率的方法，并加深对于互相垂直振动合成理论的理解。

4.1.2 实验原理

示波器的基本组成部分有示波管、X 轴放大器、Y 轴放大器、扫描发生器(锯齿波发生器)、触发同步和电源等，其工作原理图如图 4.1.1 所示。为了适应各种测量的要求，示波器的电路组成是多样而复杂的，这里仅就主要部分加以简单介绍。

1. 示波管的基本结构

如图 4.1.1 所示，示波管主要包括电子枪、偏转系统和荧光屏三部分，全部密封在玻璃外壳内，里面抽成高真空。下面分别说明各部分的作用。

(1) 荧光屏。它是示波器的显示部分，当加速聚焦后的电子打到荧光上时，屏上所涂的荧光粉就会发光，形成光斑，从而显示出电子束的位置。

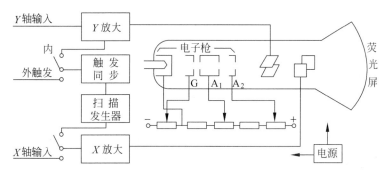

图 4.1.1　示波管工作原理图

（2）电子枪。由灯丝 H、阴极 K、控制栅极 G、第一阳极 A_1、第二阳极 A_2 五部分组成。灯丝通电后加热阴极。阴极是一个表面镀有氧化物的金属筒,被加热后发射电子。控制栅极是一个顶端有小孔的圆筒,套在阴极外面。其电位比阴极低,对阴极发射出来的电子起控制作用,只有初速度较大的电子才能克服栅极与阴极间的电场穿过栅极顶端的小孔,然后在阳极加速下射向荧光屏。示波器面板上的"亮度"调整就是通过调节栅极电位以控制射向荧光屏的电子流密度,从而改变了屏上的光斑亮度。当控制栅极、第一阳极、第二阳极之间的电位调节合适时,电子枪内的电场对电子射线有聚焦作用,所以第一阳极也称聚焦阳极。第二阳极电位更高,又称加速阳极。面板上的"聚焦"调节,就是调第一阳极电位,使荧光屏上的光斑成为明亮、清晰的小圆点。具有"辅助聚焦"的示波器,实际是调节第二阳极电位,以进一步调节光斑的清晰度。

（3）偏转系统。它由两对相互垂直的偏转板组成,一对垂直偏转板 Y（简称 Y 轴）,另一对水平偏转板 X（简称 X 轴）。在偏转板上加以适当电压,电子束通过时,受电场力的作用,运动方向发生偏转,从而使电子束在荧光屏上产生的光斑位置也发生改变。

由于光点在荧光屏上偏移的距离与偏转板上所加的电压成正比（详见实验:带电粒子运动特性研究）,因而可将电压的测量转化为屏上光点偏移距离的测量,这就是示波器测量电压的原理。

2. X、Y 轴信号放大/衰减器

示波管本身相当于一个多量程电压表,这一作用是靠信号放大器实现的。由于示波器本身的 X 及 Y 偏转板的灵敏度不够高,当加于偏转板的信号较小时,电子束不能发生足够的偏转,以至荧光屏上光点的位移太小,不便观测。为此,设置 X 轴及 Y 轴电压放大器,预先把小的信号电压加以放大,再加到偏转板上。当输入信号电压过大时,放大器不能正常工作,甚至受损。因此,在输入端和放大器之间设有衰减器（分压器）,将过大的输入电压衰减,以适应信号放大器的要求。

3. 扫描发生器与波形显示原理

如果仅在 Y 轴上加上一个交变正弦电压信号,则电子束在荧光屏上产生的亮点将随电压的变化在竖直方向来回运动。当电压频率较高时,由于视觉暂留和屏幕余辉作用,则看到的是一条垂直亮线,如图 4.1.2 所示。同

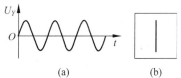

图 4.1.2　波形原理图
（a）电压波形;（b）显示图形

样,如果仅在 X 轴加上一个交变电压信号,则会看到一条水平亮线。

要能显示波形,必须同时在 X 轴上加一扫描电压。扫描电压的特点是电压随时间线性地增加到最大值,然后回到最小,再重复地变化。这种扫描电压随时间的变化关系形同锯齿,故称"锯齿波电压",如图4.1.3所示,它是由扫描发生器产生的。它的作用是使电子束的亮点匀速地由荧光屏的左边移动到右边,然后迅速返回左边,接着又由左边移动至右边,……光点的这种运动称为扫描。

当只有锯齿波电压加到 X 轴上时,如果频率很低,可以看到光斑不断重复地从左到右匀速运动。随着频率的升高,光斑运动速度加快。若频率足够高,则屏幕上显示一条水平亮线。如果在竖直偏转板上加正弦电压,同时在水平偏转板上加锯齿波电压,则光斑将在竖直方向作简谐振动的同时还沿水平方向作匀速运动。这两个运动的叠加使光斑的轨迹为一正弦曲线。当锯齿波电压和正弦电压周期相同时,在屏幕上将显示出一个完整的所加正弦电压的波形图,如图4.1.4所示。如果锯齿波电压的周期是正弦波电压周期的 n(n 为整数)倍,荧光屏上将显示 n 个完整的正弦波形。

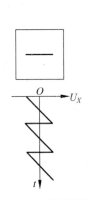

图 4.1.3　扫描原理图

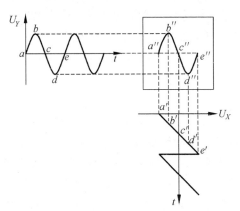

图 4.1.4　正弦电压波形形成原理图

4. 触发同步电路与同步原理

如果所加正弦电压和锯齿波电压的周期稍有不同,屏幕上出现的是一移动的不稳定图形,这种情形可用图4.1.5说明。设锯齿波电压的周期 T_X 比正弦波电压的周期 T_Y 稍小,比如 $T_X/T_Y=7/8$。在第一扫描周期内,屏幕上显示正弦信号0~1间的曲线段,起点在 $0'$;在第二周期内,显示1~2之间的曲线段,起点在 $1'$处;第三周期内,显示2~3点之间的曲线段,起点在 $2'$处。这样屏幕上每次显示的波形都不重叠,好像波形在向右移动。同理,如果 T_X 比 T_Y 稍大,则波形向左移动。

为了获取一定数目的完整波形,示波器上设有"扫描速率"转换开关和"扫描微调"旋钮,用来调节锯齿波电压的周期,使之与被测信号的周期成适当的关系,从而在屏幕上得到所需稳定的被测波形。

如果输入 Y 轴的被测信号与示波器内部的扫描电压是完全独立的,由于环境和其他因素(如工作电源电压起伏、电路元件热扰动等)的影响,它们的周期会发生微小的改变。这时,虽可通过调节扫描微调将周期调到整数倍关系,但过一会儿又变了,波形又移动起来。在观察高频信号时,这个问题尤为突出。为此示波器内设有触发同步电路,从 Y 轴电压放

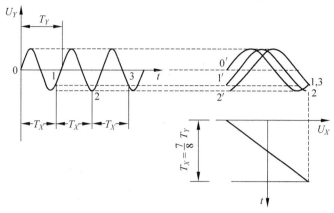

图 4.1.5　同步原理图

大器中取出部分待测信号去控制(触发)锯齿波电压发生器,使锯齿波电压的扫描起点自动随着被测信号改变,以保持扫描周期与被测信号周期的整数倍关系,从而使正弦波稳定,这就是所谓的同步(或整步)。面板上的触发"电平"调节旋钮即为此而设,适当调节该旋钮可使波形稳定。

为了达到同步目的,一般采用三种方式：内同步(或称内触发),将待测信号一部分加到扫描发生器,当待测信号频率 f_Y 有微小变化,它将迫使扫描频率 f_X 追踪其变化,保证波形的完整稳定;外同步,从外部电路中取出信号加到扫描发生器,迫使扫描频率 f_X 变化,保证波形的完整稳定;电源同步,同步信号从电源变压器获得。一般在观察信号时,都采用内同步。

5. 李萨如图形的基本原理

如果示波器的 X 轴和 Y 轴分别输入的是频率相同或成简单整数比的两个正弦电压,则示波屏上的光点将呈现特殊形状的轨迹,这种轨迹图称为李萨如图形。图 4.1.6 所示为 $f_Y : f_X = 2 : 1$ 的李萨如图形。频率比不同时将出现不同的李萨如图形,若两频率不成简单的整数比关系,图形将十分复杂,甚至模糊一片。如图 4.1.7 所示为频率成简单的整数比关系的几种李萨如图形。

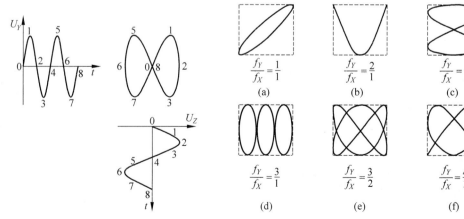

图 4.1.6　$f_Y : f_X = 2 : 1$ 的李萨如图形　　图 4.1.7　$f_Y : f_X = n_X : n_Y$ 的李萨如图形

6. 几种物理量的测量方法

下面介绍用示波器测量几种常用的电学量的方法,测量精度取决于示波器的分辨率和输入衰减器以及 Y 轴放大器的总电压增益的稳定性等。

1) 测量电压

把待测信号输入到示波器的 Y 轴,调节示波器面板上各开关旋钮到适当的位置(注意要将示波器输入衰减微调旋钮顺时针旋到底,置于校准位置),使示波屏上显示一稳定波形,如图 4.1.8 所示。然后直接从示波器屏幕上读出被测信号波形高度所占的格数 H,则信号电压的峰-峰值(峰谷差)为

$$U_{\text{P-P}} = D_Y \times H \tag{4.1.1}$$

式中,D_Y 是示波器 Y 轴的偏转灵敏度(VOLTS/DIV),DIV 是 division 的缩写,1DIV 就是示波器屏幕上的一个分格。

2) 测量周期和频率

把待测信号输入到示波器的 Y 轴,调节示波器面板上各开关旋钮到适当的位置(注意,要将扫描速度微调旋钮置于校准位置),使示波屏上显示一稳定波形,如图 4.1.9 所示。然后从示波器屏幕上读出被测信号波形一个周期所占的格数 L,则被测信号的周期为

$$T = D_X \times L \tag{4.1.2}$$

式中,D_X 为示波器扫描速度开关的偏转灵敏度(TIME/DIV)。

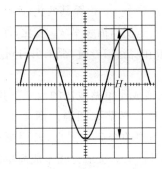

图 4.1.8　电压测量示意图

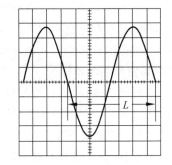

图 4.1.9　周期和频率测量示意图

3) 测量两同频率信号的相位差

设有两信号:

$$y_1 = A_1 \cos \omega t$$

$$y_2 = A_2 \cos(\omega t - \varphi)$$

其中 y_2 比 y_1 滞后相位 φ,这一相位差可以从示波器显示的波形中测出。

方法一,双踪法。示波器工作于"交替"方式时可同时显示出 y_2 和 y_1 两个通道输入信号的波形,此时有两种方式测量它们的相位差。

(1) 如图 4.1.10(a)所示,利用屏幕上的标尺测出一个波形波长 λ 和另一个波形滞后距离 l,则两信号的相位差为

$$\varphi = \frac{2\pi l}{\lambda} \tag{4.1.3}$$

(2) 如图 4.1.10(b)所示,分别调节示波器两个通道的垂直灵敏度旋钮及微调旋钮,使

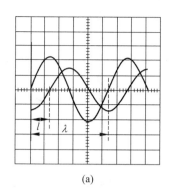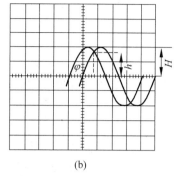

(a)　　　　　　　　　　(b)

图 4.1.10　双踪法测量两同频率信号的相位差

示波器上显示的两信号波形的幅度相等,利用屏幕上的标尺测出波形的幅度 H 和两波形交叉处的高度 h,则两信号的相位差为

$$\varphi = 2\arccos\left(\frac{h}{H}\right) \tag{4.1.4}$$

方法二,李萨如图形法(略)。

4.1.3　实验装置

本实验的仪器由示波器、信号发生器和电压计组成。

1. 示波器

该装置由示波管和复杂的电子线路组成,示波器面板上有电源开关、扫描速度调节旋钮、聚焦调节旋钮、辉度调节旋钮等众多调节旋钮,掌握各调节旋钮的功能,并合理运用,可以显示各波形并测定相应物理量。

2. 信号发生器

提供适当频率的正弦电压信号到示波器上进行实验,输出频率误差为 $\pm f_\Delta\%$。

3. 电压计

用于同步测定信号发生器输出到示波器上的正弦电压的大小。即同步测定信号发生器输出到示波器上的正弦电压的有效值,记入数据表格中,以便与采用示波器测定的正弦电压的有效值进行比较。

4.1.4　实验内容及步骤

1. 熟悉示波器和信号发生器的操作方法。

(1)仔细阅读实验室提供的示波器、数字信号发生器的使用说明书。

(2)仔细阅读附录中示波器和信号发生器的操作程序,熟悉它们面板上各旋钮的作用。

(3)利用示波器观察信号发生器发出的各类波形,同时改变频率再观察。

2. 使用示波器内部的标准信号校准示波器。

把示波器信号探头挂接到示波器内部标准信号输出端,调节示波器,在示波器上看到稳定的正波图像。

调节示波器,在示波器上看到稳定的正波图像的波峰点恰好在示波器面板的竖直线上,找出稳定的正波图像的相邻波峰点所在的位置,即可计算出正波的频率。

调节示波器,在示波器上看到稳定的正波图像的波峰点恰好在示波器面板的水平线上,找出稳定的正波图像的相邻波谷点所在的位置,即可计算出正波的振幅。

3. 测量信号发生器发出的某个正弦波电压的峰-峰值 $U_{P\text{-}P}$ 以及计算它的电压有效值 $U_{有效}$。

交流电压的峰-峰值和它的有效值间的关系为

$$U_{有效} = \frac{U_{P\text{-}P}}{2\sqrt{2}}$$

(1) 根据被测信号,设置示波器的初始工作状态,将输入选择开关放在"AC"位置,使被测信号的直流分量隔开,然后从 Y 轴输入正弦信号,调整面板上相应的旋钮按键,使荧光屏上显示稳定的正弦波形。

(2) 从正峰到负峰根据标尺(单位 cm)读出 Y 轴偏转的距离。

(3) 根据输入偏转因数"V/cm"开关所指的位置读数,每 cm 偏转电压值乘以峰-峰之间的 Y 轴偏转距离就为峰-峰值电位。知道了峰-峰值电压,电压的有效值也就可以计算出来。

4. 测量正弦波电压的频率。

把某个待测正弦波电压输入示波器,测出该波形在屏上的 X 坐标刻度,利用示波器上的时基扫描速度,即可求得该波形的周期 T,利用公式 $F = 1/T$ 即可求得频率 F。

(1) 从一个峰到相邻的另一个峰根据标尺(单位 cm)读出 X 轴偏转的距离。

(2) 根据输入偏转因数"S/cm"开关所指的位置读数,每 cm 偏转时间值乘以一个波长之间的 X 轴偏转距离就为周期。

5. 利用李萨如图形测量未知交流电压的频率 F。

如果在示波器的 X 和 Y 偏转板上分别输入两个正弦波电压,而且它们频率的比值为简单整数比,这时荧光屏上就呈显出李萨如图形,它们是两个互相垂直的简谐振动合成的结果。若 F_X 和 F_Y 分别代表 X 和 Y 轴输入信号的频率,N_X 和 N_Y 分别为李萨如图形与假想水平线及假想垂直线的切点数目,它们与 F_X、F_Y 的关系是

$$\frac{F_Y}{F_X} = \frac{N_X}{N_Y}, \quad F_Y = F_X \cdot \frac{N_X}{N_Y}$$

如果 F_X 已知,从荧光屏上的李萨如图形中测出 N_X 和 N_Y,由上式即可求出 F_Y。

操作步骤如下:

(1) 将被测频率信号 f_Y 输入仪器"Y_1"端,而将已知频率信号 f_X 输入仪器"Y_2"输入端,示波器置于 $X\text{-}Y$ 方式。

(2) 调节示波器和被测频率信号,取 $f_Y : f_X$ 分别为 1:2,1:1,3:2,2:1,5:2,3:1,7:2 和 4:1 时,使输入的两个正弦波合成李萨如图形,画下各个比较稳定的李萨如图形,根据公式利用已知频率测出未知频率,并与信号源指示的频率相比较。

4.1.5　实验数据处理

(1) 计算:周期 $T(s)$

$$T = D_X \times L$$

频率 $f(Hz)$

$$f = 1/T$$

班别＿＿＿＿＿＿ 姓名＿＿＿＿＿＿ 实验日期＿＿＿＿＿＿ 同组人＿＿＿＿＿＿

原始数据记录

表 4.1.1

输出幅度调节 AMPL/V					
信号源频率读数/Hz		约 200	约 500	约 1000	约 2000
正弦波信号	扫描速率(s/DIV)				
	同相点水平距离(DIV)				
	周期 T/s				
	频率 f/Hz				
	灵敏度选择开关(V/DIV)				
	峰-峰高度(DIV)				
	峰-峰电压 $V_{\text{P-P}}$/V				
	电压有效值 $V_{\text{有效}}$/V				
	毫伏表测量值 $V_{\text{测量}}$/V				

注：电压有效值 $V_{\text{有效}} = \dfrac{V_{\text{P-P}}}{2\sqrt{2}}$

(观察到的)其他实验图像记录：

大学物理实验预习报告

实验项目名称_____示波器的使用_____

班别_____ 学号_____ 姓名_____

实验进行时间_____年_____月_____日,第_____周,星期_____,_____时至_____时

实 验 地 点_____

实验目的：

实验原理简述：

实验中应注意事项：

（2）计算：峰-峰电压 $V_{P\text{-}P}(V)$

$$V_{P\text{-}P} = D_Y \times H$$

（3）计算：电压有效值 $V_{有效}(V)$

$$电压有效值\ V_{有效} = \frac{V_{P\text{-}P}}{2\sqrt{2}}$$

4.1.6　思考题

（1）简述示波器显示电压-时间图形（即电信号波形）的原理。

（2）一个正弦波电压从 Y 轴输入示波器，但荧光屏上仅显示出一条铅直的直线，试问这是什么原因？应调节哪些旋钮，才能使荧光屏上显示出正弦波形？

（3）如果荧光屏上显示的波形不稳定，试说明应该如何调节，并说明原因。

（4）怎样用示波器定量地测量交流信号的电压有效值和频率？

（5）观察两个信号的合成李萨如图形时，应如何操作示波器？

实验 4.2　杨氏弹性模量的测定

　　材料是一切物质生产不可缺少的要素。从石器时代、青铜器时代、铁器时代到钢铁时代、高分子时代等,材料在人类发展的历史进程中处于非常重要的地位。材料的制造和性能的研究早已得到世界各国的普遍重视,人们对材料的强度、硬度、弹性、疲劳、蠕变等力学性质的研究、各种材料的结构与性能之间的关系以及材料的原子结构、分子结构、晶体结构等微观基本结构的研究逐渐深入,进而从总体上研究材料的种类、功能、基本结构和性能之间的关系以及新材料的研制。杨氏弹性模量(简称杨氏模量)是描述固体材料抵抗形变的能力,表征固体材料力学性质的重要物理量,它与固体材料的几何尺寸无关,与外力大小无关,只取决于金属材料的性质。杨氏弹性模量是工程技术中机械构件选材时的重要依据之一,是工程技术中常用的参数。

　　本实验介绍了如何测定固体材料的杨氏弹性模量参数。同时,希望通过本实验能使学生进一步领会物理实验仪器的配置原则,明确对不同长度的测量应选用不同的测量仪器,理解测量对象变化和测量方法的改变对系统误差估算的影响及计算。在实验方法上,通过本实验可以加深理解对称测量法消除系统误差的思路,它在其他类似测量中具有普遍意义。在测量数据处理上,介绍了大学物理实验中经常使用的逐差法。在实验装置设计上使用了性能稳定、精度高,且是线性放大的光杠杆镜放大法,此法在各类测量技术和测试仪器的设计中有着广泛的应用。许多高灵敏度的测量仪器,常常应用光杠杆法来测量微小角度的变化。本实验采用适用于常温下有较大形变固体测量的静态拉伸法。

　　静态拉伸法也存在不足之处,其一是由于载荷大,加载速度慢,有弛豫过程,不能很真实地反映出材料内部结构的变化;其二是不适合对脆性材料杨氏弹性模量的测量;其三是不能测量在不同温度下材料的杨氏弹性模量。

4.2.1　实验目的

　　(1) 学习掌握一种测量杨氏弹性模量的方法。
　　(2) 掌握使用光杠杆法测量微小伸长量的原理和方法。
　　(3) 掌握不同长度测量器具的选择和使用方法。
　　(4) 学会使用逐差法和作图法处理实验数据。

4.2.2　实验原理

　　在外力的作用下,固体材料的形状会发生变化,称为形变。形变分为弹性形变和非弹性形变两类。物体在外力作用下或多或少都要发生形变,当形变不超过某一限度时,撤走外力之后形变能够随之消失,这种形变称为弹性形变。发生弹性形变时,物体内部将产生恢复原状的内应力。

　　我们研究最简单的形变:棒状物体(细钢丝)受外力后的伸长或缩短。

　　设细钢丝的原长为 L,横截面积为 S,沿长度方向施力 F 后,其长度改变为 ΔL,则细钢丝上各点的应力为 F/S,应变为 $\Delta L/L$。

　　根据胡克定律,在弹性限度内有

$$\frac{F}{S} = E \cdot \frac{\Delta L}{L} \tag{4.2.1}$$

则

$$E = \frac{F/S}{\Delta L/L} \tag{4.2.2}$$

比例系数 E 即为杨氏弹性模量。在国际单位制中其单位为 N/m^2。杨氏模量是表征材料本身弹性的物理量,由胡克定律可知,应力大而应变小,杨氏模量较大;反之,杨氏模量较小。杨氏模量反映材料对于拉伸或压缩变形的抵抗能力。对于一定的材料来说,拉伸和压缩的杨氏模量不同,但通常二者相差不多。

弹性形变是指外力撤除后物体能够完全恢复原状的形变。本实验只研究弹性形变,因此在实验中应该控制外力的大小,以确保当外力撤除后物体能恢复原状。

光杠杆装置的原理图如图 4.2.1 所示。设平面镜的法线和望远镜的光轴在同一直线上,且望远镜光轴和刻度尺平面垂直,刻度尺上某一刻度发出的光线经平面镜反射进入望远镜,可在望远镜中十字叉丝处读下该刻度的像,设为 a_0,若光杠杆后足下移 ΔL,即平面镜绕两前足转过角度 θ 时,平面镜法线也将转过角度 θ。根据反射定律,反射线转过的角度应为 2θ,此时望远镜十字叉丝应对准刻度尺上另一刻度的像,设为 a_m。因为 ΔL 很小,且 $\Delta L \ll b$,θ 也很小,故有 $\frac{\Delta L}{b} = \tan\theta \approx \theta$。因 $a_m - a_0 \ll D$,故有 $\frac{a_m - a_0}{D} = \tan2\theta \approx 2\theta$。联立两式,消去 θ,有 $\frac{a_m - a_0}{D} = \frac{2\Delta L}{b}$。令 $\Delta a = a_m - a_0$,则有

$$\Delta L = \frac{b\Delta a}{2D} \tag{4.2.3}$$

式中 b 为光杠杆后足尖到两前足尖连线的垂直距离,可用米尺测出。D 为光杠杆平面镜镜面到望远镜标尺之间的垂直距离,用钢卷尺测出。$\Delta a = a_m - a_0$ 为加砝码前后刻度尺在平面镜中的像移动的距离,通过望远镜中十字叉丝可以读出。这样,杨氏模量的测量公式可以写为

$$E = \frac{4FL}{\pi d^2 \Delta L} = \frac{8mgLD}{\pi d^2 b \overline{\Delta a}} \tag{4.2.4}$$

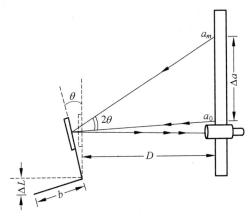

图 4.2.1　光杠杆装置原理

式中,m 为砝码的质量;g 为重力加速度。

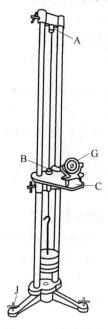

实验时,首先记录未加砝码时望远镜中十字叉丝对准刻度尺上某一刻度的像 a_0,然后逐次增加 1.0kg 砝码,分别记录各次十字叉丝对准刻度尺上某刻度的像 $a_1,a_2,\cdots,a_9$,砝码加到 9.0kg 时,在悬挂 9.0kg 砝码时停留 1min,再逐次减少 1.0kg 砝码,分别记录各次十字叉丝对准刻度尺上某刻度的像 $a_9',a_8',\cdots,a_0'$。求出加砝码相等时的各次记录的平均值 $\overline{a_0},\overline{a_1},\cdots,\overline{a_9}$,再由逐差法求出 Δa 的平均值

$$\overline{\Delta a} = \frac{1}{5 \times 5}\sum_{i=0}^{4}(\overline{a_{i+5}} - \overline{a_i}) \tag{4.2.5}$$

4.2.3　实验装置

杨氏模量测量仪如图 4.2.2 所示,在杨氏模量测量仪上,上、下螺丝夹具 A、B 固定钢丝的两端,在下螺丝夹具 B 的下端挂有挂砝码的托盘。调节仪器底部的螺丝 J 可以使平台 C 水平,且使下螺丝夹具 B 刚好悬于平台上的圆孔中间。当钢丝伸长时,可通过望远镜标尺组测量光杠杆的偏转角,从而求出钢丝的微小伸长量。

图 4.2.2　杨氏模量测量仪

光杠杆系统是由光杠杆(图 4.2.3)与望远镜标尺架(图 4.2.4)组成的。光杠杆由平面反射镜、前足、后足组成,镜面倾角及前、后足之间距离均可调。使用时,光杠杆放在杨氏模量测量仪(图 4.2.2)的平台 C 上,光杠杆两前足放在平台的槽内,后足尖放在下螺丝夹具 B 的圆柱上端面上,注意后足尖不要与金属丝直接接触。

图 4.2.3　光杠杆

图 4.2.4　望远镜标尺架

其他的实验仪器还有标准砝码(1kg,2kg)、钢卷尺、游标卡尺、螺旋测微计等。

4.2.4　实验内容及步骤

1. 调节杨氏模量测量仪

(1) 调整杨氏模量测量仪底部的螺丝 J,使杨氏模量测量仪支架立柱铅直。

(2) 调整杨氏模量测量仪支架上的平台,使平台 C 水平,且与下螺丝夹具 B 的圆柱上端面在同一水平面上,要求下螺丝夹 B 能在平台 C 的圆孔内上下自由移动。

(3) 将光杠杆按要求放置在平台 C 上。目测检查光杠杆主杆是否水平,如不水平,可上下移动螺丝夹,待主杆水平后旋紧固定螺丝。

(4) 调整光杠杆平面镜,使平面镜镜面处于铅直平面内(平面镜法线水平)。

(5) 在钢丝下端托盘上加挂初始砝码(又称本底砝码,该砝码不应计入以后所加的力 F 之内),借以将被测钢丝拉直。

2. 调节光杠杆、望远镜标尺组

(1) 粗调。将望远镜标尺组放在距光杠杆平面镜前 1.5～2.0m 处,望远镜水平放置,望远镜轴心线和刻度标尺平面竖直;使望远镜和光杠杆处于同一高度;调节望远镜的左右位置和在平面内的方位,使沿望远镜镜筒方向观察光杠杆平面镜面,能够看到刻度标尺的像和观察者眼睛的像。

(2) 细调。微调望远镜的方位,使刻度标尺的像位于望远镜视场中央;然后调节望远镜目镜,使十字叉丝清晰;再调物镜,使望远镜视场中十字叉丝和刻度标尺的像都很清晰。

(3) 消除视差。调节光杠杆平面镜镜面倾角,使十字叉丝对准刻度标尺上与望远镜同一高度的位置;微调物镜,消除视差(上下稍许移动眼睛,刻度标线与十字叉丝横线之间不出现相对移动就是无视差)。

3. 测量

(1) 仪器调整完毕,用螺旋测微计测量钢丝直径 d,选不同位置测 3 次,将结果记录在表 4.2.1 中。

(2) 上行(加挂初始砝码开始)时,记录望远镜中十字叉丝对准刻度标尺上某一刻度时的像 a_0。

(3) 逐次增加 1.0kg 砝码,分别记录各次十字叉丝对准刻度标尺上某刻度的像 a_1, a_2,…,a_8,砝码加到 9.0kg 时,记录 a_9。停留 1min 后,记录 a_9',再从 9.0kg 开始,逐次减少 1.0kg 砝码,分别记录各次十字叉丝对准刻度标尺上某刻度的像 a_8',a_7',…,a_0'。将结果记录在表 4.2.2 中。

(4) 用钢卷尺测量钢丝的长度 L(上下螺丝夹 A、B 之间的距离),测量 3 次。将结果记录在表 4.2.3 中。

(5) 取下光杠杆,将其放在一张平整的白纸上用力压,压出三个点印。用米尺测量光杠杆后足尖到两前足尖连线的垂直距离 b,测量 3 次,结果记录在表 4.2.4 中。

(6) 光杠杆平面镜镜面到刻度尺之间的垂直距离 D,测量一次。

4.2.5　实验数据处理

1. 用逐差法计算 $\overline{\Delta a}$

实验中每次在金属丝下端增加一个砝码(1.0kg),记录望远镜中的标尺读数 $a_i (i = 0, 1, 2, \cdots, 9)$。然后再每次减去一个砝码,记录望远镜中的标尺读数 $a_i' (i = 0, 1, 2, \cdots, 9)$,取两者的平均 $\overline{a_i} = \dfrac{1}{2}(a_i + a_i')$,用逐差法求 $\overline{\Delta a}$ 如下:

$$\overline{\Delta a} = \frac{1}{5 \times 5} \sum_{i=0}^{4} (\overline{a_{i+5}} - \overline{a_i})$$

这样操作既充分利用了测量数据,又保持了多次测量的优点,减小了测量误差。如果简单地计算每增加1个砝码标尺读数变化的平均值:

$$\overline{\Delta a} = \frac{1}{9}\big[(a_9 - a_8) + (a_8 - a_7) + (a_7 - a_6) + (a_6 - a_5) + (a_5 - a_4) +$$

$$(a_4 - a_3) + (a_3 - a_2) + (a_2 - a_1) + (a_1 - a_0)\big]$$

$$= \frac{1}{9}(a_9 - a_0)$$

结果只有头尾两个数据有用,中间数据都相互抵消。这样处理数据与一次加9个砝码的单次测量是一样的。

2. 注意单位的统一

在利用公式 $E = \dfrac{4FL}{\pi d^2 \Delta L} = \dfrac{8mgLD}{\pi d^2 b \overline{\Delta a}}$ 计算杨氏弹性模量 E 时,应把所有物理量的单位均化成国际单位,此时计算出来 E 的单位为国际单位:N/m^2。

3. 使用作图法

本实验除采用逐差法外,还可考虑采用作图法来进行数据处理。将 $E = \dfrac{4FL}{\pi d^2 \Delta L} = \dfrac{8mgLD}{\pi d^2 b \overline{\Delta a}}$ 改写成

$$\overline{\Delta a} = \frac{8LD}{\pi d^2 bE} \cdot F = KF$$

由此式作 $\overline{\Delta a}$-F 图线,应得到一直线。从图线中计算出该直线的斜率 K,再由 $K = \dfrac{8LD}{\pi d^2 bE}$ 即可计算出 E。

4. 误差分析指南

(1) 本实验中,d 和 Δa 的测量误差对结果影响最大,两者均应进行多次测量。

(2) 镜尺之间的距离 D,从放大倍数考虑似乎 D 越大越好,但从误差均分原则考虑,D 不需要过大,一般取 1.5～2.0m 为宜。用钢卷尺测量时,应尽可能把尺放水平。只要倾角小于5°,ΔD 就不会超过 1.0cm。

(3) 光杠杆前后足连线的垂直距离 b 大约为 7.0cm,要仔细测量。一般将光杠杆取下,在平整的纸上按下三足的印迹,然后用削尖的铅笔和直尺作垂线,用钢皮尺测量。只要保证印迹尽可能小,且仔细测量,使 Δb 控制在 0.05cm 以内是可能的。

(4) 对应 Δa 的荷重变化量 F,是9块砝码的质量,每块砝码质量为 1.0kg,经物理天平校正其误差 $\Delta m < 1$g,重力加速度 g 的误差可以和 π 一样处理,即在计算时多取一位有效数字,使 $\Delta g/g$ 成为微小误差——较其他误差小一个数量级,这样就可能忽略不计。但应注意,实验过程中砝码常有生锈现象和跌落损伤等情况出现,因此,需要定期校验。

(5) 钢丝直径 d 如果太大,则因伸长量过小,引起 Δa 测量困难;如果钢丝直径 d 过细,则容易超过钢丝弹性限度,发生剩余形变或者增大直径 d 的相对误差。所以一般选用 0.2～

班别_____ 姓名_____ 实验日期_____ 同组人_____

原始数据记录

表 4.2.1

钢丝直径	测量次数 i		
	1	2	3
零点读数 d_{i0}/mm			
测量读数 d_i/mm			
钢丝直径 $d=d_i-d_{i0}/\text{mm}$			
钢丝直径平均值 $\bar{d}/\text{mm}$			

表 4.2.2

砝码质量 m/kg	标尺读数 a_i				$\overline{a_i}=\frac{1}{2}(a_i+a_i')$		逐差结果
	增加砝码(上行)		减少砝码(下行)				
0	a_0		a_0'		$\overline{a_0}$		$\overline{\Delta a_1}=\overline{a_5}-\overline{a_0}$
1	a_1		a_1'		$\overline{a_1}$		
2	a_2		a_2'		$\overline{a_2}$		$\overline{\Delta a_2}=\overline{a_6}-\overline{a_1}$
3	a_3		a_3'		$\overline{a_3}$		
4	a_4		a_4'		$\overline{a_4}$		$\overline{\Delta a_3}=\overline{a_7}-\overline{a_2}$
5	a_5		a_5'		$\overline{a_5}$		
6	a_6		a_6'		$\overline{a_6}$		$\overline{\Delta a_4}=\overline{a_8}-\overline{a_3}$
7	a_7		a_7'		$\overline{a_7}$		
8	a_8		a_8'		$\overline{a_8}$		$\overline{\Delta a_5}=\overline{a_9}-\overline{a_4}$
9	a_9		a_9'		$\overline{a_9}$		

表 4.2.3

钢丝长度	测量次数 i		
	1	2	3
测量读数 L_i/mm			
钢丝长度平均值 $\bar{L}/\text{mm}$			

表 4.2.4

光杠杆长度	测量次数 i		
	1	2	3
测量读数 b_i/mm			
光杠杆长度平均值 $\bar{b}/\text{mm}$			

镜尺距离 $D=$ _____

实验项目名称___杨氏弹性模量的测定___ 指导教师_____

大学物理实验预习报告

实验项目名称_____**杨氏弹性模量的测定**_____

班别_____学号_____姓名_____

实验进行时间_____年_____月_____日,第_____周,星期_____,_____时至_____时

实验地点_____

实验目的：

实验原理简述：

实验中应注意事项：

0.5mm 的低碳钢丝为宜。要求钢丝粗细均匀,不能有锈蚀。用螺旋测微计在钢丝上、中、下三个不同部位相互垂直的方向各测一次 d,取平均值。

只要钢丝粗细均匀和测量得当,相对误差可小于 1%。

(6)荷重变化时,望远镜中读数的变化值 Δa 因各人操作技巧的不同而有较大差别,因此要采用多次测量,并用逐差法处理数据。

由实验误差讨论可知,d 和 Δa 的测量误差对本实验结果情况影响最大。

以上讨论,没有涉及诸如公式的近似、钢丝范性形变等引入所带来的附加系统误差。

4.2.6 注意事项

(1)在望远镜调整中,必须注意视差的消除,否则会影响读数的准确性。

(2)实验过程中不得碰撞仪器,更不能移动光杠杆和望远镜标尺组合的位置,否则必须重做。

(3)加挂砝码必须轻拿轻放,砝码的开口须相互错开,待系统稳定后才可读数。

(4)待测钢丝不得弯曲,若加挂初始砝码仍不能将其拉直,钢丝严重锈蚀,必须更换钢丝。

4.2.7 实验操作要领

1. 镜镜对准

将望远镜标尺组合放在离光杠杆平面镜镜面前方 1.5～2.0m 处,望远镜轴线和光杠杆平面镜镜面中心处于同一水平高度。调节望远镜大致水平,光杠杆镜面及望远镜标尺大致平行。

从望远镜观察光杠杆镜面,寻找标尺在镜面中的像。如果没有,可微动望远镜标尺组合或光杠杆平面镜镜面倾角,使来自标尺的入射光线经过光杠杆镜面的反射,能射入望远镜内。

2. 粗调找尺

调节望远镜目镜,对十字叉丝进行聚焦。调节望远镜物镜焦距,使望远镜标尺成像在十字叉丝平面上。

要求从望远镜内既能看清标尺,又能看清十字叉丝。如果十字叉丝看不见或者比较模糊,说明望远镜目镜没有调节好。如果在望远镜中只能看到光杠杆平面镜镜面而看不到望远镜标尺的像,说明望远镜物镜的焦距没有调节好。如果人眼上下移动时,物像与叉丝有相对移动,产生视差,这是因为目标成像不在十字叉丝平面上,需微调物镜焦距,来消除视差。

3. 细调对零

细致调节光杠杆镜面的倾角以及望远镜标尺的高度或调节望远镜下的螺钉,改变其倾角,使望远镜十字叉丝的横丝尽可能落在尺像的零线上。

实验测量中,如果出现增加荷载和减少荷载时读数相差较大,或者当荷重按比例增加,而 Δa 不按比例增加等现象时,应认真查找原因,及时消除,重新测量。这些原因可能是:

(1)金属丝不直,初始砝码太轻,没有把金属丝完全拉直。

(2)杨氏弹性模量测量仪支柱不垂直,使金属丝下端夹具 B 的夹头不能在杨氏弹性模量测量仪平台 C 的金属框内上下自由滑动,致使摩擦阻力太大,甚至被卡住。

（3）加减砝码时动作不够平衡,导致光杠杆足尖发生移动。

（4）上下夹具的夹头 A、B 没有夹紧,在增加载荷时发生金属丝打滑。

（5）实验过程中地板、实验桌振动或者某种原因碰动仪器,使读数发生变化。

（6）金属丝锈蚀、粗细不匀或所加荷重已超过金属丝弹性限度发生剩余形变等。

4.2.8　思考题

（1）如果实验时钢丝有些弯曲,对实验有何影响？ 如何从实验数据中发现这个问题？

（2）实验中哪个量的测量误差对实验结果影响最大？ 测量镜尺距离 D 时为何选用米尺？

（3）如何根据实验测得的数据计算所用光杠杆的放大倍数？

（4）如何提高光杠杆的放大倍数？

（5）如本实验不用逐差法,怎样用作图法处理数据？

实验 4.3 光电效应与普朗克常数的测定

定性地说,一定频率的光,特别是紫外光照射在金属及其化合物表面,使得其内部的自由电子获得更大的动能,因而从金属及其化合物表面逃逸到空间的现象称为光电效应。光电效应现象的发现和光电效应机理的研究对于认识光的本质及早期量子理论的发展具有里程碑式的意义。

按照经典电磁理论,光作为电磁波其能量是连续的。金属中的电子接收光的能量获得动能,应该是一个能量的积累过程,即照射光越强,能量越大,电子的初速度越大,但是光电效应的实验结果却是电子的初速度与照射光的光强无关。按经典理论,只要有足够的光强和足够的照射时间,电子就应该获得足够的能量而逸出金属表面,与照射光波频率无关,更不用说存在什么"红限"。光电效应的实验事实却是:对于一定的金属,当光波频率高于某一"红限"值时,金属一被照射,立即有光电子产生;当光波频率低于该值时,无论照射光的光强多强,照射时间多长,都没有光电子产生。显然经典的电磁理论根本无法解释光电效应的实验规律。

1900 年,德国物理学家普朗克(M. K. E. L. Planck,1858—1947)在研究黑体辐射问题时,提出了量子假说:假定黑体内的能量是由能量为 $h\nu$ 的不连续的能量子构成的。爱因斯坦(A. Einstein,1879—1955)以其独特的洞察力,最先认识到能量子假说的伟大意义,并在普朗克能量子概念的启发下,于 1905 年提出了"光量子"的概念,发展了普朗克的能量子假说。

光量子理论创立后,在固体比热容、辐射理论、原子光谱等方面都获得成功,人们逐步认识到光具有波动和粒子二象属性。当光传播时,显示出光的波动性,产生干涉、衍射、偏振等现象;当光和物体发生作用时,它的粒子性又凸显了出来。后来科学家发现波粒二象性是一切微观物体的固有属性,并发展了量子力学来描述和解释微观物体的运动规律,使人们对客观世界的认识前进了一大步。

爱因斯坦认为,电磁辐射的发射是按最小能量单位 $h\nu$ 的整数倍进行,电磁波在传播过程中以及被吸收时,也都是按 $h\nu$ 的整数倍进行。这个电磁波的最小能量单位的实体就称为"光量子"或"光子"。这就是爱因斯坦的光子假说。利用光子假说,爱因斯坦得出了著名的光电效应方程,很好地解释了光电效应的实验结果。爱因斯坦因在光电效应等方面的杰出成就,于 1921 年获得诺贝尔物理学奖。

4.3.1 实验目的

(1) 了解光电效应的基本规律,加深对光的量子性的理解。
(2) 学习验证爱因斯坦光电效应方程的实验方法。
(3) 学习使用光电效应实验仪。
(4) 用光电效应法测量普朗克常数 h。

4.3.2 实验原理

根据爱因斯坦假设,光是由光子流组成的,每个光子的能量为 $\varepsilon = h\nu$,h 为普朗克常数,ν 为光的频率。当金属受到光照射时,金属中的电子在获得一个光子的能量后,其中一部分能量作为该电子逸出金属表面所需的逸出功 W,另一部分转化为电子的动能 $\frac{1}{2}mv^2$,根据能量

守恒和转换定律有

$$\varepsilon = h\nu = \frac{1}{2}mv^2 + W \tag{4.3.1}$$

这就是爱因斯坦光电效应方程。

光电效应的实验原理如图 4.3.1 所示。将频率为 ν、光强为 P 的光照射到光电管的阴极上,即有光电子从阴极逸出,形成光电流 I。入射光照射到光电管阴极 K 上,产生的光电子在电场的作用下向阳极 A 迁移构成光电流。改变外加电压 U_{AK},测量出光电流 I 的大小,即可得出光电管的伏安特性曲线。在阴极 K 和阳极 A 之间加上反向电压 U_{AK},则电极 K、A 之间的电场使逸出的电子减速。随着电压 U_{AK} 的增加,到达阳极的光电子减少,当 $U_{AK} = U_0$ 时,光电流 I 降到零。测量出此时的 U_{AK} 即为频率为 ν 的光照射时的光电效应截止电压 U_0。

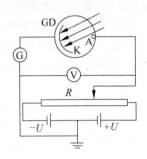

图 4.3.1　光电效应实验原理图

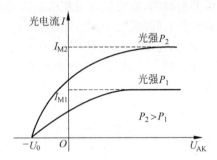

图 4.3.2　不同光强时光电管的伏安特性

光电效应的基本实验事实如下:

(1) 对应于某一频率,光电效应的 I-U_{AK} 关系如图 4.3.2 所示。从图中可见,对一定的频率,有一电压 U_0,当 $U_{AK} \leqslant U_0$ 时,电流为零,这个相对于阴极为负值的阳极电压 U_0,称为截止电压。

(2) 当 $U_{AK} \geqslant U_0$ 后,I 迅速增加,然后趋于饱和,饱和光电流 I_M 的大小与入射光的强度 P 成正比,如图 4.3.2 所示。

(3) 对于不同频率的光,其截止电压的值不同,如图 4.3.3 所示。

(4) 作截止电压 U_0 与频率 ν 的关系图如图 4.3.4 所示。U_0 与 ν 成正比关系。当入射光频率低于某极限值 ν_0(ν_0 随不同金属而异)时,不论光的强度如何,照射时间多长,都没有光电流产生。ν_0 称为红限频率。

(5) 光电效应是瞬时效应。即使入射光的强度非常微弱,只要入射光的频率大于 ν_0,在开始照射后立即有光电子产生,所经过的时间至多为 10^{-9}s 的数量级。

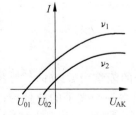

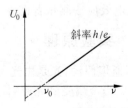

图 4.3.3　不同频率时光电管的伏安特性曲线　　图 4.3.4　截止电压 U 与入射光频率 ν 的关系图

按照爱因斯坦的光量子理论,光的能量是集中在被称为光子的微粒上。光子仍然保持着频率(或波长)的概念,频率为 ν 的光子具有能量 $E = h\nu$,h 为普朗克常数。当光子照射到金属表面上时,其能量为金属中的电子全部吸收,且无须积累能量的时间。电子把吸收的能量中的一部分用来克服金属表面对它的吸引力,余下的就变为电子离开金属表面后的动能,按照能量守恒原理,爱因斯坦提出了著名的光电效应方程

$$h\nu = \frac{1}{2}mv_0^2 + W \tag{4.3.2}$$

式中,W 为金属的逸出功;$\frac{1}{2}mv_0^2$ 为光电子获得的初始动能。

由该式可见,入射到金属表面的光频率越高,逸出的电子初动能越大,即使阳极电位比阴极电位低时也会有电子落入阳极形成光电流,直至阳极电位等于或低于截止电压,光电流才为零,此时有关系

$$eU_0 = \frac{1}{2}mv_0^2 \tag{4.3.3}$$

阳极电位高于截止电压后,随着阳极电位的升高,阳极对阴极发射的电子的收集作用越强,光电流越大;当阳极电压高到一定程度,已把阴极发射的光电子几乎全收集到阳极,再增加 U_{AK} 时 I 不再变化,光电流出现饱和,饱和光电流 I_M 的大小与入射光的强度 P 成正比。

光子的能量 $h\nu_0 < W$ 时,电子不能脱离金属,因而没有光电流产生。产生光电效应的最低频率(红限频率)是 $\nu_0 = W/h$。

将式(4.3.3)代入式(4.3.2)可得

$$eU_0 = h\nu - W \tag{4.3.4}$$

此式表明截止电压 U_0 是频率 ν 的线性函数,直线斜率 $k = h/e$。因此只要用实验方法得出不同的频率对应的截止电压,求出直线斜率,就可算出普朗克常数 h。

表 4.3.1 给出了几种金属的逸出功和红限频率及波长。

表 4.3.1

项　　目	金　　属					
	铯(Cs)	钾(K)	钠(Na)	锌(Zn)	钨(W)	银(Ag)
逸出功/eV	1.94	2.25	2.29	3.38	4.54	4.63
红限 $\nu_0/10^{14}$ Hz	4.69	5.44	5.53	8.06	10.95	11.19
红限 λ_0/nm	639	551	541	372	273	267

4.3.3 实验装置

本实验使用光电效应(普朗克常数)实验仪。

全套仪器包括光电效应实验仪主机,汞灯及电源,光电管及光电管暗盒,波长分别为 365nm、405nm、436nm、546nm 和 577nm 的滤波片,光阑,汞灯出光口盖,光电管暗盒入光口盖,电源线,同轴电缆,连接线等,仪器结构如图 4.3.5 所示。光电效应实验仪主机的调节面板如图 4.3.6 所示。

光电效应实验仪有手动和自动两种工作模式,具有数据自动采集、存储、实时显示采集

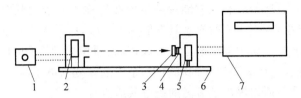

图 4.3.5　智能型光电效应实验仪结构示意图

1—汞灯电源；2—汞灯；3—滤色片；4—光阑；5—光电管；6—基座；7—光电效应实验仪

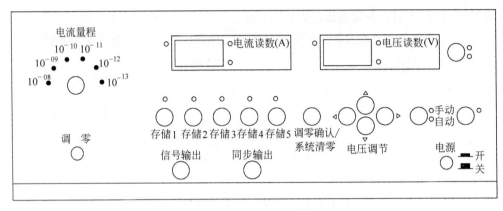

图 4.3.6　光电效应实验仪主机面板图

数据、动态显示采集曲线(连接普通示波器,可同时显示 5 个存储区中存储的曲线)及采集完成后查询数据的功能,详见仪器说明书。

使用光电效应实验仪时应注意以下事项:

1. 实际测量的电流和截止电压

从理论上讲,测出各频率的光照射下阴极电流为零时对应的 U_{AK},其绝对值应该就是该频率光对应的截止电压。事实上,由于光电管的阳极反向电流、暗电流、本底电流及极间接触电位差等因素的影响,实际测得的电流并不是阴极电流,实测电流为零时对应的 U_{AK} 也不是截止电压。

2. 阳极反向电流、暗电流和本底电流

光电管制作过程中阳极往往被污染,沾上少许阴极材料,入射光照射阳极或入射光从阴极反射到阳极之后都会造成阳极光电子发射。U_{AK} 为负值时,阳极发射的电子可能会向阴极迁移,从而构成阳极反向电流。

暗电流和本底电流是热激发产生的光电流与杂散光照射光电管产生的光电流,可以在光电管制作或测量过程中采取适当措施以减小它们的影响。

极间接触电位差与入射光频率无关,只影响 U_0 的准确性,不影响 U_0-ν 直线的斜率,对测定 h 无大的影响。

3. 零电流法

在测量各频率入射光对应的截止电压 U_0 时,可直接将各谱线照射下测得的电流为零时对应的电压 U_{AK} 的绝对值作为截止电压 U_0,此法称为零电流法。使用零电流法的前提是阳极反向电流、暗电流和本底电流都非常小,用零电流法测得的截止电压与真实值相差也较小。事实上各谱线的截止电压都相差 ΔU,对 U_0-ν 曲线的斜率影响不大,对 h 的测量也不会产生大的影响。

4.3.4　实验内容及步骤

1. 实验前准备

(1) 了解光电效应实验仪的基本结构,将全套仪器合理布局,平衡放置。

(2) 用遮光盖将汞灯出光口和加了光阑的光电管暗箱入光口盖上。

(3) 开启光电效应实验仪及汞灯的电源,预热 20min。

(4) 调整汞灯与光电管暗箱之间的距离约为 400mm。

(5) 用专用连接线将光电管暗箱电压输入端与光电效应实验仪电压输出端(后面板上)连接起来。

(6) 将光电效应实验仪上"电流量程"选择开关置于所选挡位。在截止电压测试和伏安特性测试时,起始电流挡位分别置于"10^{-10}A"和"10^{-13}A"挡。

(7) 对光电效应实验仪进行电流调零。调零时应先将光电管暗箱电流输出端 K 与光电效应实验仪微电流输入端(在后面板上)的高频匹配电缆连接断开。细致调节光电效应实验仪面板上左下角的"调零"旋钮,使光电效应实验仪上电流表的指示为"000.0",按"调零确认/系统清零"键,跳出调零状态,光电效应实验仪电流调零完成。

调零完成后,将光电管暗箱电流输出端 K 与实验仪微电流输入端之间用高频匹配电缆连接好,光电效应实验仪系统即进入测试状态。

实验仪在开机或改变电流量程后,都需进行电流调零。

2. 测量光电管的伏安特性曲线

(1) 将"伏安特性测试/截止电压测试"状态键设为"伏安特性测试"状态。

(2) "电流量程"开关拨至"10^{-13}A"挡,并调零。

(3) 将 ϕ4mm 的光阑及所选滤色片套装在光电管暗箱光输入口上。

(4) 可选用手动/自动模式测量伏安特性曲线,测量的最大范围为 $-1\sim50$V,自动测量时步长为 1V;手动测量时,可按表 4.3.2 选择测量步长。记录所测数据于表 4.3.2。

(5) 依次换上不同波长的滤色片,重复以上测量步骤。

将光电效应实验仪器与示波器连接,则可观察到各谱线在选定的扫描范围内的伏安特性曲线。

(1) 可同时观察 5 条谱线在同一光阑、同一距离下伏安饱和特性曲线。

(2) 可同时观察某条谱线在不同距离(即不同光强)、同一光阑下的伏安饱和特性曲线。

(3) 可同时观察某条谱线在不同光阑(即不同光通量)、同一距离下的伏安饱和特性曲线。

设置好扫描起始和终止电压后,按动相应的存储区按键,仪器将先清除存储区原有数据,等待约 30s,然后按 4mV 的步长自动扫描,并显示、存储相应的电压、电流值。

扫描完成后,仪器自动进入数据查询状态,此时查询指示灯亮,显示区显示扫描起始电压和相应的电流值。用电压调节键改变电压值,就可查阅到在测试过程中,扫描电压为当前显示值时相应的电流值。读取电流为零时对应的 U_{AK},以其绝对值作为该波长对应的 U_0 的值,并将数据记于表 4.3.3 中。

按"查询"键,查询指示灯灭,系统恢复到扫描范围设置状态,可开始进行下一次测量。

依次换上不同波长的滤色片,重复以上测量步骤。

在自动测量过程中或测量完成后,按"手动/自动"键,系统恢复到手动测量模式,模式转换前工作的存储区内的数据将被清除。

3. 验证光电管的饱和光电流正比于入射光强

将仪器设置为手动模式,测量并记录对同一波长的滤色片、不同入射距离,或不同直径光阑时对应的伏安特性曲线,验证光电管的饱和光电流与入射光强成正比。

4. 测量截止电压

测量截止电压时,"伏安特性测试/截止电压测试"状态键应置于截止电压测试状态。起始"电流量程"开关应置于"10^{-10} A"挡。

(1) 手动测量

将"手动/自动"模式键置于"手动模式"。将光阑及滤色片套装在光电管暗箱入光口上,打开汞灯遮光盖。此时电压表显示 U_{AK} 的值,单位为 V;电流表显示与 U_{AK} 对应的电流值 I,单位为 A,注意所选择的"电流量程",起始为 10^{-10} A。用电压调节键"↑""↓""→""←"可调节 U_{AK} 的值。

从低到高调节电压(绝对值减小),观察电流值的变化,寻找电流为零时对应的 U_{AK},以其绝对值作为该波长对应的 U_0 的值,并将其值记于表 4.3.3 中。为尽快找到 U_0 的值,调节时应从高位到低位,先确立高位的值,再顺次往低位调节。调节过程要注意改变电流量程至最小。

依次换上不同波长的滤色片,重复以上测量步骤。

(2) 自动测量

将"手动/自动"模式键置于"自动模式"。此时电流表左边的指示灯闪烁,表示此时系统处于自动测量扫描范围设置状态,用电压调节键可设置扫描起始和终止电压。

对各条谱线,建议扫描范围大致设置如表 4.3.2 所示。

表 4.3.2 谱线扫描范围

波长 λ/nm	365.0	404.7	435.8	546.1	577.0
扫描范围/V	$-1.90 \sim -1.50$	$-1.60 \sim -1.20$	$-1.35 \sim -0.95$	$-0.80 \sim -0.40$	$-0.65 \sim -0.25$

实验仪设有 5 个数据存储区,每个存储区可存储 500 组数据,并有指示灯表示其状态。灯亮表示该存储区已存有数据,灯不亮为空存储区,灯闪烁表示系统预选的或正在存储数据的存储区。

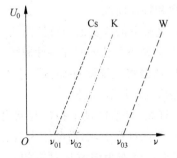

图 4.3.7 几种金属的 U_0-ν 曲线

4.3.5 实验数据处理

(1) 依据所测数据,在坐标纸上作对应波长及光强的伏安特性曲线。

(2) 测普朗克常数 h。

由表 4.3.3 的实验数据,得出如图 4.3.7 所示的 U_0-ν 图线。从图中可以看出,对各种不同金属,U_0-ν 图线呈直线,其斜率 k 相同。由此可见 k 是一个与材料性质无关的普适常量。

班别_____　姓名_____　实验日期_____　同组人_____

原始数据记录

表 4.3.3　　　　　　　　　　　　　　　　　　　　　　　　　　　　　　　$\lambda =$_____

U_{AK}/V	−1.0	−0.5	0.0	0.5	1.0	1.5	2.0	2.5	3.0	3.5	4.0	4.5
I/A（弱光）												
I/A（强光）												
U_{AK}/V	5.0	6.0	7.0	8.0	9.0	10.0	11.0	12.0	13.0	14.0	15.0	16.0
I/A（弱光）												
I/A（强光）												
U_{AK}/V	17.0	18.0	19.0	20.0	21.0	22.0	23.0	24.0	25.0	26.0	27.0	28.0
I/A（弱光）												
I/A（强光）												
U_{AK}/V	29.0	30.0	32.0	34.0	36.0	38.0	40.0	42.0	44.0	46.0	48.0	50.0
I/A（弱光）												
I/A（强光）												

表 4.3.4

光阑直径 D/mm					
波长 λ_i/nm					
频率 $\nu_i/10^{14}\,Hz$					
截止电压 U_{0i}/V					

实验项目名称____光电效应与普朗克常数的测定____指导教师_____

大学物理实验预习报告

实验项目名称 **光电效应与普朗克常数的测定**

班别_____ 学号_____ 姓名_____

实验进行时间_____年_____月_____日，第_____周,星期_____,_____时至_____时

实 验 地 点_____

实验目的：

实验原理简述：

实验中应注意事项：

依此,可利用 $h = ek$ 求出普朗克常数 h,并将其与普朗克常数的公认值 h_0 比较。式中 $e = 1.602 \times 10^{-19}\text{C}, h_0 = 6.626 \times 10^{-34}\text{J} \cdot \text{s}$。$\nu_{0i}$ 是图线在横轴上的截距,它等于该种金属的光电效应红限频率。

4.3.6　注意事项

(1) 本仪器不得在强光照射下工作。

(2) 滤波片要平整、完全放入套架。更换、安装滤波片时必须先将汞灯出光口盖上,要避免各种光直接进入暗盒。

(3) 测量时不要震动仪器及连线,不得改变汞灯与暗盒的距离,否则实验数据将出现误差。

(4) 手动测量时待显示稳定后再读数。

(5) 光电效应实验仪和汞灯需开机预热 20min 才能稳定工作。

(6) 注意保护滤波片,防止光学面污染。同时注意防止滤波片坠落造成滤波片破损。

(7) 实验中如果需要动态显示采集曲线,需将光电效应实验仪的“信号输出”端口接至示波器的“Y”输入端,“同步输出”端口接至示波器的“外触发”输入端。这时,示波器“触发源”开关拨至“外”,“Y 衰减”旋钮拨至约“1V/格”,“扫描时间”旋钮拨至约“20μs/格”。此时示波器将用轮流扫描的方式显示 5 个存储区中存储的曲线,横轴代表电压 U_{AK},纵轴代表电流 I。

(8) 光电效应实验仪在开机或改变电流量程后都要进行重新调零。

(9) 汞灯关闭后不要立即再开,须待汞灯冷却后再开启。

4.3.7　思考题

(1) 爱因斯坦光电效应方程的物理意义是什么?

(2) 光电效应实验仪测试前需进行电流调零时,为什么要先将光电管暗箱电流输出端 K 与光电效应实验仪微电流输入端(在后面板上)的同轴电缆连接断开?

(3) 测试之前为什么需先将光电效应实验仪汞灯出光口和光电管暗箱入光口的遮光盖盖上?

(4) 光电效应的主要实验规律是什么?

(5) 经典电磁波理论解释光电效应的困难表现在哪些方面?

(6) 从截止电压和入射光频率的关系曲线能否得出阴极材料的逸出功?

(7) 测定普朗克常数的实验中有哪些误差来源? 实验中如何减少误差?

(8) 哪些因素影响截止电压的测量准确度?

实验 4.4　密立根油滴实验

1906 年到 1917 年期间,美国实验物理学家密立根(R. A. Millikan,1868—1953)花费了 11 年的心血,设计并完成了对微小油滴上所带电荷的测量工作——密立根油滴实验。密立根的测量结果表明:任何带电物体所带的电荷量 q 都是某一最小电荷——基本电荷 e 的整数倍;同时也证明了电荷的不连续性;并精确地测定了基本电荷的数值为 $e = 1.602 \times 10^{-19}$ C,从而为从实验上测定其他一些基本物理量提供了可能性。现公认 e 是元电荷,对其值的测量精度不断提高,目前给出的最好结果为

$$e = (1.602\ 177\ 33 \pm 0.000\ 000\ 49) \times 10^{-19} \text{C}$$

密立根油滴实验设计思想简明巧妙、原理清楚、设备简单、结果准确,所得结论具有不容置疑的说服力。密立根油滴实验堪称物理实验的精华和典范,是物理学发展史上具有重要意义的著名而有启发性的实验。正是由于这一实验的巨大成就,他荣获了 1923 年的诺贝尔物理学奖。

测量油滴上所带电荷的目的是探寻出电荷的最小单位。为此,可以对不同的油滴,分别测出其所带的电荷值,它们应近似为某一最小单位电量的整数倍,即油滴电荷量的最大公约数,或油滴带电量之差的最大公约数,这一最小单位电量即为元电荷。

4.4.1　实验目的

(1) 通过对带电油滴在重力场和静电场中运动的测量,验证电荷的不连续性,并测定电子的电荷值 e。

(2) 了解 CCD 图像传感器的原理与应用,学会密立根油滴实验仪器的使用方法。

(3) 通过实验中对仪器的调整、油滴的选择、耐心地跟踪、测量以及对实验数据的处理等,培养学生严肃认真和一丝不苟的科学实验方法和态度。

4.4.2　实验原理

1. 实验原理

密立根油滴实验测定电子电荷,其基本设计思想是使带电油滴在测量范围内处于受力平衡状态。按运动方式分类,应用油滴法测量电子的电荷,具体可分为静态(平衡)测量法或动态(非平衡)测量法。静态(平衡)测量法的测量原理、实验操作和数据处理都比较简单,非物理专业的物理实验中常常采用。动态(非平衡)测量法则通常为物理专业的物理实验所采用。

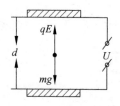

图 4.4.1　油滴在电场中的运动

本书介绍静态(平衡)法。静态(平衡)测量法的出发点是使油滴在均匀电场中静止在某一位置,或在重力场中作匀速运动。使用喷雾器将油喷入两块相距为 d 的水平放置的平行极板之间。油在喷射撕裂成油滴时,一般都是带电的。设油滴的质量为 m,电量为 q,两极板间的电压为 U,则油滴在平行极板之间将同时受到重力 mg 和静电力 qE 的作用(忽略浮力),如图 4.4.1 所示。

调节两平行极板间的电压 U,可以使重力 mg 和静电力 qE 达到

平衡,这时有

$$mg = qE = q\frac{U}{d} \tag{4.4.1}$$

由式(4.4.1)可知,为了测出油滴所带的电荷 q,需要测定两极板间的电压 U、两极板间的距离 d 和油滴的质量 m。油滴的质量 m 很小,需要用特殊的方法测定。

平行极板间不加电压时,油滴受重力的作用而加速下降。由于空气阻力的作用,下降一段距离达到某一速度 v_g 后,阻力 f_r 与重力 mg 平衡,油滴将匀速下降。根据斯托克斯(George Gabriel Stokes,1819—1903)定律,油滴匀速下降时

$$f_r = 6a\pi\eta v_g = mg \tag{4.4.2}$$

式中,η 为空气的黏滞系数;a 为油滴的半径(由于表面张力的原因,油滴总是呈小球状)。设油的密度为 ρ,油滴的质量 m 可由下式表示:

$$m = \frac{4\pi}{3}a^3\rho \tag{4.4.3}$$

由式(4.4.2)和式(4.4.3),得到油滴的半径

$$a = \sqrt{\frac{9\eta v_g}{2g\rho}} \tag{4.4.4}$$

考虑到油滴非常小(其半径在 10^{-6} m 左右),它的大小接近了空气分子的平均自由程,即与空气的间隙只相差几个数量级,空气已不能再视为连续媒质,空气的黏滞系数 η 应该进行如下修正:

$$\eta' = \frac{\eta}{1 + \dfrac{b}{pa}}$$

这时的斯托克斯定律应改为

$$f_r = \frac{6a\pi\eta v_g}{1 + \dfrac{b}{pa}}$$

式中,b 为修正常数,$b = 8.23 \times 10^{-3}$ m · Pa;p 为大气压强,单位为 Pa。于是有

$$a = \sqrt{\frac{9\eta v_g}{2g\rho} \cdot \frac{1}{1 + \dfrac{b}{pa}}} \tag{4.4.5}$$

式(4.4.5)的根号中还包含油滴的半径 a。但是,a 处在修正项中,不需要十分精确,因此可用式(4.4.4)计算。将式(4.4.5)代入式(4.4.3),得

$$m = \frac{4}{3}\pi\left(\frac{9\eta v_g}{2\rho g} \cdot \frac{1}{1 + \dfrac{b}{pa}}\right)^{\frac{3}{2}}\rho \tag{4.4.6}$$

油滴匀速下降的速度 v_g,可按下述的方法计算出来:当两极板的电压 U 为零时,设油滴匀速下降的距离为 l,通过计时装置测得油滴下降的时间 t_g,则

$$v_g = \frac{l}{t_g} \tag{4.4.7}$$

将式(4.4.7)代入式(4.4.6),式(4.4.6)代入式(4.4.1),得

$$q = \frac{18\pi}{\sqrt{2\rho g}} \left[\frac{\eta l}{t_g \left(1 + \frac{b}{pa} \right)} \right]^{\frac{3}{2}} \cdot \frac{d}{U} \tag{4.4.8}$$

式(4.4.8)就是用平衡(静态)测量法测定油滴所带电荷的理论公式。电压 U 是恰好能够使带电油滴静止在电场中所需的电压,我们称之为平衡电压。

2. 元电荷的测量方法

测量油滴所带电荷的目的是希望找出电荷的最小单位 e。为此可以对不同的油滴,分别测出其所带的电荷值 q_i,它们应近似为某一最小单位的整数倍,即油滴电荷量的最大公约数,就是元电荷 e。

实验中也可用作图法求 e 值。根据 $q = ne$,e 为直线方程的斜率,通过拟合直线即可求出 e 值。

4.4.3 实验装置

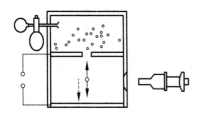

图 4.4.2 密立根油滴实验示意图

实验仪由主机、CCD 成像系统、油滴盒、监视器等部件组成,其示意图如图 4.4.2 所示。

其中主机包括可控高压电源、计时装置、A/D 采样、视频处理等单元模块,CCD 成像系统包括 CCD 传感器、光学成像部件等,油滴盒包括高压电极、照明装置、防风罩等部件,监视器是视频信号输出设备。仪器部件示意如图 4.4.3 所示。

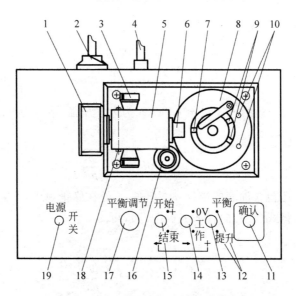

图 4.4.3 密立根油滴实验仪部件示意图

1—CCD 盒;2—电源插座;3—调焦旋钮;4—视频接口;5—光学系统;

6—镜头;7—观察孔;8—上极板压簧;9—进光孔;10—光源;11—确认键;

12—状态指示灯;13—平衡、提升切换键;14—工作状态切换键;15—计时器;

16—水准泡;17—电压平衡调节旋钮;18—紧固螺钉;19—电源开关

CCD 模块及光学成像系统用来捕捉暗室中油滴的像,同时将图像信息传给主机的视频处理模块。实验过程中可以通过调焦旋钮来改变物距,使油滴的像清晰地呈现在 CCD 传感器的窗口内。

旋转平衡电压调节旋钮可以调整极板之间的电压,以控制油滴的平衡、下落及提升。

计时器用来记录时间;工作状态切换按键用来切换仪器的工作状态;平衡、提升按键可以控制油滴平衡或提升;确认按键可以将测量数据显示在屏幕上,从而省去了每次测量完成后手工记录数据的过程,使操作者把更多的注意力集中到实验本质上来。

油滴盒是关键部件,具体构成如图 4.4.4 所示。上、下极板之间通过胶木圆环支撑,三者之间的接触面经过机械精加工后可以将极板间的不平行度、间距误差控制在 0.01mm 以下;这种结构基本上消除了极板间的“势垒效应”及“边缘效应”,较好地保证了油滴室处在匀强电场之中,从而有效地减小了实验误差。

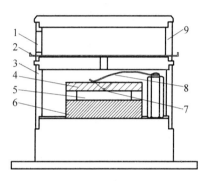

图 4.4.4　油滴盒装置示意图

1—喷雾口;2—进油量开关;3—防风罩;4—上极板;

5—油滴室;6—下极板;7—落油孔;8—上极板压簧;9—油雾杯

胶木圆环上开有两个进光孔和一个观察孔,光源通过进光孔给油滴室提供照明,而成像系统则通过观察孔捕捉油滴的像。

照明由带聚光的高亮发光二极管提供,其使用寿命长、不易损坏;油雾杯可以暂存油雾,使油雾不至于过早地散逸;进油量开关可以控制落油量;防风罩可以避免外界空气流动对油滴的影响。

4.4.4　实验内容及步骤

学习控制油滴在视场中的运动,并选择合适的油滴进行元电荷测量。要求至少测量 5 个不同的油滴,每个油滴的测量次数应为 5 次。

1. 密立根油滴实验仪的调整

1)水平调整

调整实验仪底部的旋钮(顺时针旋转仪器升高,逆时针旋转仪器下降),通过水准仪将实验平台调平,使平衡电场方向与重力方向平行以免引起实验误差。极板平面是否水平决定了油滴在下落或提升过程中是否发生前后、左右的漂移。

2)喷雾器调整

将少量钟表油缓慢地倒入喷雾器的储油腔内,使钟表油淹没提油管下方,油不要太多,以免实验过程中不慎将油倾倒至油滴盒内堵塞落油孔。将喷雾器竖起,用手挤压气囊,使得提油管内充满钟表油。

3) 仪器硬件接口连接

主机接线:电源线接交流 220V/50Hz;视频输出接监视器视频输入(IN)。

监视器:输入阻抗开关拨至 75Ω,视频线缆接 IN 输入插座。电源线接 220V/50Hz 交流电压。前面板调整旋钮自左至右依次为左右调整、上下调整、亮度调整、对比度调整(具体操作见监视器使用说明书)。

4) 实验仪联机使用

打开实验仪电源及监视器电源,监视器出现欢迎界面。按任意键监视器出现参数设置界面:根据当地的环境适当设置重力加速度、油密度、大气压强、油滴下落距离。"←"表示左移键、"→"表示右移键、"+"表示数据设置键。

按确认键监视器出现实验界面后:计时器切换至"结束";工作状态切换至"工作"(工作状态切换至"0V",绿色指示灯亮;工作状态切换至"工作",红色指示灯亮);将平衡、提升按键设置为"平衡"(在平衡状态时绿色指示灯亮,在提升状态时红色指示灯亮)。

5) CCD 成像系统调整

从喷雾口喷入油雾,此时监视器上应该出现大量运动油滴的像。若没有看到油滴的像,则需调整调焦旋钮或检查喷雾器是否有油雾喷出,直至得到油滴清晰的图像。

2. 选择适当的油滴并练习控制油滴

1) 平衡电压的确认

仔细调整平衡电压旋钮使油滴平衡在某一格线上,等待一段时间,观察油滴是否飘离格线,若其向同一方向飘动,则需重新调整;若其基本稳定在格线或只在格线上下作轻微的布朗运动,则可以认为其基本达到了力学平衡。

由于油滴在实验过程中处于挥发状态,在对同一油滴进行多次测量时,每次测量前都需要重新调整平衡电压,以免引起较大的实验误差。事实证明,同一油滴的平衡电压将随着时间的推移有规律地递减,且其对实验误差的贡献很大。

2) 控制油滴的运动

选择适当的油滴,调整平衡电压,使油滴平衡在某一格线上,将工作状态按键切换至"0V",绿色指示灯点亮,此时上下极板同时接地,电场力为零,油滴将在重力、浮力及空气阻力的作用下作下落运动,同时按下计时器("开始"灯亮),开始记录油滴下落的时间;待油滴下落至预定格线时,再按下计时器,"结束"灯亮,计时结束。工作状态切换键将自动切换至"工作"状态,此时油滴将停止下落。可以通过确认键将此次测量数据记录到屏幕上。

工作状态按键切换至"工作",红色指示灯点亮,此时仪器根据平衡或提升状态分两种情形:若置于"平衡",则可以通过平衡电压调节旋钮调整平衡电压;若置于"提升",则极板电压将在原平衡电压的基础上再增加 200~300V,用来向上提升油滴。

3) 选择适当的油滴

要做好油滴实验,所选的油滴体积要适中。大的油滴虽然明亮,但一般带的电荷多,下降或提升太快,不容易测准确。油滴太小,下降慢且受布朗运动的影响明显,测量时涨落较大,也不容易测准确。因此应该选择质量适中而带电不多的油滴。建议选择平衡电压在 100~300V、下落时间(下落距离为 2mm)为 20s 左右的油滴进行测量。

　　具体操作：工作状态置为"工作"，通过调节电压平衡旋钮将电压调至 300V 以上，喷入油雾，此时监视器出现大量运动的油滴，观察上升较慢且明亮的油滴，然后降低电压，使之达到平衡状态。随后将工作状态置为"0V"，油滴下落，在监视器上选择下落一格的时间约 2s 的油滴进行测量。

　　确认键用来实时记录屏幕上的电压值及计时值。当记录为 5 组后，按一下确认键，在屏幕的左面将出现 $\bar{U}$（表示五组电压的平均值）、$\bar{t}$（表示五组下落时间的平均值）、$\bar{Q}$（表示该油滴的五次测量的平均电荷量）的数值，若需继续实验，再按一下确认键。

　　3. 正式测量

　　本实验选用平衡测量法，实验前密立根油滴实验仪必须调整水平。

　　（1）开启实验仪电源及监视器电源，监视器出现欢迎界面。

　　（2）按任意键监视器出现参数设置界面：根据该地的环境适当设置重力加速度、油密度、大气压强、油滴下落距离（实验时油滴下落距离与此一致）。

　　（3）按确认键监视器出现实验界面后：将工作状态切换至"工作"，将平衡、提升按键置于"平衡"。

　　（4）通过喷雾口向油滴盒内喷入油雾，此时监视器上将出现大量运动的油滴。选取适当的油滴，仔细调整平衡电压，使其平衡在某一起始格线上。

　　（5）将工作状态按键切换至"0V"，此时油滴开始下落，同时计时器启动，开始记录油滴的下落时间。

　　（6）当油滴下落至预定格线时，快速地将计时器切换至"结束"，油滴将立即停止。此时可以通过确认按键将测量数据（平衡电压 U 及下落时间 t）记录在屏幕上。

　　（7）将平衡、提升按键置于"提升"，油滴将被向上提升，当回到略高于起始位置时，将该键置回"平衡"状态。然后将工作状态按键置于"0V"，使油滴下落至起始位置时，迅速将工作状态按键置于"工作"状态，使油滴停于起始位置。

　　（8）重新调整平衡电压，重复步骤（5）、（6）、（7），当达到 5 次记录后，按确认键，界面的左面出现实验数据结果：平均电荷量 $\bar{Q}$。（将实验数据填入表 4.4.2 中。）

　　（9）按确认键，重复步骤（4）～（8），测出第二个油滴的平均电荷量 $\bar{Q}$。

　　至少测 5 个油滴，并根据所测得的平均电荷量 $\bar{Q}$ 求出它们的最大公约数，即为基本电荷 e 值（需要足够的数据统计量）。根据 e 的理论值，计算出 e 的相对误差。

4.4.5　实验数据处理

平衡法依据的公式为

$$q = \frac{18\pi}{\sqrt{2\rho g}} \left[\frac{\eta l}{t_g \left(1 + \dfrac{b}{pa}\right)} \right]^{\frac{3}{2}} \cdot \frac{d}{U}$$

其中，极板间距 $d = 5.00 \times 10^{-3}$ m；空气黏滞系数（可视作不变）$\eta = 1.83 \times 10^{-5}$ kg/(m·s)；下落距离 $l = 1.6 \times 10^{-3}$ m；油的密度 ρ 查表 4.4.1；本地重力加速度 g 由实验室提供；修正常数 $b = 0.008\,23$N/m(6.17×10^{-6} m·cmHg)；大气压强 p 由室内气压计读取；a 为油滴的半径（由式（4.4.4）和式（4.4.6）计算得出）；平衡电压（恰好能够使带电油滴静止在电场

中所需电压)U 及油滴下落 l 距离所需的时间 t_g 由实验测得。

表 4.4.1　油的密度随温度变化关系

$T/℃$	0	10	20	30	40
$\rho/(\mathrm{kg/m^3})$	991	986	981	976	971

计算出各油滴的电荷后,求它们的最大公约数,即为基本电荷 e 值(需要足够的数据统计量)。

数据处理方法主要有两种:最大公约数法和作图法。

最大公约数法需要大量的油滴数据,计算出各油滴的电荷后,求它们的最大公约数,即为基本电荷 e 值。这种方法对于学生实验有一定的难度。在实验中,我们一般采用作图法求 e 值。设实验得到 N 个油滴的带电量分别为 $q_1,q_2,\cdots,q_N$,由于电荷的量子化特性,应有 $q_i = n_i e$,此为一直线方程,n 为自变量,q 为因变量,e 为斜率。因此 N 个油滴对应的数据在 n-q 坐标系中将在同一条过原点的直线上,若找到满足这一关系的曲线,就可由斜率求得 e 值。将 e 值的实验值与公认值比较,求相对误差。

实验得到 N 个油滴的带电量分别为 $q_1,q_2,\cdots,q_N$,用每个油滴的带电量除以电子电量 e 的公认值 e_0,得到近似整数 n_i:

$$n_i = \frac{q_i}{e_0}$$

再将每个油滴的带电量 $q_1,q_2,\cdots,q_N$ 除以上面的近似整数 n_i,得单个电子电量的实验值

$$e_i = \frac{q_i}{n_i}$$

对 N 个电子电量取平均值,有

$$\bar{e} = \frac{1}{N}\sum_{i=1}^{N} e_i$$

电子电量的相对误差为

$$E = \frac{|\bar{e} - e_0|}{e_0} \times 100\%$$

式中,$e_0 = 1.602 \times 10^{-19}\mathrm{C}$,为标准基本电荷电量。

4.4.6　注意事项

(1) CCD盒、紧固螺钉、摄像镜头的机械位置不能变更,否则会对像距及成像角度造成影响。

(2) 实验前应对仪器油滴盒内部进行清洁,防止异物堵塞落油孔。在喷油后,若视场中没有发现油滴,可能有以下几个原因:传感线接触不良;油滴孔被堵。处理方法:检查线路;打开有机玻璃油雾室,利用脱脂棉擦拭小孔,或利用细丝(直径小于0.4mm)捅一捅小孔。

(3) 调整仪器时,如要打开有机玻璃油雾室,应先将工作电压选择开关放在"0V"位置,最好关掉电源。

(4) 喷油时,切忌频繁喷油,要充分利用资源。

(5) 仪器使用环境:温度为0~40℃的静态空气中。

(6) 注意调整进油量开关,应避免外界空气流动对油滴测量造成影响。

(7) 仪器内有高压,实验人员应避免用手接触电极。

班别_____　姓名_____　实验日期_____　同组人_____

原始数据记录

表　4.4.2

油滴序号	平衡电压 U/V	下降时间 t_g/s	平衡电压平均值 $\bar{U}/V$	下降时间平均值 $\bar{t}_g/s$	平均电荷量 $\bar{Q}/10^{-19}C$	基本电荷数 n	元电荷 $e/10^{-19}C$
1							
2							
3							
4							
5							

实验项目名称___密立根油滴实验___　指导教师_____

大学物理实验预习报告

实验项目名称 _____**密立根油滴实验**_____

班别 _____ 学号 _____ 姓名 _____

实验进行时间 ____年 ____月 ____日,第 ____周,星期 ____, ____时至 ____时

实 验 地 点 _____

实验目的:

实验原理简述:

实验中应注意事项:

（8）注意仪器的防尘保护。

4.4.7　思考题

（1）如何判断油滴盒内两平行极板是否水平？如果不水平对实验有何影响？

（2）为什么向油雾室喷油时，一定要使电容器的两平行极板短路？这时平行电压的换向开关置于何处？

（3）应选什么样的油滴进行测量？选太小的油滴对测量有什么影响？选太大或带电太多的油滴存在什么问题？

（4）你对本实验的数据处理有没有更好的意见？谈谈你的想法。

（5）利用某一颗油滴的实验数据，计算出作用在该油滴上的浮力，将其大小与重力、黏滞力、电场力相比较。

实验 4.5 伏安法测电阻

　　伏安法测电阻是欧姆定律的具体应用,欧姆定律是由德国的物理学家欧姆经过实验总结出来的规律。欧姆(Georg Simon Ohm,1787—1845),1787 年 3 月 16 日生于德国埃尔兰根城。在少年时期,他受到当锁匠的父亲的影响,对科学产生了很大的兴趣。16 岁时欧姆进入埃尔兰根大学研究数学、物理与哲学,由于经济困难,中途辍学,到 1813 年才完成博士学业。欧姆是一个很有天赋和科学抱负的人,他长期担任中学教师,克服当时缺少资料和仪器的困难,自己动手制作各种仪器,在孤独与困难的环境中始终坚持不懈地进行科学研究。

　　欧姆对导线中的电流进行了研究,在傅里叶发现的热传导规律(在导热杆中两点间的热流正比于这两点间的温度差)的启发下,他认为电流与热流有相似的性质,即在导线中两点之间的电流也许正比于它们之间的某种驱动力,就是现在所称的电动势。为了证明这一猜想,欧姆花了很大的精力展开了研究。首先,他改用伏打电堆电源为温差电池电源,解决了电流不稳定这一困难;然后改变电流的测量方法,解决了电流测试这一当时的难题,得到很好的实验结果。开始,欧姆利用电流的热效应,用热胀冷缩的方法来测量电流,但这种方法难以得到精确的结果。后来他把奥斯特关于电流磁效应的发现和库仑扭秤结合起来,巧妙地设计了一个电流扭秤,用一根扭丝悬挂一个磁针,让通电导线和磁针都沿子午线方向平行放置;再用铋和铜温差电池,一端浸在沸水中,另一端浸在碎冰中,并用两个水银槽作电极,与铜线相连。当导线通过电流时,磁针的偏转角与导线中的电流成正比。实验中他用粗细相同、长度不同的 8 根铜导线进行测量,得出了如下的等式:$X=a/(b+x)$。式中 X 为磁效应强度,即电流的大小;a 是与激发力(温度差)有关的常数,即电动势;x 表示导线的长度,b 是与电路其余部分的电阻有关的常数,$b+x$ 实际上表示电路的总电阻。这个结果于 1826 年发表。1827 年欧姆又在《动电电路的数学研究》一书中,把他的实验规律总结成如下公式:$S=\gamma E$。式中 S 表示电流;E 表示电动力,即导线两端的电势差,γ 为导线对电流的传导率,其倒数即为电阻。

　　欧姆定律发现初期,许多物理学家不能正确理解和评价这一发现,使其遭到了许多怀疑和尖锐的批评。研究成果被忽视,经济极其困难,使欧姆精神抑郁,直到 1841 年英国皇家学会授予他代表最高荣誉的科普利金牌,才引起德国科学界的重视。欧姆还在自己的许多著作里证明了:电阻与导体的长度成正比,与导体的横截面积和传导性成反比;在稳定电流的情况下,电荷不仅在导体的表面上,而且在导体的整个截面上运动。

　　伏安法测电阻方法简单,使用方便,但由于电表内阻的影响,测量精度不是很高,存在明显的系统误差。本实验根据电阻值不同的精度要求,采用不同的测量方法来测量电阻。

4.5.1　实验目的

　　(1) 熟悉安培表、伏特表的使用方法。

　　(2) 掌握伏安法测电阻的方法。

　　(3) 认识电表内阻对测量造成的系统误差,掌握减小和修正这种误差的方法。

　　(4) 用伏安法测量阻值约为几十欧姆和几千欧姆的线性电阻的电阻值。

4.5.2　实验原理

1. 伏安法测电阻的缺点

用伏安法测电阻时,电表的接法有外接和内接两种。图 4.5.1 为电流表外接,图 4.5.2 为电流表内接。在图 4.5.1 中,由于电压表的分流,电流表测出的 I 值要比通过被测电阻 R_x 中的电流 I_x 大些,这将使由两电表的示值 U 和 I 算出的电阻值 R'_x 小于它的真实值 R_x,因而造成系统误差。显然,要减小这种系统误差,就应挑选电压表的内阻 R_V 远大于 R_x。在图 4.5.2 中,由于电流表的分压,电压表测出的 U 值要比被测电阻两端的电压 U_x 大些,这将使由电表的示值 U 和 I 算出的电阻值 R''_x 大于它的真实值 R_x,因而也造成系统误差。显然,要减小这种系统误差,就应挑选电流表的内阻 R_A 远小于 R_x。

2. 减小测量误差的修正方法

如果 $R_V \gg R_x$ 和 $R_A \ll R_x$ 两个条件都得不到满足,就必须用已知的电表内阻作修正。

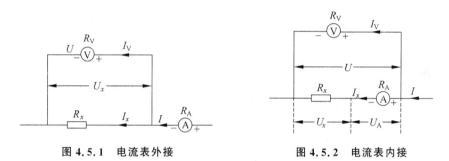

图 4.5.1　电流表外接　　　　图 4.5.2　电流表内接

1) 已知电压表内阻和电流表的内阻进行修正

对于外接法,由于算出的 R'_x 实际是 R_x 与 R_V 并联的等效电阻,故若 R_V 已知,则可用公式

$$\frac{1}{R'_x} = \frac{1}{R_x} + \frac{1}{R_V} \tag{4.5.1}$$

求出 R_x,从而可消除 R_V 带来的系统误差。

对于内接法,由于算出的 R''_x 实际是 R_x 与 R_A 串联的等效电阻,故若 R_A 已知,则可由公式

$$R''_x = R_x + R_A \tag{4.5.2}$$

求出 R_x,从而可消除 R_A 带来的系统误差。

2) 作图法进行电阻修正

如图 4.5.3 所示,若保持 U 恒定,电流表先外接(实线所示),记下两电表读数的 U' 和 I',此时有 $U = U' + I'R_A$;再改内接(虚线所示),两电表读数变为 U 和 I,此时有 $U = IR_x + IR_A$。由上述两式消去 R_A,得到

$$R_x = \frac{U}{I} + \frac{U'}{I'} - \frac{U}{I'} \tag{4.5.3}$$

可见,这种修正方法并不需要知道电表的内阻,但供电电路必须保持 CD 间的电压 U 不变,当 R_x 在几百欧以上时,用电池或稳压电源对上述测量电路直接供电,U 可以认为近似恒定。

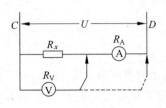

图 4.5.3　修正电路图

实验表明,电表的构造不良也会引起系统误差,例如,如果电压表的示值总偏小或电流表的示值总偏大,都将使测出的电阻小于其真实值,减小这种系统误差的办法是用标准表来校正所用的电表。此外,电表显示的值也并不一定总是与真实值严格一致,有时偏大,有时则偏小,因而测量值会有误差。同时,读数时视线不正也会造成误差。这些误差都有随机性,属偶然误差。为了减小这类偶然误差的影响,应在较大的值(2/3刻度以上)改变U、I值,多测几组数据,然后分别求出R_x值后再取平均。

实验时,应当根据待测电阻的粗略值选择实验条件。为此,可先用欧姆表测一下或用标称值作为粗略值,设R_x约为16kΩ。如前所述,由于电表内阻未知,测此电阻应选图4.5.4所示电路。若电压表选取0～15V量程和多用电表选取0～1mA量程进行测量,则可以同时有较大的示值$\left(因\dfrac{15}{16\times10^3}A\approx0.9\times10^{-3}A\right)$,故能减小读数的相对误差。取电源上约16V的输出,可满足要求。按图4.5.4连接电路。测量时电压表右端先接a点,调分压器R使毫安表有较大示值。再将电压表右端改接b点,看到毫安表的示值明显减小而电压表的示值微有增加。这表明毫安表的分压影响很小(内阻很小)。考虑到电源电压不能维持稳压,因而测量条件应选择用内接法进行正式测量,且不必作修正。测量另一个粗略值为330Ω的电阻时,电压表改用0～3V量程,多用电表改用0～10mA量程,电源电压改为约4V。按前述方法试测,看到由外接改为内接时,两个电表的示值变化都很大,因此无论用哪种接法都要作修正。若电压表内阻已标明为3kΩ(这是粗略值,但它的误差一般不超过20Ω),则可对结果进行修正。

处理数据也可以用图线法,如图4.5.5所示。由5个数据点拟合得到的I-U图线为一条直线,在此直线上取A、B两点,读出它们的坐标值,则

$$R_x=\frac{U_B-U_A}{I_B-I_A} \tag{4.5.4}$$

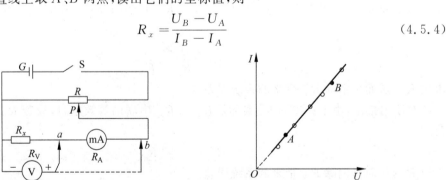

图 4.5.4　电阻粗略测试图　　　　**图 4.5.5　数据处理图**

4.5.3　实验装置

待测电阻(碳膜或金属膜电阻器,标称16kΩ和330Ω的各一个),电压表(量程0～3～15V),多用电表,滑动变阻器(50Ω,1.5A),学生电源,开关,导线,坐标纸。

4.5.4　实验内容及步骤

(1) 按图4.5.4连接好电路。注意:闭合开关后,将一单刀双掷开关合向a为电流表外

班别_____ 姓名_____ 实验日期_____ 同组人_____

原始数据记录

说明：当满足 $R_V \gg R_x$ 或 $R_A \ll R_x$ 两个条件中的一个时可用下面表格，而当上述两个条件都不满足时，则只记录前三列数据即可，然后再用作图法处理数据。

表 4.5.1

测量次数	U_x/V	I/mA	$R''=\dfrac{U_x}{I}/\Omega$	$\overline{R''}/\Omega$
1				
2				
3				
4				
5				
6				

实验项目名称_____伏安法测电阻_____指导教师_____

大学物理实验预习报告

实验项目名称　　　　**伏安法测电阻**

班别　　　　　　　　学号　　　　　　　　姓名　　　　　　　　

实验进行时间　　　年　　　月　　　日,第　　　周,星期　　　,　　　时至　　　时

实验地点　　　　　　　　　　

实验目的：

实验原理简述：

实验中应注意事项：

接,合向 b 为电流表内接。根据电压表内阻、毫安表内阻和待测电阻大小,选择合适电路,使测得的误差较小。

（2）调节滑线变阻器,改变通过 R_x 的电流及其两端的电压,分别读出相对应的电流、电压值,将数据填入表 4.5.1 中。

（3）若在测量过程中, $R_V \gg R_x$ 和 $R_A \ll R_x$ 两个条件都得不到满足,则以电压 U 为横坐标、电流 I 为纵坐标,绘出电阻的伏安特性曲线,再求出电阻值。

（4）换用另一个待测电阻,重复上述步骤测量。

4.5.5　实验数据处理

（1）若在测量过程中,满足 $R_V \gg R_x$ 或 $R_A \ll R_x$ 两个条件中的一个,则可以采用如下方法求得电阻 R_x 的不确定度。

参阅 3.1.2 节 4 的内容可以得到电压 U 和电流 I 的结果分别为

$$U = \bar{U} \pm 2u_C(U)$$

$$I = \bar{I} \pm 2u_C(I)$$

R_x 的平均值: $\bar{R}_x = \dfrac{1}{n} \sum_{i=1}^{n} R_{xi} = \dfrac{\bar{U}}{\bar{I}}$

R_x 的合成不确定度: $u_C(R_x) = \bar{R}_x \sqrt{\dfrac{u_C^2(U)}{\bar{U}^2} + \dfrac{u_C^2(I)}{\bar{I}^2}}$

则 R_x 的完整表示为

$$R_x = \bar{R}_x \pm 2u_C(R_x)$$

$$u_r = \frac{U_C(R_x)}{\bar{R}_x} \times 100\%$$

（2）若在测量过程中, $R_V \gg R_x$ 和 $R_A \ll R_x$ 两个条件都得不到满足,则建议采用作图法来进行修正,其过程如下:

根据实验数据作出 $U\text{-}I$ 直线,计算直线的斜率,在直线上选取两点,假设为 A、B (一般不取实验点),坐标为 $A(U_A, I_A)$, $B(U_B, I_B)$,则可以得到

$$k = \frac{I_B - I_A}{U_B - U_A}$$

斜率 k 的倒数即为电阻:

$$\bar{R} = \frac{1}{k}$$

4.5.6　思考题

（1）伏安法测电阻时,采用电流表外接测电阻计算出的电阻值要比真实值小一些,为什么?

（2）伏安法测电阻时,采用电流表内接测电阻计算出的电阻值要比真实值大一些,为什么?

（3）试根据自己的操作整理下述内容:伏安法在具体测量一个电阻 R_x 时的步骤及修正方法。

实验 4.6　电子荷质比的测定

电子电荷量与质量的比值,即荷质比 e/m,也称比荷,是一个重要的物理常数,其测定在物理学发展史上占有很重要的地位。1897 年,英国的物理学家汤姆孙(J. J. Thomson,1856—1940)在英国剑桥大学卡文迪什实验室做了一个著名的实验:阴极射线受强磁场的作用发生偏转,结果发现了"电子",并计算出它的电荷量与质量之比 e/m,发现阴极射线粒子的质量比氢原子质量的千分之一还小,为电子的存在提供了最好的实验证据。由于在气体导电方面的研究成果,汤姆孙获得 1906 年诺贝尔物理学奖。汤姆孙实验表明电子是基本的、不可分割的粒子,也意味着原子不再是不可分的,开启了原子结构研究的大门。测定荷质比的实验方法和思想对研究带电粒子和物质结构具有重要的意义,由于电子电荷量守恒,实验表明电子的质量随速度的增加而增加,这一结果也成为狭义相对论的验证实验之一。实践是检验真理的唯一标准,人类对科学的探索从未止步,1968 年,物理学家利用斯坦福直线加速器(SLAC)的散射实验表明核子是由更基本的粒子——夸克组成,这导致了基本粒子标准模型的发展。

电子荷质比的测量方法有很多,如磁聚焦法、滤速器法、磁控管法、汤姆孙法等。本实验仪以当年汤姆孙的思路,利用电子束在磁场中运动偏转的方法来测量。

4.6.1　实验目的

(1)理解电子在磁场中的运动规律。
(2)掌握用电子比荷仪测量电子荷质比的原理及方法。

4.6.2　实验原理

当一个电荷以速度 v 垂直进入均匀磁场时,电子要受到洛伦兹力的作用,它的大小可由公式

$$f = ev \times B \tag{4.6.1}$$

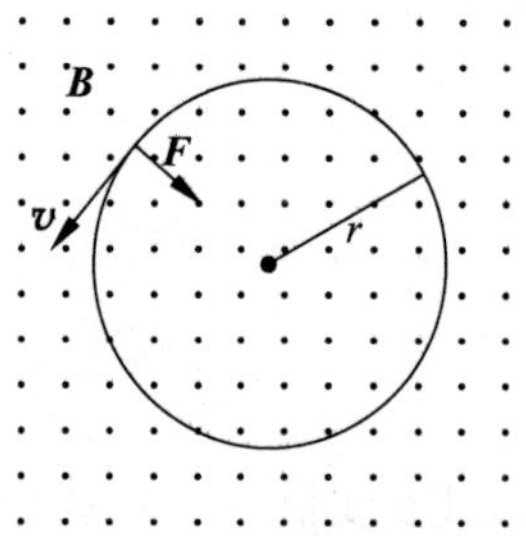

所决定,由于力的方向垂直于速度的方向,如图 4.6.1 所示,则电子运动的轨迹又是一个圆,力的方向指向圆心,完全符合圆周运动的规律,所以作用力与速度又有以下关系:

$$evB = \frac{mv^2}{r} \tag{4.6.2}$$

由公式转换可得

图 4.6.1　电子在磁场中的运动

$$\frac{e}{m} = \frac{v}{rB} \tag{4.6.3}$$

实验装置是用一个电子枪,在加速电压 U 的驱使下,射出电子流,因此 eU 全部转变成电子的输出动能,因此又有

$$eU = \frac{1}{2}mv^2 \tag{4.6.4}$$

通过式(4.6.3)、式(4.6.4)可得

$$\frac{e}{m} = \frac{2U}{(\bm{r} \times \bm{B})^2} \tag{4.6.5}$$

实验中可采取固定加速电压 U，通过改变不同的偏转电流，产生出不同的磁场，进而测量出电子束的运动轨迹圆半径 r，就能测试出电子的荷质比 e/m。

按本实验的要求，仔细地调整管子(威尔尼氏管)的电子枪，使电子流与磁场严格保持垂直，产生完全封闭的圆形电子轨迹。按照亥姆霍兹线圈产生磁场的原理

$$B = kI \tag{4.6.6}$$

其中，k 为磁电变换系数，与真空磁导率 μ_0、亥姆霍兹线圈的半径 R、单个线圈的匝数 N 有关。由式(4.6.6)可得

$$\frac{e}{m} = \frac{2U}{k^2 r^2 I^2} \tag{4.6.7}$$

4.6.3　实验装置

电子荷质比测试仪主要由亥姆霍兹线圈及放置在其中的威尔尼氏管，和整套仪器的控制电源等组成。

1. 威尔尼氏管

电子荷质比测试仪的中心器件是三维立体透明外壳的威尔尼氏管，见图 4.6.2，通过它可以形象地显示出电子束的运行轨迹，当将威尔尼氏管放置于由亥姆霍兹线圈产生的磁场中时，用电压激发它的电子枪发射出电子束，进行实验观察和测量；威尔尼氏管外附带有测量标尺及反射镜，用于辅助测量电子束光圈的半径。

图 4.6.2　威尔尼氏管和亥姆兹线圈

2. 电子荷质比测定仪(控制电源)

电子荷质比测定仪(控制电源)见图 4.6.3。

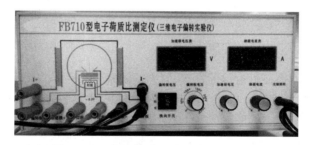

图 4.6.3　电子荷质比测定仪(控制电源)

提供整个仪器各部分的工作电源，包括电子束加速电压及偏转电压、聚焦电压、照明电压等。详见仪器说明书。

4.6.4　实验内容与步骤

以下实验过程是以"FB710 型电子荷质比测试仪"为例的。实验中采用固定加速电压，

改变磁场偏转电流,测量偏转电子束的圆周半径来进行。

1. 正确连接仪器。

2. 开启电源,使威尔尼氏管电子枪的加速电压定于 120～130V,耐心地等待,直到电子枪射出蓝绿色的电子束后,将加速电压回调定于 90～110V 之间。注意:如果加速电压太高或偏转电流太大,都容易引起电子束散焦。

3. 观察电子的运动情况,当电子枪在加速电压的激发下,射出电子束,进入亥姆霍兹线圈的磁场区域:

(1) 无磁场时,射出的电子束将成直线轨迹,如图 4.6.4(a)所示。若电子束不平行,需调节偏转板电压。

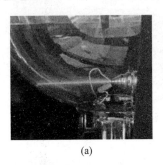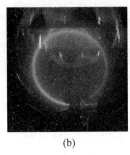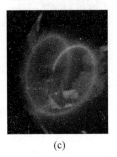

(a)　　　　　　　　(b)　　　　　　　　(c)

图 4.6.4　电子束在磁场中的运动轨迹

(a) 无磁场时;(b) 电子束与磁场垂直时;(c) 电子束与磁场不完全垂直时

(2) 电子束与磁场完全垂直时,电子束形成圆形轨迹。调节偏转电流,使电子束的运行轨迹形成封闭的圆,如图 4.6.4(b)所示。细心调节聚焦电压,使电子束明亮,缓缓改变亥姆霍兹线圈中的励磁电流,观察电子束的曲率半径大小的变化 S_0。

仔细地调整电子枪,使电子束与磁场严格保持垂直,产生完全封闭的圆形电子轨迹。此时,由式(4.6.6)、式(4.6.7)可知

$$I \uparrow \Rightarrow B \uparrow \Rightarrow r \downarrow$$

(3) 当电子束与磁场不完全垂直时,电子束将作螺旋线运动,如图 4.6.4(c)所示。

4.6.5　测量过程与数据记录

(1) 调节仪器线圈后面反射镜的位置,以方便观察。

(2) 移动测量机构上的滑动标尺,采用"三线合一"的方法测出电子束圆的右端点。用黑白分界的中心刻度线,对准电子枪口与反射镜中的像,从游标上读出刻度读数 S_0(一般此时按清零,调整 $S_0 = 00.00\text{mm}$)。

(3) 再移动滑动标尺到电子束轨迹圆的左端点,采用同样的方法读出刻度读数 S_n,如图 4.6.5 所示。

(4) 用 $r = \dfrac{1}{2}(S_n - S_0)$ 求出电子束圆轨迹的半径。

(5) 依次增加偏转电流约 $\Delta I = 0.05\text{A}$,用与步骤(1)、(2)同样的方法测出不同电流激发的磁场 B 中电子运动圆轨道的两端点 S_0、S_n。共测 10 次,并将测量结果记入数据表格 4.6.1 中,并由公式(4.6.7)计算出荷质比。

班别_____ 姓名_____ 实验日期_____ 同组人_____

原始数据记录

表 4.6.1

n	S_0/mm	S_n/mm	r/mm	I/A	$e/m/(\text{C} \cdot \text{kg}^{-1})$	e/m 平均值
1						
2						
3						
4						
5						
6						
7						
8						
9						
10						

实验项目名称___电子荷质比的测定___指导教师_____

大学物理实验预习报告

实验项目名称　　　　**电子荷质比的测定**

班别＿＿＿＿＿＿＿＿＿　学号＿＿＿＿＿＿＿＿＿＿＿　姓名＿＿＿＿＿＿＿＿＿＿

实验进行时间＿＿＿＿年＿＿＿＿月＿＿＿＿日，第＿＿＿＿周,星期＿＿＿＿，＿＿＿＿时至＿＿＿＿时

实验地点＿＿＿＿＿＿＿＿＿＿＿＿＿＿＿＿＿

实验目的：

实验原理简述：

实验中应注意事项：

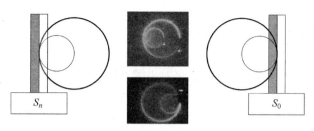

图 4.6.5　用相切方法测量圆形轨迹的直径

（6）数据处理。

U 可以取 90～110V 任意值并记录，可对比标准值 $e/m=1.759\times10^{11}\mathrm{C\cdot kg^{-1}}$ 计算荷质比的不确定度。

4.6.6　注意事项

（1）实验开始时首先应细心调节电子束与磁场方向垂直，多次聚焦消除环境磁场影响，形成一个不带任何重影的圆环。

（2）威尔尼氏管电子枪的激发加速电压不要调得过高，容易引起电子束散焦。电子束刚激发时的加速电压，需要偏高一些，大约是 130V，一旦激发后，电子束为 90～100V 均能维持发射，此时就可以适当降低加速电压。

（3）测量电子束半径时，应仔细按"三线合一"法进行校对，避免读数偏离（因人而异），引入系统误差。

（4）电流的变化一般取 0.05A 左右测一次。

（5）测量结束后，将电流和电压均调至零后再关掉电源。

（6）励磁电流有自动保护，温度过高将自动切断，这时候，要把电源关掉，重新开机即可恢复功能。

4.6.7　思考题

（1）除了本实验介绍的方法来确定圆环的大小，你还有其他更好、更简捷的方法吗？

（2）测量电子荷质比还有哪些不同的实验方法？

（3）分析洛伦兹力在不同角度下对电子束的影响。

实验 4.7　等厚干涉测曲率半径

　　牛顿(Isaac Newton,1642—1727)不仅对力学有伟大的贡献,对光学也有十分深入的研究。牛顿为了研究薄膜的颜色,曾经用凸透镜放在平板玻璃上做实验。他仔细观察了白光在空气薄层上干涉时所产生的彩色条纹,从而首次认识了颜色和空气层厚度之间的关系。1675 年,他在给皇家学会的论文里记述了这个被后人称为“牛顿环”的实验,但是牛顿在用光是微粒流的理论解释牛顿环时却遇到困难。19 世纪初,托马斯·杨(Thomas Yang,1773—1829)用光的干涉原理解释了牛顿环。

　　光的干涉是光的波动性的一种重要表现。日常生活中能见到诸如肥皂泡呈现的五颜六色,雨后路面上油膜的多彩图样等,都是光的干涉现象,都可以用光的波动性来解释。

　　干涉现象在科学研究和工业技术上有着广泛的应用,如测量光波的波长,精确地测量长度、厚度和角度,检验试件表面的光洁度,研究机械零件内应力的分布以及在半导体技术中测量硅片上氧化层的厚度等。

　　所谓牛顿环(Newton's ring),就是用平行单色光照射一块曲率半径很大的透镜与平面玻璃所组成的空气隙时产生的圆环形干涉条纹,这种条纹用光的波动学说可以很容易地解释。牛顿环在检验光学元件表面质量和测量球面的曲率半径及测量光波波长方面有广泛应用。

　　牛顿环是典型的等厚干涉现象,同一干涉环上各处的空气层厚度是相同的,劈尖干涉也是等厚干涉。取两片洁净的显微镜载玻片叠在一起,两片的一端紧贴,另一端夹入一薄片,这样就构成一个劈形空气薄膜,称为劈尖,由于距两玻片交棱等距离处的空气层厚度是相等的,所以显示出来的干涉条纹是与交棱平行的直条纹。在光学仪器厂,常用标准面与待测面之间产生的干涉条纹检查加工平面度。

4.7.1　实验目的

　　(1) 观察和研究等厚干涉现象及其特点,研究利用干涉现象进行计量的方法,加深对光的波动性的认识。

　　(2) 学习掌握读数显微镜的使用方法。

　　(3) 掌握用牛顿环仪测定透镜曲率半径的原理和方法,通过实验加强等厚干涉原理的理解。

　　(4) 学习用逐差法处理实验数据的方法。

　　(5) 了解劈尖的等厚干涉。

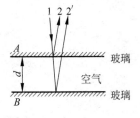

图 4.7.1　等厚干涉的形成

4.7.2　实验原理

1. 等厚干涉

　　如图 4.7.1 所示,玻璃板 A 和玻璃板 B 平行叠放,中间加有一层空气(即形成了空气薄膜)。设光线 1 垂直入射到厚度为 d 的空气薄膜上。入射光线在 A 板下表面和 B 板上表面分别产生反射光线 2 和 $2'$,二者在 A 板上方相遇,由于两束光线都是由光线 1 分出来的(分振幅法),故频率相同、相位差恒定(相位差与该处空气厚度 d 有关)、振动方向相同,因而会产生干涉。我们现在考虑光线 2 和 2′的光程差与空气薄膜厚度的关系。显然光线 2′比光线 2 多传播了一段距离 $2d$。此外,由于反射光线 2′是由光密媒质(玻璃)向光疏媒质(空气)反射,会产生半波损失。故总的光程差还应加上半个波长 $\lambda/2$,即 $\Delta = 2d + \lambda/2$。

根据干涉条件,当光程差为波长的整数倍时相互加强,出现亮纹;当光程差为半波长的奇数倍时互相减弱,出现暗纹。因此有

$$\Delta = 2d + \frac{\lambda}{2} = \begin{cases} 2K \cdot \dfrac{\lambda}{2}, & K = 1,2,3,\cdots(\text{出现亮纹}) \\[3mm] (2K+1) \cdot \dfrac{\lambda}{2}, & K = 0,1,2,\cdots(\text{出现暗纹}) \end{cases}$$

光程差 Δ 取决于产生反射光的薄膜厚度。同一条干涉条纹所对应的空气厚度相同,故称为等厚干涉。

2. 牛顿环

牛顿环装置是由一块曲率半径较大的平凸玻璃透镜,以其凸面放在一块光学玻璃平板(平晶)上构成的,如图 4.7.2 所示。平凸透镜的凸面与玻璃平板之间的空气层厚度从中心到边缘逐渐增加,若以平行单色光垂直照射到牛顿环上,则经空气层上、下表面反射的二光束存在光程差,它们在平凸透镜的凸面相遇后,将发生干涉。从透镜上看到的干涉花样是以玻璃接触点为中心的一系列明暗相间的圆环(如图 4.7.3 所示),称为牛顿环。由于同一干涉环上各处的空气层厚度是相同的,因此它属于等厚干涉。

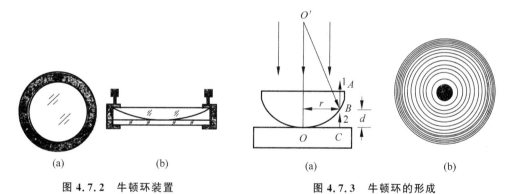

图 4.7.2　牛顿环装置　　　　　　图 4.7.3　牛顿环的形成
　　(a) 正视;(b) 侧视　　　　　　　(a) 示意图;(b) 牛顿环干涉

由于透镜表面 B 点处的反射光 1 和玻璃板表面 C 点的反射光 2 在 B 点处发生干涉,在该处产生等厚干涉条纹。按照波动理论,设形成牛顿环处空气薄层厚度为 d,两束相干光的光程差为

$$\Delta = 2d + \lambda/2 \tag{4.7.1}$$

当 Δ 适合下列条件时,有相应的明环和暗环:

$$\Delta = 2d + \lambda/2 = m\lambda, \quad m = 1,2,3,\cdots(\text{明环}) \tag{4.7.2}$$

$$\Delta = 2d + \lambda/2 = (2m+1)\lambda/2, \quad m = 0,1,2,3,\cdots(\text{暗环}) \tag{4.7.3}$$

式中,λ 为入射光的波长;$\lambda/2$ 是附加光程差,这是由于光在光密介质面上反射时产生的半波损失而引起的。

式(4.7.3)表明,当 $m=0$ 时(零级),$d=0$,即平面玻璃和平凸透镜接触处的条纹为暗纹。光程差 Δ 仅与 d 有关,即厚度相同的地方干涉条纹相同。

利用牛顿环,可以测量平凸透镜的曲率半径 R。如图 4.7.3(a)所示,由几何关系,在 B 点可得

$$r^2 = R^2 - (R-d)^2 = 2Rd - d^2$$

因为 $R \gg d$,故可略去 d^2 项,则得

$$d = \frac{r^2}{2R} \tag{4.7.4}$$

这一结果表明,离中心越远,光程差增加越快,所看到的牛顿环也变得越来越密。

将式(4.7.4)代入式(4.7.1)有

$$\Delta = \frac{r^2}{R} + \frac{\lambda}{2} \tag{4.7.5}$$

则根据牛顿环的明暗纹条件:

$$\Delta = \frac{r^2}{R} + \frac{\lambda}{2} = (2m+1) \cdot \frac{\lambda}{2}, \quad m = 0,1,2,\cdots (暗纹)$$

$$\Delta = \frac{r^2}{R} + \frac{\lambda}{2} = 2m \cdot \frac{\lambda}{2}, \qquad m = 1,2,3,\cdots (明纹)$$

可得牛顿环的明、暗纹半径分别为

$$r_m = \sqrt{mR\lambda} \qquad (暗纹)$$

$$r'_m = \sqrt{(2m-1)R \cdot \frac{\lambda}{2}} \qquad (明纹)$$

式中,m 为干涉条纹的级数;r_m 为第 m 级暗纹的半径;r'_m 为第 m 级明纹的半径。

以上两式表明,当 λ 已知时,只要测出第 m 级亮环(或暗环)的半径,就可计算出透镜的曲率半径 R;相反,当 R 已知时,即可算出 λ。

观察牛顿环时将会发现,牛顿环中心不是一点,而是一个不甚清晰的暗或亮的圆斑。其原因是透镜和平玻璃板接触时,由于接触压力引起形变,使接触处为一圆面;而镜面上可能有微小灰尘等存在,从而引起附加的光程差。这都会给测量带来较大的系统误差。

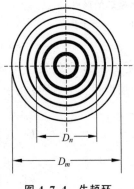

我们可以通过测量距中心较远的、比较清晰的两个暗环纹的半径的平方差来消除附加光程差带来的误差,如图 4.7.4 所示。假定附加厚度为 a,则光程差为

$$\Delta = 2(d \pm a) + \frac{\lambda}{2} = (2m+1)\frac{\lambda}{2}$$

则

$$d = m \cdot \frac{\lambda}{2} \pm a$$

将其代入式(4.7.1)可得

$$r^2 = mR\lambda \pm 2Ra$$

图 4.7.4　牛顿环

取第 m、n 级暗条纹，则对应的暗环半径为

$$r_m^2 = mR\lambda \pm 2Ra$$

$$r_n^2 = nR\lambda \pm 2Ra$$

将两式相减，得 $r_m^2 - r_n^2 = (m-n)R\lambda$。由此可见 $r_m^2 - r_n^2$ 与附加厚度 a 无关。

由于暗环圆心不易确定，故取暗环的直径替换半径，因而，透镜的曲率半径为

$$R = \frac{D_m^2 - D_n^2}{4(m-n)\lambda} \qquad (4.7.6)$$

由此式可以看出，半径 R 与附加厚度无关，且有以下特点：

（1）R 与环数差 $m-n$ 无关。

（2）对于 $D_m^2 - D_n^2$，由几何关系可以证明，两同心圆直径的平方差等于对应弦的平方差。因此，测量时无须确定环心位置，只要测出同心暗环对应的弦长即可，如图 4.7.5 所示。

本实验中，入射光采用钠黄光，波长已知（$\lambda = 589.3\text{nm}$），只要测出 D_m、D_n，就可求出透镜的曲率半径。

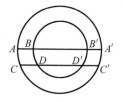

图 4.7.5　同心圆直径平方差的测量

3. 劈尖干涉

在劈尖架上两个光学平玻璃板中间的一端插入一薄片（或细丝），则在两玻璃板间形成一空气劈尖，如图 4.7.6(a) 所示。当一束平行单色光垂直照射时，则被劈尖薄膜上、下两表面反射的两束光进行相干叠加，形成干涉条纹。其光程差为

$$\Delta = 2d + \frac{\lambda}{2} \qquad (d \text{ 为空气隙的厚度})$$

产生的干涉条纹是一簇与两玻璃板交接线平行且间隔相等的平行条纹，如图 4.7.6(b) 所示。

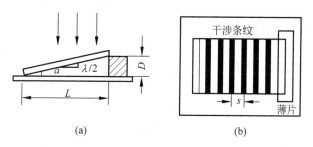

(a) 　　　　　　　　(b)

图 4.7.6　劈尖

（a）侧视图；（b）俯视图

同样根据牛顿环的明暗纹条件，有

$$\Delta = 2d + \frac{\lambda}{2} = (2m+1) \cdot \frac{\lambda}{2}, \quad m = 1,2,3,\cdots \text{（干涉暗纹）}$$

$$\Delta = 2d + \frac{\lambda}{2} = 2m \cdot \frac{\lambda}{2}, \qquad m = 1,2,3,\cdots \text{（干涉明纹）}$$

显然，同一明纹或同一暗纹都对应相同厚度的空气层，因而是等厚干涉。

同样易得，两相邻明条纹（或暗条纹）对应空气层厚度差都等于 $\frac{\lambda}{2}$；则第 m 级暗条纹对

应的空气层厚度为

$$D_m = m\frac{\lambda}{2}$$

假若夹薄片后劈尖正好呈现 N 级暗纹,则薄层厚度为

$$D = N\frac{\lambda}{2} \tag{4.7.7}$$

用 α 表示劈尖形空气间隙的夹角,s 表示相邻两暗纹间的距离,L 表示劈间的长度,则有

$$\alpha \approx \tan\alpha = \frac{\lambda/2}{s} = \frac{D}{L}$$

则薄片厚度为

$$D = \frac{L}{s} \cdot \frac{\lambda}{2} \tag{4.7.8}$$

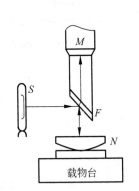

图 4.7.7　牛顿环实验装置

由上式可见,如果求出空气劈尖上总的暗条纹数,或测出劈尖的长度 L 和相邻暗纹间的距离 s,都可以由已知光源的波长 λ 测定薄片厚度(或细丝直径)D。

4.7.3　实验装置

牛顿环实验装置如图 4.7.7 所示。用钠灯 S 作为单色光源,它发出的光照射到读数显微镜镜筒 M 上的 $45°$ 半反镜 F 上,使一部分反射光接近垂直地入射到牛顿环仪 N 上,用读数显微镜 M 测量牛顿环的直径。

读数显微镜的用法详见仪器说明书。

4.7.4　实验内容及步骤

1. 用牛顿环测透镜曲率半径

(1)观察牛顿环装置。用眼睛观察牛顿环,看到一亮点位于镜框的中心,周围的干涉条纹呈圆环形。若亮点不是在镜框中心,轻微旋动金属镜框上的调节螺丝,使环心面积最小,并稳定在镜框中心(切记拧紧螺丝,以免干涉条纹变形,导致测量失准或光学玻璃破裂)。

(2)对光。打开钠光灯源,稍等几分钟,然后把牛顿环放在显微镜筒正下方的载物台上。调节镜筒的立柱,使镜筒有适当的高度。镜筒下 $45°$ 反射玻璃片对准光源方向,让钠黄光经玻璃片反射进入牛顿环,利用升降台上下调节,使显微镜视场中亮度最大,此时可见显微镜视场充满明亮的黄光。若此时显微镜视场看不到黄光,可以利用聚焦手轮上下调节镜筒的高度。若显微镜视场半暗半明,应调节反射玻璃片的角度或左右移动读数显微镜的位置(注意应把底座的反射镜的背面对光源,这样才能避免钠光经底座下的反射镜反射后射入牛顿环)。

(3)为了消除显微镜在改变移动方向时可能产生的螺纹间隙误差,移动时必须向同一方向旋转,中途不可倒退。开始时使读数鼓轮作单向移动,看鼓轮上的零点与直尺示值是否对齐。如不对齐可多旋转几周,使它们对齐为止,并在测量前使目镜筒在显微镜量程的中部。

(4)调节显微镜的目镜,使目镜中看到的叉丝最为清晰,调节聚焦手轮,使镜筒接近牛顿环,缓慢调节聚焦手轮,使显微镜自下而上缓慢地上升(这可避免物镜与被测物相碰的危

班别＿＿＿＿＿＿　姓名＿＿＿＿＿＿　实验日期＿＿＿＿＿＿　同组人＿＿＿＿＿＿

原始数据记录

钠光波长 $\lambda = 589.3$ nm

表　4.7.1
mm

	分组	1	2	3	4	5	6	7	8	9	10
级　数	m_i	25	24	23	22	21	20	19	18	17	16
位置	左										
	右										
直径	D_{mi}										
级数	n_i	15	14	13	12	11	10	9	8	7	6
位置	左										
	右										
直径	D_{ni}										
直径平方差	$D_m^2 - D_n^2$										
透镜曲率半径	R										

环数差 $m - n = 10$

实验项目名称＿＿＿等厚干涉测曲率半径＿＿＿　指导教师＿＿＿＿＿＿＿＿＿＿

大学物理实验预习报告

实验项目名称　　　　　**等厚干涉测曲率半径**

班别＿＿＿＿＿＿＿＿　学号＿＿＿＿＿＿＿＿＿＿　姓名＿＿＿＿＿＿＿＿

实验进行时间＿＿＿＿年＿＿＿＿月＿＿＿＿日,第＿＿＿＿周,星期＿＿＿＿,＿＿＿＿时至＿＿＿＿时

实验地点＿＿＿＿＿＿＿＿＿＿＿＿＿＿＿

实验目的：

实验原理简述：

实验中应注意事项：

险），直到从显微镜目镜清晰地看见牛顿环为止。用手移动牛顿环装置，使干涉环位于显微镜的视野中心。

（5）调整显微镜的十字叉丝与牛顿环中心大致重合。测量时，显微镜的叉丝最好调节成十字叉丝的垂直线与牛顿环相切，十字叉丝的水平线与镜筒的移动方向相平行。

（6）测量各级牛顿环直径。为了方便起见，取 $m-n=10$。转动测微刻度轮使镜筒向左移动，按顺序数出暗环的环数，直至第 30 环。然后反转至第 25 环（这一步很重要），记录显微镜的读数。继续转动测微刻度轮，依次读出第 25 环至第 6 环的读数。再继续转动测微刻度轮，使十字叉丝越过干涉环中心至右边的第 6 环，记下第 6，7，8，9，…，25 环等环的读数（注意不要反向转动测微刻度轮）。将以上读数记录至数据表 4.7.1 中。

2. 劈尖

（1）置劈尖于载物台上，照明与具体调节同牛顿环操作一样。观察细丝在两块平玻璃间的不同位置时的条纹间距的变化。调节显微镜及玻璃劈尖方位，使显微镜的叉丝走向与条纹平行或垂直。

（2）取 $x=20$，即数 20 根暗条纹并测出其长度 L_x，要求测量多次，数据填入自拟表格内。然后测量 L（单次测量）。

3. 表面平整度检验

如果待检查平面是一理想平面，干涉条纹将为互相平行的直线。被检验平面与理想平面的任何光波长数量级的差别都将引起干涉条纹的弯曲，由条纹的弯曲方向与程度可判定被检验表面在该处的局部偏差情况。图 4.7.8(a)与(b)分别表示被检查表面 $A'B'$ 有凸起或凹陷时，干涉花样形状的示意图。

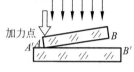

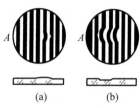

图 4.7.8　表面平整度检验

(a) 表面凸起；(b) 表面凹陷

4.7.5　实验数据处理

1. 计算 R

根据计算式 $R=\dfrac{D_m^2-D_n^2}{4(m-n)\lambda}$，对 D_m、D_n 分别测量 k 组，因而可得 k 个 R 值，于是有 $\overline{R}=\dfrac{1}{k}\sum_{i=1}^{k}R_i$，我们要得到的测量结果是 $R=\overline{R}\pm 2U_R$。

2. R 的合成标准不确定度 U_R 估算（$\lambda=589.3\mathrm{nm}$ 可视为常量）

由不确定度的定义知

$$U_R=\sqrt{U_A^2+U_B^2}$$

其中，U_A 为不确定度 A 类分量：

$$U_A=\sqrt{\frac{1}{k(k-1)}\sum_{i=1}^{k}(R_i-\overline{R})^2}$$

U_B 为不确定度 B 类分量，为了简便起见，仅考虑仪器误差对 B 类分量的贡献。一般用仪器标准误差 $\sigma_{仪}$ 来表示。

$$U_B=\sigma_{仪}=\frac{\Delta_{仪}}{\sqrt{3}}$$

测量结果表示：

$$R = \bar{R} \pm 2U_R$$

R 的相对不确定度：

$$U_r = \frac{U_R}{\bar{R}} \times 100\%$$

4.7.6 注意事项

(1) 调焦时，显微镜筒应自下而上缓慢地上升，直到看清楚干涉条纹为止，往下移动显微镜筒时，眼睛一定要离开目镜侧视，防止镜筒压坏牛顿环。调整显微镜的十字叉丝与牛顿环中心大致重合。

(2) 转动测微鼓轮，使叉丝的交点移近某暗环，当竖直叉丝与条纹相切时(观察时要注意视差)，从测微鼓轮及主尺上读下其位置 x。为了熟练操作和正确读数，在正式读数前应反复练习几次，直到同一个方向每次移到该环时的读数都很接近为止。

(3) 在测量各干涉环的直径时，只可沿同一个方向旋转鼓轮，不能进进退退，以避免测微螺距间隙引起的回程误差。在测量某一条纹的直径时，如果在左侧测的是条纹的外侧位置，而在右侧测的是条纹的内侧位置，此条纹的直径可认为就等于这两个位置之间的距离。因为实验时主要测量间隔为 $m-n$ 个干涉环的两个暗环的直径平方差，为了减少读数误差，应将 $m-n$ 值取得大一些。如取 $m-n=10$，则干涉条纹的相对误差就可减小近 10 倍。只要依次测出从第 6～25 每一级暗环的直径，利用逐差法分组求取条纹的直径平方差，则可获得较好的 R 的实验值。

4.7.7 思考题

(1) 试解释为什么牛顿环越向外，干涉条纹间距越密。

(2) 牛顿环是怎样形成的？它是什么性质的干涉条纹？

(3) 牛顿环与劈尖干涉有什么相同与不同之处？

(4) 实验中为什么要测量多组数据和分组处理所得的数据？

实验 4.8　模拟法测绘静电场

　　运动电荷周围有电磁场,静止电荷周围有静电场。电场的客观存在可以通过试探电荷在电场中受力以及电场具有能量可以做功的性质来了解。静电场是静止电荷周围的场分布,是带电体或带电导体(有时称电极)在它周围空间所产生的电场。带电体的形状、位置、数量及电量分布和电量的不同,使得空间的电场分布也不同。研究或设计一定的电场分布有助于了解电场中的一些物理现象或控制带电粒子的运动,对科研和生产都是重要的。

　　当带电导体的形状复杂时,要了解静电场的分布状况就很难用理论的方法进行计算。用实验方法进行直接测量也有一定困难,原因一是,静电场中无电流,一般的磁电式仪表不起作用,只能用静电式仪表进行测量,而静电式仪表不仅结构复杂,而且灵敏度也较低;原因二是,仪表本身是由导体或电介质制成的,静电探测的电极一般很大,一旦放入静电场中,将会引起原静电场的显著改变。

　　由于在一定条件下电介质中的稳恒电流场与静电场服从相同的数学规律,因此可用稳恒电流场来模拟静电场进行测量。这种实验方法称为模拟法。对电子管、示波管、电子显微镜等许多复杂电极的静电场分布都可用这种方法进行研究,这是电子光学中最重要的一种研究手段。本实验通过测绘简单电极间的电场分布学习模拟法的运用。

　　模拟法在科学实验中有着极其广泛的应用,其本质是用一种易于实现、便于测量的物理状态或过程去代替另一种不易实现、不便测量的状态或过程。其条件是两种状态或过程有两组一一对应的物理量,并且满足相同形式的数学规律及边界条件。模拟法的理论根据是两种不同物理领域定律的数学形式的类似性,而这种类似性有时候有深刻的物理含义,它往往能引导物理学家获得重大发现。例如,基于热的动力与水的动力的类似性,卡诺得到热力学中的卡诺定理;基于电流与热流的类似性,欧姆把热流定律移植到电流领域,而提出欧姆定律的假设;德布罗意把爱因斯坦的光波粒二象性理论移植到电子领域,等等。这种事例在物理学发展史上不胜枚举。因此,模拟法是一种重要的研究方法,通过对它的了解以及利用模拟法测绘静电场,对于开拓思维、提高实验技能很有帮助。

4.8.1　实验目的

　　(1) 了解模拟法及理论依据。
　　(2) 学习用稳恒电流场模拟法测绘静电场的原理和方法。
　　(3) 加深对电场强度和电势概念的理解。
　　(4) 测绘几种常用静电场的电场分布情况。

4.8.2　实验原理

　　1. 模拟法的理论依据
　　为了克服直接测量静电场的困难,我们可以借仿造一个与待测静电场分布完全一样的电流场,用容易直接测量的电流场去模拟静电场。

　　静电场与稳恒电流场的对应关系如表 4.8.1 所示。

表 4.8.1

静 电 场	稳 恒 电 流 场
导体上的电荷 $\pm Q$	极间电流 I
电场强度 E	电场强度 E
介电常数 ε	电导率 σ
电位移 $D=\varepsilon E$	电流密度 $J=\sigma E$
无荷区 $\oint \varepsilon E \cdot dS=0$	无源区 $\oint \sigma E \cdot dS=0$
电势分布 $\nabla^2 U=0$	电势分布 $\nabla^2 U=0$

静电场与稳恒电流场本是两种不同性质的场,但是它们之间在一定条件下具有相似的空间分布,即两种场遵守的规律在形式上相似,它们都可以引入电位 U,而且电场强度 $E=-\nabla U$,它们都遵守高斯定理。对静电场,电场强度在无源区域内满足以下积分关系:

$$\oint_S E \cdot dS=0 \quad (高斯定律)$$ (4.8.1)

(通过闭合曲面的电通量等于零)

对于稳恒电流场,电流密度矢量 J 在无源区域内也满足类似的积分关系:

$$\oint_S J \cdot dS=0 \quad (连续方程)$$ (4.8.2)

(通过闭合面的电流等于零)

由此可见,E 和 J 在各自区域中满足同样的数学规律。若稳恒电流场空间内均匀地充满了电导率为 σ 的不良导体,不良导体内的电场强度 E' 与电流密度矢量 J 之间遵循欧姆定律

$$J=\sigma E'$$ (4.8.3)

因而,E 和 E' 在各自的区域中也满足同样的数学规律。在相同边界条件下,由电动力学的理论可以严格证明:像这样具有相同边界条件的相同方程,其解也相同。因此,我们可以用稳恒电流场来模拟静电场。也就是说静电场的电力线和等位线与稳恒电流场的电流密度矢量和等位线具有相似的分布,所以测定出稳恒电流场的电位分布也就求得了与它相似的静电场的电位分布,进而得到电场分布。

用电力线和等位面描述电场时,电力线与等位面有如下性质:

(1)电力线只能从正电荷出发,并且终止在负电荷上,电力线不相交。

(2)电力线处处垂直于等位面。

(3)电力线必须垂直于导体表面,而且不能画在导体内部。

(4)在带电导体尖端附近,电力线极密集。

根据以上性质,我们可以从等位面来画出电力线,反之也可以根据电力线画出等位面。

当采用稳恒电流场来模拟研究静电场时,还必须注意以下使用条件:

(1)稳恒电流场中的导电质分布必须相应于静电场中的介质分布。具体地说,如果被模拟的是真空或空气中的静电场,则要求电流场中的导电质应是均匀分布的,即导电质中各处的电阻率 ρ 必须相等;如果被模拟的静电场中的介质不是均匀分布的,则电流场中的导电质应有相应的电阻分布。

（2）如果产生静电场的带电体表面是等位面，则产生电流场的电极表面也应是等位面。为此，可采用良导体做成电流场的电极，而用电阻率远大于电极电阻率的不良导体（如石墨粉、自来水或稀硫酸铜溶液等）充当导电质。

（3）电流场中的电极形状及分布，要与静电场中的带电导体形状及分布相似。

2. 模拟长同轴圆柱形电缆的静电场

同轴圆柱形电缆的静电场如图 4.8.1(a)所示，在真空中有一半径为 r_a 的长圆柱形导体 A 和一个内径为 r_b 的长圆筒形导体 B，它们同轴放置，分别带等量异号电荷。由对称性可知，在垂直于轴线的任一个截面 S 内，都有均匀分布的辐射状电力线，这是一个与轴向坐标无关而与径向坐标有关的二维场。

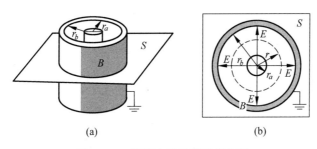

(a)　　　　　　　　　　　(b)

图 4.8.1　同轴电缆及其电场分布

以下是用来模拟同轴圆柱形电缆静电场的模拟场——稳恒电流场。若上述圆柱形导体 A 与圆筒形导体 B 之间不是真空，而是均匀地充满了一种电导率为 σ 的不良导体，且 A 和 B 分别与直流电源的正负极相连（见图 4.8.2），则在 A、B 间将形成径向电流，建立起一个稳恒电流场，以此模拟同轴圆柱形电缆静电场。

由上述两个图可知，静电场的电通量所通过的闭合面为半径为 r_a 的长圆筒形柱面 A 和其内部半径为 r_b 的长圆筒形柱面 B，它们同轴放置，如图 4.8.2(a)所示。稳恒电流场的电流所通过的闭合面与此完全相同，如图 4.8.2(b)所示。

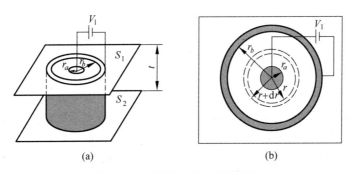

(a)　　　　　　　　　　(b)

图 4.8.2　同轴电缆的模拟模型

对于静电场，由式(4.8.1)（即高斯定律）可得

$$E_a \times 2\pi r_a h = E_b \times 2\pi r_b h \quad \Rightarrow \quad E \times 2\pi r = 常数 \quad \Rightarrow \quad E = \frac{C_1}{r} \qquad (4.8.4)$$

对于稳恒电流场，式(4.8.2)（即连续性方程）可得

$$J_a \times 2\pi r_a h = J_b \times 2\pi r_b h \quad \Rightarrow \quad J \times 2\pi r = 常数 \quad \Rightarrow \quad J = \frac{C'}{r} \tag{4.8.5}$$

由式(4.8.5)与式(4.8.3)得

$$E' = \frac{J}{\sigma} = \frac{1}{\sigma}\frac{C'}{r} = \frac{C_2}{r} \tag{4.8.6}$$

由式(4.8.4)、式(4.8.5)与式(4.8.6)可知,稳恒电流场的分布状态、稳恒电流场中的电场分布状态及静电场的分布状态都遵从完全相同的规律。而电场强度与电位之间遵从

$$U_r = U_a - \int_{r_a}^{r} E \cdot dr \tag{4.8.7}$$

令 $U_b = 0$,则有

$$U_a = \int_{r_a}^{r_b} E \, dr \tag{4.8.8}$$

$$U_r = \int_{r}^{r_b} E \, dr \tag{4.8.9}$$

将式(4.8.4)代入式(4.8.8),得

$$U_a = \int_{r_a}^{r_b} E \, dr = C_1 \ln \frac{r_b}{r_a}$$

由此得

$$C_1 = \frac{U_a}{\ln \dfrac{r_b}{r_a}} \tag{4.8.10}$$

由式(4.8.10)与式(4.8.9)得

$$U_r = U_a \frac{\ln \dfrac{r_b}{r}}{\ln \dfrac{r_b}{r_a}} \tag{4.8.11}$$

在式(4.8.11)中,常数 C 消失了,因此,式(4.8.11)对静电场与稳恒电流场都成立。这说明稳恒电流场与静电场的电位分布函数完全相同,即柱面之间的电位 U_r 与 $\ln r$ 均为直线关系,并且 U_r/U_a 即相对电位仅是坐标的函数,与电场电位的绝对值无关。显而易见,稳恒电流场 E' 与静电场 E 的分布也是相同的,因为

$$E'_r = -\frac{dU'_r}{dr} = -\frac{dU_r}{dr} = E \tag{4.8.12}$$

实际上,并不是每种带电体的静电场及模拟场的电位分布函数都能计算出来,如本实验中两点电荷电场、聚焦电极电场的电位分布就不能得出具体的解析解,只有 σ 分布均匀而且几何形状对称规则的特殊带电体的场分布才能用理论严格计算。上面只是通过一个特例,证明了用稳恒电流场模拟静电场的可行性。

3. 描绘完整的实验电力线图

根据电场强度与电势的关系 $E = -\dfrac{\partial U}{\partial n} e_n$,可知电场强度 E 在数值上等于电势在法线方向上的变化率,其方向指向电势降落的方向;如果电场中任意两相邻等势面间的电势差相同,则等势面较密处,场强较大;反之,场强较小。根据等势线(面)和电力线正交的关系,可

班别＿＿＿＿＿＿＿姓名＿＿＿＿＿＿＿实验日期＿＿＿＿＿＿＿同组人＿＿＿＿＿＿＿

原始数据记录

大学物理实验预习报告

实验项目名称 _____ **模拟法测绘静电场** _____

班别 _____ 学号 _____ 姓名 _____

实验进行时间_____年_____月_____日,第_____周,星期_____,_____时至_____时

实验地点_____

实验目的：

实验原理简述：

实验中应注意事项：

画出电力线。

等势线的分布与电力线的分布的关系：电力线与等势线(面)互相垂直(或正交)，电力线的方向是从电位高的等势线指向电位低的等势线，两相邻等势面间的电势差相等，其等势线分布越密的地方，电场强度较大。

一幅完整的实验电力线图应包括的内容：包含 A、B 电极的电势分布图，每条等势线必须表明其电位值，根据电力线与等势线的关系，均匀、对称地作出(8 条)电力线分布图，每条电力线必须标明其方向。如果 A 电极带正电，B 电极带负电，则电力线起于 A 电极表面，终止于 B 电极。

4.8.3　实验装置

静电场实验仪一套(包含输出电压可调的交变电源、几套模拟电极、电流传输线、电极连接线、探针)、高内阻伏特表、坐标纸、自备圆规、直尺和曲线板。

4.8.4　实验内容及步骤

(1) 在实验仪上放定一张坐标记录纸(注意固定坐标纸，实验中切勿移动坐标纸)。

(2) 选取待测电极板。

(3) 接好电路(见图 4.8.3)。将静电场电源输出"＋"(红色)接电极一，"－"(蓝色)接电极二和高内阻伏特表的地，探针插入高内阻伏特表的 VΩ 插口，置高内阻伏特表为 AC 20V 挡。

(4) 接通电源。打开静电场电源开关，调节电压调节旋钮，使输出为 12V，此时导电介质中就建立起了模拟电场。

(5) 移动探针。用探针测量电位为 2V、4V、6V、8V、10V 时的等位线。对于每一条等位线，用探针在电极板内选取至少 8 个电位相同的点(在曲线转弯处要密集取点)。

注意：测量时，探针要与水平面垂直，读数时，视线要与探针重合。

(6) 描绘等位线。通过这至少 8 个点的线就是该电位的等位线轨迹。作等位线时，不必强求通过每一个点，要兼顾曲线光滑，作完等位线后应标注该等位线的电位值。然后移动探针，找出其他电位的等位线轨迹。

(7) 根据等位线与电力线相互正交的特点，在等位线图上添置电力线，就可得到电场分布图。

本实验测绘稳恒电流场的等位线，测量线路如图 4.8.3 所示(此处以模拟长同轴圆柱形电缆为例，其他模拟电极测量线路图与此类似)。在实际模拟中，常采用交流电源。测量装置如图 4.8.4 所示。装置的下边一层为模拟电极(各种电极分别固定在绝缘板上)。装置的上边一层放置绘图纸(坐标纸)。当探针 T 在下层电极中(电流场中)移动时，连在一起的同步探针 T' 在绘图纸上也相应移动，上下两针描绘的图形相同。

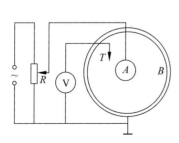

图 4.8.3　测量线路图

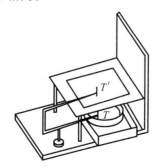

图 4.8.4　静电场模拟测量装置

4.8.5 实验数据处理

根据实验中探针所取点来描绘等位线,注意标明等位线的电位值,为了曲线的光滑,不必强求曲线通过每一个实验点,没有在曲线上面的实验点应均匀对称地分布在曲线的两侧,不在曲线上面的点与曲线之间的差距为误差。依据实验原理,通过实验中的各个实验步骤,注意观察思考,分析实验中带来误差的原因。

根据等位线及电力线之间的关系,添置6~8条电力线,并标明方向。

注意:电力线的疏密程度代表电场的强弱程度,电力线的均匀对称代表电场的均匀对称。

4.8.6 注意事项

(1) 实验时探针应轻拿轻放。

(2) 电极、探针应与导线保持良好的接触。

(3) 探针切勿触碰电极,以免损坏仪器。

(4) 测等势线时,在曲线急转弯处或两条曲线靠近处,应密集取点记录。

4.8.7 思考题

(1) 用电流场模拟静电场的理论依据是什么?

(2) 分析影响探测结果的各种因素。

(3) 如果电源电压增加一倍,等位线与电力线的形状是否变化?

(4) 等位线和电场线之间有何关系?

实验 4.9 电表改装与校准

电表在电学测量中有着广泛的应用,因此如何了解电表和使用电表就显得十分重要。电流计(表头)由于构造的原因,一般只能测量较小的电流和电压,如果要用它来测量较大的电流或电压,就必须进行改装,以扩大其量程。直流电流表、交流电流表、直流电压表、交流电压表、欧姆表、万用表等,这些电表都是由微安表头配以不同的电路和元件后组装而成的。任何一种仪器(尤其是自行组装的仪器)在使用前都应进行校准,因此校准是实验技术中一项非常重要的技术。

4.9.1 实验目的

(1)掌握电表的基本原理和设计方法。

(2)学习电表的改装和校准。

(3)学会标定电表的准确度等级。

4.9.2 实验原理

常见的磁电式电流计主要由放在永久磁场中的由细漆包线绕制的可以转动的线圈、用来产生机械反力矩的游丝、指示用的指针和永久磁铁所组成。当电流通过线圈时,载流线圈在磁场中就受到一磁力矩 $M_{磁}$,使线圈转动并带动指针偏转。线圈偏转角度的大小与线圈通过的电流大小成正比,所以可由指针的偏转角度直接指示出电流值。

1. 改装微安表为电流表

根据电阻并联规律可知,如果在表头两端并联上一个阻值适当的电阻 R_2,如图 4.9.1 所示,可使表头不能承受的那部分电流从 R_2 上分流通过。这种由表头和并联电阻 R_2 组成的整体(图中虚线框住的部分)就是改装后的电流表。如需将量程扩大 n 倍,则不难得出

$$R_2 = R_g/(n-1) \tag{4.9.1}$$

图 4.9.1 为扩流后的电流表原理图。用电流表测量电流时,电流表应串联在被测电路中,所以要求电流表应有较小的内阻。另外,在表头上并联阻值不同的分流电阻,便可制成多量程的电流表。

2. 改装电压表

一般表头能承受的电压很小,不能用来测量较大的电压。为了测量较大的电压,可以给表头串联一个阻值适当的电阻 R_M,如图 4.9.2 所示,使表头上不能承受的那部分电压降落在电阻 R_M 上。这种由表头和串联电阻 R_M 组成的整体就是电压表,串联的电阻 R_M 叫做扩程电阻。选取不同大小的 R_M,就可以得到不同量程的电压表。可求得扩程电阻值为

$$R_M = \frac{U}{I_g} - R_g \tag{4.9.2}$$

实际的扩展量程后的电压表原理见图 4.9.2。

用电压表测电压时,电压表总是并联在被测电路上。为了不致因为并联了电压表而改变电路中的工作状态,要求电压表应有较高的内阻。

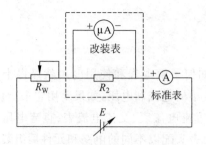

图 4.9.1 改装电流表原理图

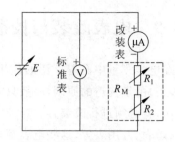

图 4.9.2 改装电压表原理图

3. 改装微安表为欧姆表

用来测量电阻大小的电表称为欧姆表。根据调零方式的不同，可将其分为串联分压式和并联分流式两种。其电路原理如图 4.9.3 所示。

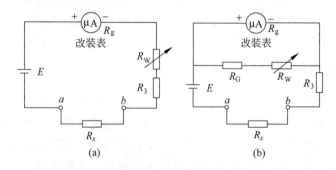

图 4.9.3 欧姆表原理图

（a）串联分压式；（b）并联分流式

图 4.9.3 中 E 为电源，R_3 为限流电阻，R_W 为调"零"电位器，R_x 为被测电阻，R_g 为等效表头内阻。图 4.9.3(b)中，R_G 与 R_W 一起组成分流电阻。

1) 串联分压式

欧姆表使用前先要调"零"点，即 a、b 两点短路（相当于 $R_x = 0$），调节 R_W 的阻值，使表头指针正好偏转到满度。可见，欧姆表的零点就在表头标度尺的满刻度（即量限）处，与电流表和电压表的零点正好相反。

在图 4.9.3(a)中，当 a、b 端接入被测电阻 R_x 后，电路中的电流为

$$I = \frac{E}{R_g + R_W + R_3 + R_x} \tag{4.9.3}$$

对于给定的表头和线路来说，R_g、E、R_W、R_3 都是常量。由此可见，当电源端电压 E 保持不变时，被测电阻和电流值有一一对应的关系。即接入不同的电阻，表头就会有不同的偏转读数，R_x 越大，电流 I 越小。短路 a、b 两端，即 $R_x = 0$ 时，这时指针满偏：

$$I = \frac{E}{R_g + R_W + R_3} = I_g \tag{4.9.4}$$

当 $R_x = R_g + R_W + R_3$ 时，

$$I = \frac{E}{R_g + R_W + R_3 + R_x} = \frac{1}{2} I_g \tag{4.9.5}$$

这时指针在表头的中间位置,对应的阻值为中值电阻,显然

$$R_{中} = R_g + R_W + R_3 \tag{4.9.6}$$

当 $R_x = \infty$(相当于 a、b 开路)时,$I=0$,即指针在表头的机械零位。所以欧姆表的标度尺为反向刻度,且刻度是不均匀的,电阻 R 越大,刻度间隔越密。如图 4.9.4 所示。如果表头的标度尺预先按已知电阻值刻度,就可以用电流表来直接测量电阻了。

图 4.9.4 欧姆挡标度尺

2)并联分流式

并联分流式欧姆表是利用对表头分流来进行调零的,具体参数可自行设计。欧姆表在使用过程中电池的端电压会有所改变,而表头的内阻 R_g 及限流电阻 R_3 为常量,故要求 R_W 要跟着 E 的变化而改变,以满足调"零"的要求,设计时用可调电源模拟电池电压的变化,范围取 $1.35 \sim 1.60\text{V}$ 即可。

4. 电表的校准和准确度等级的确定

经过改装的电表在使用前都应进行校准,也就是将改装表和一个准确度较高的标准表(一般比改装表的准确度高两极)进行比较,分别校准改装表量程和刻度。校准的方法如下:

(1)先校准改装的电表及标准电表的机械零点,使电表的指针指向零点。

(2)将电表接入相应的校准电路,使待校准的电表与标准电表测量同一物理量(如电压、电流、电阻等);然后调节输入物理量的大小,使标准电表的读数值恰好等于待校准电表的满刻度值,若待校准电表不能指满度,则应调分流电阻(对电流表)或降压电阻(对电压表),直到待校准电表的指针指到满刻度。

(3)校准刻度值。用标准电表测出改装表各个刻度值(取整刻度)所对应的实际读数,分别记为 I_{xi} 和 I_{Si}(或 U_{xi} 和 U_{Si})。从而得到各个刻度的修正值 $\Delta I_i = I_{Si} - I_{xi}$(或 $\Delta U_i = U_{Si} - U_{xi}$)。将改装表的同一量程的各个刻度都校准一遍,以被校电表的指示值 I_x(或 U_x)为横坐标,以校正值 ΔI(或 ΔU)为纵坐标,两个校正点之间用直线段连接,根据校正数据作出呈折线状的校正曲线(不能画成光滑曲线),如图 4.9.5 所示。以后使用这个电表时,根据校准曲线可以修正电表的读数。

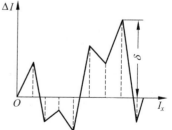

图 4.9.5 校准曲线

(4)选取差值中最大的绝对误差,除以电表的量程,再乘以 100,即得到电表的准确度等级。例如,一个满刻度为 1mA 的电流表,校准时得到各刻度值与标准电表的最大差值为 0.005mA,则电表的等级为 0.5 级;若最大差值为 0.01mA,则电表的等级为 1 级;最大差值为 0.02mA,则为 2 级;……注意:电表的级别一般只以 0.5 级为阶,不取 1.2 级、1.3 级。如算得级别为 1.2 级、1.3 级等,则取 1.5 级;算得级别为 1.6 级、1.7 级等,则取 2 级。

5. 微安表的量程 I_g 与内阻 R_g 的测定

电流计允许通过的最大电流称为电流计的量程,用 I_g 表示,电流计的线圈有一定内阻,用 R_g 表示,I_g 与 R_g 是两个表示电流计特性的重要参数。

测量内阻 R_g 的常用方法有以下两种。

1) 半电流法(也称中值法)

测量原理图见图 4.9.6。当被测电流计接在电路中时,使电流计满偏,再用十进位电阻箱与电流计并联作为分流电阻改变电阻值即改变分流程度。当电流计指针指示到中间值,且总电流强度仍保持不变,显然这时分流电阻值就等于电流计的内阻。

2) 替代法

测量原理图见图 4.9.7。当被测电流计接在电路中时,用十进位电阻箱替代它,且改变电阻值,当电路中的电压不变时,且电路中的电流亦保持不变,则电阻箱的电阻值即为被测电流计内阻。替代法是一种应用范围很广的测量方法,具有较高的测量准确度。

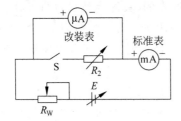

图 4.9.6　中值法原理图

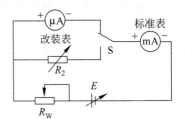

图 4.9.7　替代法原理图

4.9.3　实验装置

直流稳压电源、微安表头、滑线变阻器、电阻箱、标准电压表、标准电流表等(或:电表改装与校准实验仪 1 台)。

电表改装与校准实验仪技术说明:

器采用组合式设计,包括工作电源、标准电表、被改装表、调零电路和电阻箱等电路和元件。

1. 仪器主要参数

(1) 电压源:该仪器电压源设计有 0～2V、0～10V 两挡,输出电压连续可调,用按钮开关转换,输出电压值用指针式电压表监测,电压表的满度值与量程开关同步。

(2) 被改装电表:采用宽表面表头,量程 $100\mu A$,内阻约 $1.6k\Omega$,精度 1.5 级。

(3) 标准电压表:量程 20V,$4\frac{1}{2}$ 位数字式电压表,精度 0.1%。

(4) 标准电流表:分为 3 个量程:$200\mu A$、2mA、20mA,$4\frac{1}{2}$ 位数字式电流表,精度 0.1%,用按钮开关转换量程。

(5) 电阻箱 R:0～111111Ω,分辨率 0.1Ω。

2. 使用注意事项

(1) 仪器内部有限流保护措施,但工作时尽可能避免工作电源短路(或近似短路),以免造成仪器元器件等不必要的损失。

班别_____ 姓名_____ 实验日期_____ 同组人_____

原始数据记录

表 4.9.1   单位：mA

改装表读数	标准表读数			误 差
	上行	下行	平均	
0.0				
0.5				
1.0				
1.5				
2.0				
2.5				
3.0				
3.5				
4.0				
4.5				
5.0				

表 4.9.2   单位：V

改装表读数	标准表读数			误 差
	上行	下行	平均	
0.0				
0.5				
1.0				
1.5				
2.0				
2.5				
3.0				
3.5				
4.0				
4.5				
5.0				

表 4.9.3 $E=$_____ V，$R_{中}=$_____ Ω

R_{xi}/Ω	$\frac{1}{5}R_{中}$	$\frac{1}{4}R_{中}$	$\frac{1}{3}R_{中}$	$\frac{1}{2}R_{中}$	$R_{中}$	$2R_{中}$	$3R_{中}$	$4R_{中}$	$5R_{中}$
偏转格数（DIV）									

实验项目名称___电表改装与校准___指导教师_____

大学物理实验预习报告

实验项目名称 _____ **电表改装与校准** _____

班别 _____ 学号 _____ 姓名 _____

实验进行时间_____年_____月_____日,第_____周,星期_____,_____时至_____时

实验地点_____

实验目的:

实验原理简述:

实验中应注意事项:

（2）实验时应注意电压源的输出量程选择是否正确。0～10V 量程一般只用于电压表改装，其余电流表及欧姆改装建议选用 0～2V 量程。

（3）仪器采用开放式设计，在连接插线时要注意：被改装表头只允许通过 $100\mu A$ 的小电流，过载时会损坏表头！要仔细检查线路和电路参数无误后才能将改装表头接入使用。

（4）仪器采用高可靠性能的专用连接线，其正常使用寿命很长。但使用时注意不要用力过猛，插线时要对准插孔，避免使插头的塑料护套变形。

4.9.4　实验内容及步骤

实验内容：

（1）用"中值法"或"替代法"测量待改装的量程为 $100\mu A$ 电流表（以下简称表头）的内阻。

（2）根据表头数据，应用分流的方法，计算出应并联的分流电阻的值，并组装成量程为 5mA 的改装电流表（以下简称改装表）。

（3）组装电流表的校准电路。

（4）校准电表，改变校准电路的电流，对改装表的每一条刻度，测出其与标准表读数的误差（本实验只要求测出 10 条刻度的误差，即 0.0mA，0.5mA，1.0mA，1.5mA，…，4.0mA，4.5mA）。

（5）仿照 2、3、4 条内容，将表头改装成量程为 5V 的改装电压表，并校准之。

（6）画出改装表的校准曲线。

（7）定出改装电流表（或改装电压表）的准确度等级。

（8）改装欧姆表（$R_{中}=1500\Omega$）及标定表面刻度（选做）。

实验步骤：

以"电表改装与校准实验仪"为例说明。

1. 用中值法或替代法测出表头的内阻

（1）用中值法测量可参考图 4.9.6 接线。先将 E 调至 0V，接通 E、R_W 及被改装表和标准电流表后，先不接入电阻箱 R（即原理图中的 R_2，以后不再重复指出），调节 E 或 R_W 使改装表头满偏，记住标准表的读数，此电流即为改装表头的满度电流；再接入电阻箱 R。改变 R 的数值，使被测表头指针从满度 $100\mu A$ 降低到 $50\mu A$ 处。注意调节 E 或 R_W，使标准电流表的读数保持不变。这时电阻箱 R 的数值即为被测表头内阻。

（2）用替代法测量可参考图 4.9.7 接线。先将 E 调至 0V，接通 E、R_W，以及被改装表和标准电流表后，调节 E 或 R_W 使改装表头满偏，记录标准表的读数，此值即为被改装表头的满度电流；再断开接到改装表头的接线，转接到电阻箱 R，调节 R 使标准电流表的电流保持刚才记录的数值（注意：此时不能再动 E 或 R_W）；这时电阻箱 R 的数值即为被测表头内阻。

2. 将一个量程为 $100\mu A$ 的表头改装成 5mA（或自选）量程的电流表

（1）改装电表。根据电路参数，估计 E 值大小，并根据式（4.9.1）计算出分流电阻值。参考图 4.9.1 接线，电表改装初步完成。

（2）校准改装表的量程。先将 E 调至 0V，检查接线正确后，调节 E 和滑动变阻器 R_W，使改装表指到满量程，这时记录标准表读数。注意：由于表头内阻的测量存在误差，相应分流电阻值的计算也必有误差，所以应将分流电阻作适当的调整。即将电路的电流调至改装表满量程，如 5mA 处，检查标准电流表读数是否也是 5mA。如果两表不一致，则微调分流电阻的值,使两表读数一致,并记录分流电阻的实际取值。

(3)校准刻度值。每隔 0.5mA 逐步减小读数直至零点,再按原间隔逐步增大到满量程,每次记下标准表相应的读数于表 4.9.1。**注意**:R_W 作为限流电阻,阻值不要调至最小值。

3. 将一个量程为 $100\mu A$ 的表头改装成 5V(或自选)量程的电压表

(1)改装电压表。根据电路参数估计 E 的大小,根据式(4.9.2)计算扩程电阻 R_M 的阻值,可用电阻箱 R 进行实验。按图 4.9.2 进行连线,电压表改装初步完成。

(2)调整分压电阻。先调节分压电阻至最大值,再调节 E;用标准电压表监测到 5V时,再调节分压电阻值,使改装表指示为满度,于是 5V 电压表就改装好了。此时的电阻值即为分压电阻的实际取值,注意与计算值区别。

(3)用数显电压表作为标准表来校准改装的电压表

调节电源电压,使改装表指针指到满量程(5V),记下标准表读数。然后每隔 0.5V 逐步减小改装表读数直至零点,再按原间隔逐步增大到满量程,每次记下标准表相应的读数于表 4.9.2。

4. 改装欧姆表及标定表面刻度(选做)

(1)根据表头参数 I_g 和 R_g 以及电源电压 E,选择 R_W 为 4.7kΩ,R_3 为 10kΩ。

(2)按图 4.9.3(a)进行连线。调节电源 $E=1.5V$,短路 a、b 两接点,调 R_W 使表头指示为零。如此,欧姆表的调零工作即告完成。

(3)测量改装成的欧姆表的中值电阻。将电阻箱 R(即 R_x)接于欧姆表的 a、b 测量端,调节 R,使表头指示到正中,这时电阻箱 R 的数值即为中值电阻。

(4)取电阻箱的电阻为一组特定的数值 R_{xi},读出相应的偏转格数。利用所得读数 R_{xi}、偏转格数绘制出改装欧姆表的标度盘。

(5)确定改装欧姆表的电源使用范围。短接 a、b 两测量端,将工作电源放在 0~2V 一挡,调节 $E=1V$ 左右,先将 R_W 逆时针调到低,调节 E 直至表头满偏,记录 E_1 值;接着将 R_W 顺时针调到低,再调节 E 直至表头满偏,记录 E_2 值,E_1~E_2 值就是欧姆表的电源使用范围。

4.9.5 实验数据处理

(1)将实验数据记录于表 4.9.1、表 4.9.2、表 4.9.3 中。

(2)以改装表读数为横坐标,以 ΔI(或 ΔV)为纵坐标,在坐标纸上作出电流表(或电压表)的校准曲线。

(3)由图上找出两表最大误差的数值,定出改装表的准确度等级。

4.9.6 思考题

(1)测量电流计内阻应注意什么?是否还有别的办法来测定电流计内阻?能否用欧姆定律来进行测定?能否用电桥来进行测定?

(2)设计 $R_{中}=10kΩ$ 的欧姆表。现有两块量程 $100\mu A$ 的电流表,其内阻分别为 2500Ω和 1000Ω,你认为选哪块较好?

(3)若要求制作一个线性量程的欧姆表,有什么方法可以实现?

实验 4.10　迈克耳孙干涉测光波的波长

　　迈克耳孙在 1883 年设计了一种独特的干涉仪,并用它从事多方面的研究。他首次以镉元素红光波长为单位用干涉仪准确测量了国际米原器的长度,从此长度单位"米"有了绝对标准;他还利用光的干涉创造了测量太阳系外星球直径的方法。历史上,迈克耳孙-莫雷实验结果否定了"以太"的存在,为爱因斯坦建立狭义相对论奠定了基础。迈克耳孙因在物理学发展史上的贡献,而获得了 1907 年诺贝尔物理学奖。

　　光的干涉是重要的光学现象之一,是光的波动性的重要实验依据。两列频率相同、振动方向相同和位相差恒定的相干光在空间相交区域将会发生相互加强或减弱现象,即光的干涉现象。可见光的波长虽然很短(400~800nm),但干涉条纹的间距和条纹数却很容易用光学仪器测得。根据干涉条纹数目和间距的变化与光程差、波长等的关系式,可以推出微小长度变化(光波波长数量级)和微小角度变化等,因此干涉现象在照相技术、测量技术、平面角检测技术、材料应力及形变研究等领域有着广泛的应用。

　　相干光源的获取除用激光外,在实验室中一般是利用同一光源采用分波阵面或分振幅两种方法获得,并使其在空间经不同路径会合后产生干涉。迈克耳孙干涉仪(图 4.10.1)是利用分振幅法产生双光束以实现干涉。迈克耳孙干涉仪设计精巧,原理简明,通过学习它的结构原理、调整方法,对于启迪思维、提高实验技能很有帮助。

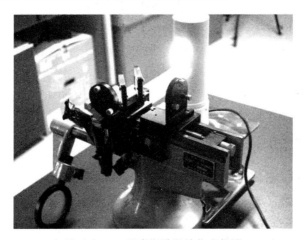

图 4.10.1　迈克耳孙干涉仪实物图

4.10.1　实验目的

（1）了解迈克耳孙干涉仪的干涉原理及结构特点,掌握其调整和使用方法。

（2）利用迈克耳孙干涉仪观察等倾干涉及等厚干涉现象。

（3）调节等倾干涉条纹,测量钠光波长。

（4）测量钠双线的波长差。

（5）练习用逐差法处理实验数据。

4.10.2　实验原理

1. 等倾干涉及钠光波长的测定

迈克耳孙干涉仪是利用分振幅法产生的双光束干涉,其原理如图4.10.2所示。图中, S 为单色光源; G_1 为半镀银镜,作用是使照在上面的光线一部分被反射,一部分被透射,且这两部分光的强度又大致相等,称为分光镜; G_2 为补偿镜,材料及厚度均与 G_1 镜相同,且

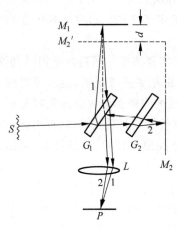

**图4.10.2　迈克耳孙干涉仪
光路原理图**

与 G_1 镜平行, G_2 镜的作用是使1、2两光束都经过玻璃二次,因为 M_1 、 M_2 镜与 G_1 镜的距离不同而引起光程差; M_1 、 M_2 为平面反射镜。

从光源 S 发出的光照射到分光镜 G_1 上,光被分成两束,反射光到平面反射镜 M_1 ,透射光经补偿镜 G_2 到平面反射镜 M_2 ,两束光分别被 M_1 、 M_2 反射,重新在 G_1 处会合。若满足相干条件就会产生干涉效应。

由 M_2 反射回来的光波在分光镜 G_1 的第二面上反射时,如同平面镜反射一样,在 M_1 附近形成 M_2 的虚像 M_2' 。因而光在迈克耳孙干涉仪中,从 M_1 和 M_2 的反射相当于从 M_1 和 M_2' 的反射,所以,在迈克耳孙干涉仪中所产生的干涉等效于 M_1 和 M_2' 中的空气薄膜所产生的干涉,从而形成等倾干涉条纹。

用波长为 λ 的单色光照明时,迈克耳孙干涉仪所产生的环形等倾干涉圆条纹的位置取决于相干光束间的光程差,而由 M_2' 和 M_1 反射的两列相干光波的光程差为

$$\delta = 2dn_2\cos i \tag{4.10.1}$$

式中, i 为反射光射向 M_1 和 M_2' 的入射角; n_2 为 M_1 和 M_2' 中的空气薄膜的折射率; d 为 M_1 和 M_2' 中的空气薄膜厚度。

两束相干光的明暗条件为

$$\delta = 2dn_2\cos i = \begin{cases} k\lambda & (亮) \\ \left(k+\dfrac{1}{2}\right)\lambda & (暗) \end{cases}, \quad k=1,2,3,\cdots \tag{4.10.2}$$

凡入射角 i 相同的光线,光程差相等,并且得到的干涉条纹随 M_1 和 M_2' 间的距离 d 改变而改变。当 $i=0$ 时光程差最大,在 O 点处对应的干涉级数最高。由式(4.10.2)得

$$2d\cos i = k\lambda \Rightarrow d = \frac{k}{\cos i}\cdot\frac{\lambda}{2} \tag{4.10.3}$$

$$\Delta d = N\cdot\frac{\lambda}{2} \tag{4.10.4}$$

由式(4.10.4)可得,当 d 改变一个 $\lambda/2$ 时,就有一个条纹"涌出"或"陷入",所以在实验时只要数出"涌出"或"陷入"的条纹个数 N ,读出 d 的改变量 Δd 就可以计算出光波波长 λ 的值:

$$\lambda = \frac{2\Delta d}{N} \tag{4.10.5}$$

如果精确地测出 M_1 移动的距离 Δd，则可由式(4.10.5)计算出入射光波的波长。

2. 钠光的双线波长差 $\Delta \lambda$ 的测定

由光谱精细结构的分析可知，钠黄光是由 $\lambda_1=589.0\mathrm{nm}$ 和 $\lambda_2=589.6\mathrm{nm}$ 两种波长很接近的单色光混合而成的。实际上，在一切场合下观察到的钠光干涉条纹，都是两种波长的光分别形成的两组干涉条纹重叠在一起的图样。由于 λ_1 与 λ_2 十分接近，两组干涉条纹的间距也十分接近。对于某一确定的光程差，两种波长恰好同时满足干涉相长(或相消)的条件，则两组条纹的明纹与明纹重合，暗纹与暗纹重合，叠加图样亮暗分明，条纹清晰，反差大。对于另一确定的光程差，则有可能使一组明条纹恰好落在另一组的暗条纹上，使视场内光强趋于均匀，即条纹清晰度最低，几乎看不出条纹的存在。

当连续改变 M_1 与 M_2' 之间的距离 d 时，分振幅得到的相干光的光程差连续变化，交替满足上述两种条件，因此使等倾干涉的整个图样的清晰度发生周期性的变化。这种现象与振动的拍有某种类似，利用拍现象可以测得两相近频率之差，同样地，利用上述"空间频率"(即把明暗条纹看做是以空间坐标为自变量的周期函数)的"拍"现象，也能够测得两光波的波长差。下面导出测量公式，为简化问题，只考虑中央条纹。

设

$$\lambda_1 > \lambda_2, \quad \lambda_1 - \lambda_2 \ll \frac{1}{2}(\lambda_1 + \lambda_2)$$

且在 M_1 与 M_2' 的间距为 d 时，条纹清晰度最差，因而有

$$\begin{cases} 2d = k\lambda_1 & \text{(相长)} \\ 2d = \left(m + \dfrac{1}{2}\right)\lambda_2 & \text{(相消)} \end{cases} \tag{4.10.6}$$

又设当 d 增大到 $d+\Delta d$ 时，紧接上次再次看到干涉条纹清晰度最差，则有

$$\begin{cases} 2(d + \Delta d) = (k+n)\lambda_1 & \text{(相长)} \\ 2(d + \Delta d) = \left(m + \dfrac{1}{2} + n + 1\right)\lambda_2 & \text{(相消)} \end{cases} \tag{4.10.7}$$

式中 n 与 $n+1$ 为移动 M_1 距离为 Δd 的期间，两组干涉图样各自从中心冒出的环数(即增加的级数)。n 应是一个很大的数。联立式(4.10.6)和式(4.10.7)，可解得波长差

$$\Delta\lambda = \lambda_1 - \lambda_2 = \frac{\lambda_2}{n} \approx \frac{\lambda}{n} \tag{4.10.8}$$

或

$$\Delta\lambda = \lambda_1 - \lambda_2 = \frac{\lambda_1\lambda_2}{2\Delta d} \approx \frac{\lambda^2}{2\Delta d} \tag{4.10.9}$$

式中 λ 取 589.3nm。可见测出 Δd 和数出 n 都可求得 $\Delta\lambda$。因为 $n \approx 1000$，采用一般方法计数困难。本实验采用测 Δd 的方法，这种方法读数方便，困难在于人眼对"清晰度最差处"的判断不准确。为使判断尽可能准确，在正式测量前可在第一次看到清晰度最差的位置附近，正转、反转微调旋钮反复观察几次清晰度最差的情况，以加深印象；同时应注意到微调旋钮改变转向会引入回程误差，在测量中要避免。

3. 等厚干涉

如果 M_1 与 M_2' 成一很小的交角(交角太大则看不到干涉条纹)，则出现等厚干涉条纹。条纹定域在空气劈尖表面或其附近，条纹的形状是一组平行于 M_1 与 M_2' 的直条纹。随着 d

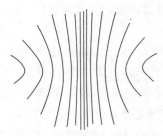

图 4.10.3　等厚干涉

增大,即劈尖形空气薄膜的厚度由 0 逐渐增加,则直条纹将逐渐变成双曲线、椭圆等。这时由于 d 较大,$\cos i$ 的影响不能忽略。i 增大,$\cos i$ 值减少;由 $2d\cos i=k\lambda$ 可知,要保持相同的光程差,d 必须增大。所以干涉条纹在 i 逐渐增大的地方要向 d 增大的方向移动,使得干涉条纹逐渐变成弧形,而且条纹的弯曲方向是凸向 M_1 与 M_2' 的交线,如图 4.10.3 所示。

因在 M_1 与 M_2' 交线处 $d=0$,且交角 i 很小,可观察白光的等厚干涉条纹。由于白光包含有各种不同波长(从 400.0nm 到 750.0nm)(或颜色)的可见光,波长越大,条纹间距越宽,除 $d=0$ 处中央条纹重叠在一起外,两侧不同波长的条纹依次错开,呈现彩色。几级以后,不同波长的条纹就开始完全重叠,又呈白色。

4.10.3　实验装置

迈克耳孙干涉仪,钠光灯,毛玻璃屏。

1. 迈克耳孙干涉仪

迈克耳孙干涉仪的主体结构如图 4.10.4 所示,由下面五个部分组成。

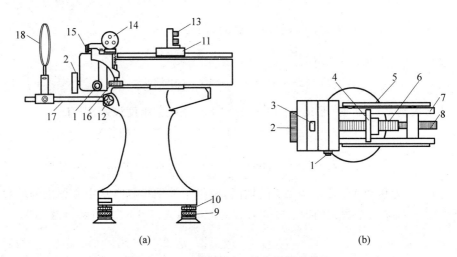

(a)　　　　　　　　　　　　　　(b)

图 4.10.4　迈克耳孙干涉仪结构示意图

1—微动手轮;2—粗动手轮;3—刻度盘(读数窗口内);4—可调螺母;5—毫米刻尺(主尺);
6—精密丝杆;7—导轨;8—滚花螺帽;9—调平螺丝;10—锁紧圈;11—移动镜;12—夹紧螺丝;
13—移动镜倾角调节螺丝(3个);14—定镜(后面有 3 个调节螺丝);15—水平拉簧螺钉;
16—垂直拉簧螺钉;17—支架杆;18—像屏

1)底座

底座由生铁铸成,较重,确保了仪器的稳定性。由三个调平螺丝 9 支撑,调平后可以拧紧锁紧圈 10 以保持座架稳定。

2)导轨

导轨 7 由两根平行的长约 280mm 的框架和精密丝杆 6 组成,被固定在底座上,精密丝杆穿过框架正中,丝杆螺距为 1mm,如图 4.10.4(b)所示。

3）拖板部分

拖板是一块平板,反面做成与导轨吻合的凹槽,装在导轨上,下方是精密螺母,丝杆穿过螺母。当丝杆旋转时,拖板能前后移动,带动固定在其上的移动镜 11(即 M_1)在导轨面上滑动,实现粗动。移动镜 M_1 是一块很精密的平面镜,表面镀有金属膜,具有较高的反射率,垂直地固定在拖板上,它的法线严格地与丝杆平行。倾角可分别用镜背后面的 3 颗螺丝 13 来调节。各螺丝的调节范围是有限度的,如果螺丝向后顶得过松,在移动时,可能因震动而使镜面有倾角变化,如果螺丝向前顶得太紧,致使条纹不规则,严重时,有可能将螺丝丝口打滑或平面镜破损。

4）定镜部分

定镜 M_2 与移动镜 M_1 是相同的一块平面镜,固定在导轨框架右侧的支架上。通过调节其上的水平拉簧螺钉 15 使 M_2 在水平方向转过一微小的角度,能够使干涉条纹在水平方向微动;通过调节其上的垂直拉簧螺钉 16 使 M_2 在垂直方向转过一微小的角度,能够使干涉条纹上下微动;与定镜后面的 3 颗调节螺丝相比,水平拉簧螺钉 15、垂直拉簧螺钉 16 改变 M_2 的镜面方位小得多。定镜部分还包括分光镜 G_1 和补偿镜 G_2。

5）读数系统和传动部分

（1）移动镜 11(即 M_1)的移动距离毫米数可在机体侧面的毫米刻尺 5 上直接读得。

（2）转动粗动手轮 2,经一对传动比大约为 2:1 的齿轮副带动丝杆旋转与丝杆啮合的可调螺母 4,通过防转挡块及顶块带动移动镜 11 在导轨面上滑动,实现粗动。粗动手轮 2 旋转一周,拖板移动 1mm,即 M_1 移动 1mm,同时,刻度盘(读数窗口内)3 的鼓轮也转动一周。鼓轮的一圈被等分为 100 格,每格为 10^{-2}mm,读数由窗口上的基准线指示。

（3）转动微动手轮 1,经 1:100 涡轮副传动,可实现微动,微动手轮 1 每转过一周,拖板移动 0.01mm,从读数窗口 3 中可看到读数鼓轮移动一格,而微动手轮的周线被等分为 100 格,则每格表示为 10^{-4}mm,加上估读位至 10^{-5}mm。所以,最后读数应为上述三者之和。

设毫米刻尺的读数为 l,刻度盘(读数窗口)的读数为 m,微动手轮上的读数为 n,则最后读数应为 $e = l + m \times 10^{-2} + n \times 10^{-4}$(mm),最后,加上估读位至 10^{-5}mm。

支架杆 17 是用来放置像屏 18 用的,由夹紧螺丝 12 固定。

2. 钠光灯

钠光灯是一种气体放电光源,发光物质是灯管内的钠蒸气,在通电 15min 后发出 589.0nm 和 589.6nm 两种黄光,通常取其平均值 589.3nm 作为实验用的单色光源的波长。钠光灯断电熄灭后,需冷却数分钟后才重新点燃,因而在实验中途不要关闭。

4.10.4　实验内容及步骤

1. 迈克耳孙干涉仪的调整

迈克耳孙干涉仪是一种精密、贵重的光学测量仪器,因此必须在熟读讲义、弄清结构、弄懂操作要点后,才能动手调节、使用。

（1）对照讲义,眼看实物,弄清本仪器的结构原理和各个旋钮的作用。

（2）水平调节:调节底脚调平螺丝 9(见图 4.10.4,最好用水准仪放在迈克耳孙干涉仪平台上)。

（3）读数系统调节

① 粗调:顺时针(或反时针)转动粗动手轮 2,使毫米刻尺(主尺)5 刻度指示标于 30mm 左右(因为 M_2 镜至 G_1 的距离大约是 32mm,这样便于以后观察等厚干涉条纹)。

② 细调:在测量过程中,只能动微动手轮1,而不能动粗动手轮2。方法是迅速转动微动手轮1,使微动手轮1的涡轮与粗动手轮2的蜗杆啮合,这时微动手轮1便带动粗动手轮2转动——这可以从读数窗口3上直接看到。

③ 调零:为了使读数指示正常,还需"调零"。其方法是,先将微动手轮1指示线转到和"0"刻度对准(此时,粗动手轮2也跟随转动——读数窗口3刻度线随着变),然后再转动粗动手轮2,将它转到1/100mm刻度线的整数线上(此时微动手轮1并不跟随转动,即仍指原来"0"位置),这时"调零"过程完毕。

④ 消除回程差:目的是使读数准确。上述三步调节工作完毕后,不能马上测量,还必须消除回程差。所谓"回程差"是指,如果现在转动鼓轮与原来"调零"时鼓轮的转动方向相反,则在一段时间内,鼓轮虽然在转动,但读数窗口并未计数,因为转动反向后,蜗轮与蜗杆的齿并未啮合。消除回程差的方法是:首先认定测量时是使光程差增大(顺时针方向转动微动手轮1)或是减小(反时针转动微动手轮1),然后顺时针方向转动微动手轮1若干周后,再开始记数、测量。

(4) 光源的调整:开启钠光灯,将由光源传送来的光以45°角入射于迈克耳孙干涉仪的 G_1 板上(用目测来判断),均匀照亮 G_1 板。注意等高、共轴。

2. 测量钠光的波长

(1) 开启钠光灯,使之与分光镜 G_1 等高并且位于沿分光镜 G_1 和 M_2 镜的中心线上,转动粗动手轮2,使 M_1 镜距分光镜 G_1 的中心与 M_2 镜距分光镜 G_1 的中心大致相等(拖板上的标志线在主尺32cm位置)。

(2) 在光源与分光镜 G_1 之间插入十字孔板(或一字孔板),用眼睛透过 G_1 直视 M_1 镜,可看到两组十字孔像。细心调节 M_1 镜后面的3个调节螺丝,使两组十字孔像重合。如果像难以重合,可略微调节一下 M_2 镜后的3个调节螺丝。当两组十字孔像完全重合时,就可去掉十字孔板,换上毛玻璃。这时将看到有明暗相间的干涉圆环,若干涉环模糊,可轻轻转动粗动手轮2,使 M_1 镜移动一下位置,干涉环就会出现。

(3) 再仔细调节 M_2 镜的两个拉簧螺钉,直到把干涉环中心调到视场中央,并且使干涉环中心随观察者的眼睛左右、上下移动而移动,但干涉条纹不发生"涌出"或"陷入"现象。这时观察到的干涉条纹才是严格的等倾干涉。

(4) 读数刻度基准线零点的调整。将微动手轮1沿某一方向旋至零,然后以同一方向转动粗动手轮2使之对齐某一刻度。在测量时,使用微动手轮1必须同一方向转动。

(5) 慢慢地转动微动手轮1,可观察到条纹一个一个地"涌出"或"陷入"。待操作熟练后开始测量。记下毫米刻尺(主尺)5、粗动手轮2和微动手轮1上的初始读数 e_0,每当"涌出"或"陷入"条纹个数 $N=50$ 个圆环时记下 e_i。连续测量9次,记下9个 e_i 值。每测一次算出相应的 $\Delta e_i = |e_{i+1} - e_i|$,以检验实验的可靠性。测量结果记录在表4.10.1中。

3. 测量钠光的双线波长差($\Delta \lambda = \lambda_1 - \lambda_2$)

(1) 重复2测量钠光的波长的步骤(1)~(3)。

(2) 移动 M_1 镜,使视场中心的视见度最小,记录 M_1 镜的位置;沿原方向继续移动 M_1 镜,使视场中心的视见度由最小到最大直至又为最小,记录此时 M_1 镜的位置。连续测出6个视见度最小时的 M_1 镜位置。

(3) 用逐差法求 Δd 的平均值,计算钠光双线的波长差。测量结果记录在表4.10.2中。

班别_____ 姓名_____ 实验日期_____ 同组人_____

原始数据记录

表 4.10.1

条纹数	读数 e_i/mm	条纹数	读数 e_i/mm	$\Delta e_i = |e_{i+5} - e_i|$	计算波长
第 0 条	$e_1 =$	第 250 条	$e_6 =$	$\Delta e_1 = |e_6 - e_1| =$	$\Delta d = \dfrac{\sum\limits_{i=1}^{5} \Delta e_i}{5 \times 5}$
第 50 条	$e_2 =$	第 300 条	$e_7 =$	$\Delta e_2 = |e_7 - e_2| =$	
第 100 条	$e_3 =$	第 350 条	$e_8 =$	$\Delta e_3 = |e_8 - e_3| =$	$\lambda = \dfrac{2\Delta d}{N}$
第 150 条	$e_4 =$	第 400 条	$e_9 =$	$\Delta e_4 = |e_9 - e_4| =$	
第 200 条	$e_5 =$	第 450 条	$e_{10} =$	$\Delta e_5 = |e_{10} - e_5| =$	$(N = 50)$

表 4.10.2   mm

序号 i	1	2	3	4	5
X_i					
X_{i+5}					
$|X_i - X_{i+5}|$					

由 $5\Delta\bar{d} = \dfrac{\sum\limits_{i=1}^{5} |X_i - X_{i+5}|}{5}$ 可求得 $\Delta\bar{d}$。

表 4.10.3

M_1 的位置 $X_0 =$ _____ mm

干涉条纹的分布特征			
形状		间距情况	
随 i 的变化情况			

实验项目名称 __迈克耳孙干涉测光波的波长__ 指导教师 _____

大学物理实验预习报告

实验项目名称 **迈克耳孙干涉测光波的波长**

班别_____ 学号_____ 姓名_____

实验进行时间_____年_____月_____日,第_____周,星期_____,_____时至_____时

实验地点_____

实验目的:

实验原理简述:

实验中应注意事项:

4. 观察白光等厚干涉彩色条纹

开始仍用钠光源,同时再点燃白光灯,调节移动镜 M_1 到其初始位置(由实验室提供数据),微调定镜 M_2 的方位,使等倾干涉条纹逐渐变直,然后再微调移动镜 M_1 的位置,可使视场中出现彩色条纹。调出彩色条纹后,移走钠光灯,即可观察到清晰的等厚干涉彩色条纹。记下此时 M_1 的坐标 X_0,条纹如果是倾斜的,则调成竖直或水平方向,观察条纹的分布特征并作记录,改变 M_1 与 M_2' 的夹角 i,观察条纹分布的变化,把观察结果记录在表 4.10.3 中。

4.10.5 实验数据处理

将表 4.10.1 中数据用逐差法处理,求出"涌出"或"陷入" $\Delta N = 250$ 个条纹对应的 Δe 及每"涌出"或"陷入"条纹个数 $N = 50$ 个圆环时的 Δd,代入式 (4.10.5) 计算 λ,并与钠光波长的标准值 $\lambda_0 = 589.3\mathrm{nm}$ 进行比较,求比较误差,估算不确定度并表示测量结果。

将表 4.10.2 中数据代入式 (4.10.9),计算 $\Delta\lambda$,并与钠光双线波长差的标准值 $0.597\mathrm{nm}$ 进行比较,求比较误差,估算不确定度并表示测量结果。

4.10.6 注意事项

(1) 迈克耳孙干涉仪是精密的光学仪器,必须小心爱护。不能用手触摸 G_1、G_2、M_1、M_2 的表面,不能任意擦揩,表面不清洁时应请指导老师处理。实验操作前,对各个螺丝的作用及调节方法一定要弄清楚,然后才能动手操作。调节时动作一定要轻缓。

(2) 为了测量读数准确,使用干涉仪前必须对读数系统进行校正。转动微动手轮 1 时,粗手轮 2 随着转动,但转动粗动手轮 2 时,微动手轮 1 并不随着转动。因此在读数前应先调整零点,方法如下:将微动手轮 1 沿某一方向(例如顺时针方向)旋转至零,然后以同方向转动粗动手轮 2 使之对齐某一刻度。这以后,在测量时只能仍以同方向转动微动手轮 1 使移动镜 M_1 移动,这样才能使粗动手轮与微动手轮二者读数相互配合。

(3) 为了使得测量结果正确,必须避免引入空程。也就是说,在调整好零点以后,应将鼓轮按原方向转几圈,直到干涉条纹开始移动以后才可开始读数测量。为了消除螺距差(空程差),调节中,粗调手轮和微调鼓轮要向同一方向转动;测量读数时,微调手轮也要向一个方向转动,中途不得倒退。这里所谓"同一方向",是指始终顺时针,或始终逆时针旋转。

(4) 在调节过程中,一定要非常细心和耐心,转动手轮时要缓慢、均匀,不得频繁来回旋转;测量过程中要匀速旋转微动手轮,不可太快,否则条纹变化很快,容易出现变化条纹漏记现象,造成较大的测量误差。

(5) 做本实验时,要特别注意保持安静,不得大声喧哗,不得随意离开座位来回走动,以免引起振动影响实验结果。

4.10.7 思考题

(1) 调节迈克耳孙干涉仪时看到的亮点为什么是两排而不是两个? 两排亮点是怎样形成的?

(2) 实验中毛玻璃屏起什么作用? 为什么观察钠光等倾干涉条纹时要用通过毛玻璃屏的光束照明?

（3）调节钠光的干涉条纹时,如已确认使十字孔板(或一字孔板)的主光点重合,但条纹并未出现,试分析可能产生的原因。

（4）利用钠光的等倾干涉现象测钠光 D 双线的平均波长和波长差时,应将等倾条纹调到何种状态? 测量时应注意哪些问题?

（5）做本实验有何体会?

实验 4.11　三线摆测物体的转动惯量

转动惯量是描述刚体转动惯性大小的物理量,是研究和描述刚体转动规律的一个重要物理量。它不仅取决于刚体的总质量,而且与刚体的形状、质量分布以及转轴位置有关。对于质量分布均匀、具有规则几何形状的刚体,可以通过数学方法计算出它绕给定转动轴的转动惯量。对于质量分布不均匀、没有规则几何形状的刚体,用数学方法计算其转动惯量是相当困难的,通常要用实验的方法来测定。因此,学会用实验的方法测定刚体的转动惯量具有重要的实际意义。

实验上,一般都是使刚体以某一形式运动,通过描述这种运动的特定物理量与转动惯量的关系来间接地测定刚体的转动惯量。测定转动惯量的实验方法较多,如拉伸法、扭摆法、三线摆法等,为了便于与理论计算比较,实验中仍采用形状规则的刚体。

4.11.1　实验目的

(1) 掌握三线摆法测物体转动惯量的原理和方法。

(2) 学会正确测量长度、质量和时间的方法。

(3) 用三线扭摆法测定圆盘和圆环绕对称轴的转动惯量。

4.11.2　实验原理

对于质量分布均匀、外形不复杂的物体可以根据外形尺寸及其质量计算出其转动惯量,而对外形复杂、质量分布又不均匀的物体只能从回转运动中通过测量得到。

转动惯量是物体转动惯性的量度。物体对某轴的转动惯量越大,则绕该轴转动时,角速度就越难改变;物体对某轴的转动惯量的大小,取决于物体的质量、形状和回转轴的位置。

用三线扭摆法测定物体的转动惯量的装置如图 4.11.1 所示。该仪器是在上圆盘半径为 r 的圆周上等间距的钻有三个小孔,同样在下圆盘 p 半径为 R 的圆周上也等间距地钻三个小孔。用三条等长线分别沿上圆盘三个小孔对称地连接在下圆盘三个小孔上,并将上圆盘吊起挂在一个水平铁架上,就做成了一个"三线悬盘"。悬挂着的下圆盘 P 可以绕自身的垂直轴 O_1O_2 转动。若将上圆盘绕穿过其中心的竖直轴 O_1O_2 扭转一个不大的角度,这时,由于悬线张力的作用,将使下圆盘在一确定的平衡位置左右往复扭动。这就是我们所说的"扭摆"。因下圆盘来回摆动的周期 T 和下盘 P 的质量分布有关,当改变下圆盘的转动惯量,即改变其质量或其质量分布时,扭转周期将发生变化。三线摆法就是通过测量它的扭转周期去求出任一质量已知物体的转动惯量。

设下圆盘 P 的质量为 m_0,当它绕 O_1O_2 作小角度 θ 的扭摆时,下圆盘的位置升高 h(参见图 4.11.2),它的势能增加量为 E_p,则

$$E_p = m_0 g h \tag{4.11.1}$$

式中 g 为重力加速度。这时下圆盘的角速度为 $\dfrac{d\theta}{dt}$,它所具有的动能 E_k 等于

$$E_k = \frac{1}{2} I_0 \left(\frac{d\theta}{dt}\right)^2 + \frac{1}{2} m_0 \left(\frac{dh}{dt}\right)^2 \tag{4.11.2}$$

图 4.11.1　三线摆示意图

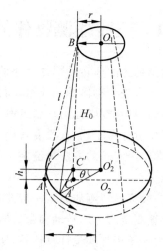

图 4.11.2　几何关系原理图

式中，I_0 为下圆盘对 O_1O_2 轴的转动惯量。如果不考虑摩擦力、空气阻力等因素的影响，此时由于运动系统只受(保守力)重力的作用，机械能守恒，即

$$\frac{1}{2}I_0\left(\frac{\mathrm{d}\theta}{\mathrm{d}t}\right)^2 + \frac{1}{2}m_0\left(\frac{\mathrm{d}h}{\mathrm{d}t}\right)^2 + m_0gh = 常量 \tag{4.11.3}$$

如果圆盘的转角很小，圆盘的扭转运动可看作简谐振动。因下圆盘的转动能远大于上下运动的平动能，即 $\frac{1}{2}I_0\left(\frac{\mathrm{d}\theta}{\mathrm{d}t}\right)^2 \gg \frac{1}{2}m_0\left(\frac{\mathrm{d}h}{\mathrm{d}t}\right)^2$，于是近似有

$$\frac{1}{2}I_0\left(\frac{\mathrm{d}\theta}{\mathrm{d}t}\right)^2 + m_0gh = 常量 \tag{4.11.4}$$

根据图 4.11.2 所示的几何关系(详见附注)，得

$$h = \frac{Rr\theta^2}{2H_0} \tag{4.11.5}$$

由式(4.11.4)和式(4.11.5)，可以得到下圆盘的转动惯量为

$$I_0 = \frac{m_0gRr}{4\pi^2 H_0}T_0^2 \tag{4.11.6}$$

式中 H_0 为上、下圆盘的垂直距离；T_0 为扭动周期；r,R 分别为上、下悬线点所决定的圆的半径；m_0 为下圆盘的质量。测量出相关量，就可得到下圆盘的转动惯量。

在得到下圆盘的转动惯量的基础上，可以进一步测量得到任意物体的转动惯量。式(4.11.6)只是给出了仪器下圆盘的转动惯量。若要测量其他物体的转动惯量，则只需要在下圆盘上放上被测物体即可(测量其他物体对 O_1O_2 轴的转动惯量)。设被测物体的质量为 m，测出三线摆的周期为 T(是下圆盘加被测物体共同的周期)，则有

$$I + I_0 = \frac{(m+m_0)gRr}{4\pi^2 H_0}T^2 \tag{4.11.7}$$

将式(4.11.7)减去式(4.11.6)，得被测物体的转动惯量为

$$I = \frac{gRr}{4\pi^2 H_0}\left[(m+m_0)T^2 - m_0T_0^2\right] \tag{4.11.8}$$

物体的转动惯量随转轴不同而改变,就两个平行轴而言,物体对于任意轴的转动惯量 I_d,等于通过此物体以质心为轴的转动惯量 I_C 加上物体质量 m 与两轴间距离平方 d^2 的乘积。这就是平行轴定理,其表达式为

$$I_d = I_C + md^2 \tag{4.11.9}$$

通过改变待测物质心与三线摆中心转轴的距离,测量 I_d 与 d^2 的关系便可验证转动惯量的平行轴定理。(思考:实验中使用两个圆柱,则理论值如何计算。)

4.11.3　实验装置

本实验的仪器由三线扭摆仪、水准仪、游标卡尺、秒表、天平组成。

(1) 三线扭摆仪由上圆盘、下圆盘、三条等长线、一个水平铁架构成,因下圆盘 P 来回摆动的周期 T 和下圆盘的转动惯量有关,三线摆法就是通过测量它的扭转周期去求出下圆盘的转动惯量;在求出下圆盘的转动惯量基础上,可以测任一物体的转动惯量。测定方法是:将待测物(如圆环)放置在下圆盘上,让待测物(如圆环)与下圆盘一起来回摆动,测定出下圆盘与待测物(如圆环)组成的组合体的周期,去求出组合体的转动惯量,组合体的转动惯量减去下圆盘 P 的转动惯量即为待测物(如圆环)的转动惯量。

(2) 水准仪、游标卡尺、秒表、天平在预备实验中已经使用,参见相关实验资料。

4.11.4　实验内容及步骤

1. 实验内容

(1) 测量下圆盘的转动惯量 I_0。测出三线摆的有关参数 m_0、R、r、H_0 和 T_0,求出 I_0。

(2) 测量被测圆环对 O_1O_2 轴的转动惯量 I_1。

① 测出圆环的质量 m,将待测圆环中心对准下圆盘中心放置在下圆盘上,测量下圆盘加圆环所组成的组合体的扭转摆动周期 T(记为 T_1)。代入式(4.11.8),计算出圆环对 O_1O_2 轴的转动惯量 I_1。

② 用游标卡尺测量并记录圆环的内、外直径 $D_内$ 和 $D_外$,用天平称圆环质量 M_1。代入公式 $I = \dfrac{1}{8}M_1(D_外^2 + D_内^2)$ 计算圆环对 O_1O_2 轴的转动惯量的理论值 I_1'。

(3) 验证平行轴定理

① 下圆盘上有多个同心圆刻线,将两个圆柱体按照自己所选定的圆刻线内切的方式对称地放在下圆盘上,两个圆柱体轴心线相距一定的距离 $2d = D_槽 - D_柱$。

② 测量下圆盘加两个圆柱体组成的组合体的扭转摆动周期 T(记为 T_2)。

③ 测量圆柱体的直径 $D_柱$、圆盘上选定刻线直径 $D_槽$、圆柱体的总质量 $2M_2$。

④ 根据式(4.11.7),求出圆柱体对 O_1O_2 轴的转动惯量 I_2:

$$I_2 = \frac{gRr}{4\pi^2 H_0}\left[(2M_2 + m_0)T_2^2 - m_0 T_0^2\right]$$

即式(4.11.9)中 I_d。

(4) 求出下圆盘、圆环和圆柱体转动惯量的理论值 I_0'、I_1' 和 I_2'。并求出测量结果的绝对误差和相对误差。

2. 实验步骤

将水准仪两次交叉放置在三线扭摆仪底座盘的中央位置处,调节三线扭摆仪底座支撑

螺丝,使三线扭摆仪底座处于水平位置。

(1) 用游标卡尺测量 a、b 各三次,由 a 平均值求 r,由 b 平均值求 R。

a 为上圆盘内接等边三角形的边长。如图 4.11.1 所示,上圆盘与三悬线共有三个交点,由于每两个交点之间的距离几乎相等,三个交点的连线构成等边三角形,各测量该等边三角形每边长一次,求其平均值即为 $\bar{a}$。等边三角形外接圆半径 $r = \frac{\sqrt{3}}{3}\bar{a}$。

b 为下圆盘内接等边三角形的边长。如图 4.11.1 所示,各测量该等边三角形每边长一次,求其平均值即为 $\bar{b}$。等边三角形外接圆半径 $R = \frac{\sqrt{3}}{3}\bar{b}$。

D_1 为下圆盘外直径。用游标卡尺测量下圆盘外径三次,求其平均值即为 $\overline{D_1}$。

将所测数据 (a,b,D_1) 填入表 4.11.2 中。

(2) 用游标卡尺测量待测圆环的内直径 $D_内$、外直径 $D_外$ 各 3 次;用游标卡尺测量待测圆柱体的直径 $D_柱$ 3 次、下圆盘上的凹槽 $D_槽$ 3 次,填入表 4.11.3 中。

(3) 测定、记录悬盘质量 M_0、圆环质量 M_1、二圆柱体总质量 $2M_2$ 各三次,填入表 4.11.1 中。

(4) 调节三线摆,将水准仪放置在下圆盘 P,调节三线摆上悬盘的三个调节螺丝,改变悬线的长度使下圆盘水平。用钢板尺测量上圆盘、下圆盘间的间距 H_0,各三次,填入表 4.11.2 中。

(5) 调节霍尔探头和计时仪,调节霍尔探头的位置,使其恰好在下圆盘下面粘着的小磁钢正下方 3mm 左右,此时计时仪的低电平指示发光管亮。调节计时仪的次数预置,然后按 RESET 键复位,一旦计时仪开始计时,次数预置改变无效,需按 RESET 键复位后有效。

(6) 待下圆盘静止后,轻轻转动上圆盘一小角度,随即转回原位,下圆盘即开始扭转摆动。稍等片刻,待下圆盘仅作摆动时,利用集成开关型霍尔传感器,测出 $n(20)$ 次摆动的总时间 t,重复测量 5 次,所得数据填写入表 4.11.1 中,可计算出 $T_0(s)$。

(7) 将待测圆环同心地放置在下圆盘上,待下圆盘静止后,轻轻转动上圆盘一小角度,随即转回原位,下圆盘与圆环即开始扭转摆动。稍等片刻,待下圆盘与圆环仅作摆动时,利用集成开关型霍尔传感器测出 $n(20)$ 次摆动的总时间 t。重复测量 5 次,所得数据填写入表 4.11.1 中,可计算出 $T_1(s)$。

(8) 将待测圆柱体放置在下圆盘上与自己选定的圆刻线(凹槽)内切,待下圆盘静止后,轻轻转动上圆盘一小角度,随即转回原位,下圆盘与圆柱体即开始扭转摆动。稍等片刻,待下圆盘与圆柱体仅作摆动时,利用集成开关型霍尔传感器测出 $n(20)$ 次摆动的总时间 t。重复测量 5 次,所得数据填写入表 4.11.1 中,可计算出 $T_2(s)$。

4.11.5　实验数据处理

根据实验数据及其相关公式计算:下圆盘的转动惯量、圆环的转动惯量、圆柱体的转动惯量的实验值。由理论知识计算出下圆盘、圆环和圆柱体转动惯量的理论值 I_0'、I_1' 和 I_2'。进而求出测量结果的绝对误差和相对误差。

4.11.6　思考题

(1) 由实验结果可以看到,虽然圆盘和圆环的质量相同、半径相等,但转动惯量却不相

班别_____ 姓名_____ 实验日期_____ 同组人_____

原始数据记录

表 4.11.1

测量项目		圆盘质量/g $M_0 =$	圆环质量/g $M_1 =$	两圆柱体总质量/g $2M_2 =$
摆动周期数 n				
总时间	1			
	2			
	3			
	4			
	5			
平均值 t/s				
平均周期 $T = \dfrac{t}{n}/s$		$T_0 =$	$T_1 =$	$T_2 =$

表 4.11.2 cm

测量项目		D_1	H_0	a	b	$R = \dfrac{\sqrt{3}}{3}\bar{b}$	$r = \dfrac{\sqrt{3}}{3}\bar{a}$
次数	1						
	2						
	3						
平均值							

表 4.11.3 cm

测量项目		$D_内$	$D_外$	$D_槽$	$D_柱$	$2d = \bar{D}_槽 - \bar{D}_柱$
次数	1					
	2					
	3					
平均值						

记录圆柱体摆放平面示意图:

实验项目名称___三线摆测物体的转动惯量___ 指导教师_____

大学物理实验预习报告

实验项目名称　　　　　**三线摆测物体的转动惯量**

班别＿＿＿＿＿＿＿＿＿＿＿　学号＿＿＿＿＿＿＿＿＿＿　姓名＿＿＿＿＿＿＿＿＿＿

实验进行时间＿＿＿＿年＿＿＿＿月＿＿＿＿日，第＿＿＿＿周,星期＿＿＿＿,＿＿＿＿时至＿＿＿＿时

实验地点＿＿＿＿＿＿＿＿＿＿＿＿＿＿＿＿

实验目的：

实验原理简述：

实验中应注意事项：

同,试问为什么?

(2) 如何测量任意形状的物体绕特定轴转动的转动惯量?

(附注)公式推导:三线摆上圆盘绕竖直的中心轴线 O_1O_2 转动一个小角度,借助悬线的张力使悬挂的大圆盘绕中心轴 O_1O_2 作扭转摆动。同时,下悬盘的质心 O_2 将沿着转动轴升降,如图 4.11.2 所示。$\overline{O_1O_2}=H$ 是上、下圆盘中心的垂直距离;$\overline{O_1O_2'}=h$ 是下圆盘在振动时上升的高度;$\overline{O_1B}=r$ 是上圆盘三个悬挂点所决定的圆的半径;$O_2\overline{A_1}=R$ 是下圆盘三个悬挂点所决定的圆的半径;θ 是扭转角。由于三悬线相等,下圆盘的运动对于中心轴线是对称的,我们仅分析一边悬线 $\overline{AB}$ 的运动。用 l 表示悬线 $\overline{AB}$ 的长度,见图 4.11.2。当下圆盘扭转一个角度 θ 时,下圆盘的悬线点 A 移动到 A',下圆盘上升的高度为 h,与其他几何参量的关系可作如下考虑。从上圆盘 B 点作下圆盘的垂线,与升高 h 前后的下圆盘分别相交于点 C 和点 C'。

在直角三角形 ABC 中,有

$$(\overline{AB})^2=(\overline{AC})^2+(\overline{BC})^2 \tag{1}$$

由图 4.11.2 可知,$\overline{AC}=R-r$　$\overline{AB}=l$　$\overline{BC}=H$,故上式可写成

$$l^2=H^2+(R-r)^2 \tag{2}$$

由图 4.11.2 可知,$\overline{O_2'C'}=r$,因而有

$$(\overline{A'C'})^2=R^2+r^2-2Rr\cos\theta \tag{3}$$

在直角三角形 $BA'C'$ 中

$$(\overline{BA'})^2=(\overline{A'C'})^2+(\overline{BC'})^2 \tag{4}$$

式中设悬丝不伸长,则

$$\overline{AB}=\overline{BA'}=l$$

$$\overline{BC'}=H-h$$

因而式(4)可写为

$$l^2=(H-h)^2+(\overline{A'C'})^2=(H-h)^2+R^2+r^2-2Rr\cos\theta \tag{5}$$

比较式(2)和式(5),消去 l^2 后得

$$h\left(H-\frac{h}{2}\right)=Rr(1-\cos\theta) \tag{6}$$

将 $\cos\theta$ 按级数展开得

$$\cos\theta=1-\frac{\theta^2}{2!}+\frac{\theta^4}{4!}+\frac{\theta^6}{6!}+\frac{\theta^8}{8!}+\cdots$$

考虑到扭转角 θ 是小量,略去高于 θ^2 后的各项,又因 h 相对于 l 和 H 而言为无穷小量,故可略去高于一阶的微量,由式(6)可得

$$h=\frac{Rr\theta^2}{2H} \tag{7}$$

当下圆盘的扭转角 θ 很小时,下圆盘的振动可以看作理想的简谐振动。其势能 E_p 和动能 E_k 分别为

$$\begin{cases} E_k=\dfrac{1}{2}I_0\left(\dfrac{\mathrm{d}\theta}{\mathrm{d}t}\right)^2+\dfrac{1}{2}m_0\left(\dfrac{\mathrm{d}h}{\mathrm{d}t}\right)^2 \\ E_p=mgh \end{cases} \tag{8}$$

式中 m_0 为下圆盘的质量,g 为重力加速度,$\omega = \dfrac{\mathrm{d}\theta}{\mathrm{d}t}$ 为圆频率,$\dfrac{\mathrm{d}h}{\mathrm{d}t}$ 为下圆盘的上升速度,I_0 为下圆盘对轴 O_1O_2 的转动惯量。若忽略摩擦力的影响,则在重力场中机械能守恒:

$$\frac{1}{2}I_0\left(\frac{\mathrm{d}\theta}{\mathrm{d}t}\right)^2 + \frac{1}{2}m_0\left(\frac{\mathrm{d}h}{\mathrm{d}t}\right)^2 + mgh = \text{恒量} \tag{9}$$

因下圆盘的转动能远大于上下运动的平动能,即 $\dfrac{1}{2}I_0\left(\dfrac{\mathrm{d}\theta}{\mathrm{d}t}\right)^2 \gg \dfrac{1}{2}m_0\left(\dfrac{\mathrm{d}h}{\mathrm{d}t}\right)^2$,于是近似有

$$\frac{1}{2}I_0\left(\frac{\mathrm{d}\theta}{\mathrm{d}t}\right)^2 + mgh = \text{恒量} \tag{10}$$

将式(7)代入式(10)并对 t 求导,可得

$$\frac{\mathrm{d}^2\theta}{\mathrm{d}t^2} + \frac{m_0gRr}{I_0H}\theta = 0 \tag{11}$$

该式为简谐振动方程,可得方程的解为

$$\omega^2 = \frac{m_0gRr}{I_0H}\theta$$

因振动周期 $T_0 = \dfrac{2\pi}{\omega}$,代入上式得

$$\frac{4\pi^2}{T_0^2} = \frac{m_0gRr}{I_0H}$$

故

$$I_0 = \frac{m_0gRr}{4\pi^2 H}T_0 \tag{12}$$

由此可见,只要准确测出三线摆的有关参数 m_0、R、r、H 和 T_0,就可以精确地求出下悬盘的转动惯量 I_0。

实验 4.12　弦振动研究

　　振动和波动是自然界中常见的两个物理现象,是物质运动的基本形式之一。广义地说,任何一个物理量在某个定值附近作反复变化,都可称为振动。振动与波动的关系十分密切,振动是产生波动的源,波动是振动的传播。机械振动在介质内的传播形成机械波,电磁振动在真空或介质内的传播形成电磁波。不同性质的振动的传播机制虽不相同,但由此形成的波却具有共同的规律性。波动具有反射、折射、衍射、干涉等现象。驻波是干涉的特例,本质是两个振幅相同的相干波(同频率、同振动方向、相位差恒定)在同一介质中沿相反方向传播时波的叠加。

　　本实验只研究干涉现象的特例——驻波。通过对固定均匀弦振动的研究,可以对驻波的形成有进一步的观察和了解。固定均匀弦振动的传播实际上是两个振幅相同的相干波在同一直线上沿相反方向传播的叠加,这两个相干波分别称为沿这一直线传播的入射波和反射波。在一定的条件下,它们的叠加可以形成驻波。

　　本实验验证了弦线上横波的传播规律:横波的波长与弦线中的张力的平方根成正比,而与其线密度(单位长度的质量)的平方根成反比。本实验还研究了弦的基频与弦长及张力之间的关系。

4.12.1　实验目的

　　(1) 了解波在弦上的传播及驻波形成的条件。
　　(2) 测量弦线的共振频率及其驻波的波长。
　　(3) 检验波速与弦线张力的关系。
　　(4) 测量弦振动时波的传播速度。

4.12.2　实验原理

　　一均匀弦线,一端固定于劈尖 A,另一端固定于劈尖 B。对均匀弦线扰动,引起弦线振动,于是波动沿弦线传播,称其为入射波。到达固定端点 B,发生反射,反射波沿弦线由 B 向 A 传播。弦线上两列相反方向传播的波叠加在一起,当弦线两固定端 A、B 之间长度满足适当条件时,两列波会产生干涉叠加,形成驻波。此时,弦线上某些点始终静止不动,称其为波节,另一些点的振幅始终最大,称其为波腹,其他点的振幅介于两者之间。

　　驻波的形状如图 4.12.1 所示,两列沿 x 轴相向传播的横波是同振幅、同频率的简谐波,两束波叠加后的合成波是驻波。

　　正弦波沿着拉紧的弦传播,可用等式描述为

$$y_1 = y_m \sin 2\pi(x/\lambda - ft) \tag{4.12.1}$$

　　如果弦的一端被固定,那么当波到达端点时会反射回来,这反射波可表示为

$$y_2 = y_m \sin 2\pi(x/\lambda + ft) \tag{4.12.2}$$

　　在保证这些波的振幅不超过弦所能承受的最大振幅时,两束波叠加后的波方程为

$$y = y_1 + y_2 = y_m \sin 2\pi(x/\lambda - ft) + y_m \sin 2\pi(x/\lambda + ft) \tag{4.12.3}$$

利用三角函数公式可求得

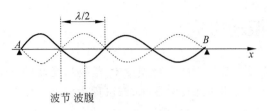

$$\frac{\lambda}{2}$$

波节 波腹

图 4.12.1 驻波的形状

$$y = 2y_m \sin(2\pi \cdot x/\lambda)\cos(2\pi f t) \tag{4.12.4}$$

等式(4.12.4)的特点:当时间固定为 t_0 时,弦的形状是振幅为 $2y_m\cos(2\pi f t_0)$ 的正弦波形。在位置固定为 x_0 时,弦作简谐振动,振幅为 $2y_m\sin(2\pi x_0/\lambda)$。因此,当 $x_0 = \frac{1}{4}L$,$\frac{3}{4}L,\frac{5}{4}L,\cdots$ 时,振幅达到最大;当 $x_0 = \frac{1}{2}L,L,\frac{3}{2}L,\cdots$ 时,振幅为零。这种波形叫驻波。

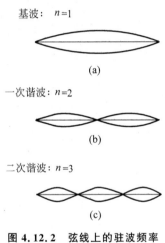

基波: $n=1$

(a)

一次谐波: $n=2$

(b)

二次谐波: $n=3$

(c)

图 4.12.2 弦线上的驻波频率

以上分析是假定驻波由原波和反射波叠加而成。实际上弦的两端都是被固定的,在驱动线圈的激励下,弦线受到一个交变磁场力的作用,会产生振动,形成横波。当波传到任一端时都会发生反射。一般来说,不是所有的反射波都是同相的,而且振幅都很小。当均匀弦线的两个固定端之间的距离等于弦线中横波的半波长的整数倍时,反射波就会同相,产生振幅很大的驻波,弦线会形成稳定的振动。当弦线的振动为一个波腹时,该驻波为基波,基波对应的驻波频率为基频,也称共振频率,如图 4.12.2(a)所示。当弦线的振动为两个波腹时,该驻波为一次谐波,对应的驻波频率为基频的两倍,如图 4.12.2(b)所示,图 4.12.2(c)所示是二次谐波。一般情况下,基波的振动幅度比谐波的振动幅度大。

另外,从弦线上观察到的频率(即从示波器上观察到的波形)一般是驱动频率的两倍,这是因为驱动的磁场力在一个周期内两次作用于弦线的缘故。

下面就共振频率与弦长、张力、弦的线密度之间的关系进行分析。

只有当弦线的两个固定端的距离等于弦线中横波对应的半波长的整数倍时,才能形成驻波,即

$$L = n \cdot \frac{\lambda}{2} \quad \text{或} \quad \lambda = \frac{2 \cdot L}{n}$$

其中,L 为弦长;λ 为驻波波长;n 为波腹数。

另外,根据波动理论,假设弦柔性很好,波在弦上的传播速度(v)取决于两个变量:线密度(μ)和弦的拉紧度(T),其关系式为

$$v = \sqrt{\frac{T}{\mu}} \tag{4.12.5}$$

其中,μ 为弦线的线密度,即单位长度的弦线的质量(单位:kg/m);T 为弦线的张力,单位

为 N 或 kg·m/s²。

再根据 $v = f \cdot \lambda$ 可得

$$v = f \cdot \lambda = \sqrt{\frac{T}{\mu}} \qquad (4.12.6)$$

如果已知 μ 值,即可求得频率为

$$f = \sqrt{\frac{T}{\mu}} \cdot \frac{n}{2L} \qquad (4.12.7)$$

如果已知 f,则可求得弦线密度为

$$\mu = \frac{n^2 \cdot T}{4L^2 \cdot f^2} \qquad (4.12.8)$$

4.12.3　实验装置

本实验所用仪器是弦振动研究实验仪、弦振动实验信号源各一台,双踪示波器一台。实验仪器结构描述见图 4.12.3。

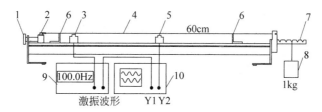

图 4.12.3　弦振动研究实验仪示意图
1—调节螺杆;2—圆柱螺母;3—驱动传感器;4—钢丝弦线;5—接收传感器;
6—支撑板;7—拉力杆;8—悬挂砝码;9—信号源;10—示波器

4.12.4　实验内容与步骤

1. 实验前准备

(1) 信号源、示波器通电预热 $10 \sim 20 \mathrm{min}$。在此期间调节示波器,屏上应能看到信号源"波形"端输出到示波器 $\mathrm{CH_1}$ 的正弦波信号。

调节信号源的"频率"与"幅度"旋钮,屏上波形将会有相应变化。例如:将"幅度"旋钮旋至输出信号的峰峰值为 4V,若示波器的 Y 轴偏转因数是 1V/cm 时,屏上信号的峰峰高度为 4cm。按下"频段"按钮,调节"频率"旋钮至输出信号的频率为 20Hz,若示波器的扫描速度(或时基读数)是 10ms/cm,时,屏上信号一个周期的水平长度为 5cm。计算公式为

信号峰峰电压 = 示波器 Y 轴偏转因数 × 波形峰峰高度

信号周期 = 示波器时基读数 × 波形一个周期的水平长度

(2) 测量弦的静态线密度。所谓静态线密度即弦线不受拉力作用时的线密度。取 1m 长和所用弦线为同一直径同一材料的弦线,在分析天平上称其质量 m,求出静态线密度 μ。

(3) 选择一条弦,将弦的带有铜圈的一端固定在拉力杆的 U 形槽中,把另一端固定到调整螺杆上圆柱形螺母上端的小螺钉上。

(4) 把两块支撑板放在弦下相距为 L 的两点上(它们决定振动弦的长度)。挂砝码

(0.50kg 或 1.00kg 可选)到实验所需的拉紧度的拉力杆上,然后旋动调节螺杆,使拉力杆水平(这样才能从挂的物块质量精确地确定弦的拉紧度),见图 4.12.4。如果悬挂砝码"M"在拉力杆的挂钩槽 1 处,弦的拉紧度(张力)等于 $1Mg$,g 为重力加速度($g = 9.80\text{m/s}^2$),如果挂在如图 4.12.4 所示的挂钩槽 2 处,弦张力为 $2Mg$,……。

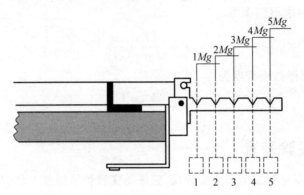

图 4.12.4 弦振动研究实验仪挂钩槽示意图

注意:由于砝码的位置不同,弦线的伸长量也有变化,故需重新微调拉力杆的水平。

(5) 按图 4.12.3 连接好与弦振动实验信号源和双踪示波器的导线。

2. 测量共振频率和驻波波长

提示:为了避免接收传感器和驱动换能器之间的电磁干扰,在实验过程中要保证两者之间的距离不小于 10cm。

(1) 放置两个支承板,两者相距 60cm,然后装上一条弦。在拉力杠杆上挂上质量为 1.00kg 的铜砝码,旋动调节螺杆,使拉力杠杆处于水平状态,把驱动线圈放在离一侧支承板 5～10cm 处,把接收线圈放在弦的中心位置。把弦的张力 T 和线密度 μ 记录在表 4.12.1 中。

(2) 来自接收器的共振信号输入到示波器 CH2 通道,将该通道的 Y 轴偏转因数旋至最小,此时该通道的灵敏度最高。调节信号发生器,产生正弦波,同时调节示波器接收信号。

(3) 慢慢升高信号发生器频率,观察示波器接收到的波形振幅的改变。注意:频率调节过程不能太快,因为弦线形成驻波过程需要一定的能量积累时间,太快则来不及形成驻波。通常有多个信号源频率都能激发弦线形成驻波,应找出幅度为最大的那个共振信号。如果不能观察到波形,则适当增大信号源的输出幅度;找到之后,仔细调节信号源的频率细调,使接收信号幅度最大。调整信号源的输出和示波器的灵敏度,使信号在屏上有合适的显示,读出并记录它的周期 T 或频率 f。如果弦线的振幅太大,造成弦线敲击传感器,则应适当减小信号源输出幅度。一般信号源输出为(2～3)$V_{\text{P-P}}$(峰-峰值)时,即可观察到明显的驻波波形,同时观察弦线,可看到有明显的振幅。当弦振动最大时,示波器接收到的波形振幅最大,弦线达到了共振,这时的驻波频率就是共振频率。记下示波器上波形的周期,即可得到共振频率 f。

注意:要区别信号源频率与弦线共振信号频率,也要区别基波与谐波。一般弦的振动频率不等于信号源的驱动频率,而是 2 倍或整数倍的关系,可以通过双踪示波器来观察确定。

班别_____姓名_____实验日期_____同组人_____

原始数据记录

表 4.12.1

弦的线密度 $\mu=$_____ 砝码悬挂位置_____ 张力 $T=$_____（kg·m/s^2）

共振频率/Hz	波腹位置/cm	波节位置/cm	波腹数/个	波长/cm
$f_1=$_____				
$f_2=$_____				
$f_3=$_____				
$f_4=$_____				
$f_5=$_____				

表 4.12.2

拉力 T/kg	信号源频率/Hz	共振频率/Hz	波长测量		平均波速/(m/s)	
			波节数/个	波长/cm	$v=f\lambda$	$v=\sqrt{\dfrac{T}{\mu}}$
1						
2						
3						
4						
5						

实验项目名称____弦振动研究____指导教师_____

大学物理实验预习报告

实验项目名称＿＿＿＿＿＿**弦振动研究**＿＿＿＿＿＿

班别＿＿＿＿＿＿＿＿＿＿学号＿＿＿＿＿＿＿＿＿＿姓名＿＿＿＿＿＿＿＿＿＿

实验进行时间＿＿＿＿年＿＿＿月＿＿＿日,第＿＿＿周,星期＿＿＿,＿＿＿时至＿＿＿时

实验地点＿＿＿＿＿＿＿＿＿＿＿＿＿＿

实验目的：

实验原理简述：

实验中应注意事项：

（4）再改变输出频率,连续找出几个共振频率(3～5 个),当驻波的频率较高,弦线上形成几个波腹、波节时,弦线的振幅会较小,肉眼可能不易观察到。这时先把接收线圈移向右边支承板,再逐步向左移动,同时观察示波器,找出并记下波腹和波节的个数及每个波腹和波节的位置。一般这些波节应该是均匀分布的。将数据记录在表 4.12.1 中。

（5）放置两个支承板相距 60cm(或自定),并保持不变。通过改变砝码所挂的位置改变弦的张力(也称拉紧度),如图 4.12.4 所示,这些位置的张力分别是砝码重量的 1、2、3、4、5 倍。测量并记录下不同拉紧度下驻波的共振频率(基频)和张力。观察共振波的波形(幅度和频率)与弦的张力的关系,并作出张力与共振频率(T-f)的关系图和作出波速平方值与拉力(v^2-T)关系图。将数据记录在表 4.12.2 中。

4.12.5　实验数据处理

（1）根据表 4.12.1 和表 4.12.2 的数据,计算共振波的波长。

（2）在坐标纸上作出波速平方值与拉力(v^2-T)关系图。

（3）计算波的传播速度。

① 根据 $v = \sqrt{\dfrac{T}{\mu}}$ 算出波速,将这一波速与 $v = f\lambda$ (f 是共振频率,λ 是波长)进行比较。

② 检验 v^2-T 关系图线是否为直线,对所做的实验结果给出物理解释。

4.12.6　注意事项

（1）弦上观察到的频率可能不等于驱动频率,一般是驱动频率的 2 倍,因为驱动器在一周期内两次作用于弦。在理论上,使弦的静止波频率等于驱动频率或是驱动频率的整数倍都是可能的。

（2）如果驱动器与接收传感器靠得太近,将会产生干扰。通过观察示波器中的接收波形可以检验干扰的存在。当它们靠得太近时,波形会改变。为了得到较好的测量结果,两传感器的距离至少应大于 10cm。

（3）悬挂和更换砝码时动作应轻巧,以免使弦线崩断,造成砝码坠落而发生事故。

4.12.7　思考题

（1）通过实验,说明弦线的共振频率和波速与哪些条件有关。

（2）试用一种方法求出波速 v 与张力 T 的函数关系。

（3）如果弦线有弯曲或者粗细不均匀,对共振频率和形成驻波有何影响?

实验 4.13　金属线胀系数的测量

绝大多数物质都具有热胀冷缩的特性。在工程计算、材料的焊接和加工过程中都必须对物体这种热胀冷缩的特性加以考虑,定量地分析它所引起的结构变化,否则将影响结构的稳定性和仪表的精度。如考虑失当,甚至会造成工程的损毁、仪器的失灵,以及加工焊接中的缺陷和失败等。当温度升高时,一般固体中原子的热运动随固体温度的升高而加剧,把这种由于温度升高而引起固体中原子间平均距离增大,进而引起固体体积增大的现象称为固体的热膨胀。固体的热膨胀又可分为体膨胀和线膨胀,本实验主要研究线膨胀。相同条件下,不同材料线膨胀的程度各不相同,线胀系数是表征物质膨胀特性的物理量,是描述物质性质的重要参数。线胀系数是很多工程技术中选择材料的一个重要的技术指标,在工程设计、仪表加工、新材料开发等领域,都需要对所选用材料的线胀系数进行研究,因此,精确测定固体线膨胀对于实验和实际应用都具有重要意义,而测量线胀系数的主要问题就是如何测量固体材料长度微小变化量,即温度变化 Δt 所对应的伸长量 ΔL。目前在普通物理实验中有多种测量长度微小变化量的方法,比如利用杠杆原理测量、利用干涉原理测量和利用千分表法直接测量等。光杠杆法所需设备多、调节困难;光的干涉法测量固体线胀系数的精确度虽然比光杠杆法高,但其所需设备更多,甚至还要用到 CCD 图像处理技术和计算机技术,难以用于大学低年级的基础物理实验。本实验采用千分表法测量金属铜的线胀系数。

物体的热膨胀性质反映了材料本身的属性,测量材料的线膨胀系数,不仅对新材料的研制具有重要意义,而且也是选用材料的重要指标之一。在工程结构设计(如桥梁、铁路轨道、电缆工程等)、机械和仪表的制造、材料的加工和焊接等过程中都必须考虑材料的热膨胀特性。材料的热膨胀特性也有许多应用,如液体温度计、喷墨打印机等。

在测量材料线膨胀系数的常用方法中,关键是测量材料受热膨胀后的微小长度伸长量。这一微小长度变化量用一般的长度测量仪器很难测准,一般需要采用放大测量方法借助测微装置或仪器来测量,如光杠杆光学放大法、千分尺螺旋放大法、光学干涉法等。本实验通过千分尺测量微小的长度变化。

4.13.1　实验目的

(1) 学习测量金属线胀系数的多种方法。

(2) 了解 PID 温度控制的原理。

(3) 测定金属的线膨胀系数。

4.13.2　实验原理

1. 线膨胀系数

一般情况下,固体受热后长度的增加称为线膨胀。经验表明,在一定的温度范围内,原长为 L 的物体,受热后其伸长量 ΔL 与其温度的增加量 Δt 近似成正比,与原长 L 亦成正比,即

$$\Delta L = \alpha L \Delta t \tag{4.13.1}$$

式(4.13.1)中的比例系数 α 称为固体的线膨胀系数(简称线胀系数)。

大量实验表明,不同材料的线胀系数不同,塑料的线胀系数最大,金属次之,殷钢、熔凝

石英的线胀系数很小。殷钢和石英的这一特性在精密测量仪器中有较多的应用。实验还发现,同一材料在不同温度区域,其线胀系数不一定相同。某些合金,在金相组织发生变化的温度附近,同时会出现线胀量的突变。因此测定线胀系数也是了解材料特性的一种手段。但是,在温度变化不大的范围内,线胀系数仍可认为是一常量。

设原长为 L 的物体在温度 t_1 时的长度为 L_1,当温度升到 t_2 时,其长度增加至 L_2,根据式(4.13.1)可得该材料在 (t_1,t_2) 温区的线胀系数为

$$\alpha = \frac{\Delta L}{L(t_2 - t_1)} \tag{4.13.2}$$

线胀系数的物理意义是固体材料在 (t_1,t_2) 温区内,温度每升高 1℃ 时材料的相对伸长量,其单位为 ℃$^{-1}$。由于 α 数值较小,在 Δt 不大的情况下,ΔL 也很小。因此要测量 α,准确地控制并测量温度 t、测量线膨胀量 ΔL,是保障测量成功的关键。

2. 测量方法

由式(4.13.2)可见,只要测量出固体样品温度的改变 Δt,以及相对应的微小的长度变化 ΔL,则可根据式子计算出线胀系数 α。

测线胀系数的主要问题是如何测伸长量 ΔL。先粗估算出 ΔL 的大小,若 $L \approx 500\text{mm}$,温度变化 $t_2 - t_1 \approx 40℃$,金属的 α 数量级为 $10^{-5}/℃$,则可估算出 $\Delta L \approx 0.20\text{mm}$。对于这么微小的伸长量,用普通量具如钢尺或游标卡尺是测不准的,可采用光杠杆法测量(其对应的测量原理可参阅第 4 章实验 4.2“杨氏弹性模量的测定”有关内容)、利用劈尖干涉原理测量、用迈克耳孙干涉仪测量、用千分表测量、用螺旋测微原理测量等方法。本实验采用千分表测量微小的线胀量。

测量温度既可以用玻棒式温度计,也可用较为灵敏的电子测温方法,如热电偶等。常用流动的热水或水蒸气来加热样品,也有用电发热丝直接加热空气中的样品。本实验通过“PID 温度控制器”(其对应的工作原理参阅第 5 章实验 5.5“变温黏滞系数的测定”有关内容)来控制流动热水的温度,从而给待测金属铜加热以改变其温度。整个实验装置随实验方法的不同有着横卧式和直立式的区别,如图 4.13.1 所示。本实验采用横卧式装置模式。

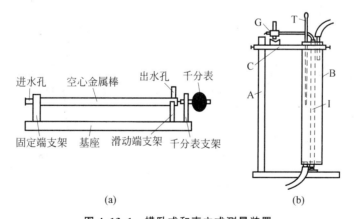

图 4.13.1 横卧式和直立式测量装置

在直立式实验装置中,被测金属棒 I 插在恒温的金属套筒 B 内。水蒸气从套管的上端进入,从套管的下端流出,加热管中的样品。当达至热平衡的时候,管内可大体稳定于接近

100℃的温度上。金属棒 I 的下端与基座紧密接触,上端露出筒外。光杠杆 G 的后足尖置于金属棒的上端,前两足尖置于固定的平台 C 上。T 是插入筒内的温度计,立柱 A 是固定在基座上的。

4.13.3　实验装置

本实验的装置包含金属线膨胀系数测量仪、PID 温控实验仪和千分表三部分。

1. 金属线膨胀系数测量仪

如图 4.13.1(a)所示,在横卧式实验装置中,空心的样品金属铜棒的一端用螺钉连接在固定端,滑动端装有轴承,金属铜棒可在此方向自由伸长。热水从进水孔流入,从出水孔流出,流过的热水从金属棒的内部加热金属,金属的膨胀量用千分表测量。支架都用隔热材料制作,金属棒外面包有绝热材料,以阻止热量向基座传递,保证实验测量的准确性。

2. PID 温控实验仪

PID 温控仪包含水箱、水泵、加热器、控制及显示电路等部件,它的工作原理和使用方法可参阅第 5 章实验 5.5"变温黏滞系数的测定"的有关内容。

3. 千分表

与螺旋测微计类似,千分表也是用于精密测量位移量的量具,它利用齿条-齿轮传动机构将线位移转变为角位移,由表针的角度改变量读出线位移量。本实验中使用的千分表,其测量范围是 $0 \sim 1 \mathrm{mm}$。大表针转动一圈(小表针转动一格),代表线位移 $0.2 \mathrm{mm}$,其最小分度值为 $0.001 \mathrm{mm}$。它的传动原理和结构如图 4.13.2 所示。

千分表在使用前,都需要进行调零,调零方法如下:在测头无伸缩时,松开"调零固定旋钮",旋转表壳,使主表盘的零刻度对准主指针,然后固定"调零固定旋钮"。调零好后,毫米指针与主指针都应该对准相应的 0 刻度。

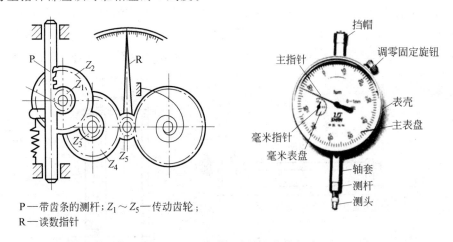

P—带齿条的测杆;$Z_1 \sim Z_5$—传动齿轮;
R—读数指针

图 4.13.2　传动示意图和结构部分

4.13.4　实验内容及步骤

(1)检查连接水管和仪器后面的水位管,将水箱的水加到适当值。检查金属棒是否固定良好,千分表安装位置是否合适。

班别_____ 姓名_____ 实验日期_____ 同组人_____

原始数据记录

表 4.13.1 室温 $t_0 = $_____ /℃ 固体样品 $L = $_____ mm

样品温度 t_i/℃	25	30	35	40
千分表读数 L_i/mm				
样品温度 t_{i+4}/℃	45	50	55	60
千分表读数 L_{i+4}/mm				
$\Delta L_i = (L_{i+4} - L_i)$/mm				
$\overline{\Delta L} = \dfrac{1}{4} \times \dfrac{\sum\limits_{i=1}^{4} \Delta L_i}{4}$/mm				

大学物理实验预习报告

实验项目名称 _____ **金属线胀系数的测量** _____

班别 _____ 学号 _____ 姓名 _____

实验进行时间 _____年_____月_____日,第_____周,星期_____,_____时至_____时

实验地点 _____

实验目的:

实验原理简述:

实验中应注意事项:

（2）打开 PID 温控仪电源开关，输入室温的数值 t_0，设定第一个实验温度 t_1。用"启控/停控"按键开始温度调节，并开始控温加热。随着温度的上升，千分表开始旋转，当到达设定温度 t_1 时，温控仪自动停止加热，持续 $5\sim10\mathrm{min}$，待温度稳定下来，记录千分表读数 L_1。

（3）将温度设定为 t_i（在 t_1 基础之上递增 $5℃$），逐次重复步骤（2），记下相应千分表读数 L_i，直至设定温度接近 $60℃$ 为止（为保证安全，温控仪的最高设置温度为 $60℃$，所以 $t_i \leqslant 60℃$）。将数据记录在表 4.13.1 中。

（4）用逐差法求出温度每升高 $5℃$ 时铜杆的平均伸长量，由式（4.13.2）即可求出铜杆在这个温区 (t_1, t_i) 内的线胀系数。

4.13.5　实验数据处理

（1）根据表 4.13.1 中的数据记录，用逐差法可得到温度升高 $5℃$ 铜棒所对应的伸长量的平均值 $\overline{\Delta L}$。

（2）由式（4.13.2）可计算得到铜棒的线胀系数 α，并算出其不确定度 σ_α，则结果可完整表示为

$$\alpha = \frac{\Delta L}{L \Delta t} \pm 2\sigma_\alpha$$

附：铜棒的线胀系数 α 的不确定度计算。

1. ΔL 的不确定度 $\sigma_{\Delta L}$ 的计算

A 类分量：

$$U_\mathrm{A} = S_{\overline{\Delta L}} = \sqrt{\frac{\sum\limits_{i=1}^{4}(\Delta L_i - \overline{\Delta L})^2}{n(n-1)}}$$

式中，n 为 ΔL 的测量次数，$n = i$。

B 类分量：取千分表最小分度值为其误差限，考虑为均匀分布，则

$$U_\mathrm{B} = \Delta_仪 / \sqrt{3}$$

ΔL 的合成不确定度：

$$\sigma_{\Delta L} = \sqrt{U_\mathrm{A}^2 + U_\mathrm{B}^2}$$

2. Δt 的不确定度 $\sigma_{\Delta t}$ 的计算

A 类分量：

$$U_\mathrm{A} = S_{\overline{\Delta t}} = \sqrt{\frac{\sum\limits_{i=1}^{4}(\Delta t_i - \overline{\Delta t})^2}{n(n-1)}}$$

式中，n 为 Δt 的测量次数，$n = i$。

B 类分量：取温控仪最小分度值为其误差限，考虑为均匀分布，则

$$U_\mathrm{B} = \Delta_仪 / \sqrt{3}$$

Δt 的合成不确定度：

$$\sigma_{\Delta t} = \sqrt{U_\mathrm{A}^2 + U_\mathrm{B}^2}$$

3. α 的不确定度 σ_α 的计算

$$\sigma_\alpha = \sqrt{\sigma_{\Delta L}^2 + \sigma_{\Delta t}^2}$$

4.13.6　注意事项

(1) 千分表安装须适当固定(以表头无转动为准)且与被测物体有良好的接触(初始读数在 0.2~0.3mm 处较为适宜)。

(2) 因伸长量 ΔL 极小,故仪器不应有振动。

(3) 千分表测头需保持与实验样品在同一直线上。

4.13.7　思考题

(1) 两根材料相同,粗细、长度不同的金属棒,在同样的温度变化范围内,它们的线膨胀系数是否相同? 膨胀量是否相同? 为什么?

(2) 试分析哪一个量是影响实验结果的主要因素,在操作时应注意什么。

(3) 若实验中加热时间过长,仪器支架受热膨胀,对实验结果有何影响?

(4) 试举出几个在日常生活和工程技术中应用线胀系数的实例。

实验 4.14　液体表面张力系数的测量

　　液体与气体接触的界面存在一个薄层,叫做表面层。表面层中的分子比液体内部稀疏,分子间距比液体内部分子间距大,分子间的相互作用表现为引力。这种引力使液体表面自然收缩,犹如张紧的弹簧薄膜。由液体表面收缩而产生的沿着液面切线方向的力称为表面张力。正是因为这种张力的存在,才使得有些小昆虫能够无拘无束地在水面上行走自如。

　　液体表面张力是液体的一个重要物理性质,它在工农业生产、医学、物理化学等领域的科学研究和日常生活中有着重要的应用,如工业技术中的浮选技术和液体输送技术,化工生产中液体的传输过程,药物制备过程及生物工程研究领域中关于动、植物体内液体的运动与平衡等。在工农业生产活动中,液体表面张力有时是不利的。例如,在农作物喷灌和叶面施肥时,如果温度太低,液体在农作物叶面上收缩成球形影响叶面对液体的吸收,因此考虑在适当的温度条件下作业,以减小液体的表面张力的影响。

　　液体的许多现象都与表面张力有关,例如润湿现象、毛细管现象及泡沫的形成等。在工业生产和科学研究中,常常要涉及液体特有的性质和现象,因此,了解液体的表面性质和现象,掌握测定液体表面张力系数的方法是具有重要实际意义的。

　　测定液体表面张力的方法很多,常用的有拉脱法、毛细管升高法、液滴高度法、最大气泡压力法、U 形管法等。本实验采用拉脱法测量,它属于一种直接测定方法。

4.14.1　实验目的

　　(1) 了解液体表面的性质,测定液体的表面张力系数。

　　(2) 学习焦利秤测量微小力的原理和方法。

　　(3) 学会逐差法、作图法等数据处理方法,并会作不确定度分析。

4.14.2　实验原理

　　液体表面层内分子力的宏观表现,使液面具有收缩的趋势。想象在液面上某总划一条线,表面张力就表现为透露点直线两侧的液体以一定的拉力相互作用。如图 4.14.1 所示,液体表面被长度为 l 的直线分成两部分,这两部分之间的相互作用力 f 就是液体的表面张力。f 垂直于直线 l,并与表面相切,大小为 $f = \sigma l$,比例系数 σ 是液体的表面张力系数,单位为 N/m,表示单位长度的线段 l 上受到的表面张力。如果能测出 f 和 l,就可以算出表面张力系数 σ。

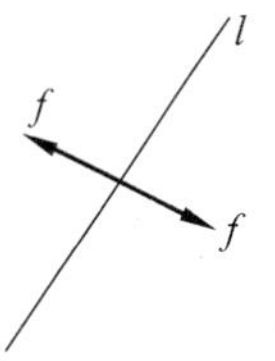

图 4.14.1　表面张力示意图

　　液体表面张力系数与多种因素有关:

　　(1) 液体的类别。不同的液体,表面张力系数不同。密度越小、越容易挥发的液体,其表面张力系数越小。

　　(2) 温度。表面张力系数随温度的升高而减小。当液体温度升高时,分子的平均动能势必增大。所以,液体表面层分子平均密度更小,平均距离更大,分子的平均引力优势反而减小。因此,随着温度升高液体的表面张力反而减小。此外,纯净水的表面张力系数与温度呈近似的线性关系。

　　(3) 杂质。同一种液体,加入杂质后可促使液体表面张力系数增大或减小。一般而言,醇、酸、醛、酮等有机物质大都是表面活性剂,其表面张力系数比水的表面张力系数小得多。

拉脱法是一种直接测定液体表面张力的方法。将一个内宽为 l 的门形金属框垂直悬吊

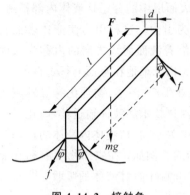

浸于待测液体中,缓慢、均匀地拉起,此时在金属框附近的液面会产生一个沿着液面的切线方向的表面张力 f,由于表面张力的作用,金属框四周将带起一个水膜,水膜呈弯曲形状,如图 4.14.2 所示。液体表面的切线与金属丝门框面的切线之间的夹角 φ 称为接触角。当将金属丝缓慢拉出水面时,表面张力 f 的方向将随着液面方向的改变而改变,接触角 φ 逐渐减小而趋近于零,因此 f 的方向趋近于竖直向下,当 $\varphi=0$ 时,f 的方向竖直向下。

图 4.14.2　接触角

设在拉力 T 作用下弹簧伸长 ΔS,根据胡克定律可知

$$T = K\Delta S \tag{4.14.1}$$

式中 K 为弹簧的劲度系数,它表示弹簧伸长单位长度时作用力的大小,单位为 N/m。

假设在液面上有一长度为 l 的线段,由于两侧液面收缩而产生沿切线方向的表面张力 f,而且力的方向与线段垂直,其大小与线段的长度 l 成正比,即

$$f = \sigma l \tag{4.14.2}$$

比例系数 σ 是液体的表面张力系数,单位为 N/m,表示单位长度的线段 l 上受到的表面张力。

设金属框细丝的直径为 d,金属框的内宽为 l,如图 4.14.3

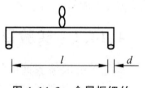

所示。将金属框浸入水中后,再将其缓缓提起,它会拉出一层与液体相连的液膜。由于表面张力的作用,焦利秤的读数逐渐增大并达到一最大值,稍微超过此值,液膜即破裂。在液膜破裂的瞬间,则有

图 4.14.3　金属框细丝

$$F = W + 2\sigma(l+d) + ldh\rho g \tag{4.14.3}$$

式中,F——向上的拉力;

W——金属框的重力和所受浮力之差;

l——金属框的内宽;

d——金属框细丝的直径,即水膜的厚度;

h——水膜被拉断时的高度;

ρ——水的密度;

g——重力加速度。

式(4.14.3)中,$ldh\rho$ 为水膜的质量。由于水膜有前后两面,所以式(4.14.3)中的表面张力为 $2\sigma(l+d)$。

由式(4.14.3)得到表面张力系数

$$\sigma = \frac{(F-W) - ldh\rho g}{2(d+l)} \tag{4.14.4}$$

由于金属框细丝的直径很小,其质量不大,一般忽略不计,所以可得表面张力系数

$$\sigma = \frac{F-W}{2(d+l)} \tag{4.14.5}$$

4.14.3　实验装置

焦利秤、弹簧、刻度玻璃管、反光镜吊钩、铝盘、π 型丝、游标卡尺、玻璃烧杯、砝码(0.5g)、镊子、酒精灯、被测液体(如蒸馏水、纯净水、自来水、肥皂水等)。

焦利秤的结构如图 4.14.4 所示,它实际上是一种用于测微小力的精细弹簧秤。

实验时,平衡指示玻璃管 6 上的刻线、小平面镜 5 上的刻线以及刻线在小平面镜中的像三者始终重合,简称"三线对齐"。用这种方法可保证弹簧下端的位置是固定的,弹簧的伸长量可由主尺和游标定出来(即伸长前后两次读数之差值)。一般的弹簧秤都是上端固定,在下端加负载后向下伸长,而焦利秤与之相反,它是控制弹簧下端的位置保持一定,加负载后向上拉动弹簧确定伸长值。转动平台 7 下端的调节螺丝 8 时平台可升降但不转动。

图 4.14.4　焦利秤结构示意图
1—秤框;2—升降金属杆;3—升降钮;4—弹簧;5—带小镜子的挂钩;6—平衡指示玻璃管;7—平台;8—平台调节螺丝;9—底脚螺丝

4.14.4　实验内容及步骤

1. 测量金属框细丝直径 d 和内宽 l

(1) 用游标卡尺测量金属框细丝的直径 d,将测量结果记录在表 4.14.1 中。

(2) 用游标卡尺测量金属框细丝的内宽 l,将测量结果记录在表 4.14.2 中。

(3) 用镊子夹住金属框细丝在酒精灯火焰上烧至暗红色(或用酒精棉球擦洗),玻璃烧杯用酒精棉球仔细擦拭干净,以除去油污。清洁后的金属框细丝切勿用手触摸,应用镊子取出或存放。

2. 测量弹簧的劲度系数 K

(1) 按图 4.14.4 挂好弹簧 4、小镜子 5 和砝码盘,再调节底脚螺丝 9,并适当调节弹簧 4 与玻璃管 6 的位置,使小镜子垂直地位于玻璃管中间,四周不能与玻璃管接触。转动升降钮 3,使玻璃管 6 上的刻线、小镜子 5 上的刻线及刻线在镜子中的像三者对齐(以下简称三线对齐),读出游标零线所指示的主尺上的读数 L_0。

(2) 逐次将质量为 m(此处 m 取 0.5g)的砝码加在弹簧下方的砝码盘内,转动升降钮 3,重新调到三线对齐,分别记下在 0.5g,1g,$\cdots$,4.5g 时游标零线所指示的主尺刻度 L_1,L_2,$\cdots$,L_9,再逐次减少 0.5g 砝码,分别记录游标零线所指示的主尺刻度 L'_9,L'_8,$\cdots$,L'_0,将结果记录在表 4.14.3 中。

3. 测 $F-W$ 值

将盛液体的烧杯放在平台 7 上,旋转平台 7 下的螺丝 8,使平台和烧杯上升,金属框细丝浸入液体中。然后一边缓慢地下降平台 7,一边缓慢调节升降钮 3,升高小镜子中的刻线。每作上述同步调节均需保证三线对齐。

当金属框上沿升至液体表面位置时,通过三线对齐记录下此时游标零线所指示的主尺读数 S_0;记录下降平台 7 下面标尺读数 h_0。缓慢重复上述调节,可以看到金属框缓缓提起(切记此步骤很缓慢),金属框中拉出一层与液体相连的液膜,继续旋转平台螺丝 8 和升降钮

3,直到水膜被破坏的那一瞬间,金属框细丝脱出液面为止。记下此刻的主尺读数 S_i,下降平台 7 下面的标尺读数 h_i。可得弹簧的伸长量 $\Delta S = S_i - S_0$,求出平均值 $\overline{\Delta S}$,代入式(4.14.6)中,算出 $F - W$ 值;水膜高度 $h = h_i - h_0$。重复测量,将数据记录在表 4.14.4 和表 4.14.5 中。

$$F - W = K\overline{\Delta S} \tag{4.14.6}$$

4.14.5　实验数据处理

1. 不忽略水膜的重量,计算表面张力系数

将表 4.14.1~表 4.14.5 中的数据代入式(4.14.4)中计算表面张力系数。

2. 忽略水膜的重量,计算表面张力系数

将表 4.14.1~表 4.14.4 中的数据代入式(4.14.5)中计算表面张力系数。

3. 数据处理及结果表示

此处以式(4.14.5)计算表面张力系数。

1) 计算直接测量量 x 的不确定度

x 的平均值为

$$\bar{x} = \frac{1}{n}\sum_{i=1}^{n} x_i \quad (n \text{ 为测量次数}) \tag{4.14.7}$$

$\bar{x}$ 的 A 类不确定度为

$$u_A = S(\bar{x}) = \sqrt{\frac{\sum_{i=1}^{n}(x_i - \bar{x})}{n \times (n-1)}} \tag{4.14.8}$$

$\bar{x}$ 的 B 类不确定度为

$$u_B = \Delta_{仪} / \sqrt{3} \tag{4.14.9}$$

$\bar{x}$ 的合成不确定度为

$$u_x = \sqrt{u_A^2 + u_B^2} \tag{4.14.10}$$

直接测量量 x 的测量结果表示为

$$x = \bar{x} \pm u_x \tag{4.14.11}$$

将表 4.14.1~表 4.14.4 中数据代入式(4.14.7)~式(4.14.10),计算 $l + d$、ΔL 和弹簧伸长量 ΔS 的合成不确定度 u_{l+d}、$u_{\Delta L}$ 和 $u_{\Delta S}$。

2) 计算弹簧劲度系数 K 的合成不确定度

根据表 4.14.3 中数据求 $\overline{\Delta L}$,并求出弹簧的劲度系数

$$K = \frac{\Delta mg}{\Delta L}$$

由不确定度传播公式,有

$$u_K = \sqrt{\left(\frac{\partial k}{\partial \Delta L}\right)^2 u_{\Delta L}^2} \tag{4.14.12}$$

式(4.14.12)中的灵敏系数为

$$\frac{\partial k}{\partial \Delta L} = -5\,\frac{mg}{\Delta L^2}$$

班别_____姓名_____实验日期_____同组人_____

原始数据记录

表 4.14.1   mm

d_1	d_2	d_3	d_4	d_5	$\overline{d}$

表 4.14.2   mm

l_1	l_2	l_3	l_4	l_5	$\overline{l}$

表 4.14.3

砝码质量 m/g	标尺读数 L_i/mm		$\overline{L_i}=\dfrac{1}{2}(L_i+L_i')$/mm		逐差结果/mm
	增加砝码	减少砝码			
0	L_0	L_0'	$\overline{L_0}$		$\Delta L_1=\overline{L_5}-\overline{L_0}$
0.5	L_1	L_1'	$\overline{L_1}$		
1.0	L_2	L_2'	$\overline{L_2}$		$\Delta L_2=\overline{L_6}-\overline{L_1}$
1.5	L_3	L_3'	$\overline{L_3}$		
2.0	L_4	L_4'	$\overline{L_4}$		$\Delta L_3=\overline{L_7}-\overline{L_2}$
2.5	L_5	L_5'	$\overline{L_5}$		
3.0	L_6	L_6'	$\overline{L_6}$		$\Delta L_4=\overline{L_8}-\overline{L_3}$
3.5	L_7	L_7'	$\overline{L_7}$		
4.0	L_8	L_8'	$\overline{L_8}$		$\Delta L_5=\overline{L_9}-\overline{L_4}$
4.5	L_9	L_9'	$\overline{L_9}$		

表 4.14.4   mm

次 数	标尺零点读数 S_0	水膜破裂时读数 S_i	$\Delta S_i=S_i-S_0$	$\overline{\Delta S}$
1				
2				
3				
4				
5				

表 4.14.5   mm

次 数	标尺零点读数 h_0	水膜破裂时读数 h_i	$h=h_i-h_0$	$\overline{h}$
1				
2				
3				
4				
5				

实验项目名称____液体表面张力系数的测量____指导教师_____

大学物理实验预习报告

实验项目名称 **液体表面张力系数的测量**

班别＿＿＿＿＿＿＿＿＿ 学号＿＿＿＿＿＿＿＿＿ 姓名＿＿＿＿＿＿＿＿＿

实验进行时间＿＿＿＿年＿＿＿＿月＿＿＿＿日，第＿＿＿＿周,星期＿＿＿＿,＿＿＿＿时至＿＿＿＿时

实 验 地 点＿＿＿＿＿＿＿＿＿＿＿＿＿＿

实验目的：

实验原理简述：

实验中应注意事项：

3）计算表面张力系数及结果表示

根据式(4.14.5)计算表面张力系数的平均值

$$\sigma = \frac{\overline{F-W}}{2\overline{(d+l)}} = \frac{K\overline{\Delta S}}{2\overline{(d+l)}} \tag{4.14.13}$$

由相对不确定度传播公式,有

$$\frac{u_\sigma}{\sigma} = \sqrt{\left(\frac{u_K}{\overline{K}}\right)^2 + \left(\frac{u_{\Delta S}}{\overline{\Delta S}}\right)^2 + \left(\frac{u_{l+d}}{\overline{l+d}}\right)^2} \tag{4.14.14}$$

则表面张力系数的合成不确定度为

$$u_\sigma = \sigma\sqrt{\left(\frac{u_K}{\overline{K}}\right)^2 + \left(\frac{u_{\Delta S}}{\overline{\Delta S}}\right)^2 + \left(\frac{u_{l+d}}{\overline{l+d}}\right)^2} \tag{4.14.15}$$

表面张力系数的扩展不确定度为

$$U_P = ku_\sigma \tag{4.14.16}$$

式中的 k 为包含因子,取 $k=2$。

最后表面张力系数结果表示为

$$\sigma = \sigma \pm U_P \tag{4.14.17}$$

注意不确定度的有效数字及进位原则。

4.14.6　注意事项

（1）焦利秤中使用的弹簧是精密易损元件,要轻拿轻放,切忌用力拉。

（2）实验时动作必须仔细、缓慢。平台一次只能下降一点儿,如果动作鲁莽,会使液膜过早破裂,带来较大误差。

（3）实验过程中小镜子和玻璃管不能相接触,否则会造成较大误差。

（4）实验过程中要避免液体被污染。若液体中混入其他杂质,会使表面张力系数发生改变,不能反映原来的真实情况。

（5）每次实验前玻璃杯和金属框要用酒精清洗后才能使用。实验结束后用吸水纸将金属框表面擦干,以免锈蚀。

4.14.7　思考题

（1）为什么荷叶上的水滴、油里的水滴等均呈球形?

（2）焦利秤与普通秤有什么区别? 使用过程中要注意些什么?

（3）为什么要采用"三线对齐"的方式来测量? 两线对齐可以吗? 为什么?

（4）用拉脱法测液体表面张力系数时,其测量结果一般会偏大,试分析产生这种系统误差的原因和修正方法。

（5）如何在本实验的基础上测量不同水温下水的表面张力系数,从而得到水的表面张力系数与温度的关系?

（6）如何在本实验的基础上测量肥皂水在不同肥皂浓度情况下的表面张力系数?

实验 4.15　传感器实验

　　传感器是一种能感受规定的被测量并按照一定的规律将其转换成可用信号的器件或装置。传感器一般是利用某些物质在外界作用下其性质发生变化的现象制成的,它利用了各种物理效应、化学效应、生物效应,能将各种非电量(包括物理量、化学量、生物量等)转换成电信号。如利用材料的压敏、湿敏、热敏、磁敏等效应,可把应变、湿度、温度、磁场等物理量转变成电量。

　　传感器通常由敏感元件、转换元件和测量电路三部分组成。其中敏感元件是传感器中直接感受被测量的部分,是传感器的核心。转换元件将敏感元件感受到的非电量直接转换为电量。测量电路将转换元件输出的电学量(如电阻、电感、电容等)变成便于测量的电量(如电压)。

　　传感器按工作原理可分为应变式传感器、电阻式传感器、电压式传感器、磁电式传感器、光电式传感器等;按被测量可分为温度传感器、湿度传感器、压力传感器、位移传感器、加速度传感器等;按能量传递方式,可分为有源传感器和无源传感器。

　　近年来,新材料、新原理、新效应的出现,使传感器得到很大的发展。传感器在工业生产、医学诊断、生物工程、海洋探测、环境监测、资源调查等领域显露出广泛的应用前景。

　　本实验选取热电偶传感器、光纤位移传感器和压电式传感器进行研究,希望通过本实验的学习,能对传感器的工作原理、组成结构和测量方法多一些了解和认识。

4.15.1　实验目的

　　(1) 了解热电偶传感器、光纤位移传感器和压电式传感器的工作原理和结构。
　　(2) 掌握热电偶传感器的测量方法。

4.15.2　实验原理

1. 热电偶

　　如图 4.15.1 所示,把 A、B 两种不同的导体或半导体材料焊接或熔接成回路,如果两接点分别处在不同的温度,则回路中会有电动势(称为热电势)产生,这种现象称为热电效应。

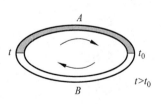

图 4.15.1　热电偶

这两种不同导体或半导体的组合体称为热电偶或温差电偶。其中温度较高的一端叫做热端(又称工作端或测温端),温度较低的一端叫做冷端(又称自由端或参考端)。常用热电偶有铜-康铜热电偶、铁-铜镍热电偶、铂铑-铂热电偶等。

　　热电偶回路中,产生的热电势由温差电动势和接触电动势两部分组成。温差电动势也称汤姆逊电动势,它是指同一导体或半导体因两端的温度不同而产生的一种电动势。当热电偶的材质均匀时,此电动势只与材料的性质和两端的温差有关,而与材料的长度、粗细、沿其长度方向的温度分布无关。接触电动势也称珀尔帖电动势,是指两种不同的导体或半导体在接触处产生的电动势,此电动势取决于组成热电偶的两种不同材料的性质及接触点的温度。

　　热电偶的热电势与其热端冷端之间的温度差的关系比较复杂,在较小温差范围内,热电

势 $E(t,t_0)$ 与温度差 $t-t_0$ 成正比,即

$$E(t,t_0) = C(t-t_0) \tag{4.15.1}$$

式中,t 为热端的温度;t_0 为冷端的温度;C 称为温差系数(或称热电偶常量)。C 在数值上等于单位温度差所产生的电动势,其大小取决于组成热电偶材料的性质,当温差不大时,是一个常数。

在测定热电偶的热电势和温度间的确定关系(即制定热电偶的分度表)时,热电偶的冷端温度 (t_0) 通常取 0 ℃。因此在测量温度时,如果冷端温度是 0 ℃,根据热电势 $E(t,0)$,可以直接从分度表查找待测温度 t 的数值。如果冷端温度不是 0 ℃ 而是某一温度 t_n,则先从分度表查出相应的热电势 $E(t_n,0)$,再将 $E(t_n,0)$ 与测量所得的 $E(t,t_n)$ 相加,即

$$E(t,0) = E(t,t_n) + E(t_n,0) \tag{4.15.2}$$

然后再次利用分度表查找出与 $E(t,0)$ 相应的温度 t 的数值。

2. 光纤位移传感器

光导纤维,简称光纤,是利用全反射原理传输光波的一种光传导工具。它由高折射率的纤芯、低折射率的包层及起保护作用的护套所组成。当光从端面射入纤芯,到达纤芯与包层的交界面且入射角大于临界角,由于纤芯的折射率大于包层的折射率,则光在界面形成全反射,光线反射回纤芯。经过不断的全反射,光线就能沿着纤芯向前传播,这就是光纤的传光原理。光纤具有很多优异的性能,如具有质软、重量轻、损耗低、频带宽、光学特性好、绝缘性好、抗电磁干扰、耐高温、耐腐蚀等优点。光纤在传感器技术方面获得了广泛的应用。根据光纤在传感器中的作用不同,光纤传感器可以分为功能型和传光型两大类。

本实验采用反射式光纤位移传感器,它是一种传光型光纤传感器。其工作原理如图 4.15.2 所示。它采用两束多模光纤,一束光纤将光源发出的光投射到被测物体表面上,称为光源光纤;另一束光纤用于接收被测物体表面反射回来的光,称为接收光纤。将两束光纤靠近被测物体的一端合并,用有机玻璃固封,构成光纤探头(亦称工作端)。接收光纤将反射光传到光电转换器,光电转换器再将光信号转换成电压信号输出。输出电压的大小取决于反射光的强弱。而反射光的光强与光纤探头到被测物体之间的距离 x 有关,因此可用于测量位移。

实际上输出电压的大小还与光源发光强度、被测物体反射面的反射率、光路效益、光电转换效率等因素有关。当上述因素一定时,输出电压的大小只是位移的函数。实验得出输出电压与位移的关系曲线如图 4.15.3 所示,分前坡和后坡,前坡范围窄、灵敏度高、线性较好。测量时通常采用前坡中线性好的区域。

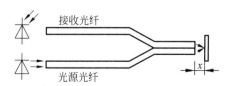

图 4.15.2　光纤位移传感器测量原理图

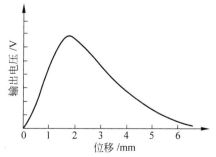

图 4.15.3　光纤位移传感器的输出特性曲线

3. 压电式传感器

某些电介质材料受到沿某一方向的外力作用时发生变形,其内部会产生极化现象,同时在材料的两个相对表面上出现符号相反的电荷。电荷电量与外力的大小成正比。当外力去掉后,它的变形消失,又恢复到不带电状态,这种现象称为正压电效应。相反,在某些电介质材料的极化方向上施加电场,这些材料会发生变形,当外加电场去掉后,材料的变形随之消失,这种现象称为逆压电效应,或叫做电致伸缩效应。具有压电效应的电介质材料称为压电材料。常见的压电材料有:压电晶体、压电陶瓷、压电聚合物等。

压电式传感器是基于压电效应制成的传感器,它的敏感元件由压电材料制成。在外力作用下压电材料表面产生电荷,从而实现非电量的电测量。压电式传感器能测量力和能变换为力的非电物理量,例如应力、加速度等。压电式传感器具有响应频带宽、灵敏度高、信噪比高、结构简单、体积小和重量轻等优点,在声学、医学、力学、通信等领域得到广泛的应用。

4.15.3　实验装置

本实验所用仪器包括 CSY 系列传感器系统实验仪、示波器、水银温度计。

CSY 系列传感器系统实验仪是一个多功能教学仪器,它由实验工作台、处理转换电路、信号与显示电路三部分组成,把被测体、各种传感器、信号激励源、显示仪表和转换电路集于一体,组成一个完整的测试系统。该实验仪能完成包含温度、位移、压力、振动、转速、光、磁、电等内容的测试实验。

实验中需要使用 CSY 实验仪的部件有:主副电源、−15V 直流稳压电源、F/V 表、差动放大器、电荷放大器、低通滤波器、加热器、铜-康铜热电偶、光纤位移传感器、压电式传感器、低频振荡器、激振线圈、振动台等。

4.15.4　实验内容及步骤

1. 热电偶实验

(1) 实验所用仪器是整套 CSY 实验仪中的一部分,应先了解本次实验中所用部件及其连线端口所在的位置。实验仪配有两个由铜-康铜组成的简易热电偶,它们分别封装在双平行梁的上片梁的上表面和下片梁的下表面,两个热电偶串联在一起。

(2) 将 F/V 表初始挡位置 2V 挡,差动放大器增益置最大。按图 4.15.4 所示连接线路(加热器与−15V 电源先不要连接)。

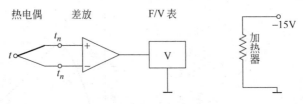

图 4.15.4　热电偶实验电路图

(3) 开启主副电源,调节差动放大器的调零旋钮,使差动放大器的输出电压为零,即 F/V 表显示为零。此时用水银温度计记录室温读数 t_n。

(4) 连接加热器与−15V 电源,其中加热器的接地端接电源的地线,不允许接到差动放

班别_____ 姓名_____ 实验日期_____ 同组人_____

原始数据记录

表 4.15.1   室温 $t_n =$ ℃

时间/min								
E/mV								

表 4.15.2

Δx/mm	0.05	0.10	0.15	0.20	···	10.00
电压/V						

表 4.15.3

f/Hz	5	7	12	15	17	20	25
V_{P-P}/V							

实验项目名称___传感器实验___ 指导教师_____

大学物理实验预习报告

实验项目名称 **传感器实验**

班别＿＿＿＿＿＿＿＿ 学号＿＿＿＿＿＿＿＿ 姓名＿＿＿＿＿＿＿＿

实验进行时间＿＿＿年＿＿月＿＿日，第＿＿周，星期＿＿＿，＿＿时至＿＿时

实 验 地 点＿＿＿＿＿＿＿＿＿＿＿＿＿＿

实验目的：

实验原理简述：

实验中应注意事项：

大器的地线端。此时加热器开始通电加热,随加热器温度上升,观察 F/V 表的读数变化,每隔 2min 记录一次 F/V 表的示值 E,直至示值稳定下来。将数据填入表 4.15.1。

(5) 用水银温度计测出上片梁上表面热电偶处的温度并记录下来。(注意:温度计的测温探头只要触及热电偶处附近的梁体即可,不要触到应变片。)

(6) 关闭主副电源、加热器,各旋钮回复到原始位置。

2. 光纤位移传感器静态实验

(1) 观察光纤位移传感器结构,它由光源光纤和接收光纤两束光纤组成,在光纤探头的端部,发射光纤与接收光纤呈半圆形对称分布。

(2) 了解振动台在实验仪上的位置,在振动台上贴有镀铬反射片。

(3) 在 Z 形安装架上将电涡流线圈取下,装上光纤探头,将探头对准镀铬反射片,距离适中,然后将探头固定。

(4) 按照图 4.15.5 接线。因光电转换器已在仪器内部安装好,所以可将电信号直接送入 F/V 表(F/V 表置±2V 挡,显示电压)。开启主副电源。

(5) 旋转测微头,使光纤探头与振动台上的镀铬反射片接触,将差动放大器增益调至最大,调节差动放大器零位旋钮使 F/V 表电压读数尽量为零。旋转测微头使反射片慢慢离开探头,观察 F/V 表电压读数的变化过程。

(6) 反方向旋转测微头使 F/V 表指示重新回零。旋转测微头,每隔 0.05mm 读出电压表的读数,将数据填入表 4.15.2。

(7) 关闭主副电源,把所有旋钮复原到初始位置。

3. 压电式传感器的动态响应实验

(1) 观察了解压电式传感器的结构,它是一个压电式加速度传感器,由双压电陶瓷晶片、惯性质量块、压簧等组成,引出电极组装于塑料外壳中。

(2) 按照图 4.15.6 所示的电路将压电式传感器、电荷放大器、低通滤波器、示波器连接起来,组成一个测量线路。

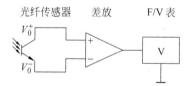

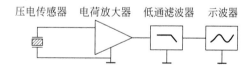

图 4.15.5 光纤位移传感器静态实验电路图   **图 4.15.6 压电式传感器的动态响应实验电路图**

(3) 低频振荡器的幅度旋钮置于最小,将低频振荡器的输出端与 F/V 表(置 2 kHz 挡,显示频率)的输入端相连。

(4) 将低频振荡信号接入振动梁的激振器 Ⅱ(两激振线圈中右侧的那个)。将低频振荡器的输出端与激振器 Ⅱ 的上端相接,将低频振荡器的接地端与激振器 Ⅱ 的下端相接。

(5) 开启电源,将低频振荡器的幅度旋钮置于最大,调节频率,调节时用 F/V 表监测频率。调节示波器,用示波器观察低通滤波器的输出波形。用示波器读出电压峰-峰值填入表 4.15.3。

(6) 调节低频振荡器的频率和振幅,当悬振梁处于谐振状态时振幅最大,此时示波器观察到的电压峰-峰值也最大,表明压电式加速度传感器是一种对外力作用敏感的传感器。

(7) 关闭电源,将所有旋钮复原到初始位置。

4.15.5　实验数据处理

1. 热电偶实验

(1) 根据测出室温 t_n 查铜-康铜热电偶分度表得 $E(t_n,0)$。铜-康铜热电偶分度表可参阅综合性实验 5.6"不同材料导热系数的测定"的表 5.6.1。

(2) 根据表 4.15.1,找出 F/V 表稳定时的 E 值,计算

$$E(t,t_n) = E/(2 \times 100)$$

式中 100 是差动放大器的放大倍数,2 是由于两个热电偶串联所致。

(3) 按照式(4.15.2)计算出 $E(t,0)$,然后查分度表得到测量端温度 t。

(4) 将热电偶测得的温度值与水银温度计测得的温度值相比较。(注意:实验仪中的热电偶为简易热电偶而非标准热电偶。)

2. 光纤位移传感器静态实验

根据表 4.15.2 中数据作出 V-Δx 关系曲线,说明其原理和特性。计算灵敏度 $S = \Delta V/\Delta x$ 及线性范围。

3. 压电式传感器的动态响应实验

根据表 4.15.3 中数据画出电压与振动频率的关系曲线。

4.15.6　思考题

(1) 为什么热电偶可以作为温度计?

(2) 光纤位移传感器测位移时对被测物体的表面有什么要求?

(3) 根据压电传感器的动态响应实验结果,可知振动梁的自振频率大致为多少?

实验 4.16　透镜组基点与薄透镜焦距的测定

光学仪器中常用的光学系统,一般都是由单透镜或胶合透镜等球面系统共轴构成的。对于由薄透镜组合成的共轴球面系统,其物距和像距可由高斯公式或牛顿公式确定。共轴球面系统有三对基点,其中焦距是反映透镜性质的一个主要参量。测量焦距的方法很多,本实验着重介绍使用平行光管测量透镜及透镜组的焦距和分辨率的方法。

4.16.1　实验目的

(1) 理解透镜组基点和基面的概念。
(2) 了解平行光管的结构和工作原理。
(3) 学习平行光管的调整和测微目镜的使用。
(4) 学会使用平行光管测量透镜及透镜组的焦距和分辨率的方法。

4.16.2　实验原理

在实验使用的透镜中,有些是不可忽略厚度的;另外,为了纠正像差,光学仪器中常用多个透镜组合成共轴的透镜组(也称光具组),此时最后成像的位置及像的大小可以利用作图法逐步求出,也可用单球面及薄透镜成像的高斯公式逐步计算出。更为简捷的做法是把透镜组等效为一个整体的光学元件,只要经一次作图或一次计算即可得到最后的像。这样的光学元件共有六个特征点,分为主点、节点和焦点三种,各有物方与像方之别,总称为基点。

1. 光具组的基点

共轴球面系统如厚透镜及光具组都有三对基点,即：一对主点、一对节点和一对焦点。

1) 主面和主点

若将物体垂直于系统的光轴放置在第一主点 H 处,则必成一个与物体同样大小的正立的像于第二主点 H' 处,即主点是横向放大率 $\beta=+1$ 的一对共轭点。过主点垂直于光轴的平面,分别称为第一和第二主面,如图 4.16.1 中的 MH 和 $M'H'$ 所示。

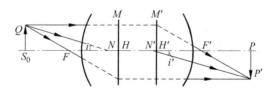

图 4.16.1　光具组的基点

2) 节点和节面

节点是角放大率 $\gamma=+1$ 的一对共轭点。入射光线(或其延长线)通过第一节点 N 时,出射光线(或其延长线)必通过第二节点 N',并与 N 的入射光线平行,如图 4.16.1 所示。过节点垂直于主光轴的平面分别称为第一和第二节面。当共轴球面系统处于同一媒质时,两主点分别与两节点重合。

3) 焦点和焦面

平行于系统主轴的平行光束,经系统折射后与主轴的交点 F' 称为像方焦点;过 F' 垂直于主轴的平面称为像方焦面。第二主点 H' 到像方焦点 F' 的距离称为系统的像方焦距 f'。此外,还有物方焦点 F 及焦面和焦距 f。

综上所述,薄透镜的两主点与透镜的光心重合,而共轴球面系统两主点的位置将随各组合透镜或折射面的焦距和系统的空间特性而异。下面以两个薄透镜组合为例进行讨论。

设两薄透镜的像方焦距分别为 f'_1 和 f'_2,组成透镜组时两透镜之间距离为 d,则透镜组的像方焦距 f' 可由下式求出:

$$f' = \frac{f'_1 f'_2}{(f'_1 + f'_2) - d} \tag{4.16.1}$$

当两薄透镜的物方焦距 f_1 和 f_2 分别与其像方焦距相等时,又有 $f = -f'$,此时两主点位置为

$$l' = \frac{-f'_2 d}{(f'_1 + f'_2) - d} \tag{4.16.2}$$

$$l = \frac{f'_1 d}{(f'_1 + f'_2) - d} \tag{4.16.3}$$

计算时注意 l' 是从第二透镜光心量起,l 是从第一透镜光心量起。可以证明,对于凸透镜组成的光具组,当 $d < (f'_1 + f'_2)$ 时,有

$$|l| + |l'| > d$$

若能测得 f、f'、l、l' 以及透镜组的厚度 d,则透镜组的基点位置即被确定。如图 4.16.2 所示,图中虚线表示待测透镜组的两表面,F、F' 和 H、H' 分别是它的两个焦点和两个主点。

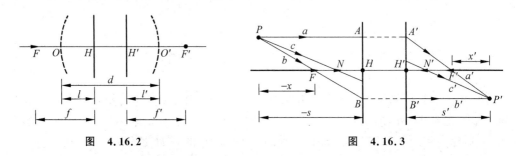

图 4.16.2   图 4.16.3

光学系统的基点确定之后,就可用作图法求出所成的像,如图 4.16.3 所示。从物点处 P 发出的光线中有三条特殊光线:平行于主轴的 a 线,经过折射后为通过 F' 的 a' 线;通过 F 的 b 线,折射后为平行于主轴的 b' 线;射向 N 的 c 线,在出射后保持平行。a、b 与物方主面的交点 A、B 与像方主面上的出射点 A'、B' 分别等高。在 a 与 a'、b 与 b'、c 与 c' 三对光线中任取两条就可求得像点 P'。如用计算方法,物、像关系仍可由高斯公式或牛顿公式确定:

$$\frac{1}{s'} - \frac{1}{s} = \frac{1}{f'} \quad \text{或} \quad xx' = ff'$$

其中物距 s、像距 s' 分别从 H、H' 起算,x、x' 分别从 F、F' 起算,各线段与光线方向相同时为正,相反时为负。

2. 用平行光管测量透镜组的焦距 f'

如图 4.16.4 所示,L_0 为平行光管物镜,L 为待测透镜组(设为会聚系统)。由平行光管

的特性知:玻罗板上 A 点发出的光,经过透镜 L_0 后,得到图中所示方向的平行光,对应 B 点也有相对应方向的平行光(图中未标明)。玻罗板有 5 对距离不同的刻线(玻罗板:在玻璃基板上用真空镀膜的方法镀有 5 对刻线,各线对的间距分别为 1.000mm、2.000mm、4.000mm、10.000mm 和 20.000mm)(实测值由出厂时的仪器说明书给定),每对刻线都对称于光轴且距离已知,又因为物镜焦距 f_0 也已知,所以对应的平行光和光轴的夹角(或这两束平行光之间的夹角)也就确定了。使玻罗板 AB 位于 L_0 的第一焦平面上,经 L_0 及待测透镜组 L 成像于 L 的第二焦平面上,所成像为 $A'B'$。

根据节点、主点及焦点的性质,图 4.16.4 中的 $\triangle ABC$(图中可见)与 $\triangle A'B'H'$(图中尚未画明)是相似三角形(因为 $AC//H'A'$,$BC//H'B'$,$AB//A'B'$),故

$$f' = \frac{f_0 y'}{y_0} \tag{4.16.4}$$

式中 f_0 为平行光管物镜焦距实测值,f' 为待测透镜或透镜组的焦距,y_0 为玻罗板上所选用某一对线 AB 的间距的实测值(出厂时仪器说明书中给定),y' 是测得玻罗板上所选用的一对线 AB 的像 $A'B'$ 的间距。像 $A'B'$ 的间距可通过测微目镜测量(让它正好落在测微目镜的焦平面上,便可测出了)。

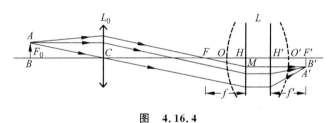

图 4.16.4

3. 用平行光管测定凸透镜、透镜组的鉴别率

光学系统的鉴别率是该系统成像质量的综合性指标,按照几何光学的观点,任何靠近的两个微小物点经透镜后成像在像平面上仍然应该是两个"点"像。实际上,这是不可能的。即使光学系统无像差,通过光学系统后,波面不被破坏,而根据光的衍射理论,一个物点的像也不再是"点",而是一个衍射花样。光学系统能够把这种靠得很近的两个衍射花样分辨出来的能力,称为光学系统的鉴别率。根据衍射理论和瑞利判据,仪器的最小分辨角 θ_0 为

$$\theta_0 = 1.22\lambda/D (\text{弧度}) \tag{4.16.5}$$

式中 D 为透镜的直径,λ 为入射光波长。

当平行光管物镜焦平面上的鉴别率板产生的平行光(将平行光管的分划板换成鉴别率板)射入被测透镜时,在被测透镜的焦平面附近,用测微目镜可观察到鉴别率板的像。如果被检透镜质量高,则在视场里观察到能分辨的单元号码越高。仔细找出尽可能高的分辨单元号码,由下式测定鉴别率角值

$$\theta = \frac{2a}{f_0} 206265'' \tag{4.16.6}$$

式中 θ 为鉴别率角值,a 为分辨率板的刻纹宽度,f_0 为平行光管焦距的实测值。

4.16.3 实验装置

550 型平行光管,分划板(一套),测微目镜,凸透镜,透镜组,平面反射镜,光具座。

仪器简介:550型平行光管

平行光管是产生平行光束的装置,其外形如图4.16.5所示。当调试好平行光的十字分划板的中心与平行光管的主光轴共轴以后,先拆下高斯目镜光源,再拆下十字分划板,换上玻罗板、鉴别率板等,接上如图4.16.6所示的直筒式光源,但是直筒式光源中的小灯泡是从高斯光源上拆下来的。由于分划板放在平行光管物镜的焦平面上,且有灯光照射在分划板的毛玻璃上,所以,分划板上各种划痕以及毛玻璃上所散射出来的光通过物镜的折射以后都成为平行光。平行光管是装、校、调整光学仪器的重要工具之一,也是光学量度仪器中的重要组成部分,配用不同的分划板与测微目镜(或显微镜系统),可以测定透镜或透镜组的焦距、鉴别率及其他成像质量。为了保证检查或测量精度,被检透镜组的焦距最好不大于平行光管物镜焦距的二分之一(我们经常称其物镜焦距为平行光管的焦距)。

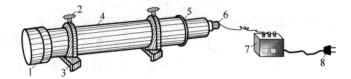

图 4.16.5 平行光管装置

1—物镜组;2—十字旋手;3—底座;4—镜管;5—分划板调节螺钉;
6—照明灯座;7—变压器;8—插头

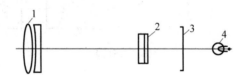

图 4.16.6 直筒式光源

1—物镜;2—分划板;3—手玻璃;4—光源

4.16.4 实验内容及步骤

1. 平行光管的调节

平行光管使用时,因测试的需要,常常要换上不同的分划板,为了正确使用平行光管和确保平行光管的出射光线严格平行,每次调换后都必须在使用前对平行光管进行调节,必须使分划板严格处于物镜的焦平面上。

1)调节要求

(1)使十字分划板严格处于物镜的焦平面上。

(2)使十字分划板十字线中心同平行光管的光轴相重合。

2)调节步骤

(1)调整分划板座的中心使其位于平行光管的主光轴上,且使分划板严格位于物镜的焦平面上。

① 按图4.16.7安装平行光管,分划板座上放十字分划板,然后再装上高斯目镜。

② 调节高斯目镜(即拉伸目镜),使眼睛对着目镜观看时,能清楚地看到十字叉丝。

③ 调节放在平行光管前的平面反射镜(平面反射镜上有调节水平螺丝和垂直螺丝),使平行光管射出的光线重新返回平行光管。这时能通过高斯目镜看到分划板上有一个反射回来的像。前后调节物镜(旋转物镜),直到目镜中清楚地观察到十字叉丝的像,表明分划板已经调整在物镜的焦平面上了。

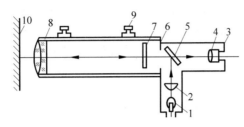

图 4.16.7 平行光管结构图

1—光源;2—聚光镜;3—出瞳;4—目镜;5,7—分划板;

6—光阑;8—物镜;9—止动螺钉;10—调节用的平面反射镜

(2) 调整十字分划板中心在平行光管主光轴上。

① 将平面镜暂时用纸遮住,在目镜上看到十字分划板,粗调分划板的上、下和左、右螺丝,使分划板的十字心在平行光管的管心。

② 拿走平面镜上的纸片,在目镜上又看到十字叉丝像,调节平面镜的俯仰角,观察叉丝的像与十字叉丝重合。

③ 松开平行光管的两只"十字旋手",将平行光管以轴心为准线旋转,观察叉丝与其像的横线是否重合。如果不重合,调节分划板座的上、下螺丝,使叉丝的横线与像的横线之差距减小一半,再调平面镜的角度使横线重合。如此重复旋转,直至横线在任何角度下都重合。

④ 调节分划板座的左、右螺丝,使十字叉丝垂直线与其像的垂直线重合。直至转动平行光管时,十字叉丝物像始终重合。这表示分划板座的中心与平行光管的主光轴已经重合。

2. 测量凸透镜及透镜组的焦距

(1) 平行光管调节好后,拿下平面镜,将被测凸透镜置于平行光管的前方(尽量靠近平行光管),在透镜的前方放上测微目镜,调节平行光管、被测凸透镜和测微目镜,使它们大致在同一光轴上,尽量让测微目镜拉近到实验人员方便观察的位置。

(2) 将平行光管的十字分划板换成玻罗板,并拿下高斯目镜上的灯泡,放在直筒形光源罩上,然后装在平行光管上。

(3) 转动测微目镜的调节螺丝,直到从测微目镜里面能看到清晰的叉丝、标尺为止。

(4) 前后移动凸透镜,使被测凸透镜在平行光管中的玻罗板成像于测微目镜的标尺和叉丝上,表明凸透镜的焦平面与测微目镜的焦平面重合。

(5) 用测微目镜分别测出玻罗板上每对刻线的像的位置 x_i,从而计算出每对刻线像距。

(6) 将凸透镜拿下来,换上被测量的透镜组,重复上述步骤。

3. 用平行光管测凸透镜和透镜组的鉴别率(选做)

(1) 取下玻罗板,换上 3 号鉴别板,装上光源。

（2）将测微目镜、被测透镜、平行光管依次放在光具座上。

（3）移动被测透镜的位置，使被测透镜在平行光管的 3 号鉴别率板成像于测微目镜的焦平面上。用眼睛认真地从 1 号单元鉴别率板上开始朝下看，分辨出是哪一个号数单元的并排线条，记下号码。

（4）在表 4.16.1 中查出条纹宽度值及鉴别率角值，也可将 a、f_0（平行光管焦距，出厂的实测值）代入式（4.16.6），求出鉴别率角值 θ。

（5）取下透镜，换上透镜组，重复上述步骤，读出鉴别率板上能分辨的号码，并填入自拟表 4.16.4。

4.16.5　实验数据处理

（1）用测微目镜分别测出玻罗板上 1.0mm、2.0mm、4.0mm、10.0mm、20.0mm 五对刻线的像的位置 x_i，从而计算出每对刻线像的距离 $y'_i = |x_{i左} - x_{i右}|$。

（2）从出厂时的仪器说明书中查出平行光管的焦距实测值 f_0 和玻罗板各对刻线距离的实测值 y_{0i}。

（3）将上述各数据填入表 4.16.2 和表 4.16.3 中。

（4）根据表 4.16.2 或表 4.16.3 中数据，按式（4.16.4）分别计算透镜或透镜组的焦距，并求出其算术平均值。

（5）对结果进行误差分析，合理解释误差来源。

4.16.6　思考题

（1）为什么要调节光学系统共轴？调节共轴有哪些要求？怎样调节？

（2）平行光管产生平行光的原理是什么？是否能产生单一方向的平行光？

（3）利用平行光管测量透镜和透镜组焦距的原理是什么？

（4）说明用自准法调平行光的理由，如何调整才能将平行光调准？

（5）主点（或面）、节点（或面）的含义是什么？它们在什么条件下重合在一起？

表 4.16.1　测定凸透镜、凸透镜组所用的 2 号、3 号鉴别率板

鉴别率板号		2 号		3 号	
鉴别率板单元号	单元中每一组的条纹数	条纹宽度/μm	当平行光管 $f=550$ 时鉴别率角值	条纹宽度/μm	当平行光管 $f=550$ 时鉴别率角值
1	4	20.0	15.00″	40.0	30.00″
2	4	18.9	14.18″	37.8	28.35″
3	4	17.8	13.35″	35.6	26.70″
4	5	16.8	12.60″	33.6	25.20″
5	5	15.9	11.93″	31.7	23.78″
6	5	15.0	11.25″	30.0	22.50″
7	6	14.1	10.58″	28.3	21.23″
8	6	13.3	9.98″	26.7	20.03″
9	6	12.6	9.45″	25.2	18.90″

班别_____姓名_____实验日期_____同组人_____

原始数据记录

表 4.16.2 　　　　　　　　　　　　　　　　出厂时实测值 $f_0 =$ _____

	x_{20}		x_{10}		x_4		x_2		x_1	
玻罗板上刻线的位置	左	右	左	右	左	右	左	右	左	右
$y_i' = \mid x_{i左} - x_{i右} \mid$										
y_{i0}（出厂时的实测值）										
f_i'										

表 4.16.3 　　　　　　　　　　　　　　　　出厂时实测值 $f_0 =$ _____

	x_{20}		x_{10}		x_4		x_2		x_1	
玻罗板上刻线的位置	左	右	左	右	左	右	左	右	左	右
$y_i' = \mid x_{i左} - x_{i右} \mid$										
y_{i0}（出厂时的实测值）										
f_i'										

表 4.16.4 　（自拟）

实验项目名称___透镜组基点与薄透镜焦距的测定___指导教师_____

大学物理实验预习报告

实验项目名称　　**透镜组基点与薄透镜焦距的测定**

班别＿＿＿＿＿＿＿＿＿　学号＿＿＿＿＿＿＿＿＿　姓名＿＿＿＿＿＿＿＿＿

实验进行时间＿＿＿年＿＿＿月＿＿＿日，第＿＿＿周,星期＿＿＿,＿＿＿时至＿＿＿时

实验地点＿＿＿＿＿＿＿＿＿＿＿＿＿＿

实验目的：

实验原理简述：

实验中应注意事项：

续表

鉴别率板号		2 号		3 号	
鉴别率板单元号	单元中每一组的条纹数	条纹宽度/μm	当平行光管 $f=550$ 时鉴别率角值	条纹宽度/μm	当平行光管 $f=550$ 时鉴别率角值
10	7	11.9	8.93″	23.8	17.85″
11	7	11.2	8.40″	22.5	16.88″
12	8	10.6	7.95″	21.2	15.90″
13	8	10.0	7.50″	20.0	15.00″
14	9	9.4	7.05″	18.9	14.18″
15	9	8.9	6.68″	17.8	13.35″
16	10	8.4	6.30″	16.8	12.60″
17	11	7.9	5.93″	15.9	11.93″
18	11	7.5	5.63″	15.0	11.25″
19	12	7.1	5.33″	14.1	10.58″
20	13	6.7	5.03″	13.3	9.98″
21	14	6.3	4.73″	12.6	9.45″
22	14	5.9	4.43″	11.9	8.93″
23	15	5.6	4.20″	11.2	8.40″
24	16	5.3	3.98″	10.1	7.95″
25	17	5.0	3.75″	10.0	7.50″

实验 4.17 衍射光强的测量

光波在传播过程中遇到障碍物时会偏离直线绕过障碍物而进入几何阴影区,形成光强的不均匀分布,这种现象称为光的衍射。光的衍射现象是光的波动性的主要标志之一,其中夫琅禾费衍射的计算相对简单,并且在光学系统成像理论和现代光学中有着特别重要的意义。所以,研究光的衍射不仅有助于加深对光的波动特性的理解,也有助于进一步学习近代光学实验技术。

4.17.1 实验目的

(1) 观察夫琅禾费衍射现象及其随缝宽度变化的规律,加深对光的衍射理论的理解。
(2) 掌握用光电元件测量单缝衍射相对光强分布的实验方法。

4.17.2 实验原理

衍射有两种:一种是菲涅耳衍射,缝距光源和接收屏均为有限远,又称为近场衍射;另一种是夫琅禾费衍射,缝距光源和接收屏均为无限远(或者相当于无限远),又称为远场衍射。本实验主要研究夫琅禾费衍射。

1. 单缝衍射的光强分布

一束平行光垂直照射到宽度为 a 的狭缝 AB 上(图 4.17.1),按惠更斯-菲涅耳原理,可以计算屏幕上衍射图样的光强分布。该原理指出,此时狭缝上每一点都可看成新的波源向各个方向发出球面次波。这些次波经过透镜 L 后,叠加形成一组明暗相间的条纹于透镜 L 的像方焦平面的屏幕上。

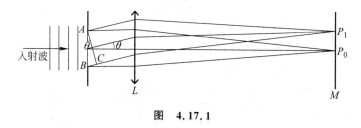

图 4.17.1

AB 面上的子波到达 P_0 点,因相位相同,叠加得到加强;而 P_1 点的强弱则取决于沿 θ 角发射,到达时相位各不相同的子波在该点叠加的结果。理论计算可得该点的光强分布的规律为

$$I_\theta = I_0 \frac{\sin^2 u}{u^2} \tag{4.17.1}$$

其中

$$u = \frac{\pi a}{\lambda} \sin\theta \tag{4.17.2}$$

式中 I_0 是衍射条纹中央 P_0 处的光强,λ 是单色光的波长。

通过理论公式(4.17.1)计算得出光强分布曲线如图 4.17.2 所示。

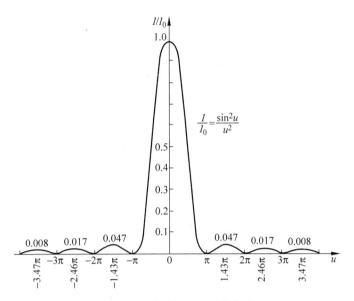

图 4.17.2 单缝衍射光强分布曲线

当平行光垂直于单缝平面入射时,单缝衍射形成明暗条纹,由式(4.17.1)可计算出光强极大和极小的条件及相应的角位置。

1) 主极大

在 $\theta=0$ 处,$u=0$,$I=I_0$,光强最大,称为主极大,此即中央明纹中心的光强,相对光强 $I/I_0=1$。

2) 极小

当 $u=\pm k\pi$,$k=1,2,3,\cdots$时,$\sin u=0$,$I_\theta=0$,光强最小。

因为 $u=\pi a\sin\theta/\lambda$,于是得

$$a\sin\theta=\pm k\lambda,\quad k=1,2,3,\cdots$$

此即暗条纹中心的条件。并由此可知暗条纹是以中央主极大为中心,两侧等距分布。

3) 次极大

令 $\dfrac{\mathrm{d}}{\mathrm{d}u}\left(\dfrac{\sin u}{u}\right)^2=0$,可求得次极大的条件为 $\tan u=u$,用图解法可求得和各次极大相应的 u 值为

$$u=\pm 1.43\pi,\quad \pm 2.46\pi,\quad \pm 3.47\pi,\cdots$$

相应地有

$$a\sin\theta=\pm 1.43\lambda,\quad \pm 2.46\lambda,\quad \pm 3.47\lambda,\cdots$$

以上结果表明,次极大差不多在相邻两暗条纹的中点,但朝主极大方向稍偏一点。

相对光强

$$I_1/I_0\approx 0.047,\quad I_2/I_0\approx 0.017,\quad I_3/I_0\approx 0.008,\cdots$$

即:次极大的强度随着级次的增大迅速减小。

产生夫琅禾费衍射的条件是:缝距光源和接收屏均为无限远,或者相当于无限远。实验中,在有限的条件下,要怎样做才能满足夫琅禾费衍射的条件?

对于入射光,我们采用发散角很小的激光束,可把它近似看成平行光,也就满足了夫琅禾费衍射对入射光的要求;另一方面,接收器与狭缝之间,我们可以通过放置一个透镜来实现。那么,有没有一种可能,既满足夫琅禾费衍射的要求又去掉单缝后面的透镜?答案是肯定的。如图4.17.3所示,假设平行光垂直入射于缝宽为 a 的狭缝 AB 上,屏幕距离缝为 l,按夫琅禾费衍射的要求,屏上中央点 P_0 是亮点,这样就要求 $AP_0 = BP_0 = OP_0$。这只有当屏幕在无穷远时才能真正达到。实际上接收器与狭缝之间的距离 l 是有限的,但当 l 足够远,以至于 AP_0 与 OP_0 之差远小于 λ 时,也可以近似满足接收夫琅禾费衍射的条件。

即当

$$AP_0 - OP_0 \ll \lambda$$

时,推出

$$\sqrt{l^2 + \frac{a^2}{4}} - l \ll \lambda \qquad (4.17.3)$$

又因 $l \gg a$,则

$$\sqrt{l^2 + \frac{a^2}{4}} - l \approx l\left(1 + \frac{a^2}{8l^2}\right) - l = \frac{a^2}{8l}$$

将此式代入式(4.17.3)得

$$\frac{a^2}{8l\lambda} \ll 1 \qquad (4.17.4)$$

式(4.17.4)即为在单缝后省去透镜的实验条件。

如果取 $l = 0.8\,\mathrm{m}$,$a = 10^{-4}\,\mathrm{m}$,$\lambda = 6.3 \times 10^{-7}\,\mathrm{m}$,则

$$\frac{a^2}{8l\lambda} \approx 2.5 \times 10^{-3} \ll 1$$

已满足了上述条件。

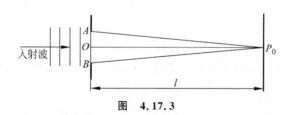

图 4.17.3

He-Ne 激光束是高斯光束,但因发散角很小,常做平面波使用,例如图4.17.3的情形,衍射图样的暗点和各极强位置能够相当好地近似于理论分析的结果。

4) 单缝的宽度 a

可利用中央亮条纹与暗条纹的特点计算单缝的宽度 a。

暗条纹是以光轴为对称轴,呈等间隔、左右对称的分布。中央亮条纹的宽度 Δx 可用 $k = \pm 1$ 的两条暗条纹间的间距确定,$\Delta x = 2\lambda l / a$;某一级暗条纹的位置与缝宽 a 成反比,a 大,x 小,各级衍射条纹向中央收缩,当缝宽 a 宽到一定程度,衍射现象便不再明显,只能看到中央位置有一条亮线,这时可以认为光线是沿直线传播的。

于是,单缝的宽度为

$$a = \frac{k\lambda l}{x_k} \qquad (4.17.5)$$

因此,只要测得了第 k 级暗条纹的位置 x_k(指 k 级暗纹到中央亮条纹中心的距离),就可利用式(4.17.5)计算出单缝的宽度 a。

同样,当已知缝宽 a,也可通过上式计算出波长 λ。

2. 多缝夫琅禾费衍射

设每条缝宽为 a,相邻两缝中心距离为 d,缝的数目为 N。在波长为 λ、光强为 I_0 的光正入射多缝板时,有

$$I_\theta = I_0 \left(\frac{\sin u}{u} \right)^2 \left(\frac{\sin N\beta}{\sin\beta} \right)^2 \tag{4.17.6}$$

其中

$$\beta = \frac{\pi d \sin\theta}{\lambda}$$

式(4.17.6)与式(4.17.1)相比,除了共有的"衍射因子"之外,多出一个"干涉因子"。这是由于各缝衍射光之间发生的干涉。干涉效应使接收屏上的能量重新分布,形成干涉条纹,但这些条纹又被单缝衍射因子调制,在强度分布上,要受到单缝衍射图样的支配。

例如,如图 4.17.4 所示,当 $N=5$,$d=3a$,5 缝衍射时,干涉因子的表现(b)受单缝衍射因子(a)的调制,而形成新的综合分布(c)。因 $N=5$,在两个主极强之间出现 3 个次极强(相邻主极强间有 $N-2$ 个次极强);由于 $d=3a$,干涉因子第 3 级($k=3$)主极大正好与单缝衍射的第一个暗纹重合,所以不能出现,形成缺级现象,同理,凡是 k 为 3 的整倍数处都缺级。

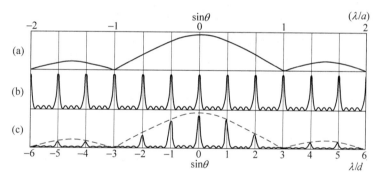

图 4.17.4 5 缝衍射的强度分布曲线

4.17.3 实验装置

He-Ne 激光器,激光电源,可调单缝,多缝板,光传感器,光电流放大器(数显),白屏,二维调节滑动座,移动测量架,硬铝导轨。

仪器简介:

1. 二维调节滑动座

这是光具座上使用的一种有特殊装置的滑动座,4 个旋钮分列两侧,其中一侧有 3 个,上方的用于调节光学器件(如狭缝)在竖直平面内的转角,使器件铅直,中间的用于横向调节,下面的用于锁定滑动座在导轨上的位置。

2. 移动测量架

主要机构是一个百分鼓轮控制精密丝杠,使一个可调狭缝往复移动,并由指针在直尺上

指示狭缝的位置,狭缝前后分别有进光管和安装光电探头的圆套管。鼓轮转动一周,狭缝移动 1mm,所以鼓轮转动一个小格,狭缝(连同光电探头)只移动 0.01mm。

3. 光传感器

主要由 Si 光电探测器、衰减片和固定支架组成。可用于相对光强测量,在干涉、衍射和偏振实验中都可以使用,波长范围:200～1050nm。

4. 数显光电流放大器

通过 XS12K3P 接插件(航空插头)与光传感器连接,可在与测量相对光强有关的实验中使用。该仪器操作简便。前面板上除数字显示窗和开关外,只设一个增益调节旋钮。如遇较高光强超出增益调节范围而溢出(窗口显示"1"),可酌情减小增益或减小狭缝宽度,以恢复正常显示。

4.17.4 实验内容及步骤

1. 测量单缝衍射的光强分布

(1) 开启激光电源和光电流放大器,预热 10～20min。

(2) 沿着导轨逐步移动光靶,调节激光器架上的 6 个螺栓,使光点始终打在光靶心上,反复调节,光靶中心高度要同光电探头口等高共轴。

(3) 将可调单缝靠近激光器的激光管管口,并照亮狭缝,适当调节等高共轴。

(4) 取下光靶,在光电探头处放上白屏,先用白屏进行观察。调节单缝倾斜度及左右位置,使衍射花样水平,两边对称。然后改变缝宽,观察花样的变化规律。

(5) 用白屏遮住激光束,将光电流放大器调零点基准,光电探头狭缝宽度 1.8mm。

(6) 取下白屏,调节可调单缝左右、高低和倾斜度,使衍射花样中央最大两旁相同级次的光强以同样高度射入电池盒狭缝。

(7) 调节单缝宽度 0.05～0.01mm,衍射微花样的对称第 4 个暗点位置处在光电探头的支架两边缘。

(8) 将光电探头从左边第二级极大开始向右边移动,每经过 0.20mm(百分鼓轮上的 20 个格),测一点光强,记录一次数据,直到测完 0～2 级极大(左右两边)为止。将数据记录于表 4.17.1。

(9) 测量单缝到光电池之间的距离 l,记录于表 4.17.2。

注意:①在读数前,应绕选定的单方向旋转几圈后再开始读数,避免回程差。

②激光器的功率输出或光传感器的电流输出有些起伏,属正常现象。使用前经 10～20min 预热,可能会好些。实际上,接收装置显示数值的起伏变化小于 10% 时,取中间值作记录即可,对衍射图样的绘制并无明显影响。

2. 数据处理

(1) 以中央最大光强处为 x 轴坐标原点,把测得的数据进行归一化处理。即把在不同位置上测得的光电流数在毫米方格(坐标)纸上做出 I/I_0-x 光强分布曲线。

(2) 将实验所得的光强分布曲线与理论计算所得的光强分布曲线相比较。

(3) 归纳单缝衍射图样的分布规律和特点。

(4) 根据两条暗条纹的位置,用式(4.17.5)分别计算出单缝的宽度 a_k,然后求其平均值。

班别_____ 姓名_____ 实验日期_____ 同组人_____

原始数据记录

表 4.17.1

坐标 x/mm	相对强度 I	坐标 x/mm	相对强度 I	坐标 x/mm	相对强度 I	坐标 x/mm	相对强度 I

表 4.17.2

$l = $ _____

项　　目	极　大　值			极　小　值	
级数	0	1	2	1	2
坐标位置/mm					
相对强度 I					

实验项目名称___衍射光强的测量___ 指导教师_____

大学物理实验预习报告

实验项目名称_____**衍射光强的测量**_____

班别_____学号_____姓名_____

实验进行时间_____年_____月_____日，第_____周，星期_____，_____时至_____时

实验地点_____

实验目的：

实验原理简述：

实验中应注意事项：

3．测量多缝衍射的光强分布（选做）

基本方法与单缝衍射相同。

4.17.5 思考题

（1）什么叫光的衍射现象？

（2）夫琅禾费衍射应符合什么条件？

（3）改变缝宽，观察衍射图样的变化。试讨论当缝宽增加一倍或缝宽减少一半时，衍射图样的光强和条纹宽度将会怎样。

实验 4.18　偏振光实验

光的干涉和衍射现象证明了光的波动性,但还不能说明光是横波还是纵波。光的偏振现象则证实了光的横波性,即光的振动方向垂直于传播方向。偏振现象是横波区别于纵波的一个最明显的标志。光的偏振性使人们对于光的传播规律、光的本性都有了新的认识。自从 1808 年马吕斯在试验中发现光的偏振现象以后,偏振光在科研、生产和国防中的应用日益广泛,显示出越来越重要的价值。

4.18.1　实验目的

(1) 观察光的偏振现象,加深对偏振光的了解。
(2) 测量布儒斯特角,验证马吕斯定律。
(3) 掌握产生和检验偏振光的原理和方法。

4.18.2　实验原理

光波是特定频率范围内的电磁波,它的电矢量 E 与磁矢量 H 相互垂直,且二者均垂直于光的传播方向。实验证实能引起视觉和光化学反应的是光波中的电矢量 E,故电矢量 E 又称为光矢量。通常用光矢量 E 代表光的振动方向,光矢量的振动方向对于传播方向的不对称性叫做偏振。如果光矢量的振动只限于某一确定方向,这样的光称为线偏振光(亦称平面偏振光)。光矢量方向和光的传播方向所构成的平面称为振动面。如果振动面取向和光矢量的大小随时间作有规律的变化,光矢量的末端在垂直于传播方向的任一确定平面上的轨迹呈椭圆(或圆),则这样的光称为椭圆偏振光(或圆偏振光)。若垂直于传播方向的平面内,光矢量沿各个方向均匀分布,且各方向光振动的振幅都相同,但各光振动之间无固定相位关系,这种光称为自然光。

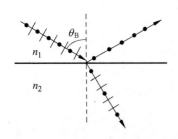

图 4.18.1　反射和折射时光的偏振

1. 线偏振光的产生
1) 反射起偏和透射起偏

当自然光从折射率为 n_1 的介质(例如空气)斜射向折射率为 n_2 的介质(如水、玻璃等),在交界面,反射光和折射光都会产生偏振现象,偏振的程度和入射角及介质的折射率有关。当入射角是某一特定值时,反射光成为线偏振光,其振动面垂直于入射面,如图 4.18.1 所示。这个特定的入射角 θ_B 称为布儒斯特角或称为起偏角。起偏角的数值 θ_B 与介质的折射率的关系是

$$\tan\theta_B = \frac{n_2}{n_1} \tag{4.18.1}$$

式(4.18.1)称为布儒斯特定律。根据此式,可以简单地利用玻璃起偏,也可以用于测定物质的折射率。从空气入射到介质,起偏角一般在 53°～58°之间。

当自然光以布儒斯特角入射时,经折射后的透射光是部分偏振光。为了增强透射光的偏振化程度和反射光的强度,可使用多层相互平行的玻璃组合成一玻璃片堆,使光在各层玻

璃片上反射和折射。当玻璃片足够多时,经过多次折射后透射出来的光就近似为线偏振光,其振动方向平行于入射面(如图 4.18.2 所示),这就是透射起偏法。

2) 偏振片

某些有机化合物晶体具有二向色性,当自然光通过它时,对某一确定振动方向(称为透振方向)的光吸收较弱,此方向的光能够通过,而对振动方向与透振方向垂直的光则强烈吸收,从而可获得线偏振光。利用这类具有二向色性的材料制成的器件称为偏振片,可获得较大截面积的偏振光束。但由于吸收不完全,所得到的偏振光只能达到一定的偏振度。

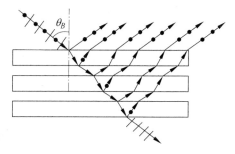

图 4.18.2　利用玻璃片堆获取线偏振光

2. 圆偏振光和椭圆偏振光的产生

波晶片简称波片,是从单轴晶体中切割下来的平行平面板,其表面与光轴平行。当振动方向和波片光轴夹角为 θ 的一束线偏振光垂直入射到波片上时,会产生比较特殊的双折射现象。光在晶体内分解成 o 光和 e 光,o 光电矢量垂直于光轴,e 光电矢量平行于光轴。它们在晶体内的传播方向一致,仍都与表面垂直,但传播速度却不相同,于是两束光经过波片后就产生了相位差

$$\delta = \frac{2\pi}{\lambda_0}(n_o - n_e)d \qquad (4.18.2)$$

式中 λ_0 表示单色光在真空中的波长,n_o 和 n_e 分别为 o 光和 e 光在波片中的折射率,d 为波片的厚度。对于一定波长而言,波片的厚度不同,则相位差不同。

(1) 如果波片的厚度使产生的相位差 $\delta = (2k+1)\dfrac{\pi}{2}$,$k = 0, \pm1, \pm2, \cdots$,这样的波片称为 1/4 波片。线偏振光通过 1/4 波片后,出射光一般是椭圆偏振光。当入射线偏振光的振动面与波片光轴的夹角 $\theta = \pi/4$ 时,出射光为圆偏振光;当 $\theta = 0, \pi/2$ 时,得到的是线偏振光。

(2) 如果波片的厚度使产生的相位差 $\delta = (2k+1)\pi$,$k = 0, \pm1, \pm2, \cdots$,这样的波片称为半波片。线偏振光通过半波片后,出射光仍为线偏振光,但其振动面相对于入射光的振动面转过 2θ 角。

3. 偏振光的检验

鉴别光偏振状态的过程叫检偏,所用的装置或元件叫检偏器。偏振片也可作检偏器使用。根据马吕斯定律,强度为 I_0 的线偏振光通过检偏器后的光强 I 为

$$I = I_0 \cos^2\theta \qquad (4.18.3)$$

式中,θ 为线偏振光振动面和检偏器透振方向之间的夹角。显然当以光线传播方向为轴转动检偏器时,透射光强度 I 发生周期性变化。当 $\theta = 0°$ 时,透射光强最大;当 $\theta = 90°$ 时,透射光强为极小值(消光状态);当 $0° < \theta < 90°$ 时,透射光强介于最大和最小之间。

如果部分偏振光或椭圆偏振光通过检偏器,当旋转检偏器时,虽然透射光强也会出现极大和极小值,但无消光现象。而圆偏振光通过检偏器,当旋转检偏器时,透射光强无变化。因此,根据透射光强度变化的情况,一般能够区别开线偏振光和其他偏振状态的光。但是用一个检偏器是无法将部分偏振光与椭圆偏振光、圆偏振光与自然光区别开的。

4.18.3　实验装置

氦氖激光器、光具座、偏振片、1/4 波片、光电探头、光电流放大器、黑玻璃镜、光学测角台、小白屏、导轨等。

4.18.4　实验内容及步骤

1. 起偏

将激光束投射到屏上,在激光束与屏之间插入一块偏振片 A,使偏振片 A 在垂直于光束的平面内转动,在屏上观察透射光光强的变化。

2. 消光

在偏振片 A 和屏之间再加入一块偏振片 B,在垂直于光束的平面内旋转偏振片 B,在屏上观察透射光光强的变化。

3. 反射起偏与布儒斯特角的测量

(1) 按照图 4.18.3 所示设置光路,在光学测角台某一直径上垂直固定一黑玻璃,使氦-氖激光器发出的激光束擦盘入射到黑玻璃镜面,旋转测角台,使反射光束沿原路返回,由此定出入射光束的零位。

(2) 利用滑动座的升降微调装置适当降低角度盘,使检偏器的透振轴指向水平方向。

(3) 在入射角为 10°～85°范围内,每增加 5°,相应转动接收臂观察光电流(代表相对光强)读数变化。其中在入射角为 48°～64°时,每增加 2°(或 1°)观察一次光电流变化。寻找并记录反射光束通过检偏器后,光电流变到最小时的角度 θ。

(4) 反复测量 5 次,将角度 θ 填入表 4.18.1。

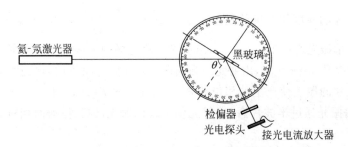

图 4.18.3　测量布儒斯特角的光路图

4. 验证马吕斯定律

(1) 使激光束垂直通过偏振片成为线偏振光,使线偏振光经过检偏器后射入连接了光电流放大器的光电探头内。

(2) 使偏振片和检偏器的透振方向一致,即它们的夹角 θ 为 0°。

(3) 使检偏器旋转一周,每旋转 10°读取一次光电探头测量的光电流数据。将数据填入表 4.18.2。

5. 圆偏振光和椭圆偏振光的产生

(1) 按图 4.18.4 所示,使激光束垂直通过偏振

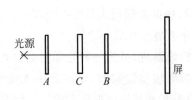

图 4.18.4　圆偏振光和椭圆偏振光的产生

班别_____姓名_____实验日期_____同组人_____

原始数据记录

表 4.18.1

测量次数	1	2	3	4	5
$\theta/(°)$					

表 4.18.2

$\theta/(°)$	10	20	30	40	50	60	70	80	90
I									
$\theta/(°)$	100	110	120	130	140	150	160	170	180
I									
$\theta/(°)$	190	200	210	220	230	240	250	260	270
I									
$\theta/(°)$	280	290	300	310	320	330	340	350	360
I									

表 4.18.3

1/4 波片 C 转动的角度/(°)	B 转动 360°观察到的现象	出射光的偏振态
0		
15		
30		
45		
60		
75		
90		

实验项目名称____偏振光实验____指导教师_____

大学物理实验预习报告

实验项目名称　　　　**偏振光实验**

班别　　　　　　　　学号　　　　　　　　姓名　　　　　　　

实验进行时间　　　年　　　月　　　日,第　　　周,星期　　　,　　　时至　　　时

实验地点　　　　　　　　　　

实验目的:

实验原理简述:

实验中应注意事项:

片 A 成为线偏振光,调整偏振片 B 的透振方向使屏上的光斑达到最暗(即消光状态)。

(2)在 A 和 B 之间插入一片 1/4 波片 C(注意使光线尽量穿过元件中心)。以光线为轴先转动 C 至消光位置。

(3)使 C 在消光位置不动,使偏振片 B 旋转 360°。在旋转过程中观察从波片出射的透射光在屏上的光强度变化,说明经过 1/4 波片 C 后透射光的偏振状态。

(4)再将 C 从消光位置转过 15°、30°、45°、60°、75°、90°,以光线为轴每次都将 B 转 360°。观察并记录屏上光强变化情况,填入表 4.18.3,并判断出射光的偏振态。

4.18.5　实验数据处理

(1)根据表 4.18.1 的数据,算出布儒斯特角的平均值,再利用布儒斯特定律算出玻璃的折射率。

(2)根据表 4.18.2 的数据,在坐标纸上画出透射光强相对值 I 与夹角 θ 的关系曲线图,验证马吕斯定律。

4.18.6　注意事项

(1)严禁用手触摸或用物触碰光学元件的光学表面。

(2)激光束光强极高,切勿用眼睛对视,以免视网膜受到永久性损伤。

4.18.7　思考题

(1)在确定起偏角时,找不到全消光的位置,根据实验条件分析原因。

(2)如何应用光的偏振现象说明光的横波特性?怎样区别自然光和偏振光?

(3)黑玻璃在布儒斯特角的位置上时,反射光束是什么偏振光?它的光矢量的振动是平行于入射面还是垂直于入射面?

实验 4.19　光速测量

　　光速是物理学中最重要的常数之一。光速的准确测量有重要的物理意义,也有重要的实用价值。长期以来,光速的测量一直是物理学家十分重视的研究课题。早在 17 世纪 70 年代,人们就开始对光速进行了测量。由于光速的数值很大,早期测量都是应用天文学方法。直到1849 年,法国物理学家斐索才利用非天文方法——"旋转齿轮法"首次在地面实验室中成功地测量了光速,其测量方法是通过测量光波传播距离 s 和相应时间 Δt,由 $c = s/\Delta t$ 来计算光速。由于受测量仪器限制,其精度不高。自 19 世纪 50 年代开始采用测量光波波长 λ 和频率 f,由 $c = \lambda f$ 来计算光速。20 世纪 60 年代,高稳定崭新光源激光出现以后,使光速的测量精度得到很大提高。1975 年第十五届国际计量大会提出在真空中光速为 $c = 299\ 792\ 458 \text{m/s}$。

　　本实验采用光拍频法测量光速。希望通过本实验学习光拍频法测光速的原理和实验方法,同时对声光效应有一初步的了解。

4.19.1　实验目的

　　(1) 了解声光调制形成光拍的方法。
　　(2) 学习光拍频法测量光速的原理。
　　(3) 掌握光拍频法测量光速的技术。

4.19.2　实验原理

1. 光拍的形成

　　考虑两列沿 x 方向传播的光波,它们具有相同的振幅、传播速度和光矢量振动方向。它们的角频率分别为 ω_1 和 ω_2,频差($\Delta\omega = \omega_1 - \omega_2$)较小且远小于 ω_1 和 ω_2,即

$$E_1 = E\cos(\omega_1 t - k_1 x + \varphi_1)$$
$$E_2 = E\cos(\omega_2 t - k_2 x + \varphi_2)$$

式中 $k_1 = 2\pi/\lambda_1$ 和 $k_2 = 2\pi/\lambda_2$ 称为波数,φ_1 和 φ_2 为初相位。根据叠加原理,这两列光波叠加后为

$$E_S = E_1 + E_2 = 2E\cos\left[\frac{\omega_1 - \omega_2}{2}\left(t - \frac{x}{c}\right) + \frac{\varphi_1 - \varphi_2}{2}\right]\cos\left[\frac{\omega_1 + \omega_2}{2}\left(t - \frac{x}{c}\right) + \frac{\varphi_1 + \varphi_2}{2}\right]$$

$$(4.19.1)$$

由上式可知,E_S 是角频率为 $\dfrac{\omega_1 + \omega_2}{2}$、振幅为 $\left|2E\cos\left[\dfrac{\omega_1 - \omega_2}{2}\left(t - \dfrac{x}{c}\right) + \dfrac{\varphi_1 - \varphi_2}{2}\right]\right|$(因为振幅总为正,所以取绝对值)的前进波。$E_S$ 的振幅以频率 $\Delta f = \left|\dfrac{\omega_1 - \omega_2}{2\pi}\right| = |f_1 - f_2|$ 周期性地变化,所以称 E_S 为光拍频波(如图 4.19.1 所示),Δf 称为拍频。振幅的空间分布周期就是拍频波长,以 Λ 表示。

2. 相拍二光波的获得

　　光拍频波的形成要求相叠加的两光束具有一定的频差。相拍二光波的获得可通过声光调制方法使超声波与光波相互作用发生声光效应来实现。由于超声波是弹性波,它在介质

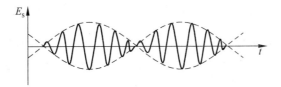

图 4.19.1 光拍频的形成

中传播时,会使介质内部产生弹性应变,使介质出现疏密相间的现象,从而引起介质折射率的周期性变化,就成为一个相位光栅。当单色激光束通过该相位光栅时将发生衍射现象,其衍射光的频率、光强将发生变化,这种现象称为声光效应。

声光调制有两种方式:行波法和驻波法。如图 4.19.2 所示,声光介质的一端是声源(压电换能器),在与声源相对的端面上涂有吸声材料,防止声反射,以保证只有声行波通过介质,这种方法称为行波法。如果在声光介质与声源相对的端面敷以声反射材料,且介质的厚度为超声波半波长的整数倍,由于声波的反射,反射波与前进波在介质中形成驻波超声场,如图 4.19.3 所示,这种方法称为驻波法。驻波法的衍射效率比行波法高,故一般采用驻波法。

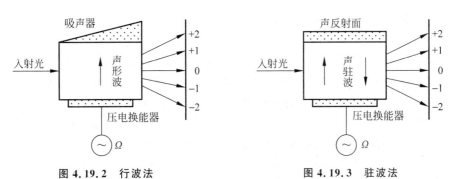

图 4.19.2 行波法   图 4.19.3 驻波法

激光束通过驻波法声光调制的介质后,将产生多级对称衍射,衍射光的频率得到了声频的调制。它的第 l 级衍射光频为

$$f_{l,m} = f_0 + (l + 2m)\Omega, \quad m = 0, \pm 1, \pm 2, \cdots \tag{4.19.2}$$

其中 f_0 和 Ω 分别为入射光和超声波的频率;l 为衍射级,可取 $\pm 1, \pm 2, \cdots$。可见在同一级衍射光束内就含有多种频率成分,相当于许多束不同频率激光的叠加(当然强度各不相同)。实验时通常选用第一级衍射光,由 $m = 0$ 和 $m = -1$ 的两种频率成分叠加,可得拍频 $\Delta f = 2\Omega$ 的光拍频波。

3. 光拍信号的检测

光电检测器可把光信号变为电信号,可用光电检测器来接收光拍频波。检测器光敏面上光照反应所产生的光电流与光强(即电场强度的平方)成正比,即 $i_0 = gE_S^2$,g 为检测器的光电转换常数。

光波的频率甚高($f_0 > 10^{14}\,\mathrm{Hz}$),而检测器光敏面仅能反映频率 $10^8\,\mathrm{Hz}$ 左右的光强变化,因此检测器所产生的光电流都只能是在响应时间 $\tau\,(1/f_0 < \tau < 1/\Delta f)$ 内的平均值。将光电流 i_0 对时间积分,积分结果中高频项为零,只留下常数项和缓变项,即

$$\overline{i}_0 = \frac{1}{\tau} \int_{\tau} i_0 \, \mathrm{d}t = gE^2 \left\{ 1 + \cos\left[\Delta\omega\left(t - \frac{x}{c}\right) + \Delta\varphi \right] \right\} \tag{4.19.3}$$

式中 $\Delta\omega$ 为与 Δf 相应的角频率, $\Delta\varphi = \varphi_1 - \varphi_2$ 为初相位。光电检测器输出的光电流包含有直流和光拍信号两种成分。滤去直流成分,检测器输出频率为拍频 Δf、相位与空间位置有关的光拍频电信号,如图 4.19.4 所示。

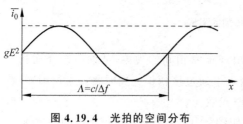

图 4.19.4　光拍的空间分布

4. 光速的测定

由于光拍信号的相位与空间位置有关,同一时刻处在不同空间位置的光电检测器所输出的光拍信号具有不同的相位。因此可以用比较相位的方法间接地测定光速。光拍频的同相位诸点满足如下关系:

$$\Delta\omega \frac{x}{c} = 2n\pi \quad 或 \quad x = \frac{nc}{\Delta f}$$

式中 n 为整数。$n=1$ 时,相邻两同相点的距离相当于拍频波的波长 Λ,即

$$\Lambda = \frac{c}{\Delta f} \tag{4.19.4}$$

根据式(4.19.4),只要测定了光拍频 Δf 和光拍波长 Λ,即可求得光速 c,即

$$c = \Delta f \times \Lambda \tag{4.19.5}$$

实验采用双光路相位比较法进行。He-Ne 激光(波长 632.8nm)被频率为 Ω 的驻波式声光调制器调制后产生多级衍射。第一级衍射光中产生拍频为 $\Delta f = 2\Omega$ 的成分,可用光阑选出这一束光,经半反镜把光束分为近程和远程两束光,产生光程差后入射到光电检测器,再经滤波电路输入到示波器。在半反镜后放置斩光器,它在任何时刻只能让一束光通过而截断另一束。斩光器的旋转使两路光交替到达接收器并显示在示波器上。利用示波器屏幕的余辉,可在屏幕上同时看到两路拍频光波的波形。当两路光的光程差恰好为一个光拍频波长时,示波器屏幕上两正弦波形重合。只要测出此时两路光的光程差(即光拍波长 Λ)和光拍频波的拍频 Δf,就可测定光速 c。

4.19.3　实验装置

光速测定仪、示波器、数字频率计、卷尺等。

光速测定仪包括 He-Ne 激光器、声光调制器、光电接收器、光路器件、斩光器等器件。光速测定仪由光学系统和信号处理系统两部分构成。它根据光拍频原理设计,通过示波器可清楚地观测光拍频的波形和相位。它采用折叠式光路,结构紧凑,镜架有微调机构。

4.19.4　实验内容及步骤

(1) 按图 4.19.5 安排仪器,将高频信号源的调制信号用馈线连接到数字频率计,同时将分频器的超声调制信号接至示波器的外触发输入端,将处理光电信号的滤波放大电路输出端接至示波器的 Y 输入端。

(2) 开启 He-Ne 激光器电源,调节激光工作电流为 5mA,同时开启示波器和频率计的电源,开启 15V 直流稳压电源,各仪器预热 15min,使它们处于稳定工作状态。

班别_____姓名_____实验日期_____同组人_____

原始数据记录

表　4.19.1

实　验　次　数	1	2	3	4	5
光程差 Λ/m					
超声频率 Ω/Hz					
拍频 $\Delta f/\mathrm{Hz}$					
光速 $c/(\mathrm{m/s})$					
$\bar{c}/(\mathrm{m/s})$					

实验项目名称____光速测量____指导教师_____

大学物理实验预习报告

实验项目名称 _____ **光速测量** _____

班别 _____ 学号 _____ 姓名 _____

实验进行时间_____年_____月_____日,第_____周,星期_____,_____时至_____时

实验地点_____

实验目的：

实验原理简述：

实验中应注意事项：

（3）细心调节激光束通过声光介质，使之与驻波声场相互作用并产生二级以上明显的衍射光斑。用光阑选取第一级衍射光，经半透半反镜将这束光分成两路——近程光束和远程光束，仔细调整光路，使两路光束一同射入光电检测器。

（4）开启电动斩光器，使示波器屏幕上呈现相位不同的两正弦波形（近程光和远程光的接收信号）。调节高频信号源的频率，使接收信号最强，并且使示波器屏幕上波形最清晰。然后平移滑动平台，改变两路光束的光程差，当示波器屏幕上两正弦波形完全重合时，两光束的光程差就等于拍频波的波长 Λ。

（5）用卷尺准确测量两光束的光程差 Λ，从频率计读出高频信号源的超声频率 Ω。

（6）反复进行多次测量，将数据记录到表 4.19.1 中。

（7）关闭各仪器电源。

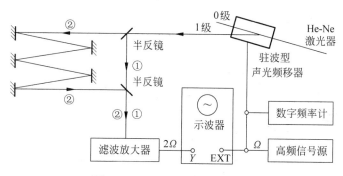

图 4.19.5　实验光路与电路图

4.19.5　实验数据处理

（1）根据表 4.19.1 中的数据，计算出拍频 $\Delta f = 2\Omega$，根据式（4.19.5）计算出光速，求出光速平均值。

（2）将测出的光速值与公认值比较，求相对误差。

4.19.6　注意事项

（1）切忌用手或其他污物接触光学元件表面，实验结束后盖上防护罩。

（2）切勿带电触摸激光管电极等高压部位，以免发生危险。

4.19.7　思考题

（1）光拍是怎样形成的？它有什么特点？

（2）获得光拍频波的两种方法是什么？本实验采取的是哪一种？

（3）分析本实验的各种误差来源，并讨论提高测量精确度的方法。

实验 4.20　用透射光栅测光波波长及角色散率

光绕过障碍物进入几何阴影区的现象称为光的衍射,它是光的波动性的一个重要表现。衍射光栅由大量等宽、等间距的平行狭缝或刻痕所组成,是一种重要的分光元件。根据多缝衍射原理,衍射光栅能够使光波发生色散。如平行复色光垂直入射时,在光栅的同级衍射场中不同波长的谱线将按波长顺序展开。利用光栅的这一衍射特性可以进行光谱分析,研究物质的结构和组成。光栅广泛应用于单色仪、摄谱仪、光谱仪等光学仪器中。研究光栅的衍射既有助于加深对光的波动特性的理解,也有助于进一步学习光学仪器设计、光谱分析等光学实验技术。

4.20.1　实验目的

(1) 观察光线通过光栅后的衍射现象,加深对光的波动特性的理解。
(2) 进一步了解分光计的结构和工作原理,掌握其调节和使用方法。
(3) 学习用透射光栅测定光波的波长及光栅常数和角色散率。

4.20.2　实验原理

光栅分为透射式和反射式两大类。本实验所用光栅是透射式光栅,一般是在光学玻璃片上刻制大量的相互平行、等距、等宽的刻痕而制成的。刻痕处为不透光部分,两条刻痕之间的光滑部分可以透光,相当于一狭缝。因此可把光栅看成一系列密集、均匀且平行的狭缝。

若一束单色平行光垂直照射在光栅面上,经光栅各缝衍射后,相同衍射角的光线将在透镜的焦平面上会聚。由于各光线经过的光程不同,会聚时将产生干涉。根据光栅衍射理论,会聚后产生明条纹应满足下列条件:

$$d\sin\theta = k\lambda, \quad k = 0, \pm 1, \pm 2, \cdots \tag{4.20.1}$$

该式称为光栅方程,式中 d 称为光栅常数($d = a + b$,a 为狭缝宽度,b 为刻痕宽度,见图4.20.1),θ 为衍射角,k 为明条纹(光谱线)的级数,λ 是入射光的波长。

若以复色光垂直射入,则由式(4.20.1)可以看出,在中央 $k = 0$,$\theta = 0$ 处,不同波长的光仍重叠在一起,组成中央明条纹。在中央明条纹的两侧对称分布着 $\pm 1, \pm 2, \cdots$ 级谱线。对同一级谱线,即 k 相等时,不同波长的光的衍射角 θ 会不相同,于是复色光被分解。且同一级谱线随着波长增加依次从短波向长波散开,即波长越长,衍射角越大。这些谱线排列成一组彩色谱线(见图4.20.1),称为光栅光谱。

由光栅方程可以看出,若已知波长 λ,测出某谱线的级数 k 和衍射角 θ,即可求出光栅常数 d;反之,若已知光栅常数 d,亦可求出光波的波长 λ。

角色散率表示单位波长间隔内两单色谱线之间的角距离,它是光栅、棱镜等分光元件的重要参数。根据光栅方程,对 λ 微分,可得到光栅的角色散率 D 为

$$D = \frac{\mathrm{d}\theta}{\mathrm{d}\lambda} = \frac{k}{d\cos\theta} \tag{4.20.2}$$

由式(4.20.2)可知,角色散率与光栅常数 d 成反比,与级数 k 成正比。光栅常数 d 越小,角

班别_____ 姓名_____ 实验日期_____ 同组人_____

原始数据记录

表 4.20.1

谱 线	$k=+1$		$k=-1$		θ	$\bar{\theta}$	d
	θ_+	θ'_+	θ_-	θ'_-			
绿							

表 4.20.2

谱 线	$k=+1$		$k=-1$		θ	λ	
	θ_+	θ'_+	θ_-	θ'_-			
紫						$\lambda_{紫}=$	nm
蓝						$\lambda_{蓝}=$	nm
黄1						$\lambda_{黄1}=$	nm
黄2						$\lambda_{黄2}=$	nm

实验项目名称___用透射光栅测光波波长及角色散率___指导教师_____

大学物理实验预习报告

实验项目名称 __用透射光栅测光波波长及角色散率__

班别 _____ 学号 _____ 姓名 _____

实验进行时间 _____ 年 _____ 月 _____ 日,第 _____ 周,星期 _____,_____ 时至 _____ 时

实验地点 _____

实验目的:

实验原理简述:

实验中应注意事项:

色散率越大。随着级数 k 的增大，角色散率也越大。当光栅常数 d 为已知时，测得某谱线的衍射角 θ 和级数 k，由式（4.20.2）可计算出该波长的角色散率。

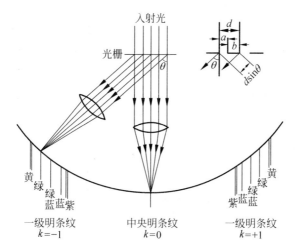

图 4.20.1　光栅衍射光谱示意图

4.20.3　实验装置

分光计、透射光栅、汞灯、双面反射镜等。

分光计是一种能精确测量角度的光学仪器，一般由平行光管、望远镜、载物台和读数装置组成。

4.20.4　实验内容及步骤

1. 点燃汞灯，调整分光计

点燃汞灯，将平行光管的竖直狭缝均匀照亮，并适当调节平行光管的狭缝宽度。分光计的具体调整方法参照综合设计性实验 5.2"光学参量测量中分光计的应用"中分光计的调整进行，调节后应满足以下要求：

（1）使望远镜聚焦于无穷远，并使望远镜的光轴与分光计的中心转轴垂直；

（2）使平行光管发出平行光，使其光轴与分光计的转轴垂直且与望远镜的光轴等高。

2. 光栅的放置及方位调整

1）调节光栅平面与平行光管的光轴垂直

将光栅按图 4.20.2 所示放置在载物台上，转动载物台，并调节螺丝 a 或 b（注意：望远镜已经调好，不能再动望远镜光轴高低调节螺丝），使望远镜筒中从光栅面反射回来的绿色亮十字像与分划板上方的十字叉丝重合，随后固定载物台。

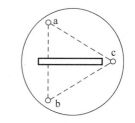

图 4.20.2　光栅调整示意图

2）调节光栅刻痕与平行光管狭缝平行

转动望远镜，观察光栅光谱线的分布情况，看光谱线是否有高低变化。如果中央明条纹与两侧的衍射光谱不在同一水平面上，说明狭缝与光栅刻痕不平行。此时可调节载物台上螺丝 c，使从望远镜中观察到的各衍射光谱线基本上处于同一高度为止。

3. 测量

(1) 转动望远镜,使望远镜叉丝竖线对准绿谱线的 $k=+1$ 级亮纹,记录两游标的读数 θ_+ 和 θ'_+。再将望远镜转到中央明纹的另一侧,将望远镜叉丝竖线对准绿谱线的 $k=-1$ 级亮纹,记录两游标的读数 θ_- 和 θ'_-。重复测 5 次,将数据填入表 4.20.1。

(2) 转动望远镜,使望远镜叉丝竖线依次对准紫、蓝、黄 1、黄 2 各谱线的 $k=+1$ 和 $k=-1$ 级亮纹,依次记录两游标对应的读数,将数据填入表 4.20.2。(注意:如观察不到两条黄色谱线,可适当调节平行光管狭缝宽度。)

4.20.5　实验数据处理

1. 测出光栅常数 d

根据表 4.20.1 的数据,计算绿谱线的衍射角。衍射角计算公式为

$$\theta = \frac{1}{4}(\mid \theta_+ - \theta_- \mid + \mid \theta'_+ - \theta'_- \mid) \qquad (4.20.3)$$

求出衍射角的平均值,再代入式(4.20.1)求出光栅常数 d(已知汞灯绿谱线波长 $\lambda_{绿标} = 546.07\text{nm}$)。

2. 计算紫、蓝、黄 1、黄 2 各谱线的波长

根据表 4.20.2 的数据,按照式(4.20.3)计算紫、蓝、黄 1、黄 2 各谱线的衍射角,根据前面已测出的光栅常数 d,代入式(4.20.1)算出紫、蓝、黄 1、黄 2 各谱线的波长。计算各谱线的波长与标准值的相对误差。

相对误差计算公式为

$$E = \left| \frac{\lambda_测 - \lambda_标}{\lambda_标} \right| \times 100\% \qquad (4.20.4)$$

其中 $\lambda_{紫标} = 404.66\text{nm}$,$\lambda_{蓝标} = 435.83\text{nm}$,$\lambda_{黄1标} = 576.96\text{nm}$,$\lambda_{黄2标} = 579.07\text{nm}$。

3. 计算角色散率

将前面已测出的光栅常数和紫、蓝、黄 1、黄 2 各谱线的衍射角分别代入式(4.20.2)中,计算出光栅相应于各谱线的第一级角色散率。

4.20.6　注意事项

(1) 严禁用手触摸光栅刻痕,以免弄脏或损坏。

(2) 汞灯紫外线较强,不要用眼睛直视,以免灼伤眼睛。

4.20.7　思考题

(1) 光栅光谱和棱镜光谱有什么不同之处?

(2) 应用公式 $d\sin\theta = k\lambda$ 应满足什么条件? 实验中是如何满足的?

(3) 当平行光管的狭缝宽度太宽和太窄时,会出现什么现象?

实验 4.21 旋光性溶液浓度的测定

旋光仪是测定物质旋光度的仪器。通过对样品旋光度的测定,可以分析确定物质的浓度、含量及纯度等。旋光仪具有体积小、灵敏度高、读数方便等特点,因此广泛应用于医药、食品、有机化工等领域。如用于测定药物香料油之旋光性;用于医院测定尿中含糖量及蛋白质;用于食品工业检验含糖量和测定食品调味品之淀粉含量。通过本实验的学习,可以加深对光的偏振现象、光的偏振性知识的掌握。

4.21.1 实验目的

(1) 观察光的偏振现象,加深对光的偏振性知识的掌握。
(2) 观察旋光现象,了解旋光物质的旋光性质。
(3) 熟悉旋光仪的结构、工作原理和使用方法。
(4) 学习测定旋光性溶液的旋光率 $[\alpha]_\lambda^t$ 和百分浓度 C。

4.21.2 实验原理

1. 偏振光的基本概念

光波是一种特定频率范围内的电磁波,由于引起视觉和光化学反应的是电场强度 E,所以矢量 E 又称为光矢量。我们把 E 的振动称为光振动,E 与光波传播方向之间组成的平面叫振动面。在垂直于光传播方向的平面内,如果光矢量 E 只沿一个固定方向振动,则这种光称为线偏振光,简称偏振光,如图 4.21.1(a) 所示。普通光源发射的光是由大量原子或分子辐射而产生的,单个原子或分子辐射的光是偏振的,但由于热运动和辐射的随机性,大量原

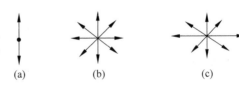

图 4.21.1 光偏振性

子或分子所发射的光的光矢量出现在各个方向的概率是相同的,没有哪个方向的光振动占优势,这种光源发的光不显现偏振的性质,称为自然光,如图 4.21.1(b) 所示。还有一种光线,光矢量在某个特定方向上出现的概率比较大,也就是光振动在某一方向上较强,这样的光称为部分偏振光,如图 4.21.1(c) 所示。

2. 偏振光的获得和检测

将自然光变成偏振光的过程称为起偏,起偏的装置称为起偏器。常用的起偏器有:人工制造的偏振片、晶体起偏器和利用玻璃片或玻璃片堆反射或多次透射(光的入射角为布儒斯特角)而获得偏振光等几种方法。自然光通过偏振片后,所形成偏振光的光矢量方向与偏振片的偏振化方向(或称透光轴)一致。在偏振片上用符号"b"表示其偏振化方向。

鉴别光的偏振状态的过程称为检偏,检偏的装置称为检偏器。实际上起偏器也就是检偏器,两者是一样的。自然光通过作为起偏器的偏振片以后,变成光强为 I_0 的偏振光,偏振光通过作为检偏器的偏振片后,其光强 I 可根据马吕斯定律确定:

$$I = I_0 \cos^2 \beta \qquad (4.21.1)$$

式中 β 为起偏器偏振化方向和检偏器偏振化方向之间的夹角。

当以光线传播方向为轴转动检偏器时,光强将发生周期性变化。当 $\beta=0°$ 时,$\cos\beta=1$,光强最大;当 $\beta=90°$ 时,$\cos\beta=0$,光强为极小值(消光状态),接近全暗;当 $0<\beta<90°$ 时,$0<\cos\beta<1$,光强介于最大值和最小值之间。但对自然光转动检偏器时,光强不变,就不会发生上述现象。对部分偏振光转动检偏器时,光强有变化,但没有消光状态。因此,根据光强的变化,就可以区分偏振光、自然光和部分偏振光。

3. 旋光现象

线偏振光通过旋光性溶液后,偏振光的振动面将旋转一定的角度,这种现象称为旋光现象(图 4.21.2),振动面被旋转的角度,称为旋光角,也称为该物质的旋光度。对于透明的固体来说,旋光角 φ 与光透过物质的厚度 L 成正比;而对于旋光性溶液,溶液的旋光度与溶液中所含旋光物质的旋光能力、溶液的性质、溶液浓度、样品管长度、温度及光的波长等有关。当其他条件均固定时,旋光度 φ 与旋光性溶液的浓度 C 呈线性关系,即

$$\varphi=kC \tag{4.21.2}$$

上式中,比例常数 k 与物质的旋光能力、溶剂性质、样品管长度、温度及光的波长等有关,C 为溶液的浓度。

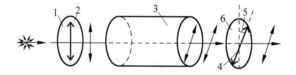

图 4.21.2　旋光现象示意图

1—起偏器;2—起偏器偏振化方向;3—旋光物质;

4—检偏器偏振化方向;5—旋光角;6—检偏器

物质的旋光能力用比旋光度即旋光率来度量,旋光率用下式表示:

$$[\alpha]_\lambda^t=\frac{100\varphi}{l\cdot C} \tag{4.21.3}$$

式中,$[\alpha]_\lambda^t$ 右上角的 t 表示实验时温度,℃;右下角的 λ 是指旋光仪采用的单色光源的波长,nm;φ 为测得的旋光度,(°);l 为样品试管的长度,以分米为单位;C 为 100 毫升溶液中含有溶质的克数。

由式(4.21.3)可知:偏振光的振动面是随着光在旋光物质中向前行进而逐渐旋转的,因而振动面转过的角度 φ 与光通过的溶液的长度 l 成正比;振动面转过的角度 φ 与溶液浓度 C 成正比。

如果已知待测物质浓度 C 和液柱长度 l,只要测出旋光度 φ,由 $[\alpha]_\lambda^t=\frac{100\varphi}{l\cdot C}$ 就可以计算出该温度 t、对应光波波长 λ 时待测物质的旋光率 $[\alpha]_\lambda^t$。

如果已知液柱长度 l 为固定值,依次改变溶液的浓度 C,就可测得相应旋光度 φ。由 $\varphi=[\alpha]_\lambda^t\frac{C}{100}l$,可作旋光度 φ 与浓度的关系直线,从直线斜率、液柱长度 l,可计算出该温度 t、对应光波波长 λ 时待测物质的旋光率 $[\alpha]_\lambda^t$。

如果已知浓度为 C_1 的某种旋光性溶液,其厚度为 l_1,可测出其旋光角 φ_1。则要测同种未知浓度的溶液时,只要测定该未知浓度溶液在厚度为 l_2 时的旋光角,就可计算出未知

浓度溶液的浓度 C。

由

$$\varphi_1 = [\alpha]_\lambda^t \frac{C_1}{100} l_1 , \quad \varphi_2 = [\alpha]_\lambda^t \frac{C_2}{100} l_2$$

得

$$C_2 = \frac{\varphi_2 l_1}{\varphi_1 l_2} C_1$$

若两溶液厚度相同,则

$$C_2 = \frac{\varphi_2}{\varphi_1} C_1$$

如果已知某种旋光性溶液在温度 t、对应光波波长 λ 时的旋光率 $[\alpha]_\lambda^t$,则通过测量该未知浓度旋光性溶液的旋光度 φ、液柱长度 l,由 $C = \dfrac{100\varphi}{l \cdot [\alpha]_\lambda^t}$,就可以测定该未知浓度溶液的浓度 C。

旋光物质分为左旋和右旋两类,当观察者正对着入射光看时,若振动面发生逆时针方向旋转,则称为左旋,这种物质叫左旋物质,如转化糖、果糖的水溶液,它们的旋光率用负值表示;反之,若当观察者正对着入射光看时,若振动面发生顺时针方向旋转,则称为右旋,这种物质叫右旋物质,如葡萄糖、麦芽糖、蔗糖的水溶液,它们的旋光率用正值表示。

实验表明,同一旋光物质对不同波长的光有不同的旋光率,通常采用钠黄光(波长 589.3nm)来测定旋光率。对不同波长的光,旋光率近似与偏振光波长的平方成反比,可根据 $[\alpha]_{589.3}$ 估算 $[\alpha]_\lambda^t$。

旋光率还与旋光物质的温度有关,不同的溶液其旋光率随温度变化的规律不尽相同。就大多数物质来讲,当温度升高 $1℃$ 时,旋光率约减小千分之几。

4. 旋光性溶液浓度的测定

旋光性溶液浓度的测定是建立在偏振光的理论基础之上,测定物质旋光角的仪器叫旋光仪。旋光仪外形如图 4.21.3 所示。

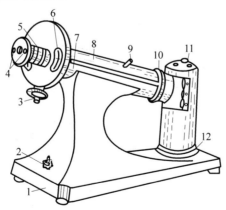

图 4.21.3 旋光仪外形

1—底座;2—电源开关;3—度盘转动手轮;4—读数放大镜;5—调焦手轮;

6—度盘及游标;7—镜筒;8—镜筒盖;9—镜盖手柄;10—镜盖连接图;11—灯罩;12—灯座

其工作原理如图 4.21.4 所示。由图 4.21.4,光线从光源 1 射出的非偏振光,投射到聚光镜 2,经过滤色镜 3、起偏镜 4 后,变成平面线偏振光,再经半波片 5 分解成寻常光 P 与非常光 P' 后,当盛液玻璃管中不装旋光物质(可装蒸馏水)时,P 和 P' 的光振动矢量按原方向入射到检偏器上,并在视野中产生两部分视场。这两部分视场的光强度与检偏器透射轴的方向有关。根据马吕斯定律,只有当检偏器的透射轴方向转到 P 与 P' 夹角的平分线方向时,半波片的两半圆的光强度才相等,这时左右分界线消失。否则将出现左亮右暗或左暗右亮的现象。P 与 P' 夹角的平分线有 NN'、MM' 两条,见图 4.21.5。当检偏器透射轴处在 NN' 和 MM' 时,都能出现左右界线消失,视野亮度一致的情况。不同的是,当处于 NN' 方向时,视野是最昏暗的;当处于 MM' 方向时,视野是最明亮的。两者都可作为检偏旋转终位置的标准。

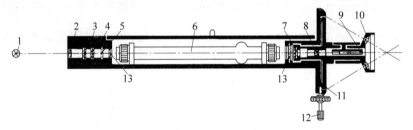

图 4.21.4　旋光仪的工作原理示意图

1—光源;2—聚光镜;3—滤色镜;4—起偏镜;5—半波片;6—试管;7—检偏镜;
8—透镜;9—目镜;10—刻度盘放大镜;11—刻度盘;12—刻度盘转动手轮;13—毛玻璃

不过,因为人眼对光强度最小的判别较敏感,也就是说对于左右昏暗的程度的差别更容易为眼睛所判断,因此,通常把检偏器透射轴在 NN' 位置(而不是 MM' 位置)的光强度定作零度视场。寻常光 P 与非常光 P' 通过检偏镜 7 和物镜 8、目镜 9 到达观察者,转动检偏镜 7,当三分度视场消失时作为零度视场。(即把 NN' 位置在无旋光物质时所对应的旋光仪读数盘的刻度作为 θ_0,一般对应于仪器读数盘的零度。)

半波片由一块半圆形的无旋光作用的玻璃片和一块半圆形的有旋光作用的石英板胶合而成,如图 4.21.6(a)所示。它的作用是帮助我们判断亮度。因要判别检偏器旋转后的亮度是否复原,就要涉及一个判别标准——亮度。若用我们的眼睛在没有对比的情况下进行判断,肯定会产生很大误差。有些旋光仪不采用半波板,而是采用三荫板,如图 4.21.6(b)所示。它是由两片石英和一片玻璃(或是由一片石英和两片玻璃)胶合而成,其原理与半荫板完全相同,不过比较的是中间的条状部分与左右两部分之间界线消失的情况。

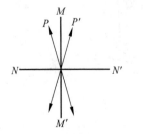

图 4.21.5　零度视场时检偏器透射轴方向

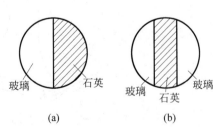

图 4.21.6　半波板与三荫板

班别_____姓名_____实验日期_____同组人_____

原始数据记录

表 4.21.1　　　　　　　　　　旋光度 φ 测定　　　　　　　　　　　(°)

次　数	左刻度盘读数		右刻度盘读数	
	θ_{L0}	θ_L	θ_{R0}	θ_R
1				
2				
3				
4				
5				
平均值	$\bar\theta_{L0}=$	$\bar\theta_L=$	$\bar\theta_{R0}=$	$\bar\theta_R=$
旋光度 φ	旋光度 $\varphi=\dfrac{|\bar\theta_L-\bar\theta_{L0}|+|\bar\theta_R-\bar\theta_{R0}|}{2}=$			

试管的长度 $l=$　.00(cm)；　　旋光率 $[\alpha]_\lambda^t=$　　(°)$\cdot$cm^3/(g$\cdot$dm)

$$葡萄糖浓度\ C=\frac{100\varphi}{[\alpha]_\lambda^t\cdot l}=$$

表 4.21.2

旋光度 φ 测定　　　　　　　　　　　　　　　　　　　(°)

次　数	左刻度盘读数		右刻度盘读数	
	θ_{L0}	θ_L	θ_{R0}	θ_R
1				
2				
3				
4				
5				
平均值	$\bar\theta_{L0}=$	$\bar\theta_L=$	$\bar\theta_{R0}=$	$\bar\theta_R=$
旋光度 φ	旋光度 $\varphi=\dfrac{|\bar\theta_L-\bar\theta_{L0}|+|\bar\theta_R-\bar\theta_{R0}|}{2}=$			

试管的长度 $l=$　.00(cm)；　　旋光率 $[\alpha]_\lambda^t=$　　(°)$\cdot$cm^3/(g$\cdot$dm)

$$果糖浓度\ C=\frac{100\varphi}{[\alpha]_\lambda^t\cdot l}=$$

实验项目名称__旋光性溶液浓度的测定__指导教师_____

大学物理实验预习报告

实验项目名称_____**旋光性溶液浓度的测定**_____

班别_____ 学号_____ 姓名_____

实验进行时间_____年_____月_____日,第_____周,星期_____,_____时至_____时

实验地点_____

实验目的:

实验原理简述:

实验中应注意事项:

当盛液玻璃管装入旋光物质时，P、P' 的光振动矢量振动面同时旋转一个角度。此时视场发生了变化。为了找到新的零度视场，必须将检偏器转到新的位置 θ，使零度视场再度出现。前后二次零度视场的读数差 $(\theta-\theta_0)$ 即为溶液的旋光角 φ，也就是溶液的旋光度。θ 和 θ_0 的读数值可通过旋光仪的读数放大镜从读数度盘上读出。

为清除读数盘的偏心差，仪器采用双游标读数。度盘分 360 格，每格 $1°$；游标分 20 格，等于度盘的 19 格，用游标可直接读到 $0.05°$。从读数盘上分别读出左、右的刻度值 θ_L 和 θ_R，则

$$\theta_0=(\theta_{L0}+\theta_{R0})/2, \quad \theta=(\theta_L+\theta_R)/2$$

旋转角 $\varphi=\theta-\theta_0$。若 $\theta_L=\theta_R$，且度盘转到任意位置都符合等式，则说明仪器没有偏心差。

4.21.3　实验装置

本实验的仪器由旋光仪、旋光性溶液、已知长度 $(l_1、l_2、l_3)$ 的（旋光性溶液样品）玻璃试管、温度计组成。

旋光仪由钠光灯、聚光镜、滤色镜、起偏镜、半波片、目镜度盘及游标、镜筒、支架构成。仪器接通电源后，钠光灯发出的单色光经聚光镜、滤色镜、起偏镜、半波片后分解成寻常光 P 与非常光 P'，偏振光投射到盛有旋光性溶液的玻璃管中，由于旋光性溶液的作用，线偏振光通过旋光性溶液后，偏振光的振动面将旋转一定的角度，振动面被旋转的角度称为旋光角。通过准确测定旋光角 φ，进而可以测定待测物理量，如旋光性溶液的浓度、旋光性物质的旋光率 $[\alpha]_\lambda^t$ 等。

4.21.4　实验内容及步骤

1. 准备工作

（1）先把待测旋光性溶液配好，并加以稳定和沉淀；

（2）把待测溶液盛入试管待测，但应注意试管两端螺旋不能旋得太紧（一般以随手旋紧不漏水为止），以免护玻片产生应力而引起视场亮度发生变化，影响测定准确度，并将两端残液揩拭干净。

2. 调整仪器、校准仪器零点

（1）熟悉仪器的整体结构、光路及双游标的读法。

（2）检验度盘零度位置是否正确，如不正确，可旋松度盘盖四只连接螺钉、转动度盘壳进行校正（只能校正 $0.5°$ 以下），或把误差值在测量过程中加减之。

（3）将仪器电源线插头插入 220V 交流电源，打开仪器开关，等钠光灯发光稳定后再进行实验测定工作。

（4）调节旋光仪目镜的视度调节螺母，以看清视场中三部分的分界线；调节游标窗口的视度调节螺母，以看清刻度盘。

（5）转动检偏镜，观察并熟悉视场明暗变化规律，校准仪器零点 θ_0。

转动检偏镜，使目镜视场中三部分界限消失，亮度相等，较暗，即仪器零点。记下左右刻度盘上的相应读数 $(\theta_{L0}, \theta_{R0})$，及 $\theta_0=(\theta_{L0}+\theta_{R0})/2$，重复测量 5 次，测量数据记在表 4.21.1 中，计算 θ_0 的平均值 $\bar{\theta}_0$。

3. 测量葡萄糖溶液的浓度

将未知浓度的糖溶液放入旋光仪的试管腔（请思考，管端凸环应放于哪端？），再一次调节

检偏镜的位置,使目镜视场中零度视场再度出现。记录检偏镜的位置(θ_L, θ_R),及$\theta = (\theta_L + \theta_R)/2$,重复测量 5 次,测量数据记在表 4.21.1 中,计算 θ 的平均值 $\bar{\theta}$。

4. 测量果糖溶液的浓度

方法同上,记录测量数据在表 4.21.2 中。

4.21.5　实验数据处理

(1) 计算此糖溶液的旋光度 φ,$\varphi = |\theta - \theta_0|$。

(2) 由式(4.21.3)$[\alpha]_\lambda^t = \dfrac{100\varphi}{l \cdot C}$ 计算糖溶液的浓度 C。(旋光率$[\alpha]_\lambda^t$、波长 λ、试管长度 l 均由实验室给定。)

(3) 试管使用后,应及时用水或蒸馏水冲洗干净,揩干藏好。

葡萄糖浓度理论值为 C_L(实验室给定),葡萄糖浓度实验值为 C_S,则葡萄糖浓度实验测量值与理论值的绝对误差为

$$\Delta C = | C_L - C_S |$$

葡萄糖浓度实验测量值与理论值的相对百分误差为

$$E = \frac{| C_L - C_S |}{C_L} \times 100\%$$

果糖浓度理论值为 C_L(实验室给定),果糖浓度实验值为 C_S,则果糖浓度实验测量值与理论值的绝对误差为

$$\Delta C = | C_L - C_S |$$

果糖浓度实验测量值与理论值的相对百分误差为

$$E = \frac{| C_L - C_S |}{C_L} \times 100\%$$

4.21.6　思考题

(1) 什么叫旋光现象? 物质的旋光度与哪些因素有关?

(2) 旋光仪的精度是多少? 读数时为什么采用对顶读数法?

(3) 用玻璃管装溶液时应注意什么问题?

(4) 根据实验现象,判断你所测的溶液是左旋溶液还是右旋溶液。

(5) 如果装有旋光性溶液的玻璃管中有气泡,实验者应如何处理?

(6) 旋光仪的电源开关合上后,钠光灯不亮,实验者应如何处理?

实验 4.22　惠斯通电桥测电阻

在非电学量测试中，电阻是一个很重要的基本参量。通常利用电阻与待测参量之间的关系，即通过测电阻就可以间接测量各种非电学方面的待测量，如位移、机械力、温度、浓度、湿度等一些物理量和化学量。随着电阻类传感器在测量中的广泛应用，改进或寻求新的测量方法，以便提高测量准确度、扩大测量范围，采用高精度的实验方法来测量电阻就显得尤为重要。电阻的测量方法较多，有指示仪表法，该种方法又分为直接法（如用欧姆表和万用表测量）和间接法（如伏安法测电阻）；还有比较仪表法，如电桥法测电阻，即把被测量与同类性质的已知标准量进行比较，从而确定被测量的大小，具体实施这种方法的仪器就是电桥。电桥通常可分为直流电桥和交流电桥两大类，而直流电桥又有直流单臂电桥（又叫惠斯通电桥）、直流双臂电桥和三次平衡电桥之分；交流电桥则有电感电桥、电容电桥和万用电桥之分。其中直流电桥是一种用来测量电阻或与电阻有一定关系的量的比较式仪器。它是通过被测电阻与标准电阻进行比较而得到测量结果的，因而具有较高的灵敏度和准确度。

本实验主要学习惠斯通电桥法测电阻的应用。惠斯通电桥只能测量高值（阻值在 $10^6 \sim 10^{12}\,\Omega$）、中值（阻值在 $10 \sim 10^6\,\Omega$）电阻。在低电阻（阻值小于 10Ω）测量中，由于引线电阻、接触电阻存在，会给测量结果带来很大误差。例如，待测物为 1Ω 的电阻，桥臂的连接电阻、接触电阻约为 0.001Ω，结果就会造成 0.1% 的误差；若待测电阻为 0.01Ω，其误差可达 10%；若待测阻值为毫欧和微欧级，则测量结果的误差就已经不可信了。因此，低阻测量应采用双桥法，这已经不是本实验研究的内容，有兴趣的学生可以参阅有关研究来进行了解。

4.22.1　实验目的

（1）理解并掌握惠斯通电桥法测定电阻的原理和方法。
（2）能够用惠斯通电桥法测量实验室所提供的电阻阻值。
（3）进一步熟悉万用表的使用方法及读数方法。
（4）掌握惠斯通电桥灵敏度的确定方法。

4.22.2　实验原理

1. 惠斯通电桥实验原理

惠斯通电桥的基本原理线路如图 4.22.1 所示，其基本组成部分是桥臂（四个电阻 R_1、R_2、R_S 和 R_x）、"桥"、检流计 G 和工作电源 E，在线式电桥中还装有电桥灵敏度调节器（滑线变阻器）。当通过"桥"的电流等于零，检流计指针不偏转，B、D 两点的电位相同，桥臂上四个电阻间的关系为 $\dfrac{R_1}{R_2} = \dfrac{R_x}{R_S}$，此即为电桥的平衡条件。可见不论流经桥臂的电流大小如何变化，都不会影响电桥的平衡。

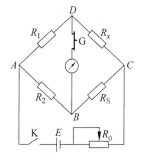

图 4.22.1　惠斯通电桥

由电桥平衡条件可得

$$R_x = \frac{R_1}{R_2} R_S = K R_S \qquad (4.22.1)$$

式中,$K = \frac{R_1}{R_2}$ 为电桥的倍率,一般可取 0.001、0.01、0.1、1、10、100、1000 几个值,这取决于待测电阻的大小。而 R_S 则为变阻箱电阻,可以通过调节变阻箱来得到。读取 K 和 R_S 后,则可以通过式(4.22.1)得到待测电阻的值。

2. 电桥灵敏度

惠斯通电桥平衡与否,可以通过检流计指针有无可察觉的偏转来进行判断。检流计的灵敏度总是有限的,通常当指针的偏转小于 0.1 分格时,人眼就很难察觉出来。在电桥平衡时,设某一桥臂的电阻是 R,若把 R 改变一个小量 ΔR,电桥就会失去平衡,从而有电流流过检流计,如果此电流很小以致人眼未能察觉出检流计指针的偏转,就会认为电桥仍是平衡的,从而得出错误的结论。为了估计此种误差,实验中引入电桥灵敏度的概念,其定义式如下:

$$S = \left| \frac{\Delta n}{\Delta R / R} \right| \qquad (4.22.2)$$

式中 ΔR 是电桥平衡后电阻 R 的微小变化量;Δn 是由于 R 变为 $R + \Delta R$ 后检流计偏离平衡位置而偏转的格数,所以 S 表示电桥对桥臂电阻相对不平衡值 $\Delta R / R$ 的反应能力。显然 S 越大,电桥越灵敏,由此带来的误差也就越小。例如,$S = \dfrac{1 \text{格}}{1\%}$,也就是当 R 改变 1% 时,检流计有 1 格的偏转。通常人眼可以察觉出 0.1 格的偏转。也就是说,在电桥平衡后 R 值只要变化 0.1%,人们就可以察觉出来。但是,由于实验者在观察时一般都存在 0.1~0.2 格的误差,所以估计偏移零点的测量误差限在计量学上约定为 0.2 格。

电桥灵敏度 S 与比例系数 K、电源电压 E、桥臂电阻 R_S 及检流计 G 的灵敏度有关。可以证明,输入电压越高,检流计灵敏度越高,电桥灵敏度也越高。由于桥臂电阻功耗的限制,输入电压不能过高;另一方面,检流计的灵敏度也是有限的,故电桥灵敏度不能无限提高。电桥灵敏度可由对电桥的分析计算得出,也可由实验测得。由于标准电阻 R_S 一般不能连续调节,其最小步进值也会影响测量的精度,所以电桥的灵敏度 S 应与 R_S 相适应。灵敏度太低固然会带来误差,但灵敏度太高了也无必要,否则 R_S 的不连续性突现出来,反而会造成调节的困难。

4.22.3 实验装置

箱式电桥、电源 3 个(一个 9V,两个 1.5V)、万用表一只、待测电阻若干、导线若干。

箱式电桥:面板上的 B G 按钮,前者用于接通电源,后者用于接通检流计支路。在使用时,B、G 两个电键要同时使用,但需先按下 B,再按下 G;断开时则先松开 G,再松开 B,以保护检流计。

4.22.4 实验内容及步骤

(1) 准备工作

用万用表检测电池电压是否满足实验需要,然后将合适的电池装入箱式电桥。必须按

班别＿＿＿＿＿＿ 姓名＿＿＿＿＿＿ 实验日期＿＿＿＿＿＿ 同组人＿＿＿＿＿＿

原始数据记录

（1）电池电压值

（2）电阻值记录

表 4.22.1

电阻 R_x	实验次序 n	万用表测量值/Ω	倍率 K	变阻箱读数 R_S/Ω	实验测量值 R_{xn}/Ω	变阻箱电阻变化值 ΔR_S/Ω	检流计变化格数 Δn	灵敏度 S
	1							
	2							
$x=1$	3							
	4							
	5							
	1							
	2							
$x=2$	3							
	4							
	5							
	1							
	2							
$x=3$	3							
	4							
	5							

实验项目名称＿＿惠斯通电桥测电阻＿＿ 指导教师＿＿＿＿＿＿＿＿

大学物理实验预习报告

实验项目名称　　惠斯通电桥测电阻

班别＿＿＿＿＿＿＿＿＿　学号＿＿＿＿＿＿＿＿＿＿　姓名＿＿＿＿＿＿＿＿＿＿

实验进行时间＿＿＿＿年＿＿＿＿月＿＿＿日，第＿＿＿＿周，星期＿＿＿＿，＿＿＿＿时至＿＿＿＿时

实验地点＿＿＿＿＿＿＿＿＿＿＿＿＿＿＿

实验目的：

实验原理简述：

实验中应注意事项：

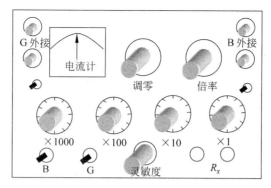

图 4.22.2　直流电桥示意图

规定选择电桥的工作电压,电源电压低于规定值会使电桥的灵敏度降低;若高于规定值,则可能烧坏桥臂。

(2) 粗略测量

用万用表测试一个待测电阻的阻值,并记录万用表测量值,然后接入箱式电桥。

(3) 调整电桥平衡

通过实验步骤(2)得到的电阻值,选取合适的倍率挡位,操作面板上 B、G 两个按钮,B 与 G 分别是电源和检流计的按钮开关,必须断续接通,测电阻时应先按 B 后按 G;断开时则必须先断 G 后断 B,这样操作可防止在测量电感性元件的阻值时损坏检流计。调节 R_S 的 4 个按钮,直到指针指零,此时通过检流计的电流为 0,电桥平衡即可读取 R_S 的值及计算 R_x 的值 $R_x = KR_S$。注意此处的 R_S 一定要有四位有效数字。

(4) 电桥灵敏度的测量

电桥平衡后,通过调整 R_S 改变 ΔR_S,当检流计指针偏离零点 0.2 格时来确定电桥灵敏度。在实验操作中,则一般调整电阻 R_S 使检流计指针偏离零点为 2 格以上来确定电桥灵敏度,读取数据。

(5) 重复 5 次步骤(2)～(4),分别将数据记录入表 4.22.1 内。

(6) 测量实验室提供的其他待测电阻的阻值。

4.22.5　实验数据处理

(1) 利用表 4.22.1 的数据,根据式(4.22.1)求得电阻阻值为 $\overline{R}_x = \dfrac{1}{5}\sum\limits_{n=1}^{5} R_{xn}$。

(2) 计算待测电阻 R_x 的不确定度

A 类不确定度:

$$u_A(R_x) = \sqrt{\frac{\sum\limits_{n=1}^{5}(R_{xn} - \overline{R}_x)^2}{5 \times (5-1)}}$$

B 类不确定度:在电桥实验中,影响测量结果不确定度的因素主要有两个,一是仪器误差限 $\Delta_{仪}$;二是灵敏度误差限 Δ_S。

① 仪器误差限为 $\Delta_{仪} = a\% \times \left(\dfrac{R_N}{10} + \overline{R}_x\right)$,其中 a 就是电桥的精度等级(在电桥的铭牌

上标示）；R_N 是 R_x 的数量级。

② 灵敏度误差限为 $\Delta_S = \dfrac{0.2}{S}\overline{R}_x$，其中灵敏度 S 由式(4.22.2)给出。

③ 待测电阻 R_x 的不确定度

$$u_{\mathrm{C}}(R_x) = \sqrt{u_{\mathrm{A}}^2(R_x) + \left[\left(\dfrac{\Delta_\text{仪}}{\sqrt{3}}\right)^2 + \left(\dfrac{\Delta_S}{\sqrt{3}}\right)^2\right]}$$

（3）电阻的实验结果表示：

$$R_x = \overline{R}_x \pm 2u_{\mathrm{C}}(R_x)$$

$$u_{\mathrm{r}} = \dfrac{u_{\mathrm{C}}(R_x)}{R_x} \times 100\%$$

4.22.6　注意事项

（1）箱式电桥使用时，电源接通时间均应很短，即不能将 B、G 两按钮同时长时间按下；测量时，应先按 B 后按 G，断开时，必须先断开 G 后断开 B。

（2）箱式电桥所用电源的电压大小应看清实验室提供的说明书或资料，按规定取值。

（3）调节比较臂 R_0 的四个电阻旋钮时，应由大到小。当大阻值的旋钮转过一格，检流计的指针从一边越过零点偏到另一边时，说明阻值改变范围太大，应改变较小阻值旋钮。扭动旋钮时，要用电桥的平衡条件作指导，不得随意乱扭。

（4）测量完毕后必须断开 B 和 G，并仍使短路片处于"内接"状态，以保护检流计。

4.22.7　思考题

（1）在惠斯通电桥测量电阻的过程中，可能会遇到检流计指针不动的情况，试分析原因并提出解决故障的方法。

（2）电桥连接好后，接通 B、G 有时会发现检流计指针总偏向一边，试分析产生这种现象的原因并解决。

（3）你如果在做实验时，遇到检流计指针摇摆不定，将应该如何解决？

实验 4.23　非线性元件伏安特性的研究

为了正确设计电子线路,必须掌握电子线路中各电子元件(尤其是非线性电子元件)的功能及导电特性,这就要求知道该电子元件的伏安特性。为此,要求测量该电子元件的伏安特性,并在此基础上建立该电子元件的伏安特性曲线的经验公式。

电子元件满足欧姆定律:

$$I = \frac{U}{R}$$

元件两端电压 U 与通过元件的电流 I 的关系称为该元件的伏安特性。若元件电阻 R 是常数,则元件两端电压 U 与通过元件的电流 I 成线性关系,该元件称为线性元件,它具有线性伏安特性,如图 4.23.1 所示。

若元件电阻 R 不是常数,则元件两端电压 U 与通过元件的电流 I 成非线性关系,该元件称为非线性元件,它具有非线性伏安特性,如图 4.23.2 所示。

图 4.23.1　线性电阻的伏安特性

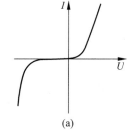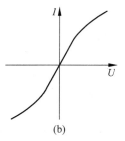

图 4.23.2　整流二极管与钨丝灯泡的伏安特性曲线

4.23.1　实验目的

(1)掌握伏安法研究二极管(整流二极管)正向伏安特性、反向伏安特性及减少伏安法引入测量误差的方法。

(2)掌握伏安法测量钨丝灯的伏安特性。

(3)掌握用最小二乘法处理数据并求取经验公式的方法。

4.23.2　实验原理

1. 伏安特性

根据欧姆定律,电阻 R、电压 U 及电流 I 之间有如下关系:

$$R = U/I \tag{4.23.1}$$

由电压表和电流表的示值 U 和 I 可计算得到待测元件 R_x 的阻值。但非线性元件的 R 是一个变量,因此分析它的阻值必须指出其工作电压(或电流)。非线性元件的电阻有两种方法表示,一种称为静态电阻(或称为直流电阻),用 R_D 表示;另一种称为动态电阻,用 r_D 表示,它等于工作点附近的电压改变量与电流改变量之比。动态电阻可通过伏安曲线求出,如图 4.23.3 所示,图中 Q 点的静态电阻 $R_D = \dfrac{U_Q}{I_Q}$,动态电阻 $r_D = \dfrac{\mathrm{d}U}{\mathrm{d}I}$。

测量伏安特性时,受电压表、电流表内阻接入影响会引入一定的系统误差,由于数字式电压表内阻很高、数字式电流表内阻很小,在测量低、中值电阻时引入系统误差很小,一般可忽略不计。

　　2. 几种非线性元件

　　1) 半导体二极管

　　半导体二极管又叫晶体二极管,其电阻值不仅与外加电压的大小有关,而且还与方向有关。半导体的导电性能介于导体和绝缘体之间。如果在纯净的半导体中适当地掺入极微量的杂质,则半导体的导电能力就会有上百万倍的增加。加到半导体中的杂质可分成两种类型:一种杂质加到半导体中去后,在半导体中会产生许多带负电的电子,这种半导体叫电子型半导体(也叫 N 型半导体);另一种杂质加到半导体中会产生许多缺少电子的空穴(空位),这种半导体叫空穴型半导体(也叫 P 型半导体)。晶体二极管是由两种具有不同导电性能的 N 型半导体和 P 型半导体结合形成的 P N 结构成的,如图 4.23.4 所示。

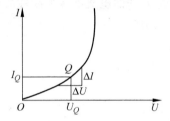

图 4.23.3　非线性元件的伏安特性曲线

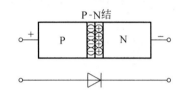

图 4.23.4　半导体二极管的 P-N 结和表示符号

　　半导体二极管的正、反向特性曲线如图 4.23.5(a)所示。从图中看出,电流和电压不是线性关系,各点的电阻都不相同。凡具有这种性质的电阻就称为非线性电阻。二极管的伏安特性是非线性的,第一象限的曲线为正向伏安特性曲线,第三象限的曲线为反向特性曲线。由曲线可以看出,半导体二极管的电阻值(曲线上每一点的斜率)随 U、I 的变化在很大

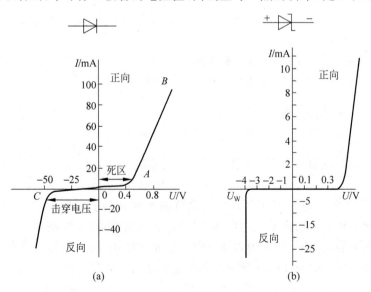

图 4.23.5　半导体二极管与稳压二极管的伏安特性曲线

的范围内变化(称为动态电阻)。当半导体二极管加正向电压时,在 *OA* 段正向电流随电压的变化缓慢,电阻值较大。在 *AB* 段半导体二极管的电阻值随 *U* 的增加很快变小,电流与电压几乎呈直线上升关系,半导体二极管呈导通状态。若半导体二极管加反向电压,在 *OC* 段,反向电流很小,并几乎不随反向电压的增加而变化,半导体二极管呈截止状态,电阻值很大。当电压继续增加,电流剧增,半导体二极管被击穿,电阻值趋于零。反向击穿电压比正向导通电压大得多。若要用伏安法较精确地测量半导体二极管的伏安特性曲线,必须正确地选择测量线路。

半导体二极管的主要参数:最大整流电流 I_f,即二极管正常工作时允许通过的最大正向平均电流;最大反向电压 U_b,一般为反向击穿电压的一半;反向电流 I_r,是反向饱和电流的额定值。

由于半导体二极管具有单向导电性,它在电子电路中得到了广泛应用,常用于整流、检波、限幅、元件保护以及在数字电路中作为开关元件等。

2) 稳压二极管

稳压二极管是一种特殊的硅二极管,其表示符号及其伏安特性曲线如图 4.23.5(b)所示,在反向击穿区一个很宽的电流区间,伏安曲线陡直,此直线反向与横轴相交于 U_W。与一般二极管不同,普通二极管击穿后电流急剧增大,电流超过极限值 $-I_S$,二极管被烧毁。稳压二极管的反向击穿是可逆的,去掉反向电压,稳压管又恢复正常,但如果反向电流超过允许范围,稳压管同样会因热击穿而烧毁。故正常工作时要根据稳压二极管的允许工作电流来设定其工作电流。稳压管常用在稳压、恒流等电路中。

稳压管的主要参数:稳定电压 U_W、动态电阻 r_D(r_D 越小,稳压性能越好)、最小稳压电流 I_{min}、最大稳压电流 I_{max}、最大耗散功率 P_{max}。

3) 发光二极管(LED)

发光二极管是由Ⅲ-Ⅴ族化合物如 GaAs(砷化镓)、GaP(磷化镓)、GaAsP(磷砷化镓)等半导体材料制成的,其核心是 P-N 结。因此它具有一般 P-N 结的伏安特性,即正向导通、反向截止、击穿特性。LED 的表示符号如图 4.23.6(a)所示,它主要具有发光特性。在正向电压下,电子由 N 区注入 P 区,空穴由 P 区注入 N 区。进入对方区域形成少数载流子,此时进入 P 区的电子和 P 区的空穴复合,进入 N 区的空穴和 N 区的电子复合,并以发光的形式辐射出多余的能量,这就是 LED 工作的基本原理,如图 4.23.6(b)所示。

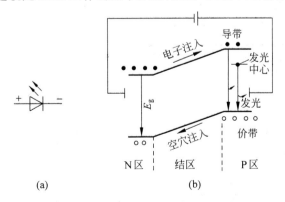

(a)　　　　　　　　　　(b)

图 4.23.6　发光二极管的表示符号及其工作原理

假设发光是在 P 区中发生的,那么注入的电子与价带空穴直接复合而发光,或者先被发光中心捕获后,再与空穴复合发光。除了这种发光复合外,还有些电子被非发光中心(这个中心介于导带、介带中间附近)捕获,而后再与空穴复合,但每次释放的能量不大,不能形成可见光。发光的复合量相对非发光复合量的比例越大,光量子效率越高。由于复合是在少子扩散区内发光的,所以发光仅在靠近 P-N 结面数 μ_m 以内产生。理论和实践证明,光的峰值波长 λ 与发光区域的半导体禁带宽度 E_g 有关,即

$$\lambda \approx 1240/E_g \text{(nm)} \tag{4.23.2}$$

式中 $E_g = eU_0$,单位为电子伏特(eV)。若能产生的可见光波长在 380nm(紫光)～780nm(红光),半导体材料的 E_g 应在 3.26～1.63eV 之间。比红光波长长的光为红外光。目前已有红外、红、黄、绿、白、蓝光等发光二极管。

发光二极管(LED)的主要参数:

(1) 最大正向电流 I_{Fm}:允许加的最大正向直流电流,超过此值则 LED 损坏。

(2) 正向工作电流 I_F:指 LED 正常发光时的正向电流值,在实际使用中应根据亮度需要选择 I_F 在 $0.6I_{Fm}$ 以下。

(3) 正向工作电压 V_F:参数表中给出的工作电压是在给定的正向电流下测得的,一般是在 $I_F = 20\text{mA}$ 时测得的,V_F 在 1.4～3V 之间。

(4) 最大反向电压 V_{Rm}:允许加的最大反向电压,超过此值 LED 可能被击穿损坏。

(5) 允许功耗 P_m:允许加在 LED 两端的正向直流电压与流过它的电流之积的最大值。超过此值 LED 发热损坏。

(6) 伏安特性:LED 的电压与电流的关系可用图 4.23.7 表示,还可研究不同光照度下的伏安特性曲线。

(7) 光谱分布和峰值波长:某一个 LED 所发的光并不是单一波长,其波长大体按图 4.23.8 所示分布。由图可见该 LED 所发之光中某一波长 λ_0 的光强最大,该波长为峰值波长。

(8) 光谱半宽度 $\Delta\lambda$:它表示 LED 的光谱纯度,是指图 4.23.8 中 1/2 峰值光强所对应两波长之间隔。发光强度 I_V、半值角 $\theta_{1/2}$ 和视角等指标也很重要。

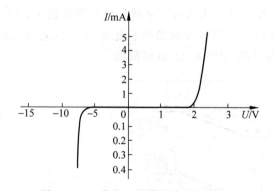

图 4.23.7　发光二极管的伏安特性曲线

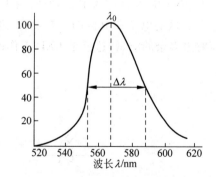

图 4.23.8　某 LED 器件发光的光谱分布

3. 伏安法测量待测元件电阻的线路分析

用伏安法测量待测元件,通常采用图 4.23.9 所示的两种线路。其中,图 4.23.9(a)为电流表的内接法,图 4.23.9(b)为电流表的外接法。

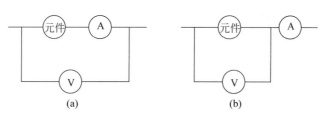

图 4.23.9　测待测电阻的线路

但是,由于电表本身有内阻,无论采用内接法还是外接法,均会给测量带来系统误差。在图 4.23.9(a)中,设电流表的内阻为 R_A,则

$$U = U_{元件} + IR_A$$

其中 U 为电压表的指示值。若将电压表的指示值作为待测元件两端的电位差,给测量带来的系统误差为

$$\Delta U_{元件} = U - U_{元件} = IR_A = \frac{U_{元件}}{R_{元件}} R_A \tag{4.23.3}$$

故有

$$\frac{\Delta U_{元件}}{U_{元件}} = \frac{R_A}{R_{元件}} \tag{4.23.4}$$

只有当电流表内阻 $R_A \ll$ 待测元件电阻 $R_{元件}$ 时,能使 $\dfrac{\Delta U_{元件}}{U_{元件}} \to 0$,用内接法测量待测元件电阻才不会带来明显的系统误差。

同样,在图 4.23.9(b)中,设电压表的内阻为 R_V,则

$$I = I_{元件} + I_V \tag{4.23.5}$$

其中 I 为电流表的指示值。若将电流表的指示值 I 作为流经待测元件的电流,给测量带来的系统误差为

$$\Delta I_{元件} = I - I_{元件} = I_V = I_{元件} \frac{R_{元件}}{R_V} \tag{4.23.6}$$

故有

$$\frac{\Delta I_{元件}}{I_{元件}} = \frac{R_{元件}}{R_V} \tag{4.23.7}$$

只有当电压表内阻 $R_V \gg$ 待测元件电阻 $R_{元件}$ 时,能使 $\dfrac{\Delta I_{元件}}{I_{元件}} \to 0$,用外接法测量电阻才不会带来明显的系统误差。

综合以上两种情况,可得:

当 $R_{元件} > \sqrt{R_A R_V}$ 时,用内接法系统误差小;

当 $R_{元件} < \sqrt{R_A R_V}$ 时,用外接法系统误差小;

当 $R_{元件} = \sqrt{R_A R_V}$ 时,两种接法可任意选用。

因此,通常只在对电阻值的测量精确度要求不高时,才使用伏安法,并且还要根据电表的内阻 R_A、R_V 和待测元件电阻值的大小来合理选择测量线路。

测定元件的伏安特性曲线与测量元件的电阻一样,也存在着用电流表内接还是外接的问题,我们也应根据待测元件电阻的大小,适当地选择电表和接法,减小系统误差,使测出的

伏安特性曲线尽可能符合实际。

4. 分压电路和限流电路

要测定待测元件的伏安特性曲线,就要改变加在待测元件上的电压。利用滑线电阻来改变加在元件上的电压,方法有两种。

1) 限流电路

如图 4.23.10(a)所示,滑线电阻与待测元件串联,改变滑线电阻的阻值就可以改变待测元件与滑线电阻的分压比,从而达到调节待测元件电压的目的。限流电路的特点:简单、省电,但可调节范围小。

2) 分压电路

如图 4.23.10(b)所示,当滑线电阻上有电流流过时,沿滑线电阻上各点的电位逐渐变化,当滑动点 P 从 A 往 B 移动时,P、A 两点的电压逐渐升高,从而使待测元件上得到连续变化的电压。分压电路的特点:调节范围大,电压变化的线性好,但较费电。

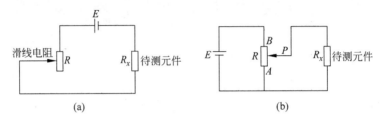

(a)　　　　　　　　　　(b)

图 4.23.10　限流电路与分压电路

4.23.3　实验装置

(1) 非线性元件:半导体二极管,发光二极管,钨丝灯泡。

(2) 直流可调稳压电源(0～30V),滑线变阻器,保护电阻,直流电流表与直流电压表各一块,导线若干。

4.23.4　实验内容及步骤

1. 测量半导体二极管的正向伏安特性曲线

(1) 按图 4.23.11(a)接线,要注意各元件的正负极不能接错;

(2) 线路经检查无误后,开启稳压电源,输出电压调至 2V;

(3) 调节滑线变阻器,改变电压表的读数,并将电流表的读数记录在表 4.23.1 中。

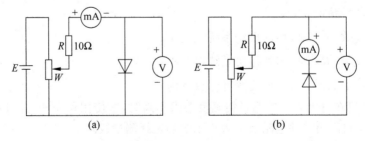

(a)　　　　　　　　　　(b)

图 4.23.11　测量半导体二极管伏安特性曲线电路图

(a) 正向伏安特性;(b) 反向伏安特性

班别_____ 姓名_____ 实验日期_____ 同组人_____

原始数据记录

表 4.23.1

U/V														
I/mA														

表 4.23.2

U/V														
I/mA														

表 4.23.3

U/V														
I/mA														

表 4.23.4

U/V														
I/mA														

（设计测量点时，以上表格仅供参考，具体测量时，电流随电压的变化若很大，应密集采点。）

实验项目名称___非线性元件伏安特性的研究___ 指导教师_____

大学物理实验预习报告

实验项目名称 **非线性元件伏安特性的研究**

班别＿＿＿＿＿＿ 学号＿＿＿＿＿＿ 姓名＿＿＿＿＿＿

实验进行时间＿＿＿年＿＿＿月＿＿＿日,第＿＿＿周,星期＿＿＿,＿＿＿时至＿＿＿时

实验地点＿＿＿＿＿＿＿＿＿＿＿

实验目的：

实验原理简述：

实验中应注意事项：

2. 测量半导体二极管的反向伏安特性曲线

（1）按图 4.23.11(b)接线,要注意各元件的正负极不能接错;

（2）线路经检查无误后,开启稳压电源,输出电压调至 30V;

（3）调节滑线变阻器,改变电压表的读数,并将电流表的读数记录在表 4.23.2 中。

3. 测量钨丝灯泡的伏安特性曲线

（1）按图 4.23.12 接线,要注意各元件的正负极不能接错;

（2）线路经检查无误后,开启稳压电源,输出电压调至 10V;

（3）调节滑线变阻器,改变电压表的读数,并将电流表的读数记录在表 4.23.3 中。

4. 测量发光二极管的伏安特性曲线

（1）按图 4.23.11(a)接线,要注意各元件的正负极不能接错;

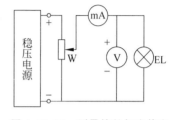

图 4.23.12　测量钨丝灯泡伏安特性曲线电路图

（2）线路经检查无误后,开启稳压电源,输出电压调至 5V;

（3）调节滑线变阻器,改变电压表的读数,并将电流表的读数记录在表 4.23.4 中。

4.23.5　实验数据处理

1. 根据实验所得数据,描绘非线性元件的伏安特性曲线。

2. 利用最小二乘法求出二极管正向伏安特性、钨丝灯泡伏安特性的数学表达式。

最小二乘法（又称最小平方法）是一种数学优化技术。它通过最小化误差的平方和寻找数据的最佳函数匹配。最小二乘法是处理数据过程中的数学优化方法,它使我们得到的经验公式的数据最接近测量数据。

（1）根据实验中伏安特性曲线的变化趋势,推测适用的函数关系

对于二极管

$$I = I_0 e^{bU} \tag{4.23.8}$$

对于钨丝灯泡

$$U = U_0 e^{bI} \tag{4.23.9}$$

（2）对非线性函数,可以通过变量代换改为线性函数（以曲化直）

对式(4.23.8)取对数,得

$$\ln I = \ln I_0 + bU \tag{4.23.10}$$

对式(4.23.9)取对数,得

$$\ln U = \ln U_0 + bI \tag{4.23.11}$$

令式(4.23.10)中,

$$y = \ln I, \quad a = \ln I_0, \quad x = U$$

令式(4.23.11)中,

$$y = \ln U, \quad a = \ln U_0, \quad x = I$$

得到直线关系式

$$y = a + bx$$

如果将实验测量值作变量代换后明显偏离线性,说明原推测函数关系选择不当,应另选。

(3) 根据伏安特性曲线中的 U 和 I 可得 $(x_1, x_2, x_3, \cdots, x_n)$ 与 $(y_1, y_2, y_3, \cdots, y_n)$

$$\bar{x} = \frac{1}{n}\sum_{i=1}^{n} x_i, \quad \bar{y} = \frac{1}{n}\sum_{i=1}^{n} y_i$$

$$\overline{x^2} = \frac{1}{n}\sum_{i=1}^{n} x_i^2, \quad \overline{y^2} = \frac{1}{n}\sum_{i=1}^{n} y_i^2$$

$$\overline{xy} = \frac{1}{n}\sum_{i=1}^{n} x_i y_i$$

(4) 按最小二乘法原理得

$$\begin{cases} b = \dfrac{\bar{x}\cdot\bar{y} - \overline{xy}}{\bar{x}^2 - \overline{x^2}} \\ a = \bar{y} - b\bar{x} \end{cases} \tag{4.23.12}$$

(5) 对于二极管将式(4.23.12)中的 $\bar{y}$ 还原成 I,将 $\bar{x}$ 还原成 U,得到经验公式。

对于钨丝灯泡将式(4.23.12)中的 $\bar{y}$ 还原成 U,将 $\bar{x}$ 还原成 I,得到经验公式。

(6) 根据得到的经验公式画出曲线,并将实测数据也填进去,两曲线进行比较。

4.23.6　注意事项

(1) 要弄清并减少测量仪器接入误差的方法。

(2) 各元件的正负极不能接错。

(3) 测量过程中要随时估计可能得到的曲线的形状,在曲线弯曲处测量点要密一些,在直线处可稀一些。

(4) 根据仪表的精度,注意所取的测量数据的有效数字。

4.23.7　思考题

(1) 什么是静态电阻和动态电阻? 说明二者的区别。

(2) 测量整流二极管的正、反向伏安特性时,为什么一个用外接,一个用内接?

实验 4.24　电位差计使用

电位差计是电磁学测量中的重要仪器之一。它是利用补偿原理和比较法精确测量直流电位差或电源电动势的常用仪器,准确度高、使用方便,测量结果稳定可靠。它的用途很广泛,不但可以用来精确测量电动势、电压,与标准电阻配合还可以精确测量电流、电阻和功率等,如果配以其他附件,如标准电阻、标准分压器、传感器等,则可以用来测电流、电阻、电功率,甚至可以测量非电量,如温度、位移等。在现代工程技术中电子电位差计还广泛用于各种自动检测和自动控制系统。

板式电位差计是一种教学型板式电位差计,通过它的解剖式结构,可以更好地学习和掌握电位差计的基本工作原理和操作方法。实际应用中常见的箱式电位差计都是基于同样的工作原理。

4.24.1　实验目的

(1) 学习和掌握电位差计的补偿工作原理、结构和特点。
(2) 学习用板式电位差计来测量未知电动势的方法和技巧。
(3) 培养学生正确连接电学实验线路、分析线路和实验过程中排除故障的能力。

4.24.2　实验原理

电源的电动势在数值上等于电源内部没有净电流通过时两极间的电压。如果直接用电压表测量电源电动势,其实测量结果是端电压,而不是电动势。因为将电压表并联到电源两端,就有电流 I 通过电源的内部。由于电源有内阻 r_0,在电源内部不可避免地存在电位降 Ir_0,因而电压表的指示值只是电源的端电压($U = E - Ir_0$)的大小,它小于电动势。显然,为了能够准确地测量电源的电动势,必须使通过电源的电流 I 为零。此时,电源的端电压 U 才等于其电动势 E。

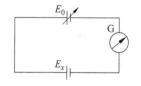

图 4.24.1　补偿法原理图

1. 补偿法原理

要精确测量电源的电动势,原则上可按图 4.24.1 所示线路进行。图中 E_0 为可调的标准电压源,E_x 为待测电动势。调整 E_0,使检流计指零,此时称这两个电动势处于补偿状态,则待测电动势

$$E_x = E_0 \tag{4.24.1}$$

这种测量电动势的方法称为补偿法。

2. 电位差计原理

按上述电压补偿原理所构成的仪器称为电位差计,用电位差计可精确测量电源的电动势或电位差。电位差计原理如图 4.24.2 所示,电源 E、可调电阻 R_n、电阻 R_{AB}、开关 K_1 等组成辅助回路;电阻 R_{CD}、检流计 G、标准电池 E_S(或待测电动势 E_x)、单刀双掷开关 K 等组成补偿回路。

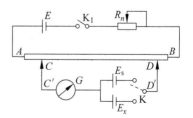

图 4.24.2　电位差计原理图

使用电位差计时,首先要使辅助回路有一个恒定的工作电流 I_0,这个过程称为工作电流标准化。它可借助于标准电池 E_S 实现:恰当选取电阻 R_{CD},闭合 K_1,把 K 拨向 E_S 端,调节 R_n,以改变辅助回路的电流。当检流计指零时,R_{CD} 两端的电位差恰与补偿回路中标准电池的电动势相等,即 $E_S = I_0 R_{CD}$,此时称电路达到补偿,电流 I_0 称为已标准化的电流。工作电流标准化后,紧接着把 K 拨向 E_x 端,改变滑动触头 C、D 位置到 C'、D',使检流计又一次指零,这时 C'、D' 间电位差恰和待测电动势 E_x 相等。设 C'、D' 间电阻为 R_x,则未知电动势

$$E_x = I_0 R_x = E_S \frac{R_x}{R_{CD}} \tag{4.24.2}$$

由上述原理可知,电位差计是通过先后两次补偿来获得测量结果的。因此,在反复测量中,每次都要先使工作电流标准化,再紧接着测量。这一调整过程也常称为电位差计的定标。

4.24.3　实验装置

1. 板式电位差计

板式电位差计是一种根据电压补偿原理制作的教学型仪器,如图 4.24.3 所示,通过它的开放式结构,可以更好地学习和掌握电位差计的基本工作原理和操作方法。图中 E 为稳压电源,R_n 为滑线变阻器,R_P 为保护电阻,AB 为长 11m、粗细均匀的电阻丝,它来回折绕在 10 个插座上,插座标以 0,1,2,…,10 等记号,每两插座间长为 1m,剩余的 1m 电阻线 AB 下面固定一根标有毫米刻度的米尺。利用插头 C 选插在 0~10 号插孔中任意一个位置,接头 D 在 AB 上滑动,接头 C、D 间电阻线长度在 0~11m 范围内连续可调。M 为插塞,与 C 连接,D 为按键,把 M 插入插座中,则 CD 间的电阻为 R_{CD},例如:要取接头 C、D 间电阻线长度为 5.0930m,可将 M 插在插孔"5"中,滑键 D 的触头接在米尺 0.0930m 处。这时接头 C、D 之间的电阻线长即为所求。

2. 标准电池

图 4.24.3 中 E_S 为标准电池。标准电池是一种化学电池,有饱和式和非饱和式两种。饱和式电动势稳定,但其电动势随温度略有变化,使用时需依据说明书修正。在 20℃时,饱和式的电动势应在 1.01855~1.01868V 范围内,精度等级为 f。非饱和式标准电池不必作温度修正,但稳定性不如饱和式的高。

4.24.4　实验内容及步骤

1. 接线

按图 4.24.3 接好线路。

2. 调工作电流 I_0 标准化

先确认标准电池电动势 E_S 值,实验室常用的饱和式标准电池时的电动势为 $E_S = 1.0186$V,单位长度电阻丝上电位差为 U_0,可先选定并记录;例如,若选定每单位长度电阻丝上的电位差为 0.2000V/m,则应使 C、D 两点之间的电阻丝长度为 $L_{CD} = 1.0186/0.2000 = 5.093$(m)。确定好 C、D 两点的位置,合上 K_1,把 K 拨向 E_S,跃接 D,稳压电源 E 取 3~5V,调 R_n 使检流计 G 指零,电路接近补偿。再调节保护电阻 R_P 至最小,以提高检流计线路的灵敏度。再调节 R_n,跃接 D,使检流计 G 再指零,电位差计精确补偿。至此,辅助回路 I_0 标准化,在紧接着的测量环节中,不可再调节 R_n。

班别＿＿＿＿＿＿　姓名＿＿＿＿＿＿　实验日期＿＿＿＿＿＿　同组人＿＿＿＿＿＿

原始数据记录

表　4.24.1　　　　　　　　　　$E=$ ＿＿＿＿＿ V　　$E_S=$ ＿＿＿＿＿ V

测量次数 n	L_{CD}/m	$L_{C'D'}/m$	待测电动势 E_x/V	$\overline{E_x}/V$
1	4.0000			
2	4.5000			
3	5.0930			
4	5.5000			
5	6.0000			

大学物理实验预习报告

实验项目名称　　**电位差计使用**

班别＿＿＿＿＿＿＿＿　学号＿＿＿＿＿＿＿＿＿　姓名＿＿＿＿＿＿＿＿

实验进行时间＿＿＿＿年＿＿＿＿月＿＿＿＿日,第＿＿＿＿周,星期＿＿＿＿,＿＿＿＿时至＿＿＿＿时

实验地点＿＿＿＿＿＿＿＿＿＿＿＿＿＿＿＿

实验目的：

实验原理简述：

实验中应注意事项：

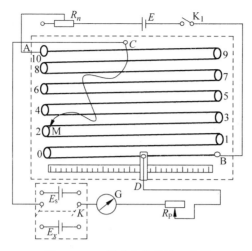

图 4.24.3 板式电位差计示意图

3. 测量未知电动势 E_x

实验中待测电池采用 1.5V 左右的旧干电池。先按步骤 2 所述方法估算出 $L_{C'D'}$ 的长度，即令 $L_{C'D'}=E_x\times0.2000$，可估算出 $L_{C'D'}$ 约为 7.5000m。打开 K，把 C' 置于插座 7 中，置按键 D' 于 0.5000m 处。把 K 拨向 E_x，跃迁并移动 D'，使检流计 G 再指零。则未知电动势

$$E_x=I_0R_{C'D'}=\frac{E_S}{R_{CD}}R_{C'D'}=E_S\frac{L_{C'D'}}{L_{CD}} \tag{4.24.3}$$

改变 U_0 值即改变 L_{CD}，重复步骤 2、3，测量 5 次，注意每次都要调工作电流标准化，并紧接着测量。将数据记录在表 4.24.1 中。

4.24.5 实验数据处理

根据表 4.24.1 中的记录，由式(4.24.3)计算 E_x，并求出算术平均值 $\overline{E_x}$。

1. E_x 的不确定度计算

E_x 的合成标准不确定度 U 由 A 类不确定度 U_A 和 B 类不确定度 U_B 合成：

$$U=\sqrt{U_A^2+U_B^2}$$

式中，$U_A=\sqrt{\dfrac{\sum(E_{xi}-\overline{E_x})^2}{n(n-1)}}$，其中 n 为测量次数。

U_B 主要由标准电池引起的 U_{B1} 和电位差计灵敏度引起的 U_{B2} 决定：

$$U_B=\sqrt{U_{B1}^2+U_{B2}^2}$$

其中，$U_{B1}=E_S\times f\%$，f 为精度等级。U_{B2} 与以下所述电位差计的灵敏度有关。

2. 电位差计的灵敏度

由于检流计灵敏度的限制，当检流计不偏转时，并不能说明补偿回路电流绝对等于零，因此，电位差计有一个灵敏度问题。确定电位差计灵敏度的方法是：电位差计测量达到补偿平衡后，CD 间(或 $C'D'$ 间)电位差每增加(或减小)ΔU 时，所引起电流计的指针偏转格数为 Δd，则电位差计的灵敏度 S 定义为

$$S = \frac{\Delta d}{\Delta U} \quad (\text{格}/\text{V}) \tag{4.24.4}$$

在测量时,对应于 $\Delta d = 0.2$ 格(人眼刚能察觉的偏转)的 ΔU,就是电位差计所能判别的 ΔU 的极限了。因此由电位差计灵敏度所引起的测量误差限值为

$$\Delta U' = \frac{0.2}{S} (\text{V})$$

在板式电位差计中,这个误差限值主要是由电阻丝的长度测量决定的,可视为均匀分布,则

$$U_{B2} = \frac{\Delta U'}{\sqrt{3}}$$

3. 实验结果表达

取包含因子为2,即包含概率为95%时,E_x 的扩展不确定度为 $2U$,则 E_x 的测量结果表示为

$$E_x = \overline{E_x} \pm 2U$$

E_x 的相对合成标准不确定度为

$$U_r = \frac{U}{\overline{E_x}}$$

4.24.6 注意事项

(1) 电位差计实验板上的电阻丝不要任意去拨动,以免弄断或影响电阻丝的长度和粗细均匀。

(2) 检流计不能通过较大电流,因此,在 C、D 接入时,电键 D 跃接时按下的时间应尽量短。

(3) 接线时,所有电池的正、负极不能接错,否则补偿回路不可能调到补偿状态。

(4) 严禁用电压表直接测量标准电池的端电压,实验时接通时间不宜过长;更不能短路。

(5) 在使用电位差计时,必须先接通辅助回路,再接通补偿回路;断电时,必须先断开补偿回路,再断开辅助回路。

4.24.7 思考题

(1) 在实验中发现检流计总是偏向一边,无法调平衡,试分析原因。

(2) 电流标准化后,紧接着的测量过程中 R_P 能否再改变?

实验 4.25 RLC 电路的幅频和相频特性

电阻 R、电容 C 及电感 L 是电路中的基本元件,由 RC、RL 和 RLC 构成的串联电路具有不同的特性,包括暂态特性、稳态特性、谐振特性。在交流电路中,电容、电感元件的阻抗都与频率有关。把简谐交流电压加到由电阻、电感和电容等构成的电路,当电源频率改变时,容抗和感抗都会发生变化,电路的阻抗也随之而变,从而引起电路中的电流、各元件上的电压,以及相位差也相应变化。这种特性称为电路的频率特性,也称做稳态特性。在 RC、RL 和 RLC 串联电路中,若加在电路两端的正弦交流信号保持不变,则当电路中的电流和电压变化达到稳定状态时,电流(或者某元件两端的电压)与频率之间的关系特性称为幅频特性;电压、电流之间的位相差与频率之间的关系特性称为相频特性。在交流电路中,幅频特性和相频特性是 RC、RL 和 RLC 串联电路的重要性质,并在电子电路中被广泛应用。

对于一个含有电感和电容两类不同性质的储能元件的电路,在一定条件下,它们的能量交换可以互相完全补偿,而与电源之间不再有能量的交换,电路呈电阻性,这就是电路的谐振现象。RLC 串联谐振电路对信号频率具有选择性而被广泛应用于电子线路中,所以在电磁学实验中谐振频率的测量显得非常重要。本实验研究 RLC 串联电路的幅频特性和相频特性,从而获得谐振频率 f_0 和品质因数 Q 这两个很重要量的数值大小。

4.25.1 实验目的

(1) 通过研究 RC、RL 和 RLC 串联电路的暂态,加深对电容充放电规律、电感的电磁感应特性及振荡回路特点的认识。

(2) 掌握 RC、RL 和 RLC 串联电路的幅频特性和相频特性的测量方法。

(3) 用实验的方法测量 RLC 电路的谐振频率,利用幅频曲线求出电路的品质因数 Q 值。

(4) 学习用示波器测量相位差。

4.25.2 实验原理

本实验考察 RC、RL、RLC 串联电路的幅频和相频特性。

1. RC 串联电路

由电阻 R 和电容 C 串联而成的电路称为 RC 串联电路。如图 4.25.1 所示的 RC 串联电路,该电路的复阻抗为

$$Z = R - \frac{\mathrm{j}}{\omega C} \qquad (4.25.1)$$

式中 ω 是正弦交流电源的角频率,j 是虚数单位($\mathrm{j}^2 = -1$)。阻抗的大小和阻抗角分别为

$$z = \sqrt{R^2 + \left(\frac{1}{\omega C}\right)^2}, \quad \varphi = -\arctan\frac{1}{\omega RC} \qquad (4.25.2)$$

由图 4.25.1 所示的 RC 串联电路,以及图 4.25.2 所示的该电路总电压 $\dot{U}$、电容的电压 $\dot{U}_C$、电阻的电压 $\dot{U}_R$ 之间的相量关系,可得如式(4.25.3)所示的幅频特性:

$$\begin{cases} I = \dfrac{U}{\sqrt{R^2 + \left(\dfrac{1}{\omega C}\right)^2}} \\[4mm] U_R = IR, \quad U_C = \dfrac{I}{\omega C} \end{cases} \tag{4.25.3}$$

其中电源电压 U、电路的电流 I、电阻上的电压 U_R 及电容上的电压 U_C 均为有效值，ω 为电源的角频率。

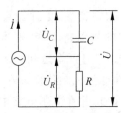

图 4.25.1　RC 串联电路

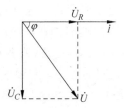

图 4.25.2　RC 串联电路的相量关系

电阻 R 不但是电路的构成部分，同时也是电流 $\dot{I}$ 的采样电阻，因为其电压 $\dot{U}_R$ 与 $\dot{I}$ 是同相位的。所以 $\dot{U}$ 与 $\dot{I}$ 的相位差就是 $\dot{U}$ 与 $\dot{U}_R$ 的相位差，也就等于电路的阻抗角 φ，如式(4.25.2)所示，或者说 $\varphi(\omega)$ 就是 RC 串联电路的相频特性。

由图 4.25.2 可见，该电路的电流 $\dot{I}$ 超前于电压 $\dot{U}$，$\varphi < 0$，呈现为容性电路。而且当频率很低时，φ 趋近于 $-90°$，当频率很高时，则 φ 趋近于零。

用示波器测量的方法是，示波器的通道 CH1 接到电源的两端、CH2 接到电阻的两端，直接显示 $\dot{U}$ 和 $\dot{U}_R$ 的波形，从显示屏上读出它们的相位差 φ，而频率 f 则从电源读出。

2. RL 串联电路

由电阻 R 和电感 L 串联而成的电路，称为 RL 串联电路。只需将图 4.25.1 的电容 C 更换为电感 L 即可得到该电路。电路的复阻抗为

$$Z = R + \mathrm{j}\omega L \tag{4.25.4}$$

阻抗的大小和阻抗角分别为

$$z = \sqrt{R^2 + (\omega L)^2}, \quad \varphi = \arctan \frac{\omega L}{R} \tag{4.25.5}$$

图 4.25.3 表示了该电路总电压 $\dot{U}$、电感的电压 $\dot{U}_L$、电阻的电压 $\dot{U}_R$ 之间的相量关系。与 RC 串联电路相似，式(4.25.5)所示阻抗角 $\varphi(w)$ 就是 RL 串联电路的相频特性。且由图 4.25.3 可见，该电路的电流 $\dot{I}$ 滞后于电压 $\dot{U}$，$\varphi > 0$，呈现为感性电路。

在实用中，人们时常利用 RC 和 RL 串联电路的相频特性来实现电流、电压相位的改变。如图 4.25.4 所示就是常用的二级、三级 RC 移相电路。

图 4.25.3　RL 串联电路的相量关系

对 RL 串联电路及其图 4.25.3 所示的相量关系，也可得如下式所示的幅频特性：

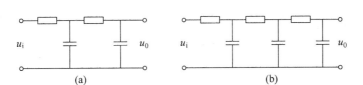

图 4.25.4　RC 移相电路

(a) 二级 RC 移相电路；(b) 三级 RC 移相电路

$$\begin{cases} I = \dfrac{U}{\sqrt{R^2 + (\omega L)^2}} \\ U_R = IR, \quad U_L = I\omega L \end{cases} \tag{4.25.6}$$

其中电源电压 U、电路的电流 I、电阻上的电压 U_R 及电感上的电压 U_L 均为有效值，ω 为电源的角频率。

由以上式子可见，当电源频率 f 增大时，RC 串联电路的电压 U_R、RL 串联电路的电压 U_L 将会随之增大，而 RC 串联电路的电压 U_C、RL 串联电路的电压 U_R 则随之减小，反之亦然。

人们根据这些电路的幅频特性，用作所谓的高通滤波器和低通滤波器，如图 4.25.5 所示。当电路输入电压的频率较高时，低通滤波器对其衰减较大，电路输出的电压就比较低；如果输入信号含有各种频率成分，则低频的信号较易通过低通滤波器，而高频信号则不能通过。高通滤波器的滤波原理与之类似。

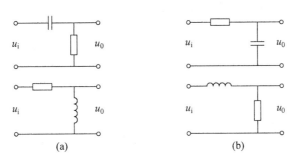

图 4.25.5　由 RLC 元件组成的滤波器

(a) 高通滤波器；(b) 低通滤波器

3. RLC 串联电路

由电阻 R、电感 L、电容 C 串联而成的电路称为 RLC 串联电路。只需在图 4.25.1 的 C 和 R 之间多串接一个 L 即可得到该电路。该电路的复阻抗为

$$Z = R + \mathrm{j}\left(\omega L - \frac{1}{\omega C}\right) \tag{4.25.7}$$

阻抗的大小和阻抗角分别为

$$\begin{cases} z = \sqrt{R^2 + \left(\omega L - \dfrac{1}{\omega C}\right)^2} \\ \varphi = \arctan \dfrac{\omega L - \dfrac{1}{\omega C}}{R} \end{cases} \tag{4.25.8}$$

图 4.25.6 表示出该电路总电压 $\dot{U}$、电容的电压 $\dot{U}_C$、电感的电压 $\dot{U}_L$、电阻的电压 $\dot{U}_R$ 之间的相量关系。同理,如式(4.25.8)所示的阻抗角 $\varphi(\omega)$ 就是该电路的相频特性。

RLC 串联电路相频特性的基本特征是存在一个串联谐振频率

$$f_0 = \frac{1}{2\pi\sqrt{LC}} \tag{4.25.9}$$

当电源的频率 $f < f_0$ 时,$\varphi < 0$,电路呈现容性;当 $f > f_0$ 时,$\varphi > 0$,电路呈现感性;当 $f = f_0$ 时,$\varphi = 0$,此时 $\dot{I}$、$\dot{U}$ 同相位,电路呈现为纯电阻性,处于所谓的谐振状态之中。

RL、RLC 串联电路相频特性的测量方法与 RC 串联电路相同。

对 RLC 串联电路和图 4.25.6 所示的相量关系,有如下式所示的幅频特性:

$$I = \frac{U}{\sqrt{R^2 + \left(\omega L - \dfrac{1}{\omega C}\right)^2}} \tag{4.25.10}$$

$$U_R = IR, \quad U_L = I\omega L, \quad U_C = \frac{I}{\omega C} \tag{4.25.11}$$

其中电源电压 U、电路的电流 I、电阻上的电压 U_R、电感上的电压 U_L 及电容上的电压 U_C 均为有效值,ω 为电源的频率。

如果电源电压 U 保持不变,随着频率的增加,电路阻抗经历由大到小、再由小到大的变化,而电流则随之由小到大、再由大到小地变化,即电流 $I(\omega)$ 的幅频特性曲线呈现单峰性质,如图 4.25.7 所示,该曲线也称为谐振曲线。

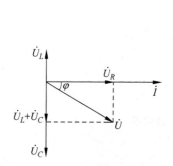

图 4.25.6 RLC 串联电路的相量关系

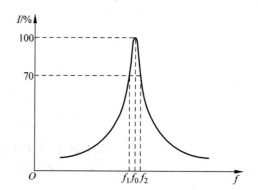

图 4.25.7 谐振曲线与通频带宽度

当电路处于谐振状态时,即 $f = f_0$ 时,由上图和电流公式可见,电路的电流有极大值 $I_m = U/R$,当电源频率 f 大于或小于谐振频率 f_0 时,电流有效值 I 均小于 I_m。若电阻 R 很小,I_m 就可以很大,此时幅频特性曲线比较尖锐。即频率 f 稍偏离 f_0,I 就会大大减少。为了描述 I-f 曲线的尖锐程度,通常把 I 由最大值 I_m 下降到 $0.707I_m$ 时的频带宽度 $\Delta f(= f_2 - f_1)$ 称为通频带宽度。谐振频率 f_0 与 Δf 的比值,与谐振电路的品质因数 Q 有关,可以证明在一定的条件下,该比值近似等于电路的 Q 值,即

$$\frac{f_0}{\Delta f} = \frac{f_0}{f_2 - f_1} \approx Q \tag{4.25.12}$$

班别_____ 姓名_____ 实验日期_____ 同组人_____

原始数据记录

表 4.25.1

f/Hz											
U_R/V											
f/Hz											
U_R/V											

表 4.25.2

f/Hz											
$\varphi/℃$											
f/Hz											
$\varphi/℃$											

实验项目名称___RLC 电路的幅频和相频特性___指导教师_____

大学物理实验预习报告

实验项目名称　　**RLC 电路的幅频和相频特性**

班别＿＿＿＿＿＿＿＿　学号＿＿＿＿＿＿＿＿　姓名＿＿＿＿＿＿＿

实验进行时间＿＿＿年＿＿＿月＿＿＿日,第＿＿＿周,星期＿＿＿,＿＿＿时至＿＿＿时

实 验 地 点＿＿＿＿＿＿＿＿＿＿＿＿＿

实验目的：

实验原理简述：

实验中应注意事项：

而 Q 的定义为

$$Q = \frac{\omega_0 L}{R} = \frac{1}{\omega_0 CR} \qquad (4.25.13)$$

它是一个无量纲的纯数。Q 越大,曲线就越尖锐,通频带宽度就越窄,如图 4.25.8 所示,这时电路对频率的选择性就越好。这就是 RLC 串联电路的选频特性。

又由于 $U_L = I\omega L$,$U_C = I/\omega C$,以及谐振时 $U = U_R$,所以由上式可得

$$Q = \frac{U_L}{U} = \frac{U_C}{U} \qquad (4.25.14)$$

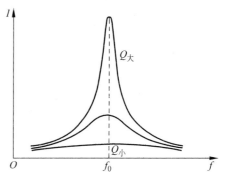

图 4.25.8 谐振曲线锐度与 Q 值关系

4.25.3 实验装置

本实验的装置由功率信号发生器、频率计、电阻箱、电感箱、电容箱和整流滤波电路等组成,如图 4.25.9 所示。

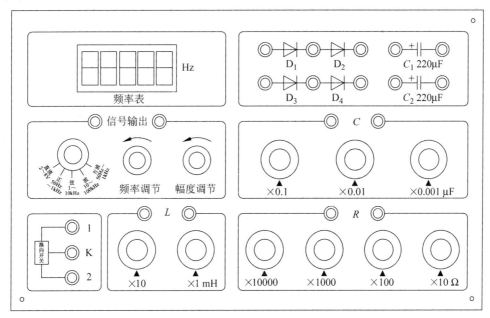

图 4.25.9 RLC 电路实验仪面板示意图

4.25.4 实验内容及步骤

1. 测量 RLC 串联电路的幅频特性

(1) 由图 4.25.9 组装 RLC 串联电路,使交变电源输出正弦波信号。用示波器的通道 CH1 显示电路总电压 U。电阻、电感和电容的参考取值分别为

$$R = 200\Omega, \quad L = 0.1H, \quad C = 0.05\mu F$$

(2) 使电源的输出电压峰峰值 $U_{P\text{-}P} = 2.83V$,此时有效值约为 1V。测量过程应随时监视该电压的变化,并保持不变。

（3）将数字万用表连接到电阻器 R 的两端，从 100 到 5000Hz 每隔 100Hz 改变信号频率，读出和记录 U_R 的值。将数据记录在表 4.25.1 中。

（4）找出并记录谐振频率 f_0，在电路处于谐振状态时，分别测量电容器和电感器两端的电压 U_{C0}、U_{L0}。

2. 测量 RLC 串联电路的相频特性

（1）由图 4.25.9 组装 RLC 串联电路，使交变电源输出正弦波信号。用示波器的通道 CH1 显示电路总电压 U，CH2 显示电阻上的电压 U_R。电阻、电感和电容的参考取值分别为

$$R = 200\Omega, \quad L = 0.1H, \quad C = 0.05\mu F$$

（2）使电源的输出电压峰峰值 $U_{P\text{-}P} = 4V$，调节示波器使两波形呈现在屏幕上，大小和位置等均适合测量要求。测量时，应保持 $U_{P\text{-}P}$ 不变。

（3）从 100 到 5000Hz 每隔 100Hz 改变信号频率，用示波器测量两波形的相位差 φ。将数据记录在表 4.25.2 中。

（4）测量谐振频率 f_0，留意两波形超前、滞后关系的变化。

4.25.5 实验数据处理

（1）用作图法处理表 4.25.1 中所记录 RLC 串联电路的幅频特性数据，画出 RLC 电路的幅频特性曲线 $U_{R\text{-}f}$。

（2）从 $U_{R\text{-}f}$ 谐振曲线找出谐振频率 f_{01}，并把它与由式(4.25.9)所计算出来的理论值 f_0 作比较，得到百分误差：

$$E_1 = \frac{|f_{01} - f_0|}{f_0} \times 100\%$$

（3）从 RLC 串联电路的谐振曲线上找出 $I = 0.707I_m$ 两点的频率 f_1、f_2，求出通频带宽度 Δf，从而根据式(4.25.12)计算电路的品质因数 Q。

（4）用作图法处理表 4.25.2 中所记录 RLC 串联电路的相频特性数据，画出 RLC 电路的相频特性曲线 $\varphi\text{-}f$，从 $\varphi\text{-}f$ 曲线中找到谐振频率 f_{02}，并把它和由式(4.25.9)所计算出来的理论值 f_0 作比较，得到百分误差：

$$E_2 = \frac{|f_{02} - f_0|}{f_0} \times 100\%$$

（5）分析两种情况之下百分误差 E_1 和 E_2 大小的原因。

4.25.6 思考题

（1）改变电路的哪些参数可以使电路发生谐振，电路中 R 的数值是否影响谐振频率值？

（2）电路发生串联谐振时，为什么输入电压不能太大，如果信号源给出 1V 的电压，电路谐振时，用交流毫伏表测 U_L 与 U_C，应选择多大的量限？

（3）要提高 RLC 串联电路的品质因数，电路参数应如何改变？

（4）谐振时，比较输出电压与输入电压是否相等，试分析原因。

（5）谐振时，对应的 U_L 与 U_C 是否相等？ 如有差异，原因何在？

实验 4.26　带电粒子运动特性研究

随着近代科学技术的发展,电子技术的应用已深入到各个领域,关于带电粒子在电场、磁场中的运动规律已成为掌握现代科学技术必不可少的基础知识。带电粒子通常包括质子、离子和自由电子等,其中电子具有极大的荷质比和极高的运动速度。我们常用示波器中的示波管(又名阴极射线管)来研究带电粒子在电场、磁场中运动特性。它的结构原理图如图 4.25.1 所示;它由电子枪、偏转系统及荧光屏组成。电子枪的作用是发射电子并把它加速到一定速度和聚成一细束;快速运动的电子会在阴极射线管的荧光屏上留下运动的痕迹,可以利用观察此光迹的方法来研究电子在电场和磁场中的运动规律。偏转系统由两对平行电板构成,一对上、下放置,叫 Y 轴偏转板或垂直偏转板,另一对左、右放置,叫 X 轴偏转板或水平偏转板;荧光屏是用以显示电子束打在示波管端面的显示屏。所有这几部分都密封在一只玻璃外壳中,玻璃壳内抽成高度真空,以避免电子与空气分子发生碰撞引起电子束的散射,枪内的阴极被灯丝加热后,便在其前端(此处涂有金属氧化物以增加电子发射量)发射出大量电子。由于控制栅极的电位低于阴极(相对于阴极 $5\sim10\mathrm{V}$ 的负电压),它产生一个电场,目的是要把阴极发射出来的电子推回到阴极去。改变控制栅极电位可以限制穿过小孔出去的电子,加速电极一般约有几百伏的正电压。它产生一个很强的电场使电子沿电子枪轴线方向加速,在正常使用情况下形成一束很细的电子流。电子束从两对偏转电极穿过。当电极上加了电压后便产生横向电场使电子束向某一侧偏转。最后,电子束打在涂有一特殊荧光物质薄层的荧光屏上,在电子的轰击下会发出可见光。实验有以下主要内容:一、研究电子束在横向匀强电场作用下的偏转,电子＋横向电场——电偏转;二、研究电子束在横向磁场中作用下的偏转。电子＋横向磁场——磁偏转。

带电粒子运动特性研究是一个应用性的电学实验,它所涉及的知识是示波器、电视机、计算机显示器乃至大型精密医疗显示设备的基础,实验操作和数据处理过程均比较简单。但其是实验改革试点项目之一。实验适合专业:自动化、电子信息工程、电气工程与自动化、机械设计制造与自动化、工程装备与控制工程、材料成型及控制工程、资源勘查工程、勘查技术与工程、土木工程等。

4.26.1　实验目的

(1) 研究掌握电子束在外加电场和磁场作用下偏转的原理和方式。

(2) 了解电子束线管的结构和原理以及各部件的作用。

(3) 观察电子束的电偏转和磁偏转现象,测定电偏转灵敏度、磁偏转灵敏度。

4.26.2　实验原理

1. 示波管的基本结构

如图 4.26.1 所示,示波管主要包括电子枪、偏转系统和荧光屏三部分,全部密封在玻璃外壳内,里面抽成高真空。下面分别说明各部分的作用。

(1) 荧光屏:它是示波管的显示部分,当加速聚焦后的电子打到荧光屏上时,屏上所涂的荧光粉就会发光,形成光斑,从而显示出电子束的位置。当电子停止作用后,荧光粉的发

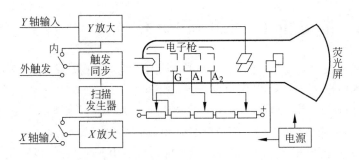

图 4.26.1 示波管工作原理图

光需经一定时间才会停止,称为余辉效应。不同材料的荧光粉发光的颜色不同,余辉时间也不相同。

(2) 电子枪:由灯丝 H、阴极 K、控制栅极 G、第一阳极 A_1、第二阳极 A_2 五部分组成。灯丝通电后加热阴极。阴极是一个表面镀有氧化物的金属筒,被加热后发射电子。控制栅极是一个顶端有小孔的圆筒,套在阴极外面。其电位比阴极低,对阴极发射出来的电子起控制作用,只有初速度较大的电子才能克服栅极与阴极间的电场穿过栅极顶端的小孔,然后在阳极加速下奔向荧光屏。示波器面板上的"亮度"调整就是通过调节栅极电位以控制射向荧光屏的电子流密度,从而改变了屏上的光斑亮度。阳极电位比阴极电位高很多,电子被它们之间的电场加速形成射线。当控制栅极、第一阳极、第二阳极之间的电位调节合适时,电子枪内的电场对电子射线有聚焦作用,所以第一阳极也称聚焦阳极。第二阳极电位更高,又称加速阳极。面板上的"聚焦"调节,就是调第一阳极电位,使荧光屏上的光斑成为明亮、清晰的小圆点。具有"辅助聚焦"的示波器,实际是调节第二阳极电位,以进一步调节光斑的清晰度。

在大多数电子束线管中,电子束都在互相垂直的两个方向上偏移,以使电子束能够到达电子接受器的任何位置,通常运用外加电场和磁场的方法实现,如示波管、显像管等器件就是在这个基础上运用相同的原理制成的。

2. 电偏转原理

电偏转的原理如图 4.26.2 所示。通常在示波管(又称电子束线管)的偏转板上加上偏转电压 V,当加速后的电子以速度 v 沿 Z 方向进入偏转板后,受到偏转场 E(Y 轴方向)的作用,使电子的运动轨道发生偏移。假定偏转电场在偏转板 l 范围内是均匀的,电子作抛物线运动,在偏转板外,电场为零,电子不受力,作匀速直线运动。在偏转板之内

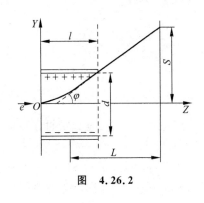

图 4.26.2

$$Y = \frac{1}{2}at^2 = \frac{1}{2}\frac{eE}{m}\left(\frac{Z}{v}\right)^2 \tag{4.26.1}$$

式中 v 为电子初速度,Y 为电子束在 Y 方向的偏转量。电子受到加速电压 V_A 的作用,加速电压对电子所做的功全部转变为电子动能,则

$$\frac{1}{2}mv^2 = eV_A$$

将 $E = V/d$ 和 v^2 代入式(4.26.1),得

$$Y = \frac{VZ^2}{4V_A d}$$

电子离开偏转系统时,电子运动的轨道与 Z 轴所成的偏转角 φ 的正切为

$$\tan\varphi = \frac{dY}{dZ}\bigg|_{x=l} = \frac{Vl}{2V_A d} \qquad (4.26.2)$$

设偏转板的中心至荧光屏的距离为 L,电子在荧光屏上的偏离为 S,则

$$\tan\varphi = \frac{S}{L}$$

代入式(4.26.2),得

$$S = \frac{VlL}{2V_A d} \qquad (4.26.3)$$

由上式可知,荧光屏上电子束的偏转距离 S 与偏转电压 V 成正比,与加速电压 V_A 成反比。由于上式中的其他量是与示波管结构有关的常数,故可写成

$$S = k_e \frac{V}{V_A} \qquad (4.26.4)$$

式中,k_e 为电偏常数。可见,当加速电压 V_A 一定时,偏转距离与偏转电压呈线性关系。为了反映电偏转的灵敏程度,定义

$$\delta_{电} = \frac{S}{V} = k_e\left(\frac{1}{V_A}\right) \qquad (4.26.5)$$

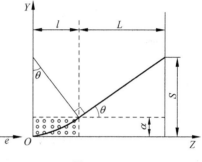

图　4.26.3

$\delta_{电}$ 称为电偏转灵敏度,单位为毫米/伏。$\delta_{电}$ 越大,表示电偏转系统的灵敏度越高。

3. 磁偏转原理

磁偏转原理如图 4.26.3 所示。通常在示波管的电子枪和荧光屏之间加上一均匀横向偏转磁场,假定在 l 范围内是均匀的,在其他范围都为零。当电子以速度 v 沿 Z 方向垂直射入磁场 B 时,将受到洛伦兹力的作用在均匀磁场 B 内作匀速圆周运动,轨道半径为 R,电子穿出磁场后,将沿切线方向作匀速直线运动,最后打在荧光屏上。由牛顿第二定律得

$$f = evB = m\frac{v^2}{R}$$

或

$$R = \frac{mv}{eB}$$

电子离开磁场区域与 Z 轴偏斜了 θ 角度,由图 4.26.3 中的几何关系得

$$\sin\theta = \frac{l}{R} = \frac{leB}{mv}$$

电子束离开磁场区域时,与 Z 轴的距离为

$$\alpha = R - R\cos\theta = R(1-\cos\theta) = \frac{mv}{eB}(1-\cos\theta)$$

电子束在荧光屏上离开 Z 轴的距离为

$$S = L \cdot \tan\theta + \alpha$$

如果偏转角度足够小,则可取下列近似:

$$\sin\theta = \tan\theta = \theta \quad \text{和} \quad \cos\theta = 1 - \frac{\theta^2}{2}$$

则总偏转距离

$$
\begin{aligned}
S &= L \cdot \theta + R\left(1 - 1 + \frac{\theta^2}{2}\right) \\
&= L \cdot \theta + \frac{R\theta^2}{2} \\
&= L \cdot \theta + \frac{mv}{eB} \cdot \frac{\theta^2}{2} \\
&= L\frac{leB}{mv} + \frac{mv}{eB} \cdot \frac{1}{2}\left(\frac{leB}{mv}\right)^2 \\
&= L\frac{leB}{mv} + \frac{l^2 eB}{2mv} \\
&= \frac{leB}{mv}\left(L + \frac{l}{2}\right)
\end{aligned}
\tag{4.26.6}
$$

又因为加速电场对电子所做的功全部转变为电子的动能,则

$$\frac{1}{2}mv^2 = eV_A \quad \text{即} \quad v = \sqrt{\frac{2eV_A}{m}}$$

代入式(4.26.6),得

$$S = \frac{leB}{\sqrt{2meV_A}}\left(L + \frac{1}{2}l\right) \tag{4.26.7}$$

上式说明,磁偏转的距离与所加磁感应强度 B 成正比,与加速电压的平方根成反比。

由于偏转磁场是由一对平行线圈产生的,所以有

$$B = KI$$

式中 I 是励磁电流,K 是与线圈结构和匝数有关的常数。代入式(4.26.7),得

$$S = \frac{KleI}{\sqrt{2meV_A}}\left(L + \frac{1}{2}l\right) \tag{4.26.8}$$

由于式中其他量都是常数,故可写成

$$S = k_m \frac{I}{\sqrt{V_A}} \tag{4.26.9}$$

其中 k_m 为磁偏常数。可见,当加速电压一定时,位移与电流呈线性关系。为了描述磁偏转的灵敏程度,定义

$$\delta_{\text{磁}} = \frac{S}{I} = k_m \frac{1}{\sqrt{V_A}} \tag{4.26.10}$$

$\delta_{\text{磁}}$ 称为磁偏转灵敏度,单位为毫米/安培(mm/A)。同样,$\delta_{\text{磁}}$ 越大,磁偏转的灵敏度越高。

4.26.3　实验装置

本实验的仪器由电子束实验仪、数字万用表组成。

1. 电子束实验仪

该装置由示波管和复杂的电子线路组成,电子束实验仪面板上有电源开关、聚焦调节旋

班别_____　姓名_____　实验日期_____　同组人_____

原始数据记录

表　4.26.1

加速电压 V_A/V	$V_A=800V$	$V_A=1000V$	$V_A=1200V$
偏转 $N/$格	偏转电压 U/V		
10			
8			
6			
4			
2			
0			
-2			
-4			
-6			
-8			
-10			

表　4.26.2

加速电压 V_A/V	$V_A=950V$	$V_A=1150V$	$V_A=1350V$
偏转 $N/$格	横向磁场电流 I/A		
10			
8			
6			
4			
2			
0			
-2			
-4			
-6			
-8			
-10			

实验项目名称___带电粒子运动特性研究___　指导教师_____

大学物理实验预习报告

实验项目名称　　**带电粒子运动特性研究**

班别＿＿＿＿＿＿＿　学号＿＿＿＿＿＿＿＿＿　姓名＿＿＿＿＿＿＿＿

实验进行时间＿＿＿年＿＿＿月＿＿＿日，第＿＿＿周，星期＿＿＿，＿＿＿时至＿＿＿时

实 验 地 点＿＿＿＿＿＿＿＿＿＿＿＿＿＿

实验目的：

实验原理简述：

实验中应注意事项：

钮、辉度调节旋钮、Y 轴偏转电压调节旋钮、X 轴偏转电压调节旋钮等众多调节旋钮,应掌握各调节旋钮的功能,并合理运用,测定相应物理量。

2. 数字万用表

数字万用表用于监测加速电压等电压数值,保证仪器正常工作。

4.26.4　实验内容及步骤

实验内容:

1. 电偏转灵敏度的测定

(1) Y 轴电偏转灵敏度的测定。

(2) X 轴电偏转灵敏度的测定。

2. 磁偏转灵敏度的测定

实验步骤:

1. 准备工作

(1) 接插线:用专用电缆线连接电子束实验仪和示波管。

(2) 开启电源开关,示波管灯丝亮。调节"加速电压调节"电位器,使"加速电压"数显表显示为 800V(或 1000V 或 1200V),适当调节"辉度调节"电位器,此时示波器上出现光斑,使光斑亮度适中,然后调节"电聚焦调节"电位器,使光斑聚焦成一小圆点状光点。

(3) 调焦:调节聚焦旋钮,改变聚焦电压,使屏上光点聚成一细点或细线;辉度控制在适当位置,光点不要太亮,以免烧坏荧光物质。

(4) 光点调零:调节偏转电压 U_X、U_Y,使光点处在原点中心位置。

2. 电偏转灵敏度的测定

Y 轴电偏转灵敏度的测定:使实验箱面板上"电偏转、磁偏转"功能钮子开关置于"电偏转"一方。"Y 轴偏转、X 轴偏转"功能钮子开关置于"Y 轴偏转"一方。

(1) 令"加速电压"显示为 800V,在光斑聚焦的状态下,进一步调节偏转电压 U_Y 和"Y 轴辅助调节"电位器:使实验箱面板上"Y 轴偏转电压 U_Y"数显表显示为 0.00V 时,光点处在原点中心位置。

(2) 调节实验箱面板上"Y 轴偏转电压 U_Y"电位器,使光点向上移动 2 格(N 从屏外刻度板读出),记录数显表显示的"Y 轴偏转电压 U_Y"。

(3) 调节实验箱面板上"Y 轴偏转电压 U_Y"电位器,使光点向上每移动 2 格(N 从屏外刻度板读出),记录数显表显示的"Y 轴偏转电压 U_Y",重复 4 次。

(4) 调节实验箱面板上"Y 轴偏转电压 U_Y"电位器,使光点回到原点中心位置,向下每移动 2 格(N 从屏外刻度板读出),记录数显表显示的"Y 轴偏转电压 U_Y",重复 5 次。

(5) 改变"加速电压"依次显示为 1000V、1200V,在光斑聚焦的状态下,进一步调节偏转电压 U_Y 和"Y 轴辅助调节"电位器:使实验箱面板上"Y 轴偏转电压 U_Y"数显表显示为 0.00V 时,光点处在原点中心位置。重复步骤(2)、(3)、(4)。

画出 Y 轴偏转电压 U_Y 为水平轴、偏转 N(格)为纵轴的图像。

X 轴电偏转灵敏度的测定:使实验箱面板上"电偏转、磁偏转"功能钮子开关置于"电偏转"一方,"Y 轴偏转、X 轴偏转"功能钮子开关置于"X 轴偏转"一方。

(1) 令"加速电压"显示为 800V,在光斑聚焦的状态下,进一步调节偏转电压 U_X 和"X

轴辅助调节"电位器：使实验箱面板上"X 轴偏转电压 U_X"数显表显示为 $0.00\,\mathrm{V}$ 时，光点处在原点中心位置。

（2）调节实验箱面板上"X 轴偏转电压 U_X"电位器，使光点向右移动 2 格，记录数显表显示的"X 轴偏转电压 U_X"。

（3）调节实验箱面板上"X 轴偏转电压 U_X"电位器，使光点向右每移动 2 格，记录数显表显示的"X 轴偏转电压 U_X"，重复 4 次。

（4）调节实验箱面板上"X 轴偏转电压 U_X"电位器，使光点回到原点中心位置，向左每移动 2 格，记录数显表显示的"X 轴偏转电压 U_X"，重复 5 次。

（5）改变"加速电压"依次显示为 $1000\,\mathrm{V}$、$1200\,\mathrm{V}$，在光斑聚焦的状态下，进一步调节偏转电压 U_X 和"X 轴辅助调节"电位器：使实验箱面板上"X 轴偏转电压 U_X"数显表显示为 $0.00\,\mathrm{V}$ 时，光点处在原点中心位置。重复步骤（2）、（3）、（4）。

画出 X 轴偏转电压 U_X 为水平轴、偏转 N（格）为纵轴的图像。

3. 磁偏转灵敏度的测定

（1）准备工作与"电偏转灵敏度的测定"完全相同。为了计算亥姆霍兹线圈（磁偏转线圈）中的电流，必须事先用数字万用表测量线圈的电阻值，并记录。

（2）令"阳极电压"数显表显示为 $800\,\mathrm{V}$，在光斑聚焦的状态下，接通亥姆霍兹线圈（磁偏转线圈）的励磁电压 $0\sim10\,\mathrm{V}$，分别记录电压为 $0\,\mathrm{V}$、$2\,\mathrm{V}$、$4\,\mathrm{V}$、$6\,\mathrm{V}$、$8\,\mathrm{V}$ 时荧光屏上光点位置偏移量（N 从屏外刻度板读出），然后改变励磁电压的极性，重复以上步骤，列表记录数据。

（3）调节"阳极电压调节"电位器，使阳极电压分别为 $1000\,\mathrm{V}$、$1200\,\mathrm{V}$，重复实验步骤（2），列表记录数据。

（4）画出励磁电压为水平轴、偏转 N（格）为纵轴的图像。

4.26.5　实验数据处理

根据表 4.26.1 所记录的实验数据，在坐标纸上作图，由偏转电压 $U(\mathrm{V})\sim$ 偏转 N（格）的关系曲线，验证：当加速电压 V_A 一定时，偏转距离与偏转电压的关系是否与理论结果式（4.26.4）一致。

根据表 4.26.2 所记录的实验数据，在坐标纸上作图，由横向磁场电流 $I\sim$ 偏转 N（格）的关系曲线，验证：当加速电压 V_A 一定时，偏转距离与横向磁场电流 I 的关系是否与理论结果式（4.26.9）一致。

4.26.6　思考题

（1）如果电源开启后，不能在荧光屏上看到亮点，应该如何调节？并说明原因。
（2）如果电源开启后，在荧光屏上看到亮斑点，如何调节？并说明原因。

实验 4.27　金属电子逸出功的测量

金属中存在大量的自由电子,但电子在金属内部所具有的能量低于在外部所具有的能量,因而电子逸出金属时需要给电子提供一定的能量,这份能量称为电子逸出功。增加电子能量有多种方法,如用光照、利用光电效应使电子逸出,或用加热的方法使金属中的电子热运动加剧,也能使电子逸出。本实验采用加热金属,使热电子发射的方法来测量金属的逸出功。由于不同的金属材料其电子的逸出功是不同的,因此热电子的发射情况也不一样,而研究热电子发射的目的之一是可以选择合适的阴极材料。探究电子逸出是一项很有意义的工作,很多电子器件都与电子发射有关,如电视机的电子枪,它的发射效果会影响电视机的质量,因此研究这种材料的物理性质对提高材料的性能是十分重要的。本实验以金属钨为例,测量其热电子的逸出功。虽然该实验具有其特定性,但由于采用了里查逊直线法,因而避开了一些难以测量的量,而只需测出一些基本量即可较容易地得到金属钨的电子逸出功。

4.27.1　实验目的

(1) 了解热电子发射的基本规律和掌握逸出功的一种测量方法。
(2) 用里查逊(Richardson)直线法测定钨的电子逸出功。
(3) 学习图表法数据处理。

4.27.2　实验原理

1. 电子逸出功和热电子发射

金属内部的电子摆脱周围电子对它的影响而逸出金属表面时需要做功,这个功就称为电子的逸出功。在高度真空的玻璃管中装上两个电极可形成真空二极管,见图 4.27.1。其中一个用金属丝 K(用被测金属钨丝)做成,并通以电流使之加热,常称为阴极;在另一金属圆筒电极 A(即阳极)上加以正电压,则在连接着两个电极的外电路中就有电流通过,这表明有电子从阴极发射出来。这种电子从加热金属丝发射出来的现象称为热电子发射。研究热电子发射的目的之一,是选择合适的阴极材料。通过对阴极材料物理性质的研究,来掌握它们的热发射性能,是一项重要的基本工作。从热电子发射理论可以知道,电子的逸出功正是热电子发射的基本物理参量之一。

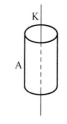

图 4.27.1　真空二极管

2. 热电子发射的电流公式

如果将二极管中的电极看成是两个热源,阴极 K 的温度为 T,阳极 A 的温度为 $T-\mathrm{d}T$,其间从阴极发射出来的电子气则可看成是该热机的工作物质。设一个电子从金属 K 逸出所需要的最低能量即逸出功,用 ϕ 来表示(单位为电子伏特,eV),又设 K 表面处单位体积的电子数,即电子气的数密度为 n。由于电子气的稀薄,可将其视为理想气体,每个电子的平均能量为 $3kT/2$,压强为 $p=nkT$。这里 k 是玻耳兹曼常数($k=1.38\times10^{-23}\mathrm{J/K}$)。

该电子气的状态变化可粗略地看成是一个卡诺循环,见图 4.27.2。在此无限小的循环中,于较高温度 T 时,电子气的体积等温地从 V 增大至 $V+\mathrm{d}V$,电子数密度保持不变,但电

子数则因热电子发射而增加了 $n\,\mathrm{d}V$。等温膨胀所需能量等于从该热源吸收的热量 Q_1,即

$$Q_1 = p\,\mathrm{d}V + n\phi\,\mathrm{d}V + 3nkT\,\mathrm{d}V/2 \qquad (4.27.1)$$

式(4.27.1)中第一项是膨胀机械功,第二项是 $n\,\mathrm{d}V$ 个电子逸出金属所需的能量,第三项是这 $n\,\mathrm{d}V$ 个电子的动能。如果温度 T 和 $T-\mathrm{d}T$ 处的压强分别为 p 和 $p-\mathrm{d}p$,那么在温度 $T-\mathrm{d}T$ 处所做的功就是 $(p-\mathrm{d}p)\mathrm{d}V$。由于在循环的开始和结束电子总数是相同的,所以热机在一个完整循环中所做的总功为 $W = \mathrm{d}p\,\mathrm{d}V$。于是热机的效率

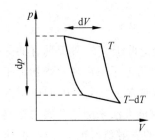

图 4.27.2　电子气的卡诺循环

$$\frac{\mathrm{d}T}{T} = \frac{W}{Q_1} = \frac{\mathrm{d}p\,\mathrm{d}V}{p\,\mathrm{d}V + n\phi\,\mathrm{d}V + 3nkT\,\mathrm{d}V/2} \qquad (4.27.2)$$

由于 $p = nkT$ 和 $\mathrm{d}p = nk\,\mathrm{d}T + kT\,\mathrm{d}n$,所以式(4.27.2)变为

$$\frac{\mathrm{d}T}{T} = \frac{nk\,\mathrm{d}T + kT\,\mathrm{d}n}{n\phi + 5nkT/2} \qquad (4.27.3)$$

由此可解出

$$\frac{\mathrm{d}n}{n} = \frac{\phi}{k}\frac{\mathrm{d}T}{T^2} + \frac{3}{2}\frac{\mathrm{d}T}{T} \qquad (4.27.4)$$

式(4.27.4)两边积分,得电子数密度

$$n = CT^{3/2}\exp\left(-\frac{\phi}{kT}\right) \qquad (4.27.5)$$

式中 C 是积分常数。从金属单位表面积发射出来的电流为 $j = neu$,其中 e 为基本电荷;u 是电子的平均速度,该速度垂直于金属表面,且正比于 $T^{1/2}$。所以发射的电流可写为

$$I = jS = AST^2\exp\left(-\frac{\phi}{kT}\right) \qquad (4.27.6)$$

式中 I 为热电子发射的零场电流强度,单位为 A;A 为与阴极表面化学纯度有关的比例系数,单位为 $\mathrm{A/(cm^2 \cdot K^2)}$;$S$ 为阴极的有效发射面积,单位为 $\mathrm{cm^2}$;T 为阴极的绝对温度,单位为 K;k 为玻耳兹曼常数($k = 1.38 \times 10^{-23}\mathrm{J/K}$)。此式称为里查逊-杜什曼(Richardson-Dushman)公式。从式(4.27.6)可知,只要测出 I、A、S、T 的值,就可以计算出阴极材料的电子逸出功。由于 A 和 S 与阴极材料的化学纯度和表面粗糙程度有关,难以直接测定 A 和 S 这两个量,所以在实际测量中常用下述的里查逊直线法,以设法避开 A 和 S 的测量。

3. 里查逊直线法和各有关物理量的测量

通过较容易测量的 I、T 值,通过下述的数据变换:

$$y = \lg\frac{I}{T^2}, \quad x = \frac{1}{T} \qquad (4.27.7)$$

可以将里查逊-杜什曼公式线性化:

$$y = \lg(AS) - \frac{\phi}{2.303k}x \qquad (4.27.8)$$

由式(4.27.8)可以看出,y 与 x 成线性关系。如果测得一组灯丝温度 T 及其对应的发射电流 I 的数据,再变换为 y 和 x,然后以 y 为纵坐标、以 x 为横坐标作图,从所得直线的斜率即可求出该金属的电子逸出功 ϕ。此方法称为里查逊直线法,它的好处是可以不必求出 A

和 S 的具体数值,直接从 I 和 T 就可以得出 ϕ 的值。无论 A、S 为何值,均只影响直线的截距而与斜率无关,从而避免了 A、S 测量的困难。这种实验方法在实验、科研和生产上都有广泛应用。

此外,里查逊-杜什曼公式只适合于没有外加电场的场合。当热电子不断地从阴极发射,在飞往阳极的途中,必然要形成空间电荷,这些空间电荷的电场势必阻碍后续的电子飞往阳极,这就严重地影响到发射电流的测量。要使阴极发射的热电子连续不断地飞向阳极,形成阳极电流 I_a,必须在阳极与阴极之间外加一个加速电场 E_a,使阳极电位高于阴极电位,见图 4.27.3。但 E_a 的存在助长了热电子的发射,导致更多的电子逸出金属,因而使发射电流增大,这种外电场产生的电子发射效应称为肖脱基效应(Schottky effect)。在外加电场条件下的阳极电流 I_a 并不是真正的 I,必须作出修正。

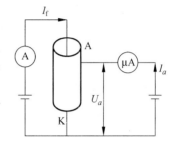

图 4.27.3　加速电压与阳极电流

通常阳极电流 I_a 与阴极表面加速电场 E_a 的关系为

$$I_a = I \exp \frac{0.439\sqrt{E_a}}{T} \qquad (4.27.9)$$

式中 I_a 和 I 分别表示加速电场为 E_a 时和为零时的发射电流。为了方便,一般将阴极和阳极制成共轴圆柱体,在忽略接触电势差等影响的条件下,阴极表面附近加速电场的场强为

$$E_a = \frac{U_a}{r_1 \ln(r_2/r_1)} \qquad (4.27.10)$$

式中 r_1、r_2 分别为阴极和阳极圆柱面的半径,U_a 为加速电压。由(4.27.9)和(4.27.10)两式及下面的式(4.27.11)对应的数据变换

$$\beta = \lg I_a, \quad \alpha = \sqrt{U_a} \qquad (4.27.11)$$

可以得到线性关系

$$\beta = \lg I + \frac{0.439}{2.303 T} \cdot \frac{1}{\sqrt{r_1 \ln(r_2/r_1)}} \alpha \qquad (4.27.12)$$

式(4.27.12)表明在管子结构不变、温度 T 一定时,β 与 α 呈线性关系。如果以 β 为纵坐标、α 为横坐标作图,此直线与纵轴的交点,即截距为 $\ln I$,由此即可求出在一定温度下,加速电场为零时的热电子发射电流 I。这样就可消除 E_a 对发射电流的影响。

灯丝温度 T 对发射电流 I 的影响很大,因此准确测量灯丝温度对于减小测量误差十分重要。对于金属钨,灯丝温度一般为 2000K 左右,常用光学高温计进行测量。

若不测量灯丝温度,可以由灯丝电流确定灯丝温度。对于纯钨丝,一定的比加热电流 I_1($I_1 = I_f/(d_k)^{3/2}$,其中 I_f 为阴极加热电流,d_k 为钨丝直径)与灯丝真实温度的对应关系已有人精确测算出来,并列成表,详见表 4.27.1。

表 4.27.1　灯丝电流与灯丝温度对照表

I_f/A	0.500	0.550	0.580	0.600	0.620	0.640	0.650
$T/10^3$ K	1.72	1.80	1.85	1.88	1.91	1.94	1.96
I_f/A	0.660	0.680	0.700	0.720	0.750	0.800	
$T/10^3$ K	1.98	2.01	2.04	2.07	2.12	2.20	

　　综上所述,要测定某金属材料的逸出功,首先应该把被测材料制成理想二极管的阴极,当测定了阴极温度 T、阳极电压 U_a 和发射电流 I_a 后,用作图法画出 β-α 直线,从它的截距得到零场电流 I 后,再用里查逊直线法画出 y-x 直线,即可由其斜率求出逸出功 ϕ。

　　4. 理想二极管

　　为了测定钨的逸出功,我们将钨作为所谓理想二极管的阴极材料。"理想"是指把电极设计成能够严格地进行分析的几何形状。理想二极管也称标准二极管,是一种特殊设计真空二极管,采用直热式结构,如图4.27.4所示。根据上面所述原理,我们将电极的几何形状设计成同轴圆柱形系统,待测逸出功的材料做成阴极,呈直线形,其发射面限制在温度均匀的一段长度内。为保持灯丝电流稳定,用直流恒流电源供电。阳极为圆筒状,并可近似地把电极看成是无限长的圆柱,即无边缘效应。为了避免阴极 K 两端温度较低和电场不均匀,在阳极 A 两端各装一个圆筒形保护电极 B,并在玻璃管内相连后再引出管外,B 与 A 绝缘。虽然保护电极与阳极所加电压相同,但其电流并不包括在被测热电子发射电流中。在阳极中部开有一个小孔,通过小孔可以看到阴极,以便用光学高温计测量阴极温度。

4.27.3　实验装置

　　本实验的装置主要由金属电子逸出功测定仪组成。

　　图4.27.5所示为金属电子逸出功测定仪的实验电路图,通过设定理想二极管灯丝电流的数值来记录阳极不同电压值对应的阳极电流,通过数据变换计算得到金属钨丝的电子逸出功。

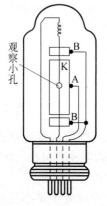

图4.27.4　标准二极管

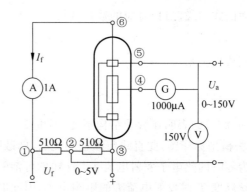

图4.27.5　实验电路图

4.27.4　实验内容及步骤

　　(1) 实验电路如图4.27.5所示。理想二极管的插座已与逸出功测定仪中的电路连接好,先将两个电位器逆时针旋到底后,再接通电源,调节理想二极管灯丝电流 $I_f = 0.580\text{A}$,预热 $5\sim10\text{min}$。

　　(2) 在阳极上依次加 25V,36V,49V,…,121V 的电压 U_a,分别测出对应的阳极电流 I_a。

　　(3) 改变二极管灯丝电流 I_f 值,每次增加 0.020A,重复步骤(2),直至 0.700A。每改变

班别_____姓名_____实验日期_____同组人_____

原始数据记录

表 4.27.2

I_f/A \ U_a/V	25.0	36.0	49.0	64.0	81.0	100.0	121.0
0.580							
0.600							
0.620							
0.640							
0.660							
0.680							
0.700							

实验项目名称____金属电子逸出功的测量____指导教师_____

大学物理实验预习报告

实验项目名称　　**金属电子逸出功的测量**

班　别＿＿＿＿＿＿＿＿＿　学号＿＿＿＿＿＿＿＿＿　姓名＿＿＿＿＿＿＿＿＿

实验进行时间＿＿＿年＿＿＿月＿＿＿日，第＿＿＿周，星期＿＿＿，＿＿＿时至＿＿＿时

实 验 地 点＿＿＿＿＿＿＿＿＿＿＿＿＿＿＿

实验目的：

实验原理简述：

实验中应注意事项：

一次灯丝电流都要预热 3～5min。将数据记录在表 4.27.2 中。

（注意：由于理想二极管工艺制作上的差异,本仪器内装有理想二极管限流保护电路,不要使灯丝电流超过 0.8A。）

（4）关机时先将两个电位器旋至最小,然后再切断电源。

4.27.5 实验数据处理

（1）查表 4.27.1,将表 4.27.2 中记录的灯丝电流数值 I_{f} 换算为灯丝温度值 T。

（2）在不同的温度下,算出对应的 $\beta=\lg I_{\mathrm{a}}$ 和 $\alpha=U_{\mathrm{a}}^{1/2}$。

（3）作 β-α 图线,求出截距 $\lg I$,即可得到在不同灯丝温度下的零场热电子发射电流 I（在同一幅图上作出 7 条直线）。也可用最小二乘法求解线性回归方程的截距参数。

（4）由数据 T、$\lg I$,计算 $y=\lg(I/T^2)$,$x=1/T$。

（5）作 y-x 关系图线,求出斜率。也可用最小二乘法求解线性回归方程的斜率参数。

（6）由所得斜率计算金属钨的逸出功 $\phi_{测量}$,以电子伏特表示。

（7）实验测量值与理论值（4.54eV）的百分误差为

$$E=\frac{|\phi_{测量}-\phi_{理论}|}{\phi_{理论}}\times100\%$$

4.27.6 思考题

（1）里查逊直线法有什么优点? 在你以前做过的实验中,有无类似的数据处理方法?

（2）实验中如何稳定阴极温度?

（3）为保护二极管不致损坏,应注意什么?

（4）为了提高金属钨丝电子逸出功的测量精度,实验中有哪些需要注意的事项?

实验 4.28　微波特性实验

微波在科学研究、工农业生产、医学、通信和国防等方面都有广泛的应用，了解它的特性具有十分重要的意义。微波是特定波段的电磁波，其波长范围为 1m～0.1mm，通常分为分米波、厘米波、毫米波和亚毫米波。微波具有波长短、频率高、量子特性、能穿透电离层等性质。微波和光波从本质上讲都是电磁波，都具有波动性。微波在空间传播表现出似光性，即能产生反射、衍射、干涉、偏振等现象。由于微波的波长比光波的波长在数量级上大一万倍左右，因此用微波进行波动实验将比用光作波动实验更直观和简便。本实验利用微波类似光波的性质，研究微波的反射、单缝衍射、双缝干涉、偏振、迈克耳孙干涉等现象。

4.28.1　实验目的

(1) 了解微波分光仪的结构，学会对其进行调整并能用它进行实验。

(2) 通过观测微波的反射、衍射、干涉、偏振等实验现象，了解微波的基本特性。

(3) 通过迈克耳孙干涉实验测量微波波长。

4.28.2　实验原理

1. 微波的反射

电磁波在传播过程中遇到障碍物会发生反射现象。微波是波长很短的电磁波，它在传播过程中碰到障碍物也会发生反射，且遵循和光线一样的反射定律，即反射线在入射线与法线所决定的平面内，反射线和入射线分居法线两侧，反射角等于入射角。

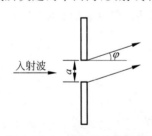

图 4.28.1　微波的单缝衍射

2. 微波的单缝衍射

微波的衍射原理与光波的类似。当一束微波入射到一宽度和微波波长可以比拟的狭缝时，在狭缝后会发生如光波一般的衍射现象。如图 4.28.1 所示，一束波长为 λ 的微波垂直入射到一宽度为 a 的狭缝，将发生衍射，当衍射角 φ 满足

$$a\sin\varphi = \pm k\lambda, \quad k = 1,2,3,\cdots \qquad (4.28.1)$$

时，在 φ 角方向波强达到极小；当满足

$$a\sin\varphi = \pm(2k+1)\frac{\lambda}{2}, \quad k = 1,2,3,\cdots \quad (4.28.2)$$

时，在 φ 角方向波强达到极大（主极大发生在 $\varphi = 0$ 处）。

3. 微波的双缝干涉

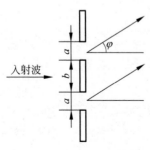

图 4.28.2　微波的双缝干涉

如图 4.28.2 所示，当一束波长为 λ 的微波垂直入射到一块有两条狭缝的金属板上，根据惠更斯原理，则每条狭缝是次级波波源。从两条狭缝发出的次级波是相干波，它们在金属板后面的空间中相遇将产生干涉现象。当然，微波通过每个狭缝也产生衍射。为了研究来自双缝的两束中央波相互干涉的结果，把两狭缝的宽度 a 调节到接近 λ，同时两缝间的距离 b 取较大值，则干涉强度受单缝衍射的影响较小。由干涉原理

可知,当 φ 角满足

$$(a+b)\sin\varphi = \pm k\lambda, \quad k=0,1,2,\cdots \tag{4.28.3}$$

时,在 φ 角方向干涉加强(主极大发生在 $\varphi=0$ 处);当满足

$$(a+b)\sin\varphi = \pm(2k-1)\frac{\lambda}{2}, \quad k=1,2,3,\cdots \tag{4.28.4}$$

时,在 φ 角方向干涉减弱。

4. 微波的迈克耳孙干涉

微波的迈克耳孙干涉原理图如图 4.28.3 所示。在微波前进方向上放置一块与传播方向成 45° 角的半透射半反射的分束板。分束板将入射波分成两束,它们分别沿垂直金属反射板 A、B 的方向传播。由于 A、B 板的反射作用,两束波将再次回到半透射半反射板并达到接收装置处。这两束微波是频率和振动方向相同的相干波,在接收器处将发生干涉。若两束波的相位差为 π 的偶数倍,则干涉加强;若相位差为 π 的奇数倍,则干涉减弱。如果 A 板固定,B 板可前后移动,在 B

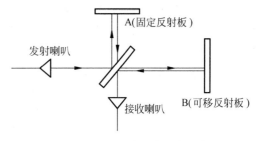

图 4.28.3　迈克耳孙干涉实验

板移动过程中,当微波接收信号从极小值(或极大值)变到另一次极小值(或极大值),则反射板移动了 $\lambda/2$ 的距离。若从某一个极小值开始移动反射板 B,当反射板移动了距离 L,测出 n 个极小值,则微波的波长为

$$\lambda = \frac{2L}{n} \tag{4.28.5}$$

5. 微波的偏振性

电磁波是一种横波,它的电场强度矢量 $\boldsymbol{E}$ 与其传播方向垂直。如果 $\boldsymbol{E}$ 始终在垂直于传播方向的平面内沿着一条固定的直线变化,这样的横电磁波叫线极化波,在光学中也叫线偏振光。线偏振光以强度 I_0 发射,透过检偏器后,透射光的强度 I 变为

$$I = I_0\cos^2\alpha \tag{4.28.6}$$

式中 α 为线偏振光的光矢量振动方向和检偏器透光轴方向之间的夹角。这就是光学中的马吕斯(Malus)定律,对于微波同样适用。

4.28.3　实验装置

1. 微波分光仪

微波分光仪一套,包括:发射喇叭、接收喇叭、微波检波器、检波指示器(微安表)、可旋转载物平台和支架,以及实验用附件(单缝板、双缝板、分束板、读数机构等)。

2. 三厘米固态信号发生器

三厘米固态信号发生器发出的信号具有单一的波长($\lambda=32.02\text{mm}$),这种微波信号就相当于光学实验中要求的单色光束。

4.28.4　实验内容及步骤

实验前使发射喇叭、接收喇叭互相正对,使它们的轴线在一条直线上。然后移动活动臂

使接收喇叭向左右转相同角度(如20°),观看微安表读数是否相同,如果不同,略微旋转接收喇叭,反复调节直至活动臂左右偏转相同角度微安表读数相同为止。

1. 反射实验

实验仪器布置如图4.28.4所示。

(1) 装上金属反射板,使其法线与载物台上的0°线一致,同时使金属板反射面与载物台上的一对90°刻线一致,然后将它固定在载物台上。

(2) 转动载物台,使固定臂指针指向某一角度,该角度的读数就是入射角。实验中入射角最好取30°~65°之间。因为入射角太大时,接收喇叭有可能直接接收入射波。

(3) 转动活动臂,在微安表上找到最大指示,此时活动臂指针指向的角度即为反射角。如果此时微安表指示太大或太小,应调整衰减器、晶体检波器或固态振荡器,使微安表指示接近满量程。

(4) 每隔5°做一次,记录所对应的入射角和反射角的读数。

(5) 从左、右方向入射,各做一次,将测试数据记录在表4.28.1中。

2. 单缝衍射实验

实验仪器布置如图4.28.5所示。

图4.28.4　反射实验的仪器布置

图4.28.5　单缝衍射实验的仪器布置

(1) 将固定臂和活动臂的指针分别指向180°和0°线处。

(2) 装上单缝衍射板,调节狭缝宽度(使 $a=70$mm),使单缝板表面与载物台上的一对90°刻线重合,此时载物台上的0°就是狭缝的法线方向,调节衰减器使微安表指示接近满度。

(3) 从0°开始转动活动臂,每隔2°记录一次微安表读数,到50°为止,左右各一次。将数据记录在表4.28.2中。

3. 双缝干涉实验

双缝干涉实验的仪器布置与单缝衍射实验相同,只需用双缝板替代单缝板。

(1) 将固定臂和活动臂的指针分别指向180°和0°线处。

(2) 装上双缝板,调节狭缝的宽度和间隔(使缝宽 $a=40$mm,间隔 $b=70$mm),使双缝板表面与圆盘上的90°线重合。

(3) 从0°开始转动活动臂,每隔1°记录一次微安表读数,左右各一次。将数据记录在表4.28.3中。

4. 迈克耳孙干涉实验

(1) 使固定臂和活动臂分别指向0°和90°线。装上半透射半反射分束板,使其法线对准载物台上的45°线,固定分束板和活动臂。

班别_____ 姓名_____ 实验日期_____ 同组人_____

原始数据记录

表 4.28.1

入射角/(°)		30	35	40	45	50	55	60	65
反射角 /(°)	左侧								
	右侧								

表 4.28.2

$\varphi/(°)$	0	2	4	6	8	10	12	14	16	18	20	22	24
$I_{左}/\mu A$													
$I_{右}/\mu A$													
$\varphi/(°)$	26	28	30	32	34	36	38	40	42	44	46	48	50
$I_{左}/\mu A$													
$I_{右}/\mu A$													

表 4.28.3

$\varphi/(°)$	0	1	2	3	4	5	6	7	8	9	10	11	12	13	14
$I_{左}/\mu A$															
$I_{右}/\mu A$															
$\varphi/(°)$	15	16	17	18	19	20	21	22	23	24	25	26	27	28	29
$I_{左}/\mu A$															
$I_{右}/\mu A$															

表 4.28.4

次　数	1	2	3	4	5
L_0/mm					
L_n/mm					
L/mm					

表 4.28.5

$\alpha/(°)$		0	10	20	30	40	50	60	70	80	90
$I/\mu A$	理论值										
	实验值										

实验项目名称____微波特性实验____ 指导教师_____

大学物理实验预习报告

实验项目名称 **微波特性实验**

班别＿＿＿＿＿＿＿＿ 学号＿＿＿＿＿＿＿＿＿ 姓名＿＿＿＿＿＿＿＿＿

实验进行时间＿＿＿年＿＿＿月＿＿＿日，第＿＿＿周,星期＿＿＿,＿＿＿时至＿＿＿时

实验地点＿＿＿＿＿＿＿＿＿＿＿＿＿＿

实验目的：

实验原理简述：

实验中应注意事项：

（2）装上金属反射板，使固定反射板的法线与接收喇叭的轴线一致，可移反射板的法线与发射喇叭轴线一致。

（3）通过转动读数机构上的手柄，将可移动反射板移到读数机构的一端，在此附近用微安表测出一个极小值的位置，记下此时读数机构上的读数 L_0。

（4）移动可移动反射板，用微安表测出第 n 个极小值时的位置，记下读数机构上的读数 L_n。

（5）反复测量 5 次。将相应的数值记录在表 4.28.4 中。

5．偏振实验

（1）将固定臂和活动臂的指针分别指向 180° 和 0° 线处，使两喇叭口面对正，让其轴线在一条直线上。

（2）从 0° 开始，在竖直平面内旋转接收喇叭，每隔 10° 记下微安表读数。将数据记录在表 4.28.5 中。

4.28.5　实验数据处理

1．反射实验

根据表 4.28.1 的数据，计算各反射角的平均值，验证反射定律。

2．单缝衍射实验

（1）根据表 4.28.2 的数据，在坐标纸上画出单缝衍射强度与衍射角度的关系曲线，从曲线上求得一级极小和一级极大的衍射角。

（2）根据微波波长和缝宽算出一级极小和一级极大的衍射角，并与曲线上求得的结果进行比较。

3．双缝干涉实验

（1）根据表 4.28.3 的数据，在坐标纸上画出双缝干涉强度与角度的关系曲线。

（2）从曲线上找出干涉加强和减弱时的角度，并且与理论计算出来的相应角度进行比较。

4．迈克耳孙干涉实验

根据表 4.28.4 的数据，计算 L（$L = L_n - L_0$）及其平均值，再利用式（4.28.5）计算出微波波长。

5．偏振实验

根据表 4.28.5 的数据，将实验值与理论值对比，验证马吕斯定律。

4.28.6　思考题

（1）微波与可见光有何异同？

（2）为什么实验前必须将两喇叭轴线对正？如果不对正，对实验结果将产生什么影响？

（3）怎样才能在双缝干涉实验中观测到受衍射调制影响较少的结果？

实验 4.29　用磁滞回线法测定铁磁材料的居里温度

磁性材料在电力、通信、电子仪器、汽车、计算机和信息存储等领域有着十分广泛的应用,近年来已成为促进高新技术发展和当代文明进步不可替代的材料,因此在大学物理实验中开设关于磁性材料的基本性质的研究显得尤为重要。

铁磁性物质的磁特性随温度的变化而改变,当温度上升至某一值时,铁磁性材料就由铁磁状态转变为顺磁状态,即失掉铁磁性物质的特性而转变为顺磁性物质,这个温度称为居里温度,以 T_C 表示。居里温度是表征磁性材料基本特性的物理量,它仅与材料的化学成分和晶体结构有关,几乎与晶粒的大小、取向以及应力分布等结构因素无关,因此又称它为结构不灵敏参数。测定铁磁材料的居里温度不仅对磁材料、磁性器件的研究和研制,而且对工程技术的应用都具有十分重要的意义。本实验利用居里温度测试仪对铁磁材料样品的居里温度进行定性和定量的测量,以加深对这一磁性材料基本特性的理解。

4.29.1　实验目的

(1) 了解铁磁物质由铁磁性转变为顺磁性的微观机理。
(2) 理解本实验测定居里温度的原理和方法。
(3) 测定铁磁样品的居里温度。

4.29.2　实验原理

1. 基本理论

在铁磁性物质中,相邻原子间存在着非常强的交换耦合作用,这个相互作用促使相邻原子的磁矩平行排列起来,形成一个自发磁化达到饱和状态的区域,这个区域的体积约为 $10^{-8}\,\mathrm{m}^3$,称为磁畴。在没有外磁场作用时,不同磁畴的取向各不相同,如图 4.29.1 所示。因此,对整个铁磁物质来说,任何宏观区域的平均磁矩为零,铁磁物质不显示磁性。当有外磁场作用时,不同磁畴的取向趋于外磁场的方向,任何宏观区域的平均磁矩不再为零,且随着外磁场的增大而增大。当外磁场增大到一定值时,所有磁畴沿外磁场方向整齐排列,如图 4.29.2 所示。任何宏观区域的平均磁矩达到最大值,铁磁物质显示出很强的磁性,我们说铁磁物质被磁化了。铁磁物质的磁导率 μ 远远大于顺磁物质的磁导率。

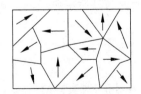

图 4.29.1　无外磁场作用的磁畴

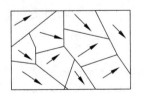

图 4.29.2　在外磁场作用下的磁畴

铁磁物质被磁化后具有很强的磁性,但这种强磁性是与温度有关的。随着铁磁物质温度的升高,金属点阵热运动的加剧会影响磁畴磁矩的有序排列。但在未达到一定温度时,热运动不足以破坏磁畴磁矩基本的平行排列,此时任何宏观区域的平均磁矩仍不为零,物质仍具有磁性,只是平均磁矩随温度升高而减小。而当与 $kT(k$ 是玻耳兹曼常数,T 是热力学温度)成正比的热运动能量足以破坏磁畴磁矩的整齐排列时,磁畴被瓦解,平均磁矩降为零,铁磁物质的磁性消失而转变为顺磁物质,与磁畴相联系的一系列铁磁性质(如高磁导率、磁滞回线、磁致伸缩等)全部消失,相应的铁磁物质的磁导率转化为顺磁物质的磁导率。与铁磁性消失时所对应的温度即为居里点温度。任何区域的平均磁矩称为自发磁化强度,用 M_s 表示。

铁磁物质最大的特点是当它被外磁场磁化时,其磁感应强度 B 和磁场强度 H 的关系不是非线性的,也不是单值的,而且磁化的情况还与它以前的磁化历史有关,即其对应的 $B(H)$ 曲线为一闭合曲线,称之为磁滞回线,如图 4.29.3 所示。当铁磁性消失时,相应的磁滞回线也就消失了。因此,测出对应于磁滞回线消失时的温度,就测得了居里点温度。

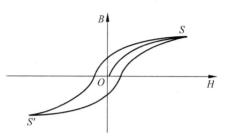

图 4.29.3 铁磁质的磁滞回线

2. 磁滞回线的显示原理

图 4.29.4 所示为居里点温度测试仪的系统装置示意图,详见 4.29.3 节实验装置中的仪器介绍部分。为了获得样品的磁滞回线,在励磁线圈回路中串联了一个电流采样电阻 R_1。由于样品中的磁场强度 H 正比于励磁线圈中通过的电流 I,而电阻 R_1 两端的电压 U 也正比于电流 I,因此可用 U 代表磁场强度 H,将其放大后送入示波器的 X 轴。

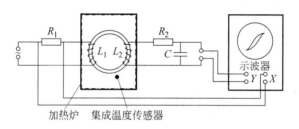

图 4.29.4 居里点温度测试仪原理图

样品上的线圈 L_2 中会产生感应电动势,由法拉第电磁感应定律得知,感应电动势 ε 的大小为

$$\varepsilon = -\frac{\mathrm{d}\varphi}{\mathrm{d}t} = -k\frac{\mathrm{d}B}{\mathrm{d}t} \tag{4.29.1}$$

式中 k 为比例系数,与线圈的匝数和截面积有关。将式(4.29.1)积分得

$$B = -\frac{1}{k}\int \varepsilon \mathrm{d}t \tag{4.29.2}$$

由式(4.29.2)可以看出,样品的磁感应强度 B 与 L_2 上感应电动势 ε 对时间 t 的积分成正比。

另一方面,如果忽略 L_2 的自感电动势和损耗,检测回路的方程为

$$\varepsilon = iR_2 + U_C \tag{4.29.3}$$

式中 i 为感生电流,U_C 为积分电容 C 两端的电压。若选取 R_2 和 C 的数值足够大,则 $U_C = Q/C$ 将远小于 iR_2,即 $\varepsilon \approx iR_2$。又

$$\int \varepsilon \mathrm{d}t \approx R_2 \int i \mathrm{d}t = R_2 Q = R_2 C U_C \tag{4.29.4}$$

由式(4.29.4)可以看出,感应电动势 ε 对时间 t 的积分正比于积分电容的电压,这也表明了样品的磁感应强度 B 正比于积分电容的电压 U_C。

因此,将 L_2 上感应电动势经过 $R_2 C$ 积分电路积分并加以放大处理后送入示波器的 Y 轴,这样在示波器的荧光屏上即可观察到样品的磁滞回线(此时示波器必须用 X-Y 工作方式),这样得到的回线称为动态磁滞回线。

3. 居里温度的测量方法

本实验可以通过两种途径来判断样品的铁磁性消失:

(1) 在加热的过程中,通过观察样品的磁滞回线是否消失来判断;

(2) 通过测定磁感应强度随温度变化的曲线来推断。

一般自发磁化强度 M_s 与饱和磁化强度 M(不随外磁场变化时的磁化强度)很接近,可用饱和磁化强度近似代替自发磁化强度,并根据饱和磁化强度随温度变化的特性来判断居里温度。本实验装置无法直接测定 M,但由电磁学理论知道,当铁磁性物质的温度达到居里温度时,其 $M(T)$ 的变化曲线与 $B(T)$ 曲线很相似,因此在测量精度要求不高的情况下,可通过测定 $B(T)$ 曲线来推断居里温度。即测出感应电动势的积分电压 U_C 随温度 T 变化的曲线,并在其斜率绝对值最大处作切线,切线与横轴交点的温度值即为样品的居里温度,如图 4.29.5 所示。在本实验中,电压 U_C 也称为感应电压。

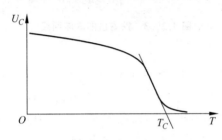

图 4.29.5　用 U_C-T 曲线确定居里点温度

4.29.3　实验装置

本实验的装置由居里温度测试仪、加热炉、双踪示波器和铁磁材料样品等部分组成。

由居里温度的定义知,任何可测定 M_s 或可判断铁磁性消失的带有温控的装置都可用来测量居里温度。要测定铁磁材料的居里点温度,从测量原理上来讲,其测定装置必须具备四个功能:提供使样品磁化的磁场;改变样品温度;判断铁磁物质磁性是否消失;测温。

本实验的居里点温度测试仪是通过图 4.29.4 所示的系统装置来实现以上 4 个功能的。待测样品为环形铁磁材料,其上绕有两个线圈 L_1 和 L_2。初级线圈 L_1 为励磁线圈,给其中通一交变电流,提供使样品磁化的磁场。将样品置于温度可控的加热炉中,可以改变样品的温度。加热的电压分为两档:$0\sim18V$,$0\sim24V$,炉子的控温范围:室温$\sim120℃$。将集成温度传感器置于样品旁边以测定样品的温度,数值可从仪器面板的数字表读出。次级线圈 L_2 为检测线圈,它与 $R_2 C$ 积分电路一起构成样品内磁化状态的检测回路,由面板上的数字电压表可直接读出积分电压的数值。外配的示波器则用于显示样品的磁滞回线。

4.29.4　实验内容及步骤

1. 准备

(1) 连接测试仪的各个部件

① 将加热炉与电源箱前面板的输出端"加热炉"相连接;

② 将铁磁材料样品与电源箱前面板的输入端"样品"相连接,并放入加热炉内;

班别_____　姓名_____　实验日期_____　同组人_____

原始数据记录

表　4.29.1

样品编号		
$T_C/℃$		

表　4.29.2　　　　　　　　　　　　　　　　　　　　　　　　　样品编号：_____

$T/℃$										
U_C/mV										
$T/℃$										
U_C/mV										

表　4.29.3　　　　　　　　　　　　　　　　　　　　　　　　　样品编号：_____

$T/℃$										
U_C/mV										
$T/℃$										
U_C/mV										

大学物理实验预习报告

实验项目名称　　　**用磁滞回线法测定铁磁材料的居里温度**

班别＿＿＿＿＿＿＿＿＿　学号＿＿＿＿＿＿＿＿＿＿　姓名＿＿＿＿＿＿＿＿＿

实验进行时间＿＿＿＿年＿＿＿＿月＿＿＿＿日,第＿＿＿＿周,星期＿＿＿＿,＿＿＿＿时至＿＿＿＿时

实验地点＿＿＿＿＿＿＿＿＿＿＿＿＿＿

实验目的：

实验原理简述：

实验中应注意事项：

③ 将加热炉上的温度传感器与电源箱前面板的输入端"传感器"相连接；

④ 将加热炉上的降温风扇与电源箱前面板的输出端"风扇"相连接；

⑤ 将电源箱前面板的输出端"B 输出"和"H 输出"分别与示波器的 Y2 和 Y1 通道输入端相连接，开启示波器，并将示波器设置为 X-Y 方式。

（2）将电源箱前面板的"升温-降温"开关打向"降温"，开启电源开关，"H 调节"旋至最大，并调节示波器两通道的灵敏度，使荧光屏显示出适当大小的磁滞回线。

2．定性测量磁滞回线消失时的温度

（1）关闭加热炉上的两风门（旋钮方向和加热炉的轴线方向垂直，平行时则是打开风门），将"测量-设置"开关打向"设置"，设定好炉温后，打向"测量"。将"升温-降温"开关打向"升温"，加热炉子开始升温。

（2）密切注意温度磁滞回线的变化，记下磁滞回线消失时温度表显示的温度值，此即为居里点温度 T_{C1}。

（3）将"升温-降温"开关打向"降温"，并打开加热炉上的两风门，使加热炉降至室温。

3．定量测量感应电压随温度变化的关系 U_C-T 曲线

（1）根据以上测得的居里温度值 T_{C1}，重复步骤 2(1)来设置炉温，其设定值应比 T_{C1} 值略低几度。

（2）在加热炉子升温的过程中，记录炉温 T 和对应的感应电压 U_C 的数据。变化较平缓时，记录点间隔可以大些，变化较急速时，记录点间隔应该小些。

更换样品，再做一至两次。将数据分别记录在表 4.29.1、表 4.29.2 和表 4.29.3 中。

4.29.5　实验数据处理

（1）根据表 4.29.2 和表 4.29.3 记录的数据，用坐标纸画出 U_C-T 曲线，并在其斜率最大处作切线，分别求出切线与横轴交点的温度值 T_{C2}。

（2）比较两样品用两种方法各自所测量结果的百分误差：

$$E = \frac{|T_{C(测量)} - T_{C(理论)}|}{T_{C(理论)}} \times 100\%$$

（3）讨论导致所求出的百分误差大小的原因。

4.29.6　注意事项

（1）测量样品的居里点温度时，一定要让炉温从低温开始升高，即每次要让加热炉降温后再放入样品，这样可避免由于样品和温度传感器响应时间的不同而引起的居里点每次测量值的不同。

（2）样品在加热时，L_1 的电感量不断减少，H 信号不断增加，所以在加热过程中应适当调节示波器的 X 灵敏度，使其显示较理想的磁滞回线。

（3）由于两线圈 L_1 和 L_2 间存在一定的互感，感应电压始终不会为零，因此当磁滞回线变成一条直线时，不应任意增大示波器的 Y 灵敏度。

（4）样品架加热时温度较高，在测 80℃ 以上样品时，温度很高，实验时勿用手触碰，以免烫伤。

（5）实验测试过程中，不允许调节信号发生器的幅度，不允许改变电感线圈的位置。

4.29.7 思考题

（1）铁磁物质的三个特性是什么？

（2）什么是磁滞回线？磁滞回线的面积代表什么？

（3）用磁畴理论解释样品的磁化强度在温度达到居里点时发生突变的微观机理。

（4）通过测定感应电压随温度变化的曲线来推断居里点温度时，为什么要由曲线上斜率最大处的切线与温度轴的交点来确定 T_C，而不是由曲线与温度轴的交点来确定？

实验 4.30　混合法测量冰的溶解热

在热学中,学习了物态的变化,即物体在固、液、气三态之间的转化,其中对于如冰一类的晶体而言,在一定的压强和温度下可以实现由固态向液态的转化,这个转化过程叫溶解(或溶化)。在一定的压强下,溶解时晶体的温度不变,这个温度叫熔点。1kg物质的某种晶体溶解成为同温度的液体所吸收的能量叫做该晶体的溶解潜热,简称溶解热或溶化热(λ),其单位是 J/kg。不同的晶体有不同的溶解热,其中冰作为日常生活、生产中常用的一种晶体,由于其制备方便,所以常用作物理实验的材料。有多种方法可用来测定冰的溶解热,其中混合量热法测定冰的溶解热是常见的热学实验。

4.30.1　实验目的

(1) 加深对热力学第一定律的理解,加深对热传导的认识。
(2) 掌握混合量热法测量冰溶解热的方法。
(3) 进一步熟悉掌握秒表、温度计的使用。
(4) 理解牛顿冷却定律。

4.30.2　实验原理

1. 在绝热系统中用混合量热法测定冰的溶解热

当物体之间或同一物体的不同部分之间存在温度差时,热量就会从高温物体向低温物体传递或从物体的高温部分向低温部分传递。将一定质量的冰和一定质量的水混合,当混合后的系统达到一定的温度后,冰全部溶解为同温度的水。根据热平衡原理可知,冰溶解所吸收的热量与水降温所释放出来的热量相等。只要测量出系统与外界的换热量、水的质量、冰的质量等,就可以求出冰的溶解热。

设冰的质量为 M,温度为 0℃,投入盛有质量为 m、温度为 T_1 的已装入量热器内筒的水中。使冰完全熔解且最后整个系统处于热平衡,测得系统此时的温度为 T_2。若量热器内筒和搅拌器的质量分别为 m_1 和 m_2,其比热容分别为 C_1 和 C_2,温度计的热容量为 q,其体积 V 数值上等于温度计插入水中体积的毫升数,水的比热容为 C_0。则根据热平衡原理及能量守恒定律可得:冰全部溶解为同温度(0℃)的水及其从 0℃升到 T_2 过程中所吸收的热量等于量热器和它所装的水所失去的热量,即它们从温度 T_1 降至 T_2 时所放出的热量,即

$$M\lambda + M(T_2 - 0)C_0 = (mC_0 + m_1C_1 + m_2C_2 + qV) \times (T_1 - T_2) \quad (4.30.1)$$

由此可得冰的溶解热为

$$\lambda = \frac{1}{M}(mC_0 + m_1C_1 + m_2C_2 + qV) \times (T_1 - T_2) - T_2C_0 \quad (4.30.2)$$

式中水的比热容 $C_0 = 4.18 \times 10^3 \text{J/(kg·K)}$;内筒及搅拌器都是铜制的,其比热容 $C_1 = C_2 = 3.805 \times 10^2 \text{J/(kg·K)}$;水银温度计插入水中部分的热容量 $q = 1.92 \times 10^6 \text{J/(m}^3 \text{·K)}$。

2. 考虑系统与外界热量交换对溶解热的修正

式(4.30.2)是在理想的情况下得出的,即绝热系统中得到的,而这个条件实际上很难,甚至是无法实现的。所以在实际测量过程中,必须考虑在系统与外界之间的散热损失,研究

如何减少热量交换对实验结果的影响。设系统在单位时间内向外界的散热量为 $q'(\mathrm{J/s})$,则式(4.30.2)变为

$$\lambda = \frac{1}{M}\left[mC_0 + (m_1 + m_2)C_1 + qV\right] \times (T_1 - T_2) - T_2C_0 + \frac{q'\Delta t}{M} \qquad (4.30.3)$$

式中温度单位都取℃,质量单位都取 kg。若比热容的单位取 J/(kg・K),热容的单位取为 J/K,则溶解热的单位为 J/kg。

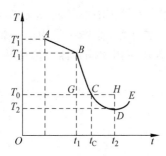

图 4.30.1　温度-时间变化曲线关系

在冰的溶解过程中,测量温度与时间的对应关系并将其关系绘制成图,如图 4.30.1 所示。图中 AB 段表示投入冰块前水温缓慢降低过程,其中 T_1' 为水的初温,它较环境温度 T_0 高,此过程水要向外界散热。曲线 BCD 段表示冰块溶解过程中系统的温度变化,其中与 B 点相应的温度为 T_1,是投入冰块时的温度。冰块溶解,温度下降,D 点是系统的最低温度,设为 T_2。DE 段为系统从外界吸热,水温缓慢升高过程。

牛顿冷却定律指出,当系统与环境的温度差不大 (10～15℃)时,系统温度的变化率与温度差成正比。即

$$\frac{\mathrm{d}T}{\mathrm{d}t} = k'(T - T_0) \qquad (4.30.4)$$

式中 T 为系统的温度;T_0 为环境的温度;k' 为散热系数,只与系统本身的性质有关。设系统的比热容为 C,则系统与外界交换的热量 $\mathrm{d}Q = C\mathrm{d}T$,于是,式(4.30.4)可改写为

$$\frac{\mathrm{d}Q}{\mathrm{d}t} = Ck'(T - T_0) = k(T - T_0) \qquad (4.30.5)$$

式中 $k = k'C$,也是常数。

将式(4.30.5)对时间 t 积分,得

$$
\begin{aligned}
Q &= \int_{t_1}^{t_2} k(T - T_0)\mathrm{d}t = \int_{t_1}^{t_C} k(T - T_0)\mathrm{d}t + \int_{t_C}^{t_2} k(T - T_0)\mathrm{d}t \\
&= k\left[\int_{t_1}^{t_C} T\mathrm{d}t - T_0(t_C - t_1) + \int_{t_C}^{t_2} T\mathrm{d}t - T_0(t_2 - t_c)\right] \\
&= k(S_1 - S_2 + S_3 - S_4) = k\left[S_5 + (-S_6)\right]
\end{aligned}
\qquad (4.30.6)
$$

式中的 t_C 为系统降温到室温时的时间。从图 4.30.1 看出:①令 BCt_Ct_1GB 所包围的面积为 S_1,GCt_Ct_1G 所包围面积为 S_2,则 $BCGB$ 所包围的面积便是它们之差 $S_5 = S_1 - S_2$,由于 $S_1 > S_2$,S_5 为正值,它表示系统向外界散失的热量;②令 CDt_2t_CC 所包围的面积为 S_3,$CHDt_2t_CC$ 所包围的面积为 S_4,它们之差 $S_6 = S_4 - S_3$ 为 $CHDC$ 所包围的面积,由于 $S_3 < S_4$,故 S_6 为负值,它表示系统从外界吸收的热量。由于 S_5、S_6 符号不同,则从数学上提供了一种实现绝热的方法,即在图 4.30.1 中选择恰当的 B 和 D 点的位置(即适当选择温度 T_1 和 T_2)使 $S_5 + (-S_6) = 0$,则系统与外界交换的热量 Q 等于零,系统就可以看成绝热系统了。为此,实验中就要多次进行实验,且绘制 T-t 曲线,找出最佳的始温 T_1 和末温 T_2。

4.30.3　实验装置

本实验的实验装置由量热器、物理天平、水银温度计、量筒、秒表等组成。

班别＿＿＿＿＿＿姓名＿＿＿＿＿＿实验日期＿＿＿＿＿＿同组人＿＿＿＿＿＿

原始数据记录

天平感量：$0.05(\mathrm{g/div})$

表 4.30.1 $10^{-3}\mathrm{kg}$

m_1（内筒）	m_2（搅拌器）	m_1+m（水）	m_1+m+M（冰）

表 4.30.2

n（序号）	0	1	2	3	4	5	6	7	8	9	10
$T/℃$											
n（序号）	11	12	13	14	15	16	17	18	19	20	21
$T/℃$											

系统温度 $T_1=$＿＿＿＿＿＿＿＿＿；系统温度 $T_2=$＿＿＿＿＿＿＿＿＿

实验项目名称＿＿混合法测量冰的溶解热＿＿指导教师＿＿＿＿＿＿＿＿＿

大学物理实验预习报告

混合法测量冰的溶解热

实验项目名称＿＿＿＿＿＿＿＿＿＿＿＿＿＿＿＿＿＿＿＿＿＿＿＿

班别＿＿＿＿＿＿＿＿＿＿　学号＿＿＿＿＿＿＿＿＿＿＿　姓名＿＿＿＿＿＿＿＿＿＿

实验进行时间＿＿＿＿年＿＿＿月＿＿＿日，第＿＿＿＿周,星期＿＿＿＿，＿＿＿时至＿＿＿时

实验地点＿＿＿＿＿＿＿＿＿＿＿＿＿＿＿＿＿＿

实验目的：

实验原理简述：

实验中应注意事项：

量热器的结构如图 4.30.2 所示,它由内外两个金属筒组成。内筒放置于外筒内,且它们两者并未直接接触,而是将内筒放在一个绝热垫架上,减少了内外筒之间的热传导;同时外筒上还盖有一个绝热盖,这样量热器内空气与周围环境不易发生对流,形成隔热层,也减少了热量在系统与环境之间的传递。加之内筒的外壁和外筒的内外壁通常电镀十分光亮,使得它与周围环境间因热辐射而产生的热量传递也可以减少。因此可以近似认为量热器的内筒与外界环境之间是没有热量交换的。

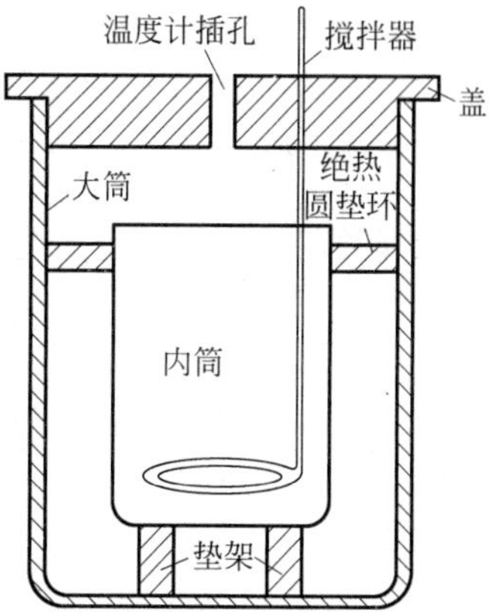

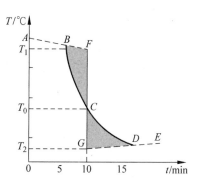

图 4.30.2 量热器

4.30.4 实验内容及步骤

1. 冰的制备

通常提前在冰箱中制冰,实验进行时将冰从冰箱中取出后置于 0℃ 的容器中,过一段时间后再取出并用干布揩干其表面的水后就可作为待测的样品了。

2. 合理选择各个参量的数值

在做实验过程中,可以适当选择数值的参量有水的质量 m、冰的质量 M、始温 T_1 及末温 T_2。在做第一次实验时,T_1 可比环境温度高 10℃ 左右,水的体积约为量热器内筒容积的 2/3,投入的冰块必须能全部被水淹没,使冰尽快熔解。若末温太低,第二次实验时为了提高末温,可以减少冰块的质量,也可以增加水的质量或提高始温。应该注意,末温不能选得太低,以免内筒外壁出现凝结水而改变其散热系数。

3. 冰的溶解热的测定

(1) 用物理天平分别称出量热器内筒和搅拌器的质量 m_1、m_2 及水的质量 m(数据记入表 4.30.1)。

(2) 测出投冰前(4～5min)、投冰后溶解过程中和溶解完毕后(4～5min)的水温 T 随时间 t 变化的数据,每隔 0.5min 测一次水温,并将数据记录入表 4.30.2。注意整个过程要不断轻轻地搅拌量热器中的水。

(3) 利用表 4.30.2 中的数据在坐标纸上绘出 T-t 曲线,尽可能准确地估算图 4.30.1 中 S_5 和 S_6 面积,使二者大小基本相等,若相差太大,则应调整各个参量的数值,重新做实验;若基本相等,则可转到下一步骤。

(4) 称量量热器内筒(包括搅拌器、水及投入的冰块)的质量,并算出冰块的质量 M,然后由式(4.30.2)算出冰的溶解热。

4.30.5 实验数据处理

(1) 根据表 4.30.2 中实验数据绘制 T-t 曲线,实际得到的曲线一般为如图 4.30.3 所示的曲线 $ABCDE$,图中 AB 为投冰前的放热线(近似为直线),BCD 为溶解时的曲线,DE 为溶解后的吸热线(近似为直线),B、D 两点的温度为温度计实测时投冰前后

图 4.30.3 降温曲线图

的系统始温度 T_1 和末温度 T_2。

（2）将表 4.30.1 中数据代入式（4.30.2）计算出冰的溶解热 $\lambda_{测}$。

（3）对于温度计而言，在 25～30℃ 间仪器误差限为 0.2℃，则结合 $T=(t+273.15)$K，温度计读数的标准不确定度为 $u_B(T)=\left(\dfrac{0.2}{\sqrt{3}}+273.15\right)$K。

（4）水的质量、内筒质量、搅拌器质量和冰块质量只考虑 B 类不确定度，其值为 $u_B(m)=u_B(m_1)=u_B(m_2)=u_B(M)=\sqrt{3}/\Delta_{仪}$，浸入水中的温度计的体积由实验室给出，忽略其不确定度。

（5）令 $y_1=\dfrac{[mC_0+(m_1+m_2)C_1+qV]\times(T_1-T_2)}{M}$，则可根据不确定度传递公式得

$$u_C(y_1)=y_1\sqrt{\left[\dfrac{u_C(M)}{M}\right]^2+\dfrac{u_C^2(m)+u_C^2(m_1)+u_C^2(m_2)}{[mC_0+(m_1+m_2)C_1+qV]^2}+\dfrac{u_C^2(T_1)+u_C^2(T_2)}{(T_1-T_2)^2}}$$

冰溶解热的合成标准不确定度

$$u_C(\lambda)=\sqrt{u_C^2(y_1)+u_C^2(T_2)}$$

（6）冰的溶解热完整结果表示：

$$\lambda=\lambda_{测}\pm 2u_C(\lambda)$$

$$u_r(\lambda)=\dfrac{u_C(\lambda)}{\lambda_{测}}\times 100\%$$

（冰的溶解热标准值为 $\lambda_{标准}=3.33\times10^5$J/kg）

4.30.6 思考题

（1）混合量热法所依据的原理是什么？

（2）冰块投入量热器内筒时，若冰块外面附有水，将对实验结果有什么影响（只需定性说明）？

（3）冰的质量选多少较合适？过多或过少有什么不好？

（4）整个实验过程中为什么要用搅拌器不停地、轻轻地搅拌？分别说明投冰前后搅拌的作用。

（5）试分析若系统从外界吸收的热量大于向外散失的热量（$S_6>S_5$），将使 λ 的结果偏大还是偏小。

实验 4.31　热导率与比热容的测定

在物体内部,热量可以自动地从高温部分传递到低温部分,这种现象叫热传导。热传导是热量传播的三种方式之一,物体内部热传导的快慢可以用热导率(也可称为导热系数)来描述,它是研究物体导热性能的基本物理量。物体的导热性能由构成物体的材料性质决定,同种物质由于结构、温度、压力及杂质含量的不同,其热导率很不相同;不同的物质有不同的热导率,其热导率最大相差可以达到五个数量级。固体、液体与气体,金属与介电质的内部结构不同,导热的机理也有很大的差异。而且影响材料热导率的物理、化学因素很多,热导率对物体的晶体结构、显微结构和组分的微小变化都非常敏感,因此所有热导率的理论计算方程式几乎都有较大的局限性。所以对于绝大多数物体,现在还不能根据其结构和导热机理来计算其热导率。热导率的数值至今仍然主要依靠实验方法获得。

根据导热过程的宏观机理不同,热导率的测试方法可以分为两种:稳态法和非稳态法。在稳态测试方法中,试样内的温度分布是不随时间而变化的稳态温度场,当试样达到热平衡以后,借助测量试样每单位面积的热流速率和温度梯度,就可以直接得出试样的热导率。在非稳态测试方法中,试样内的温度分布是随着时间而变化的非稳态温度场,借助测试试样温度变化的速率,就可以测定试样的热扩散率,从而得到试样的热导率。

一般说来,金属的热导率比非金属大,固体的热导率比液体大,气体最小。从日常生活、工业生产到高新科学技术领域,都涉及材料的导热性能,测定物体的热导率对于了解物体的传热性能具有重要意义。热导率大的物体具有良好的导热性能,称为热的良导体,热导率小的物体则称为热的非良导体。本实验测定热的非良导体的热导率,并介绍和采用一种非常接近稳态的测量方法——准稳态法。该方法不但可以测量热导率,还可以同时获得材料的比热容数据。

4.31.1　实验目的

(1) 了解准稳态法测量导热系数和比热容的原理,以及该方法的主要特点。

(2) 用准稳态法测定不良导体的导热系数和比热容。

(3) 掌握使用热电偶测量温差的方法。

4.31.2　实验原理

根据导热过程的宏观机理不同,热导率的测试方法分为稳态法和非稳态法。

稳态测量法,具有原理清晰,可准确、直接地获得热导率绝对值等优点,并适于较宽温区的测量;缺点是比较原始、测定时间较长和对环境(如测量系统的绝热条件、测量过程中的温度控制以及样品的形状尺寸等)要求苛刻。这种方法适用于在中等温度下对中低导热系数材料的测量,其原理是利用稳定传热过程中传热速率等于散热速率的平衡条件来测得导热系数。

非稳态测量法是最近几十年内开发出的导热系数测量方法,多用于研究高导热系数材料,或在高温条件下进行测量。在瞬态法(动态测量法)中,测量时样品的温度分布随时间变化,一般通过测量这种温度的变化来推算导热系数。动态法的特点是测量时间短、精确性高、对环境要求低,但受测量方法的限制,多用于比热基本趋于常数的中、高温区导热系数的测量。

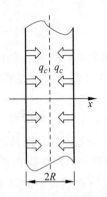

图 4.31.1 无限大平板

本实验介绍并采用一种非常接近稳态的测量方法——准稳态法,该法不但可以测量导热系数,还可以同时获得材料的比热容数据。

1. 准稳态的数学物理基础

考虑如图 4.31.1 所示的一维无限大导热模型:一无限大热的不良导体平板厚度为 $2R$,初始温度为 t_0。平板两侧为加热面,同时施加均匀的指向中心面的热流密度 q_c,平板各处的温度 $t(x,\tau)$ 将随加热时间 τ 而变化。中心面的坐标为 $x=0$。

上述物理模型的数学描述可表达为偏微分方程:

$$\frac{\partial t(x,\tau)}{\partial \tau} - a\frac{\partial^2 t(x,\tau)}{\partial x^2} = 0 \qquad (4.31.1)$$

以及初始条件和边界条件:

$$t(x,0) = t_0$$

$$\begin{cases} -\dfrac{\partial t(x,\tau)}{\partial x}\Big|_{x=R} + \dfrac{q_c}{\lambda} = 0 \\[2mm] \dfrac{\partial t(x,\tau)}{\partial x}\Big|_{x=0} = 0 \end{cases} \qquad (4.31.2)$$

式中 x 为试件厚度方向坐标,τ 为加热时间,q_c 表示沿 x 方向从一侧面向试件中心传递的热流密度(单位 $J/(m^2 \cdot s)$),λ、a 分别为材料的导热系数和导温系数。

不难验证,式(4.31.2)的解为

$$t(x,\tau) - t_0 = \frac{q_c}{\lambda}\left[\frac{a\tau}{R} - \frac{R^2 - 3x^2}{6R} + R\sum_{n=1}^{\infty}(-1)^{n+1}\frac{2}{\mu_n^2}\cos\left(\mu_n\frac{x}{R}\right)\exp(-\mu_n^2 F_0)\right]$$

$$(4.31.3)$$

式中,$\mu_n = n\pi, n=1,2,3,\cdots$;$F_0 = a\tau/R^2$ 为傅里叶准数,它与时间成正比。

考察 $t(x,\tau)$ 的解析式可以看到,随加热时间的增加,样品各处的温度将发生变化。注意到式中的级数项,由于指数衰减的原因,会随 F_0 的增大而逐渐变小,直至可以忽略不计。定量分析表明当 $F_0 = a\tau/R^2 > 0.5$ 以后,该级数项就可忽略,这时式(4.31.3)简化成

$$t(x,\tau) - t_0 = \frac{q_c}{\lambda}\left(\frac{a\tau}{R} + \frac{x^2}{2R} - \frac{R}{6}\right) \qquad (4.31.4)$$

在试件中心面 $x=0$ 和加热面 $x=R$ 处,分别有

$$t(0,\tau) - t_0 = \frac{q_c}{\lambda}\left(\frac{a\tau}{R} - \frac{R}{6}\right), \quad t(R,\tau) - t_0 = \frac{q_c}{\lambda}\left(\frac{a\tau}{R} + \frac{R}{3}\right) \qquad (4.31.5)$$

由式(4.31.4)和式(4.31.5)可见,中心面和加热面处的温度与加热时间成线性关系,温升速率同为 $aq_c/\lambda R$,该值与材料的导热性能和初始条件有关。此时两平面间的温度差为

$$\Delta t = t(R,\tau) - t(0,\tau) = \frac{q_c R}{2\lambda} \qquad (4.31.6)$$

由式(4.31.6)可以看出,该温度差 Δt 与加热时间 τ 没有直接关系,即在系统加热温升的过程中,Δt 保持恒定。系统各处的温度和时间成线性关系,温升速率也相同,此种状态称

为准稳态。

2. 导热系数和比热容的测量

当系统达到准稳态时,由式(4.31.6)可得到导热系数(单位 W/(m·℃))的计算公式

$$\lambda = \frac{q_c R}{2\Delta t} \tag{4.31.7}$$

无限大平板这个条件无法满足,实验总是用有限截面的试件来进行。一般试件的横向尺寸取厚度的六倍以上,传热方向则可以认为只在厚度 x 方向进行。只要测量出进入准稳态后加热面和中心面间的温度差 Δt,并由实验条件确定相关参量 q_c 和 R,则可以得到待测材料的导热系数 λ。

在进入准稳态后,由比热容的定义(单位质量的某种物质,在温度升高(或降低)1℃时所吸收(或放出)的热量,即单位质量物质的热容量;在国际单位制中,比热的单位是 J/(kg·K))和能量守恒定律,可以得到关系式

$$q_c = c\rho R \frac{\mathrm{d}t}{\mathrm{d}\tau} \tag{4.31.8}$$

式中 ρ 为材料的质量密度,c 为材料的比热容。$\dfrac{\mathrm{d}t}{\mathrm{d}\tau}$ 为准稳态条件下试件中心面的温升速率(进入准稳态后各点的温升速率是相同的)。可由此解出比热容

$$c = \frac{q_c}{\rho R \dfrac{\mathrm{d}t}{\mathrm{d}\tau}} \tag{4.31.9}$$

由以上分析可以得到结论:只要在上述模型中测量出系统进入准稳态后加热面和中心面间的温度差和中心面的温升速率,即可由式(4.31.7)和式(4.31.9)得到待测材料的导热系数和比热容。

4.31.3　实验装置

本实验的装置由准稳态法比热导热系数测定仪、保温杯、实验样品架和测试样品(一套四块)等部分组成。

1. 实验样品架和保温杯

样品架是安放实验样品、加热器、热电偶、放大器和连接线端口的平台。图 4.31.2 为样品架外形图,其各部分元件功能如下:

1—放大盒:将热电偶感应的电压信号放大并将此信号输入到主机;2—中心面横梁:承载中心面的热电偶;3—加热面横梁:承载加热面的热电偶;4—加热薄膜:给样品加热;5—隔热层:防止加热样品时散热,从而保证实验精度;6—螺杆旋钮:推动隔热层压紧或松动实验样品和热电偶。样品有橡胶和有机玻璃两组,每组四块,尺寸均为 $90\,\mathrm{mm} \times 90\,\mathrm{mm} \times 10\,\mathrm{mm}$ 的方块,其厚度就是 R。两个加热器制成正方形薄膜状,其面积与样品相同。铜-康铜热电偶的线径为 $0.1\,\mathrm{mm}$,共两支。热电偶的冷端置于保温杯内,以保证冷端温度在实验过程中保持一致。图 4.31.3 是它们的相互位置关系。

实验研究的对象是样品 2 和 3,它们的交界面为中心面,样品 1、2 之间和 3、4 之间放置加热薄膜,为加热面。热电偶 1 置于中心面,用来测量中心面的温度,并据此计算温升速率 $\mathrm{d}t/\mathrm{d}\tau$;热电偶 2 置于其中一个加热面处,并且与热电偶 1 反向串接,以测量中心面与该加热面之间的温度差 Δt。

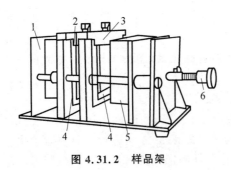

图 4.31.2　样品架

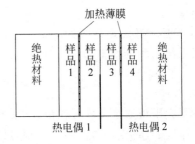

图 4.31.3　实验样品的放置

样品 1 和 4 以及外围绝热材料的作用是,使加热器两侧具有相同的、对称的物理环境,即热传导条件相同,因此加热器所产生的两个方向的热流密度均为

$$q_c = \frac{U^2}{2Sr} \tag{4.31.10}$$

其中 U 为施加到两个并联加热器上的电压; S 为加热器的面积(即样品的导热面积); r 为加热器的电阻,其值为 110.14Ω。

2. 准稳态法比热导热系数测定仪

准稳态法比热导热系数测定仪是控制整个实验操作并读取实验数据的装置,图 4.31.4 为测定仪前面板示意图。

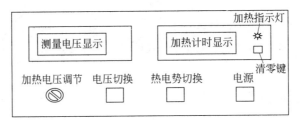

图 4.31.4　测定仪的前面板

"加热电压调节"旋钮的调节范围是 $15.00\sim19.90\mathrm{V}$; 通过"电压切换"按键,"测量电压显示"数码表可以显示两个电压——加热电压和热电偶的热电势,单位分别为 V 和 mV; 在显示热电势时,可通过"热电势切换"按键,使数码表显示中心面的热电势,或中心面与加热面之间的温差热电势。

按下"电源"开关按键,可提供主机电路所需的电源,但并未提供加热电流。只有开启主机后面板的"加热控制"开关,加热器才开始工作,此时前面板的"加热指示灯"亮,"加热计时显示"数码表开始计时。

本实验对初始条件的要求比较严格,要达到精确测量的目的,必须满足下列实验条件:第一,保证加热前四块样品具有相同的初始温度(温差不应大于 $0.1\,^{\circ}\mathrm{C}$,为此样品要置于避热、避光的室温环境中保存,实验时操作者要戴线手套装配样品);第二,热电偶测温端应置于样品的中心位置,防止由于边缘效应影响测量精度。实验完成后,应待加热器冷却到室温后再进行下次实验,但试件不能连续做实验,必须经过 4h 放置和室温平衡后才能做下一次实验。

班别_____ 姓名_____ 实验日期_____ 同组人_____

原始数据记录

表 4.31.1

时间 τ/min	温差热电势 $\Delta\varepsilon$/mV	中心面热电势 ε_c/mV	速率 $\mathrm{d}\varepsilon_c/\mathrm{d}\tau$/(mV·min^{-1})
1			
2			
3			
4			
5			
6			
7			
8			
9			
10			
11			
12			
13			
14			
15			
16			
17			
18			
19			
20			

实验项目名称___热导率与比热容的测定___ 指导教师_____

大学物理实验预习报告

实验项目名称　　**热导率与比热容的测定**

班别＿＿＿＿＿＿＿＿＿　学号＿＿＿＿＿＿＿＿＿　姓名＿＿＿＿＿＿＿＿

实验进行时间＿＿＿年＿＿月＿＿日，第＿＿＿周,星期＿＿＿,＿＿＿时至＿＿＿时

实验地点＿＿＿＿＿＿＿＿＿＿＿＿＿

实验目的：

实验原理简述：

实验中应注意事项：

4.31.4 实验内容及步骤

1. 样品安装

安装样品并连接各部分连线。

2. 仪器的调整

(1) 检查"加热控制"开关是否关闭(可由前面板上"加热指示灯"来确定),没有关闭则应立即关闭,将"加热电压调节"旋钮旋至最小;

(2) 开启电源,仪器预热 10min 左右;

(3) 设定加热电压;(先将"电压切换"按键按下到"加热电压"挡位,再由"加热电压调节"旋钮来调节所需要的电压。参考加热电压:18V。)

(4) 系统状态(温差)检验。(将测量电压显示调到"热电势"的"温差"挡位,如果显示数值小于 0.004mV,这时相应的温度差小于 0.1℃,就可以开始加热了,否则应等待显示值降至 0.004mV。要求测量精度不高的时候,显示在 0.010mV 左右也可以,但不能太大,否则不易确认进入准稳态的时间和准稳态时的温差 Δt。)

3. 测定样品的导热系数和比热

(1) 保证上述条件后,打开"加热控制"开关并开始记录数据。每隔 1min 分别记录一次中心面热电势 ε_c 和温差热电势 $\Delta\varepsilon$。直至 $\Delta\varepsilon$ 的数值保持不变,系统进入准稳态,一般需时约 15~25min 左右。将数据记录在表 4.31.1 中。

(2) 结束程序:先将"加热电压调节"旋钮调至最小,然后关上"加热控制"开关,再关闭"电源"开关。

(3) 若更换样品进行下一次实验时,其操作顺序是:关闭加热控制开关→关闭电源开关→旋转螺杆以松动实验样品→取出实验样品→取下热电偶传感器→取出加热薄膜冷却。

4.31.5 实验数据处理

(1) 根据表 4.31.1 所记录数据,按下式计算样品各时刻的热电势上升速率 $\dfrac{\mathrm{d}\varepsilon_c}{\mathrm{d}\tau}$:

$$\frac{\mathrm{d}\varepsilon_c}{\mathrm{d}\tau} = \varepsilon_{ci+1} - \varepsilon_{ci} \tag{4.31.11}$$

(2) 检查表 4.31.1 中的 $\Delta\varepsilon$ 和由式(4.31.11)计算出的相应 $\mathrm{d}\varepsilon_c/\mathrm{d}\tau$ 数据,当 $\Delta\varepsilon$ 和 $\dfrac{\mathrm{d}\varepsilon_c}{\mathrm{d}\tau}$ 两者都保持不变时,可以确认样品进入准稳态。根据下式分别计算准稳态时的温差 Δt 和温升速率 $\dfrac{\mathrm{d}t}{\mathrm{d}\tau}$(其中 $k=0.040\mathrm{mV/℃}$ 为铜-康铜热电偶的温差系数):

$$\begin{cases} \Delta t = \dfrac{\Delta\varepsilon}{k} \\[2mm] \dfrac{\mathrm{d}t}{\mathrm{d}\tau} = \dfrac{1}{k}\dfrac{\mathrm{d}\varepsilon_c}{\mathrm{d}\tau} \end{cases} \tag{4.31.12}$$

(3) 根据式(4.31.10)计算热流密度 q_c。

(4) 由样品密度 ρ(样品密度 ρ 数据:有机玻璃 1196kg/m³,橡胶 1374kg/m³)、热流密

度 q_c 和准稳态时的温差 Δt,根据式(4.31.7)计算样品的导热系数 λ。

(5) 求计算出的样品导热系数 λ 与标准值 λ_0 的百分误差:

$$E_1 = \frac{|\lambda - \lambda_0|}{\lambda_0} \times 100\%$$

(6) 由热流密度 q_c 和准稳态时的温升速率 $\dfrac{\mathrm{d}t}{\mathrm{d}\tau}$,根据式(4.31.9)计算样品的比热容 c。

(7) 求计算出的样品比热容 c 与标准值 c_0 的百分误差:

$$E_2 = \frac{|c - c_0|}{c_0} \times 100\%$$

4.31.6　思考题

(1) 什么是准稳态? 如何判断实验材料已处于准稳态?

(2) 如何提高某种材料的热导率?

(3) 为了提高热导率的测量精度,实验中应注意什么?

实验 4.32　天文光学数字成像实验

天文学是基础学科之一,而天文观测是天文学发展的基础。一方面,观测结果不断地提供天体新的信息并由此引出新的理论课题;另一方面,任何一种新理论的确立又都必须用观测事实来验证。

由于地球大气的消光作用,可见光波段是除红外辐射中若干波段和射电波段外,直接可以在地面上观测到的天体电磁辐射波段(见图 4.32.1、图 4.32.2),且几乎所有天体都有可见光波段的电磁辐射。

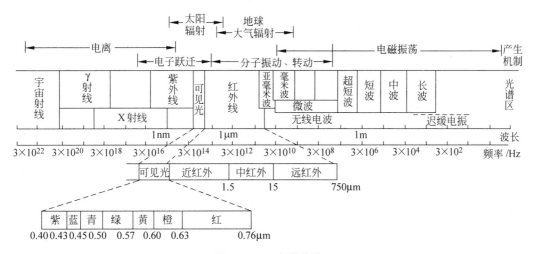

图 4.32.1　电磁波谱

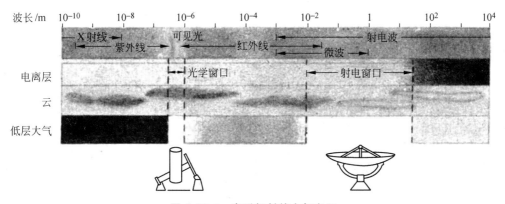

图 4.32.2　电磁辐射的大气窗口

可见光波段的观测研究主要分为:光谱及谱线的观测、亮度的观测、光变观测和天体辐射形态观测(即数字成像观测)。数字成像观测可以得到天体的形状以及某些细节特征,可用于分析辐射能量的分布情况。

传统目视观测不能满足获取天体图像的要求,随着电子器件的进步,天文观测已经进入数码时代。本实验利用天文光学望远镜,以太阳为例,对太阳表面的米粒组织和太阳黑子数及其结构进行观测和记录。由于黑子极盛时会放出大量电磁辐射,引起地球磁场的剧烈扰动和磁暴,本实验对保护地面无线通信等与人类日常生活密切相关的电子设备具有重要意义。

4.32.1　实验目的

(1) 掌握小型光学望远镜的安装和校准。
(2) 以太阳为例,掌握利用数码单反相机,通过望远镜获取天体的图像数据的方法。
(3) 掌握图像数据后期处理的基本方法。

4.32.2　实验原理

太阳是炽热的气体球,表面是汹涌澎湃光芒夺目的光球层,就是通常说的日冕。光球表面不时出现暗斑块,直径 2000～100000km,称作黑子。黑子是光球上的旋涡状结构,温度 3000～4500K,比日冕温度低一两千度,故显暗。黑子具有强烈磁场,其磁场强度由小黑子的 1000Gs 到大黑子的 4000Gs(太阳表面的普遍磁场只有 1～2Gs)。强磁场引起表面冷却,故温度较低,黑子亮度只有光球的 1/5。

数码单反相机中的感光元件 CCD 或 CMOS 可以将可见光辐射转换为电信号,这两类感光元件具有量子效率高、空间分辨本领高、动态范围大、线性好、噪声低、体积小、成本低、集成度高等优点,尤其是 CCD,它的出现给天文观测技术带来了巨大的变革,对现代天文学和天体物理的发展起到了不可替代的作用。

实验采用由透镜成像原理制成的天文光学望远镜收集太阳的可见光辐射,利用数码单反相机中感光元件对太阳表面不同温度区域的感应,将收集的太阳可见光辐射转换为电信号,通过数码单反相机将电信号转换成特殊的数字化的照片并存储在存储设备中。

4.32.3　实验装置

本实验仪器由一套光学天文折射望远镜(包含赤道仪和三脚架,见图 4.32.3)、减光装置(巴德膜,见图 4.32.4)、转接环(见图 4.32.5)、数码单反相机和相机快门线(图 4.32.6)组成。

4.32.4　实验内容及步骤

1. 光学天文望远镜的安装

撑开三脚架,将三脚架上有 N 标志的部分指向正北,松开高度调节夹具,调节三脚架水平;由于没有水平仪,目视水平即可,水平调节好后锁紧高度调节夹具。对准卡槽将赤道仪放置到三脚架上,用三脚架下面的螺栓将赤道仪和三脚架固定在一起,同时用配重盘的三个支脚撑住三脚架的三个架腿,且保证配件盘水平。接下来把装有安装板的望远镜镜筒放置到赤道的燕尾槽上,注意使安装板切入到燕尾槽中,用螺钉锁紧(先拧紧竖直的螺钉,再拧紧斜方向的螺钉)。旋松配重杆锁紧旋钮并拉出配重杆,将配重锤安装到配重杆上,并旋紧配重杆锁紧旋钮和配重杆末端的螺母帽。将赤道仪电源适配器和手控器插入赤道仪对应插孔。

2. 光学天文望远镜的简单校准

分别将望远镜的赤经锁杆和赤纬锁杆轴松开,通过调节平衡锤来调节赤经轴的平衡;通过移动望远镜镜筒来调节赤纬轴的平衡(注意使望远镜物镜端偏重些,因为在观测时需在目镜端加一定重量的数码单反相机);平衡调好后,分别将两个锁杆旋紧。然后将赤道仪上的仰角调节到当地地理纬度值。

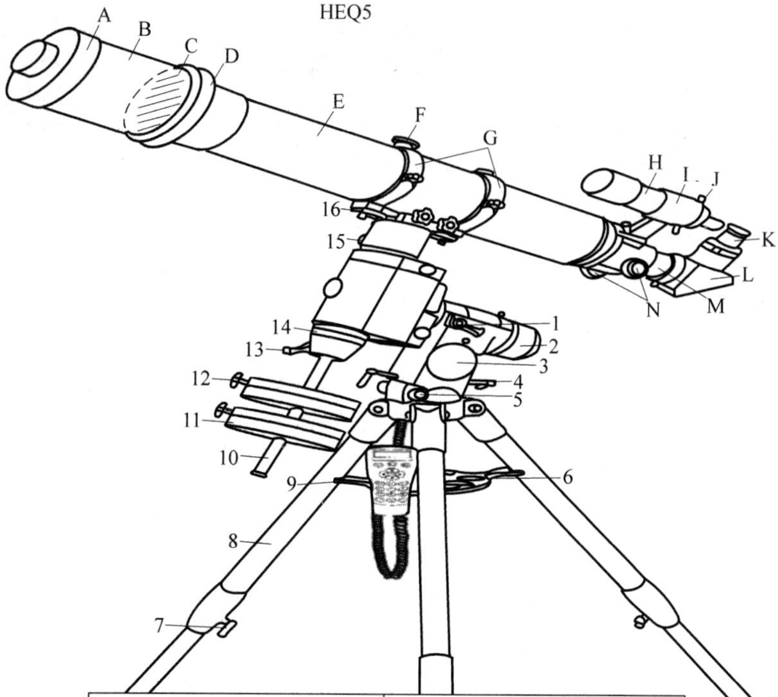

HEQ5	HEQ6
A- 防尘盖(观测前请拿掉)	A- 防尘盖(观测前请拿掉)
B- 遮光罩	B- 遮光罩
C- 物镜位置	C- 物镜位置
D- 可调式物镜座	D- 可调式物镜座
E- 主镜筒	E- 主镜筒
F- 夹紧箍	F- 夹紧箍
G- 夹紧圈	G- 夹紧圈
H- 寻星镜	H- 寻星镜
I - 寻星镜支架	I - 寻星镜支架
J- 寻星镜准直螺钉	J- 寻星镜准直螺钉
K- 目镜	K- 目镜
L- 转角镜	L- 转角镜
M- 调焦镜筒	M- 调焦镜筒
N- 调焦手轮	N- 调焦手轮
1- 赤经锁杆	1- 赤经锁杆
2- 极星镜支架(没有显示)	2- 极星镜支架(没有显示)
3- 纬度盘	3- 纬度盘
4- 纬度调节 T-型螺栓	4- 纬度调节 T-型螺栓
5- 方位调节手轮	5- 方位调节手轮
6- 配件盘	6- 配件盘
7- 高度调节夹具	7- 脚架腿
8- 脚架腿	8- 高度调节夹具
9- 手控器	9- 手控器
10- 配重杆	10- 配重杆
11- 配重	11- 配重
12- 配重锁紧翼形螺钉	12- 配重锁紧翼形螺钉
13- 配重杆锁紧旋钮	13- 配重杆锁紧旋钮
14- 赤纬刻度盘	14- 赤纬刻度盘
15- 赤纬锁杆	15- 赤纬锁杆
16- 安装板	16- 安装板

图 4.32.3　望远镜结构图

图 4.32.4　减光装置(巴德膜)　　　　图 4.32.5　转接环　　　　图 4.32.6　相机快门线

3. 指向观测目标

连接电源,打开赤道仪的电源开关,利用赤道仪手控器设置好赤道仪的初始参数(主要包括日期时间、南北半球和当地地理经纬度)。将望远镜的物镜盖摘下,换成减光膜罩(切忌不加减光膜罩直接目视观测太阳,这样很危险),在望远镜目镜端安装焦距较长的目镜。

本赤道仪已集成了一个天体数据库,通过手控器找到太阳按"确定"按钮后,望远镜会在赤道仪的带动下指向太阳,由于是白天,无法对望远镜进行准确的校准,故望远镜的指向会有偏差,这时应通过手控器手动调节望远镜,让其指向太阳(可以通过观测地面望远镜的影子来确定是否指向太阳,当影子比较圆表标明已指向太阳)。

4. 安装数码单反相机

准备好数码单反相机和转接环,将数码单反相机的机身盖拆下,然后把转接环旋紧固定在机身的镜头口。将安装好转接环的数码单反相机安装到望远镜目镜端,并固定好;连接快门线到机身。

5. 调节焦距和数码单反相机参数以及对目标进行观测拍摄

打开相机电源开关,旋转模式转轮为 M 手动;打开数码单反相机的菜单,将"图像质量"改为"RAW+FINE",因为只有保存下来的 RAW 文件才可以作后期的图像处理。按一下 Lv 键后可以在显示屏中看到一个白色的亮圆斑,旋转望远镜上的调焦轴(白色滚轮),直到显示屏中白色圆斑最小(即太阳像)。按相机的放大键,将显示屏中的太阳像放大,用相机的左右上下键将太阳表面的黑子移动到显示屏中央,旋转调焦轴上的蓝色滚轮来微调焦距,直到黑子像最清晰为止,然后锁紧调焦轴。

接下来调节感光度 ISO 和曝光时间。在白天,感光度要调低(约几千分之一),可以降低感光元件自身的噪声;同时调节曝光时间,对太阳的拍摄,曝光时间一般为几百或几千分之一秒。感光度 ISO 和曝光时间要协调地调节,因为这两个参数会相互影响;每调节一次就要拍摄一张照片,然后看太阳黑子是否清晰,太阳表面是否过度曝光,直到找到一组当时合适的感光度 ISO 和曝光时间值。接下来通过快门线即可对太阳进行拍摄,一般拍摄 20～30 张图片即可。

6. 拆卸望远镜并装入箱

按安装这个装置的反向次序将各个仪器部件拆卸并装入专用的包装箱。

注:望远镜安装和使用请参考 HEQ5-EQ6 Mount 说明书和手控中文说明书,数码单反相机的使用请参考使用手册。

班别＿＿＿＿＿＿＿姓名＿＿＿＿＿＿＿实验日期＿＿＿＿＿＿＿同组人＿＿＿＿＿＿＿

原始数据记录

大学物理实验预习报告

实验项目名称   **天文光学数字成像实验**

班 别 _____ 学 号 _____ 姓 名 _____

实验进行时间 _____年_____月_____日，第_____周,星期_____,_____时至_____时

实 验 地 点_____

实验目的：

实验原理简述：

实验中应注意事项：

4.32.5　实验数据处理

利用天文图像处理软件 Registax 对获得的数据进行叠加处理,在叠加之前,先要去掉观测数据中质量差的数据文件,然后再进行叠加,具体的叠加方法请参考 Registax 操作手册。利用 Photoshop 或 Registax 对叠加后的图像进行锐化,使黑子的结构更清晰,能显示出太阳表面的米粒组织。

得到叠加和锐化的图像后,按照苏黎世天文台黑子群的分类法对图像中观测到的太阳黑子群进行分类。

苏黎世天文台黑子群的分类法:按照黑子群演变的发展阶段分为 A、B、C、D、E、F、G、H、J 共 9 种类型。演变到最强是 E 型和 F 型,演变到最末是 J 型。

A 类:没有半影的黑子或者单极小黑子群。

B 类:没有半影的双极黑子群。

C 类:同 B 类相似,但其中一个主要黑子有半影。

D 类:双极群,两个主要黑子都有半影,其中一个黑子是简单结构;东西方向延伸不小于 10°。

E 类:大的双极群,结构复杂,两个主要黑子都有半影,在两个主要黑子之间有些小黑子;东西方向延伸不小于 10°。

F 类:很大的双极群或者很复杂的黑子群;东西方向延伸不小于 15°。

G 类:大的双极群,只有几个较大的黑子;东西延伸不小于 10°。

H 类:有半影的单极黑子或者黑子群,有时也具有复杂的结构;直径大于 2.5°。

J 类:有半影的单极黑子或者黑子群;直径小于 2.5°(见图 4.32.7)。

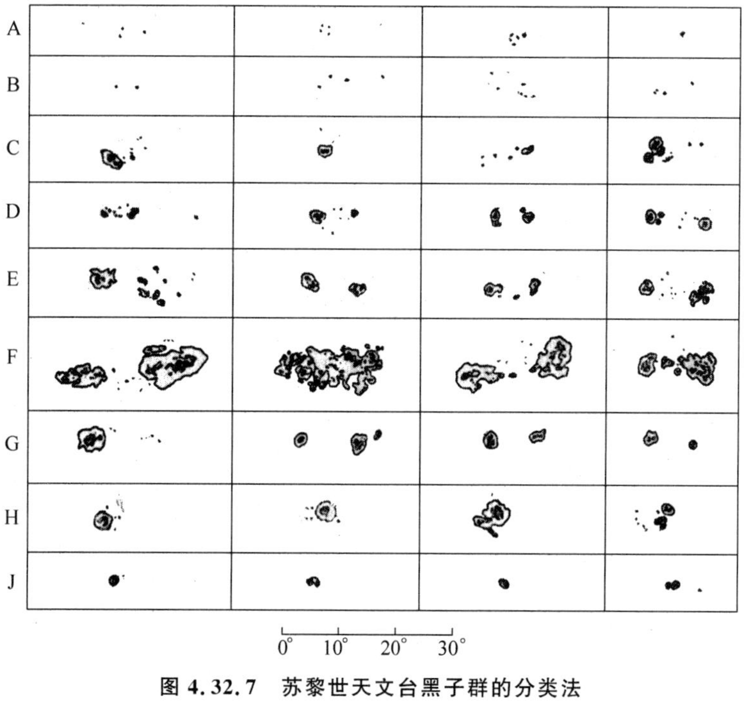

图 4.32.7　苏黎世天文台黑子群的分类法

4.32.6　注意事项

（1）在固定好望远镜后，切记拧紧防滑螺丝（即斜向螺丝），以防止望远镜滑落损伤镜片。

（2）在目视观测时，一定在减光罩盖上物镜后方可目视，而且在目视前先用白色的纸张或手放于目镜后，看看是否有较高温度。

（3）在调节数码单反相机的参数时，动作要尽量轻，如果太重很可能会改变调好的焦距。

（4）在整个实验设备的安装和拆卸过程中，一定要轻拿轻放，防止损坏仪器。

4.32.7　思考题

（1）晚上观测时，数码单反相机的感光度 ISO 值应该调高还是调低，为什么？

（2）当进行完望远镜的简单校准后，望远镜所指方向大概是北极星所在位置，为什么要作这样的简单校准？

第 5 章

综合设计性实验

实验 5.1　重力加速度的测量

地球表面附近的物体都受到地球的吸引作用,这种由于地球吸引而使物体受到的力叫做重力。物体在重力作用下产生的加速度称为重力加速度。第一个重力加速度的测量者就是伽利略。

伽利略的一生对科学的贡献是巨大的:他从物体沿斜面的运动推出了惯性定理,即匀速直线运动是不需要用力来支持的。他为哥白尼的地动说辩护,提出了力学相对性原理。伽利略观察了闪电现象,认为光速是有限的,并设计了测量光速的掩灯方案。他不但亲自设计和演示过许多实验,而且还亲自研制出不少实验仪器。例如,浮力天平、温度计(伽利略首创的温度计是一种开放式的液体温度计)、望远镜……这里不再一一列举。

值得一提的是:他把实验和数学结合在一起,既注重逻辑推理,又依靠实验检验的方法,构成了一套完整的科学研究方法,为后人的研究开辟了一个科学的模式,激励人们沿着正确的科学研究途径,去寻找和探索真谛。所以,人们也称伽利略为"物理学之父"。

重力加速度是一个很重要的物理量,各地区的重力加速度数值随着该地区的地理纬度和海拔高度不同而不同;精确测量重力加速度,在实际生产和科学理论研究中都具有很重要的意义(注意:地球上各个地点的重力加速度的数值,随该地点的纬度、海拔高度和该地区的地质构造的不同而有千分之几的变化)。

5.1.1　实验目的

(1) 掌握用自由落体运动测量重力加速度的原理。

(2) 学会用自由落体仪测量当地的重力加速度。

(3) 了解光电计时的原理,学会用光电法计时。

(4) 学会用作图法处理实验数据。

(5) 初步学会设计和撰写用单摆测量重力加速度的实验方案,并利用自制单摆仪做实验检验其正确与否。

(6) 了解实验中可能存在的误差,学习消减误差的方法。

5.1.2　预习要求

(1) 理解落体法和摆动法测量重力加速度的基本原理。

（2）利用实验室提供的器材,自行设计并制作单摆仪。

（3）熟悉实验的具体内容并写出预习报告。

（4）列出测量数据记录表。

5.1.3 实验原理

测量重力加速度的方法很多,一般常用的有两类:摆动法和落体法。以下以自由落体运动测量重力加速度为例,引导学生初步学会设计并撰写实验方案,同时会做实验检验它的正确与否。由此不断培养并提高学生的综合实验能力和实验设计能力。

方法 1:利用自由落体运动测量重力加速度

在重力作用下,物体的下落运动是匀加速直线运动。这种运动可以表示为

$$h = v_0 t + \frac{1}{2} g t^2 \tag{5.1.1}$$

式中,h 是在时间 t 秒内物体下落的距离;g 是重力加速度。

1. 根据自由落体公式测重力加速度

如果物体下落的初速度为零,即 $v_0 = 0$,则

$$g = \frac{2h}{t^2} \tag{5.1.2}$$

可见,如果能测得物体在最初 t 秒内通过的距离 h,利用式(5.1.2)就可以算出重力加速度值 g(忽略空气的浮力和阻力的影响)。

这种方法虽然简单,但测量结果的误差很大,原因是 h 和 t 都很难测准。因为重力加速度测定仪在制造过程中,其光电门中心和相应位置指示刻线在加工时不可能恰好在同一水平线上;而小球下落经过光电门究竟到达什么位置才挡住了光,引起光敏管的响应也很难确定。所以,从上、下两个光电门刻线的位置差求出的 h 值并非是小球自由下落的真正高度。其次,实验要求在小球刚刚开始下落时刻就开始计时,这也较难办到。如果采用电磁铁和毫秒计的计时开关联动,即在电磁铁断电的同时,毫秒计立即开始计时,但由于电磁铁有剩磁,此时小球不一定立即下落,因此测出的 t 值比小球实际下落的时间要长,这种方法会使测量结果 g 值偏小。如果不用电磁铁和毫秒计开关联动,而将上光电门 A 尽量向上移,直至小球刚不挡光的位置固定下来,这在操作时比较难办到。实际装置只有当小球已经下落之后,才能挡住上光电门的光。也就是说,小球通过上光电门时有一初速度 v_0,小球开始运动和毫秒计开始计时不完全同步。测得的 t 值比小球实际下落的时间要短,这种方法会使测量结果 g 值偏大。

那么,如果要使用式(5.1.2)来测量重力加速度,怎样才能减少利用这种方法测量加速度时所带来的误差呢?

根据式(5.1.2)求 g 值,实际上由于初速度的存在,$v_0 \neq 0$,故应该用

$$h = v_0 t + \frac{1}{2} g' t^2 \tag{5.1.3}$$

真正的 g' 值为

$$g' = \frac{2h}{t^2} - \frac{2v_0}{t} \tag{5.1.4}$$

两者之差

$$\Delta g = g - g' = \frac{2h}{t^2} - \left(\frac{2h}{t^2} - \frac{2v_0}{t}\right) = \frac{2v_0}{t} > 0 \qquad (5.1.5)$$

由式(5.1.5)知，小球通过光电门时的初速度越大，用式(5.1.2)求得 g 值的误差也越大；如果初速度一定，则 t 值越大，Δg 越小。

这说明使用此法测量重力加速度 g 时，要想减少误差，两光电门相隔越远越好。即上光电门应尽量调到接近小球底刚不挡光的位置，下光电门应置于支柱底部，使 t 值达到最大。

2. 利用两次下落的高度差测定 g

为了解决上面实验安排中测量 h 的困难，我们采取测量两次下落的高度差的方法来减小误差。

如图 5.1.1 所示，将第一个光电门仍置于刚刚不挡光的位置 A，把第二个光电门第一次置于 B，测出小球自由下落经过两光电门的时间 t_1 和两光电门之间的距离 h_1；保持第一个光电门的位置不变，把第二个光电门置于 C，同样再测出小球自由下落经过两光电门的时间 t_2 和两光电门之间的距离 h_2。则有

$$h_1 = \frac{1}{2} g t_1^2 \qquad (5.1.6)$$

$$h_2 = \frac{1}{2} g t_2^2 \qquad (5.1.7)$$

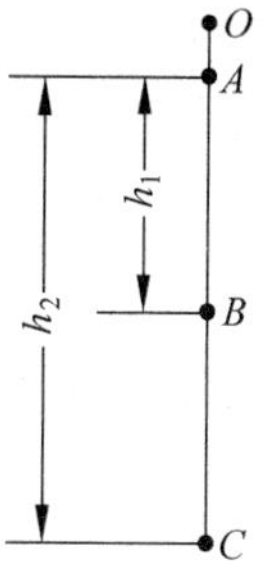

联立二式得到

$$g = \frac{2(h_2 - h_1)}{t_2^2 - t_1^2} = \frac{2\Delta h}{t_2^2 - t_1^2} \qquad (5.1.8)$$

图 5.1.1

式(5.1.8)中的 Δh 是第二个光电门在两次测量中移动的距离，它可以从支柱的刻度上比较准确地读出。这样便把对 h 的绝对测量转化为相对测量，由此消除了系统误差。然而，式(5.1.8)中的 t_1 和 t_2 并不是小球自由下落的全部时间，所以这一实验的效果仍不佳。

3. 变换第二个光电门位置两次测 g

如图 5.1.1 所示，将第一个光电门置于距离立柱顶部吸球器 10.00cm 的 A 处，第二个光电门放在立柱中间距 A 约 50.00cm 的 B 处；让小球从 O 点开始自由下落，设它到达点 A 的速度为 v_0，从点 A 开始，经过时间 t_1 后，物体到达 B 点。令 A、B 间的距离为 h_1；然后再把第二个光电门放在距 A 约 100.00cm 的 C 处，记下 A、C 之间的距离 h_2 和小球下落的相应时间 t_2，于是有

$$h_1 = v_0 t_1 + \frac{1}{2} g t_1^2 \qquad (5.1.9)$$

$$h_2 = v_0 t_2 + \frac{1}{2} g t_2^2 \qquad (5.1.10)$$

由上两式整理得

$$g = \frac{2\left(\dfrac{h_2}{t_2} - \dfrac{h_1}{t_1}\right)}{t_2 - t_1} \qquad (5.1.11)$$

t_1 和 t_2 都是小球从上光电门落到下光电门的时间，不再存在开始计时和小球开始下落必须同步的问题。小球在通过上光电门时可以有任意的初速度，只要保持在两次测量中这一初

速度不变,也就是使电磁铁和上光电门的位置保持不变即可。在本方法中,因 h_1 和 h_2 是由两个光电门的位置确定的,因此高度值并非是小球下落的真正高度,实验结果仍有一定的误差。

4. 变换第二个光电门位置三次测 g

第一个光电门位置离立柱顶约 10.00cm,且保持不变;将第二个光电门放在距离第一个光电门分别为 h_1、h_2、h_3 处,记录小球自由下落时相应的时间分别为 t_1、t_2、t_3,于是有

$$h_3 = v_0 t_3 + \frac{1}{2} g t_3^2 \tag{5.1.12}$$

联立式(5.1.9)、式(5.1.10)、式(5.1.12),得

$$g = \frac{2}{t_3 - t_1}\left(\frac{h_3 - h_2}{t_3 - t_2} - \frac{h_2 - h_1}{t_2 - t_1}\right) \tag{5.1.13}$$

上式既消去了 v_0,又避免了对距离的绝对测量。但它需要测三组数才能计算 g,因而累计误差较大。而且在安排实验时,h_1、h_2、h_3 三者之间的关系要适当,否则 g 的误差会很大。因而用这种方法测量重力加速度效果也不一定好。

5. 多次测量并采用作图法求 g

第一个光电门位置同上,将第二个光电门每隔一定距离(例如 10.00cm)作一次测量,记下相应的 h 值和 t 值,可以得到一组方程:

$$\begin{cases} \dfrac{h_1}{t_1} = v_0 + \dfrac{1}{2} g t_1 \\[2mm] \dfrac{h_2}{t_2} = v_0 + \dfrac{1}{2} g t_2 \\[2mm] \quad\vdots \\[2mm] \dfrac{h_n}{t_n} = v_0 + \dfrac{1}{2} g t_n \end{cases} \tag{5.1.14}$$

以 h/t 为纵坐标、t 为横坐标作图,从图线的斜率和截距即可求得 g 值($g=2k$,k 为斜率)和 v_0 值。或将上列方程组均分为两大组,设每组有几个方程,分别从每组中取一个方程联立后可解得一个 g 值,这样可以组成几对联立方程组,得到几个 g 值,然后再求出 g 值的平均值。

上述几种测量方法优劣的比较并不是绝对的。前边两种主要是由于初速度不等于零造成的系统误差,使测量结果偏大。如果在实验装置和数据处理上作些改进或对系统误差作适当的修正,则结果是可以比较满意的。第五种方法虽然是在第三、第四种方法的基础上作了一些改进,在数据处理上采用多次测量求平均的方法,但由于作图和计算引入误差,分组逐差又缩小了 h_2-h_1、t_2-t_1 的差值,有时做出的结果反而不如其他方法准确。

方法 2:利用单摆测量重力加速度

1. 设计测量方案

参照自由落体运动测量重力加速度,自行设计用单摆测量重力加速度的方案。

2. 设计该实验项目的几点说明

1)设计过程

设计性实验的设计过程主要有以下几步:

(1)根据待测的物理量确定出实验方法(理论依据),推导出测量的数学公式;判定方法误差给测量结果带来的影响。

（2）根据实验方法及误差设计要求，分析误差来源，确定所需要采用的测量仪器（包括量程、精度等）以及测量环境应达到的要求（如空气、电磁、振动、温度、海拔高度等）。

（3）确定实验步骤、需要测量的物理量、测量的重复次数等。

（4）设计实验数据表及要计算的物理量。

（5）实验验证，要用测得的实验数据，采用误差理论来验证实验结果。若不符合测量要求需对上述步骤中的有关参数做出适当调整并重做实验。

2）设计原则

在满足设计要求的前提下，尽可能选用简单、精度低的仪器，并能降低对测量环境的要求，尽量减少实验测量次数。

3）设计要求

测定本地区的重力加速度，要求测量精度 $\Delta g / g$ 小于 1%。

5.1.4　实验装置

1. 自由落体运动测量重力加速度的实验仪器

自由落体装置，光电门两个，数字毫秒计，小球。

仪器简介：

（1）重力加速度测定仪：它由支柱、电磁、铁光电门、捕球器等组成。支柱是一根固定在铸铁底座上的长约 1.8m 的金属杆，对地面的垂直度可由底座上的三个底脚螺丝调节。杆上端电磁铁所需电源（5.0V，直流）由电脑式数字毫秒计提供。为了测定小钢球的下落时间，在支柱上装有两个可以上下移动并能固定于某一位置的光电门。每个光电门上装有聚光灯泡和光敏三极管，它们分别与电脑式数字毫秒计的输入 A 和输入 B 相连接。在小钢球下落过程中分别对两个光电门中的光敏三极管挡光，通过光电转换控制电脑式数字毫秒计计时或停止计时。支柱下端的捕球器用来接住下落的小球。

（2）电脑式数字毫秒计：是一种比较精确的计时仪器，它利用石英晶体振荡所产生的 40kHz 稳定电脉冲触发电脑程控的计时器而计时。其精度为 0.01ms，最大量程为 99s，它有四位显示和四挡时标选择。

2. 单摆测量重力加速度的实验仪器

自制单摆仪（依据自行设计的方案及实验室提供的器材，自行制作的单摆仪）。

实验室提供的器材及参数如下：

刻度尺（米尺，分度值：0.5mm）；游标卡尺（分度值：0.02mm）；千分尺（分度值：0.01mm）；秒表（电子秒表的分度值：0.01s；机械秒表的分度值：0.1s。注：统计表明实验人员一次计时开和停秒表的两个按表动作将产生 0.2s 左右的误差）；支架（铁架台）；细线（尼龙线 1m 左右）；中心有小孔的金属小球（直径约 20mm）；摆幅测量标尺（提供硬白纸板自己制作）；天平。

5.1.5　实验内容及步骤

1. 自由落体运动测量重力加速度实验内容与步骤

（1）数字毫秒计通电预热 10min。

（2）安装吊线锤，检查立柱的垂直度，需要时旋动三个地脚螺丝，务必使吊线通过光电门的圆孔中心。

(3) 拆除吊线锤。熟悉毫秒计的使用方法。一般光电联动计时仪器有多种计时方式,本实验需要的是 S_2 方式。检验方法如下:用小物件(如纸片等)遮挡上光电门一下,这时毫秒计应该开始计时,再遮挡下光电门一下,此时毫秒计应该停止计时。

(4) 将上光电门安置在小球下落起点的下方约10cm处,以后不再移动。下光电门初始位置可以距上光电门10cm。

(5) 装上小铁球,启动它落下,记录毫秒计显示的小球通过两光电门之间所花的时间,以及两光电门之间的位置。

(6) 重复步骤(5)六次,计算平均时间。

(7) 向下改变下光电门的位置共10次,重复步骤(5)、(6)。

(8) 设两光电门间的距离为 h,小球通过的平均时间为 t,作 t-h/t 关系图线。从图线参数求出重力加速度 g。

(9) 计算不确定度。

2. 单摆测量重力加速度实验内容与步骤

依据自设方案,自行撰写。

5.1.6　实验数据处理

1. 实验记录

(1) 将使用自由落体运动测量重力加速度的实验数据记录于表5.1.1。

(2) 将使用自制单摆测量重力加速度的实验数据记录于自拟表5.1.2。

2. 数据处理

1) 自由落体运动测量重力加速度

(1) 选两组间隔较大的数据,利用式(5.1.11)计算重力加速度,并计算不确定度:

$$g = \frac{2\left(\dfrac{h_2}{t_2} - \dfrac{h_1}{t_1}\right)}{t_2 - t_1}$$

$$\Delta g = \bar{g}\sqrt{\left(\frac{\partial \ln g}{\partial h_1}\right)^2 \sigma_{h_1}^2 + \left(\frac{\partial \ln g}{\partial h_2}\right)^2 \sigma_{h_2}^2 + \left(\frac{\partial \ln g}{\partial t_1}\right)^2 \sigma_{t_1}^2 + \left(\frac{\partial \ln g}{\partial t_2}\right)^2 \sigma_{t_2}^2}$$

其中

$$\frac{\partial \ln g}{\partial h_1} = \frac{-t_2}{h_2 t_1 - h_1 t_2}$$

$$\frac{\partial \ln g}{\partial h_2} = \frac{t_1}{h_2 t_1 - h_1 t_2}$$

$$\frac{\partial \ln g}{\partial t_1} = \frac{h_2}{h_2 t_1 - h_1 t_2} - \frac{t_2^2 - 2 t_1 t_2}{t_2^2 t_1 - t_1^2 t_2}$$

$$\frac{\partial \ln g}{\partial t_2} = \frac{-h_1}{h_2 t_1 - h_1 t_2} - \frac{2 t_1 t_2 - t_1^2}{t_2^2 t_1 - t_1^2 t_2}$$

$$\sigma_x = \sqrt{u_{xA}^2 + u_{xB}^2}, \quad u_{xA} = \sqrt{\frac{\sum_{i=1}^{n}(x_i - \bar{x})^2}{n(n-1)}}, \quad u_{xB} = \frac{\Delta_{仪}}{\sqrt{3}}$$

班别＿＿＿＿＿＿＿　姓名＿＿＿＿＿＿＿　实验日期＿＿＿＿＿＿＿　同组人＿＿＿＿＿＿＿

原始数据记录

表　5.1.1

上光电门位置：＿＿＿ cm

下光电门 位置/cm	上下光电门 高度差/cm	时间 t/s						平均速度 $\bar{v}$ /(m·s^{-1})
		1	2	3	4	5	平均	

表　5.1.2（自拟）

实验项目名称＿＿＿重力加速度的测量＿＿＿　指导教师＿＿＿＿＿＿＿＿＿

大学物理实验预习报告

实验项目名称　　　　**重力加速度的测量**

班别＿＿＿＿＿＿＿＿　学号＿＿＿＿＿＿＿＿＿　姓名＿＿＿＿＿＿＿＿

实验进行时间＿＿＿＿年＿＿＿月＿＿＿日，第＿＿＿周,星期＿＿＿，＿＿＿时至＿＿＿时

实验地点＿＿＿＿＿＿＿＿＿＿＿＿＿＿

实验目的：

实验原理简述：

实验中应注意事项：

（只需将 h_1、h_2、t_1、t_2 分别代入上面式子，就可计算出相应的 σ_{h_1}、σ_{h_2}、σ_{t_1}、σ_{t_2}）

将包含因子取为 2，则扩展不确定度

$$U_g = 2\Delta g$$

故

$$g = \bar{g} \pm U_g$$

（2）利用作图法求 g 并计算相对误差：

$$g = 2k$$

其中 k 为斜率。

$$E_g = \frac{|g - g_0|}{g_0} \times 100\%$$

其中 g_0 为标准重力加速度。

2）单摆测量重力加速度

依据自设方案自拟（通过实验检验其设计方案的可行性和正确性）。

3. 对实验结果进行分析

比较两种测量重力加速度的方法，哪一种更简单、方便、实用？所得到的测量结果，哪一种更精确？分析产生误差的原因。

5.1.7 注意事项

（1）调节仪器铅直放置，上下两光电门中心在同一条铅垂线上，使小球下落时的中心通过两个光电门的中心。

（2）对每一时间值要进行多次测量。

（3）实验中支柱不应晃动，操作中不要碰撞实验装置。

5.1.8 思考题

（1）自由落体法测定重力加速度中，方法 2 与方法 3 的区别在哪里？哪一个测量结果误差更小一些？

（2）将所得的实验结果与当地的重力加速度的公认值相比较，你能得出什么结论？若有偏差，试分析之。

5.1.9 拓展实验：用凯特摆测量重力加速度

1. 实验任务

试设计用凯特摆测量重力加速度的方法（参见图 5.1.2），根据测量值计算重力加速度及不确定度。

2. 原理提示

在重力的作用下，绕固定水平转轴在竖直平面内作自由摆动的刚体称为复摆。

对于凯特摆，当正挂时，摆动周期

$$T_1 = 2\pi \sqrt{\frac{I_G + mh_1^2}{mgh_1}}$$

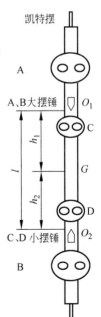

图 5.1.2　凯特摆示意图

其中,h_1 为重心 G 到转轴 O_1 的距离;I_G 为复摆通过重心 G 的轴的转动惯量。

当倒挂时,摆动周期

$$T_2 = 2\pi\sqrt{\frac{I_G + mh_2^2}{mgh_2}}$$

其中,h_2 为重心 G 到转轴 O_2 的距离。

从上二式中消去 I_G,可得

$$\frac{4\pi^2}{g} = \frac{h_1 T_1^2 - h_2 T_2^2}{h_1^2 - h_2^2}$$

分项,得

$$\frac{4\pi^2}{g} = \frac{T_1^2 + T_2^2}{2(h_1 + h_2)} + \frac{T_1^2 - T_2^2}{2(h_1 - h_2)} = a + b$$

通过上式便可求得重力加速度。

3. 实验提示

(1) 实际上要想通过调节大小摆锤的位置,使 $T_1 = T_2$ 是较困难的,而且也并不完全必要;实验时只需要调节到 $T_1 \approx T_2$ 便可以了。因为在上式中,$(h_1 + h_2)$、T_1、T_2 都是可以精确测定的量。即,a 项可以精确求得,而 b 项则不易精确求得。但当 $T_1 \approx T_2$ 以及 $|h_1 - h_2|$ 的值较大时,b 项的值相对 a 项是非常小的,这样 b 项的不精确对测量结果产生的影响就微乎其微了。

(2) 在实验中当两刀口位置确定后,通过调节 A、B、C、D 四摆锤的位置可做到使正、倒悬挂时的摆动周期 T_1 和 T_2 基本相等。

实验 5.2　光学参量测量中分光计的应用

　　光线在传播过程中遇到不同介质的分界面时会发生反射和折射,光线将改变传播的方向,结果在入射光与反射光或折射光之间就存在一定的夹角。通过对某些角度的测量,可以测定折射率、光栅常数、光波波长、色散率等许多物理量。因而精确测量这些角度,在光学实验中显得十分重要。

　　分光计又称测角仪,也是精密测量角度的仪器,也是光学测量中常用的基本仪器,如图 5.2.1 所示。其基本原理是:让光线通过狭缝和聚焦透镜形成一束平行光线,经过光学元件的反射或折射后进入望远镜物镜并成像在望远镜的焦平面上,通过目镜进行观察和测量各种光线的偏转角度。

图 5.2.1　分光计实物图

　　利用分光计可以精确地测量光线的各种角度,也可以间接地测量光学中许多物理量,如折射率、光波波长等的测量均决定于精确的测量角度,在分光计上配上专用光学元件,还可以组成专用仪器,在光谱学、材料特性、偏振光的研究、棱镜特性、光栅特性的研究中都有广泛的应用。除此之外,分光计还可以用作多种光学现象的定性观察等。

　　分光计的调整思想、方法与技巧,在光学仪器中有一定的代表性,而且结构精密,操作训练要求严格,学会对它的调节和使用方法,有助于掌握操作更为复杂的光学仪器。对于初次使用者来说,往往会遇到一些困难。但只要在实验调整观察中弄清调整要求,注意观察出现的现象,并努力运用已有的理论知识去分析、指导操作,在反复练习之后才开始正式实验,就能掌握分光计的使用方法,并顺利地完成综合实验任务。

5.2.1　实验目的

　　(1) 了解分光计的构造,以及双游标读数消除误差的原理。

　　(2) 掌握分光计的调整要求、使用方法与技巧。

　　(3) 掌握测量三棱镜顶角的方法。

　　(4) 掌握三棱镜最小偏向角的测定及折射率计算。

　　(5) 掌握测量光栅常数和光波波长的方法。

5.2.2　预习要求

（1）明确本次实验的目的和使用的仪器设备。

（2）了解光的反射定律、折射定律、光栅方程及明暗纹条件。

（3）了解自准法、反射法、最小偏向角法的应用。

（4）了解分光计的结构、各部件的作用及工作原理。

（5）了解分光计的调节要求和调节方法。

（6）熟悉本次实验的具体内容。

（7）制定本次实验的具体步骤，并绘制测量数据记录表格。

5.2.3　实验原理

三棱镜如图 5.2.2 所示，AB 和 AC 是透光的光学表面，又称折射面，其夹角 α 称为三棱镜的顶角；BC 为毛玻璃面，称为三棱镜的底面。

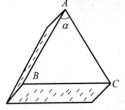

图 5.2.2　三棱镜示意图

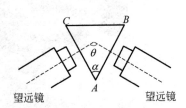

图 5.2.3　自准法测顶角

1. 自准法测三棱镜顶角 α

利用望远镜自身产生的平行光，测量三棱镜的顶角。如图 5.2.3 所示，测量时望远镜扫过的角度为 θ，它与顶角 α 的关系可由下式给出：

$$\alpha = 180° - \theta$$

2. 反射法测三棱镜顶角 α

如图 5.2.4 所示，一束平行光入射于三棱镜，经过 AB 面和 AC 面反射的光线分别沿 T_3 和 T_4 方位射出，T_3 和 T_4 方向的夹角记为 θ，由几何学关系可知

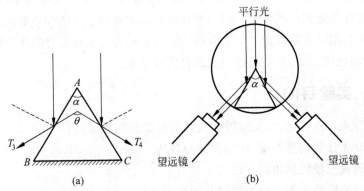

图 5.2.4　反射法测顶角

$$\alpha = \frac{\theta}{2} \tag{5.2.1}$$

3. 最小偏向角法测三棱镜玻璃的折射率

最小偏向角法是测定三棱镜折射率的基本方法之一。如图 5.2.5 所示，三角形 ABC 表示玻璃三棱镜的横截面，AB 和 AC 是透光的光学表面，又称折射面，其夹角 α 称为三棱镜的顶角；BC 为毛玻璃面，称为三棱镜的底面。假设某一波长的光线 LD 入射到棱镜的 AB 面上，经过两次折射后沿 ER 方向射出，则入射线 LD 与出射线 ER 的夹角 δ 称为偏向角。

由图 5.2.5 中的几何关系，可得偏向角

$$\delta = \angle FDE + \angle FED = (i_1 - i_2) + (i_4 - i_3) \tag{5.2.2}$$

因为顶角 α 满足 $\alpha = i_2 + i_3$，则

$$\delta = (i_1 + i_4) - \alpha \tag{5.2.3}$$

对于给定的三棱镜来说，角 α 是固定的，δ 随 i_1 和 i_4 而变化。其中 i_4 与 i_3、i_2、i_1 依次相关，因此 i_4 实际上是 i_1 的函数，偏向角 δ 也就仅随 i_1 而变化。在实验中可观察到，当 i_1 变化时，偏向角 δ 有一极小值，称为最小偏向角。理论上可以证明，当 $i_1 = i_4$ 时，δ 具有最小值。显然这时入射光和出射光的方向相对于三棱镜是对称的，如图 5.2.6 所示。

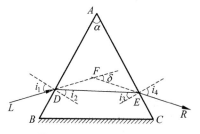

图 5.2.5　三棱镜的折射

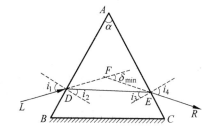

图 5.2.6　最小偏向角

若用 $\delta_{\min}$ 表示最小偏向角，将 $i_1 = i_4$ 代入式(5.2.3)得

$$\delta_{\min} = 2i_1 - \alpha \tag{5.2.4}$$

或

$$i_1 = \frac{1}{2}(\delta_{\min} + \alpha) \tag{5.2.5}$$

因为 $i_1 = i_4$，所以 $i_2 = i_3$，又因为 $\alpha = i_2 + i_3 = 2i_2$，则

$$i_2 = \alpha / 2 \tag{5.2.6}$$

根据折射定律 $\sin i_1 = n \sin i_2$，得

$$n = \frac{\sin i_1}{\sin i_2} \tag{5.2.7}$$

将式(5.2.5)、式(5.2.6)代入式(5.2.7)，得

$$n = \frac{\sin \dfrac{\delta_{\min} + \alpha}{2}}{\sin \dfrac{\alpha}{2}} \tag{5.2.8}$$

由式(5.2.8)可知,只要测出入射光线的最小偏向角 $\delta_{\min}$ 及三棱镜的顶角 α,即可求出该三棱镜对该波长入射光的折射率 n。

4. 测量光栅常数及光波波长

光栅是一种非常好的分光元件,它可以把不同波长的光分开并形成明亮细窄的谱线。

光栅分透射光栅和反射光栅两类。本实验采用透射光栅,它是在一块透明的屏板上刻上大量相互平行等宽而又等间距刻痕的元件,刻痕处不透光,未刻处透光,于是在屏板上就形成了大量等宽而又等间距的狭缝。刻痕和狭缝的宽度之和称为光栅常数,用 d 表示。

如图 5.2.7 所示为光栅衍射示意图,设 S 为位于透镜物方焦平面上的细长狭缝光源,G 为光栅,光栅上相邻狭缝的间距 d 称为光栅常量。自 L_1 射出的平行光垂直照射在光栅 G 上,透镜 L_2 将与光法线成 θ 角的衍射光会聚于其像方焦平面上的 P_θ 点。根据夫琅禾费衍射原理,每一单色平行光垂直投射到光栅平面上被衍射,产生衍射亮条纹的条件(亮纹条件)为

$$d\sin\theta = k\lambda, \quad k = 0, \pm 1, \pm 2, \pm 3, \cdots \tag{5.2.9}$$

式(5.2.9)称为光栅方程。式中 d 为光栅的光栅常数,θ 为衍射角,λ 为光波波长。当 $k=0$ 时得到零级明纹。当 $k = \pm 1, \pm 2, \cdots$ 时,将得到对称分立在零级条纹两侧的1级、2级、……明纹。

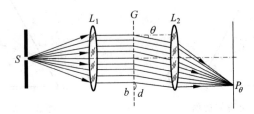

图 5.2.7　光栅衍射示意图

实验中若测出第 k 级明纹的衍射角 θ,且光栅常数 d 已知,就可用光栅方程计算出待测光波波长 λ;若光波波长 λ 已知,就可用光栅方程计算出待测光栅的光栅常数 d。

5.2.4　实验装置

分光计、双面反射镜、玻璃三棱镜、光栅、钠光灯($\lambda_0 = 589.3$nm)等。

下面主要介绍分光计的四个主要部件,如图5.2.8所示。

1. 平行光管

平行光管3的作用是产生平行光,如图5.2.9所示。在其圆柱形筒的一端装有一个可伸缩的套筒,套筒末端有一狭缝,筒的另一端装有消色差透镜组。伸缩狭缝装置,使其恰好位于透镜的焦平面上时,平行光管就出射平行光。如图5.2.8所示,可通过调节平行光管光轴水平调节螺钉26和平行光管光轴俯仰调节螺钉27改变平行光管光轴的方向,通过调节狭缝宽度调节螺钉28改变狭缝宽度,改变入射光束宽度。

2. 望远镜

望远镜8用于观察及定位被测光线。它是由物镜、自准目镜和测量用十字刻度线所组

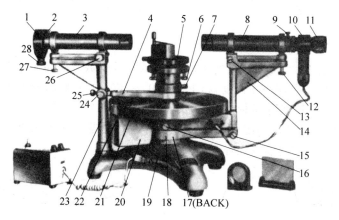

图 5.2.8　分光计基本结构图

1—狭缝装置；2—狭缝装置锁紧螺钉；3—平行光管；4—制动架(二)；5—载物台；6—载物台调平螺钉(3 只)；
7—载物台锁紧螺钉；8—望远镜；9—目镜锁紧螺钉；10—阿贝式自准目镜；11—目镜调焦手轮；
12—望远镜光轴俯仰调节螺钉；13—望远镜光轴水平调节螺钉；14—支臂；15—望远镜转动微调螺钉；
16—转座与度盘制动螺钉；17—望远镜制动螺钉(背面)；18—制动架(一)；19—底座；20—转座；
21—刻度盘；22—游标盘；23—立柱；24—游标盘微调螺钉；25—游标盘制动螺钉；
26—平行光管光轴水平调节螺钉；27—平行光管光轴俯仰调节螺钉；28—狭缝宽度调节螺钉

成的一个圆筒,本实验所使用的分光计带有阿贝式
自准目镜,其结构如图 5.2.10 所示。照明小灯泡的
光自筒侧进入,经小三棱镜反射后照亮分划板上的
下半部十字刻度线。十字刻度线方向、目镜及物镜
间的距离皆可调,当叉丝位于物镜焦平面上时,叉丝
发出的光经物镜后成为平行光。该平行光经双面反

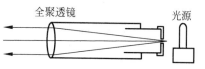

图 5.2.9　平行光管内部结构示意图

射镜反射后,再经物镜聚焦在分划板平面上,形成十字叉丝的像。

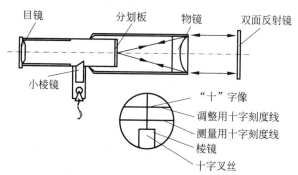

图 5.2.10　分光计上望远镜示意图

望远镜调好后,从目镜中可同时看清十字刻度线和叉丝的"十"字像,且两者间无视差。
另外,可通过调节望远镜光轴俯仰调节螺钉 12 和望远镜光轴水平调节螺钉 13 改变望远镜
光轴的方向。

3. 载物台

载物台 5 用来放置待测物件。台面下方装有三个载物台调平螺钉 a_1、a_2、a_3,如

图 5.2.11 所示。三个载物台调平螺钉用来调整台面的倾斜度,松开载物台锁紧螺钉 7 可升降、转动载物台。

4. 读数装置

读数装置由游标盘 22 及游标和刻度盘 21 组成。其读数方法与游标卡尺的读数方法相似,读数盘有内外两层,外层是主刻度盘,上面有 $0°\sim360°$ 的圆刻度,分度值为 $0.5°$。内盘为游标盘,有两个相隔 $180°$ 的角游标,分度值为 $1'$。图 5.2.12 所示的读数应为 $116°15'$。

望远镜的方位由刻度盘和游标确定。为了消除刻度盘与分光计中心轴线之间的偏心差,在刻度盘同一直径的两端各装有一个游标。

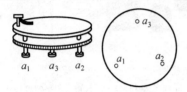

图 5.2.11　载物台示意图

图 5.2.12　刻度圆盘

测量时,两个游标都应读数,然后算出每个游标两次读数的差,再取平均值。这个平均值可作为望远镜(或载物台)转过的角度,并且消除了偏心差:

$$\theta = \frac{1}{2}\left[(T_1' - T_1) + (T_2' - T_2)\right]$$

例如表 5.2.1 中数据的处理。望远镜转过的角度

$$\theta = \frac{1}{2}\left[(T_1' - T_1) + (T_2' - T_2)\right] = 129°3'$$

其中

$$T_1' - T_1 = (360° + 84°6') - 315°4'$$

T_1' 中之所以加上 $360°$,是由于初始位置 T_1 转到后来位置 T_1' 时转过了 $360°$ 刻线。

表　5.2.1

游标	游标 1	游标 2
望远镜初始位置读数	$T_1 = 315°4'$	$T_2 = 135°3'$
望远镜转过 θ 角后读数	$T_1' = 84°6'$	$T_2' = 264°7'$

5.2.5　实验内容及步骤

1. 分光计的调整

在进行调整前,应先熟悉所使用的分光计中下列螺钉的位置:

①目镜调焦(看清分划板准线)手轮;②望远镜调焦(看清物体)调节手轮(或螺钉);③调节望远镜高低倾斜度的螺钉;④控制望远镜(连同刻度盘)转动的制动螺钉;⑤调整载物台水平状态的螺钉;⑥控制载物台转动的制动螺钉;⑦调整平行光管上狭缝宽度的螺钉;⑧调整平行光管高低倾斜度的螺钉;⑨平行光管调焦的狭缝套筒制动螺钉。

分光计调整步骤:

(1)目测粗调。将望远镜、载物台、平行光管用目测粗调成水平,并与中心轴垂直(粗调是后面进行细调的前提和细调成功的保证）。

（2）用自准法调整望远镜，使其聚焦于无穷远。

① 调节目镜调焦手轮，直到能够清楚地看到分划板"准线"为止。

② 接上照明小灯电源，打开开关，可在目镜视场中看到如图 5.2.13 所示的"准线"和带有绿色小十字的窗口。

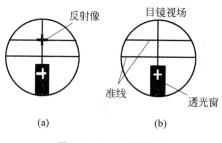

图 5.2.13　目镜视场

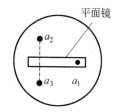

图 5.2.14　平面镜的放置

③ 将平面镜按图 5.2.14 所示方位放置在载物台上。这样放置是出于以下考虑：若要调节平面镜的俯仰，只需要调节载物台下的螺钉 a_2 或 a_3 即可，而螺钉 a_3 的调节与平面镜的俯仰无关。

④ 沿望远镜外侧观察可看到平面镜内有一亮十字，轻缓地转动载物台，亮十字也随之转动。但若用望远镜对着平面镜看，往往看不到此亮十字，这说明从望远镜射出的光没有被平面镜反射到望远镜中。

我们仍将望远镜对准载物台上的平面镜，调节镜面的俯仰，并转动载物台让反射光返回望远镜中，使由透明十字发出的光经过物镜后（此时从物镜出来的光还不一定是平行光），再经平面镜反射，由物镜再次聚焦，于是在分划板上形成模糊的像斑（注意：调节是否顺利，以上步骤是关键）。然后先调物镜与分划板间的距离，再调分划板与目镜的距离，使从目镜中既能看清准线，又能看清亮十字的反射像。注意使准线与亮十字的反射像之间无视差，如有视差，则需反复调节，予以消除。如果没有视差，说明望远镜已聚焦于无穷远。

（3）调整望远镜光轴，使之与分光计的中心轴垂直。

平行光管与望远镜的光轴各代表入射光和出射光的方向。为了测准角度，必须分别使它们的光轴与刻度盘平行。刻度盘在制造时已垂直于分光计的中心轴。因此，当望远镜与分光计的中心轴垂直时，就达到了与刻度盘平行的要求。

具体调整方法为：平面镜仍竖直置于载物台上，使望远镜分别对准平面镜前后两镜面，利用自准法可以分别观察到两个亮十字的反射像。如果望远镜的光轴与分光计的中心轴相垂直，而且平面镜反射面又与中心轴平行，则转动载物台时，从望远镜中可以两次观察到由平面镜前后两个面反射回来的亮十字像与分划板准线的上部十字线完全重合，如图 5.2.15（c）所示。若望远镜光轴与分光计中心轴不垂直，平面镜反射面也不与中心轴相平行，则转动载物台时，从望远镜中观察到的两个亮十字反射像必然不会同时与分划板准线的上部十字线重合，而是一个偏低，一个偏高，甚至只能看到一个。这时需要认真分析，确定调节措施，切不可盲目乱调。重要的是必须先粗调，即先从望远镜外面目测，调节到从望远镜外侧能观察到两个亮十字像。然后再细调：从望远镜视场中观察，当无论以平面镜的哪一个反射面对准望远镜，均能观察到亮十字时，如从望远镜中看到准线与亮十字像不重合，它们的交点在高低方面相差一段距离，如图 5.2.15(a) 所示。此时调整望远镜高低倾斜螺钉使差距减小为 $h/2$，如图 5.2.15(b) 所示。再调节载物台下的水平调节螺钉，消除另一半距离，使准线的上部十字线与亮十字线重合，如图 5.2.15(c) 所示。之后，再将载物台旋转 180°，使望远镜对着平面镜的另一面，采用同样的方法调节。如此反复调整，直至转动载物台时，从平面镜前后两表面反射回来的亮十字像都能与分划板准线的上部十字线重合为止。这时望远镜光轴和分光计的中心轴相垂直，常称这种方法为逐次逼近各半调整法。

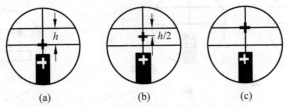

图 5.2.15　亮十字像与分划板准线的位置关系

（4）调整平行光管

用前面已经调整好的望远镜调节平行光管。当平行光管射出平行光时，则狭缝成像于望远镜物镜的焦平面上，在望远镜中就能清楚地看到狭缝像，并与准线无视差。

① 调整平行光管产生平行光。取下载物台上的平面镜，关掉望远镜中的照明小灯，用钠灯照亮狭缝，从望远镜中观察来自平行光管的狭缝像，同时调节平行光管狭缝与透镜间的距离，直至能在望远镜中看到清晰的狭缝像为止，然后调节缝宽使望远镜视场中的缝宽约为 1mm。

② 调节平行光管的光轴与分光计中心轴相垂直。望远镜中看到清晰的狭缝像后，转动狭缝（但不能前后移动）至水平状态，调节平行光管倾斜螺钉，使狭缝水平像被分划板的中央十字线上、下平分，如图 5.2.16(a) 所示。这时平行光管的光轴已与分光计中心轴相垂直。再把狭缝转至铅直位置，并需保持狭缝像最清晰而且无视差，位置如图 5.2.16(b) 所示。

至此分光计已全部调整好，使用时必须注意分光计上除刻度圆盘制动螺钉及其微调螺钉外，其他螺钉不能任意转动，否则将破坏分光计的工作条件，需要重新调节。

2. 测量

在正式测量之前，应先弄清所使用的分光计中下列各螺钉的位置：①控制望远镜（连同刻度盘）转动的制动螺钉；②控制望远镜微动的螺钉。

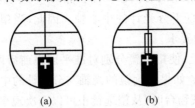

图 5.2.16　狭缝像与分划板位置

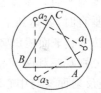

图 5.2.17　三棱镜的放置（BC 面为毛玻璃）

如图 5.2.17 放置三棱镜，将望远镜对准棱镜的 AB 面，细调螺钉 a_3，使 AB 面反射的十字像与上叉丝重合，依此方法调节 AC 面。

1）用自准法测三棱镜的顶角 α

如图 5.2.3 所示，利用望远镜自身产生平行光，固定平台，转动望远镜，先使棱镜 AB 面反射的十字像与叉丝重合(即望远镜光轴与三棱镜 AB 面垂直),读出两对称游标盘上指示的读数为 T_1、T_2(注意 T_1 与 T_2 不能颠倒),并记入表 5.2.2 中。然后再转动望远镜使 AC 面反射的十字像与叉丝重合(即望远镜光轴与 AC 面垂直),读出读数 T_1' 和 T_2'(注意 T_1' 和 T_2' 不能颠倒),并记入表 5.2.2 中,两边游标盘上的读数之差的平均值,即为望远镜转过的角度 θ。

2) 用反射法测三棱镜的顶角 α

如图 5.2.4 所示,使三棱镜的顶角对准平行光管,开启钠光灯,使平行光照射在三棱镜的 AC、AB 面上,旋紧游标盘制动螺钉,固定游标盘位置,放松望远镜制动螺钉,转动望远镜(连同刻度盘)寻找 AC 面反射的狭缝像,使分划板上竖直线与狭缝像基本对准后,旋紧望远镜螺钉,用望远镜微调螺钉使竖直线与狭缝完全重合。此时两对称游标上指示的读数为 T_3、T_4,记入表 5.2.4 中。转动望远镜至 AB 面进行同样的测量得 T_3'、T_4',记入表 5.2.4 中。两边游标盘上的读数之差的平均值,即为望远镜转过的角度 θ。

3) 最小偏向角的测量

分别放松游标盘和望远镜的制动螺钉,转动游标盘(连同三棱镜)使平行光射入三棱镜的 AC 面,如图 5.2.18 所示。转动望远镜在 AB 面处寻找平行光管中狭缝的像。然后向一个方向缓慢地转动游标盘(连同三棱镜)在望远镜中观察狭缝像的移动情况,当随着游标盘转动而向某个方向移动的狭缝像正要开始向相反方向移动时,固定游标盘。轻轻地转动望远镜,使分划板上竖直线与狭缝像对准,记下两游标指示的读数 T_5、T_6,记入表 5.2.5 中;然后取下三棱镜,转动望远镜使它直接对准平行光管,并使分划板上竖直线与狭缝像对准,记下对称的两游标指示的读数 T_5'、T_6',记入表 5.2.4 中,可得最小偏向角 $\delta_{\min}$。

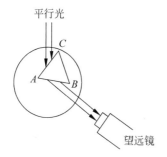

图 5.2.18　测量最小偏向角(BC 面为毛玻璃)

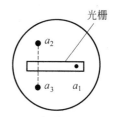

图 5.2.19　光栅的放置

4) 光栅常数及光波波长的测量

(1) 调节光栅平面,使入射光垂直投射于光栅面上,且光栅平面垂直于平行光管光轴。调节方法:分光计用双面反射镜调节后,将双面反射镜从载物台上取下,再把光栅照原位置放置在载物台上,如图 5.2.19 所示。并使之固定(夹紧),其位置以三只调平螺钉为准。

尽可能做到光栅平面垂直平分 a_2、a_3。然后转动读数圆盘,若已锁紧,须放松螺钉 7,再调节 a_2、a_3 下面的螺钉,直到望远镜中从光栅平面反射回来的亮十字像和叉丝重合,这时可固定圆盘,锁紧螺钉 7。

(2) 调节光栅,使其刻痕与平行光管狭缝平行。调节方法:用钠光灯做光源照亮平行光管的狭缝,转动望远镜观察光谱,同时调节 a_1 下面的螺钉(a_2、a_3 不能动)使叉丝垂直与谱线平行。调好之后,关掉钠光灯,回头检查步骤(1)是否有变动,这样反复多次调节,直至

(1)、(2)两个要求同时满足为止。

(3) 测光栅常数 d 及光波波长 λ_g。测量方法：①转动望远镜，找到零级像并使之与分划板上的中心垂线重合，读出刻度盘上对径方向上的两个角度 θ_0 和 θ_0'，并记入表 5.2.5 中。②右转望远镜，找到一级像，并使之与分划板上的中心垂线重合，读出刻度盘上对径方向上的两个角度 $\theta_右$ 和 $\theta_右'$，并记入表 5.2.5 中。③左转望远镜，找到另一侧的一级像，并使之与分划板上的中心垂线重合，读出刻度盘上对径方向上的两个角度 $\theta_左$ 和 $\theta_左'$，并记入表 5.2.5 中。

5.2.6 实验数据处理

1. 用自准法测三棱镜的顶角 α

将表 5.2.2 中数据代入式

$$
\begin{aligned}
\alpha &= 180° - \theta \\
&= 180° - \frac{1}{2}(\,|\,T_1'-T_1\,| + |\,T_2'-T_2\,|\,)
\end{aligned}
\tag{5.2.10}
$$

重复测量三次取平均，可得三棱镜的顶角 α。

2. 用反射法测三棱镜的顶角 α

将表 5.2.3 中数据代入式

$$
\begin{aligned}
\alpha &= \frac{1}{2}\theta = \frac{1}{2}\left(\frac{1}{2}(\,|\,T_3'-T_3\,| + |\,T_4'-T_4\,|\,)\right) \\
&= \frac{1}{4}(\,|\,T_3'-T_3\,| + |\,T_4'-T_4\,|\,)
\end{aligned}
\tag{5.2.11}
$$

重复测量三次取平均，可得三棱镜的顶角 α。

3. 测量最小偏向角 $\delta_{\min}$，求三棱镜玻璃的折射率 n

将表 5.2.4 中数据代入式

$$
\delta_{\min} = \frac{1}{2}(\,|\,T_5'-T_5\,| + |\,T_6'-T_6\,|\,)
\tag{5.2.12}
$$

重复测量三次，将所测三棱镜顶角 α 及最小偏向角 $\delta_{\min}$ 代入式(5.2.8)中，求出三棱镜玻璃的折射率 n。

4. 测量光栅常数及光波波长

将表 5.2.5 中数据代入式(5.2.9)中，令 $k=1$，可得公式 $d=\dfrac{\lambda_0}{\sin\overline{\theta}_1}$（$\lambda_0=589.3\text{nm}$，为已知光源的波长），即可求出光栅常数 d。

将表 5.2.5 中数据代入式(5.2.9)中，令 $k=1$，可得公式 $\lambda_g=d\sin\overline{\theta}_1$，用已知光栅（或自己求出的光栅）的光栅常数 d，即可求出待测光波波长 λ_g。并求相对误差

$$
E = \frac{|\lambda_g - \lambda_0|}{\lambda_0} \times 100\%
$$

5.2.7 注意事项

(1) 望远镜、平行光管上的镜头、三棱镜、平面镜及光栅的镜面不能用手摸、揩。如发现有尘埃时，应该用镜头纸轻轻揩擦。三棱镜、平面镜、光栅不准磕碰或跌落，以免损坏，如要

班别_____ 姓名_____ 实验日期_____ 同组人_____

原始数据记录

表 5.2.2 自准法测三棱镜顶角数据表格

次数	游 标 1		游 标 2		α	$\bar{\alpha}$
	T_1	T_1'	T_2	T_2'		
1						
2						
3						

表 5.2.3 反射法测三棱镜顶角数据表格

次数	游 标 1		游 标 2		α	$\bar{\alpha}$
	T_3	T_3'	T_4	T_4'		
1						
2						
3						

表 5.2.4 测量最小偏向角 $\delta_{\min}$ 及折射率 n

钠光	次数	游 标 1		游 标 2		$\delta_{\min}$	n	$\bar{n}$
		T_5	T_5'	T_6	T_6'			
$\lambda=589.3\text{nm}$	1							
	2							
	3							

表 5.2.5 一级谱线的衍射角

零级像位置		$\theta_0=$	$\theta_0'=$
左转一级像	位置	$\theta_{左}=$	$\theta_{左}'=$
	偏转角	$|\theta_{左}-\theta_0|=$	$|\theta_{左}'-\theta_0'|=$
右转一级像	位置	$\theta_{右}=$	$\theta_{右}'=$
	偏转角	$|\theta_{右}-\theta_0|=$	$|\theta_{右}'-\theta_0'|=$
偏转角平均值		$\bar{\theta}_1=\dfrac{1}{4}\left[|\theta_{左}-\theta_0|+|\theta_{左}'-\theta_0'|+|\theta_{右}-\theta_0|+|\theta_{右}'-\theta_0'|\right]$	

实验项目名称__<u>光学参量测量中分光计的应用</u>__ 指导教师_____

大学物理实验预习报告

实验项目名称 **光学参量测量中分光计的应用**

班别＿＿＿＿＿＿＿ 学号＿＿＿＿＿＿＿＿ 姓名＿＿＿＿＿＿＿＿

实验进行时间＿＿＿＿年＿＿＿月＿＿＿日，第＿＿＿周，星期＿＿＿＿，＿＿＿时至＿＿＿时

实 验 地 点＿＿＿＿＿＿＿＿＿＿＿＿＿＿

实验目的：

实验原理简述：

实验中应注意事项：

移动光栅,应拿塑料基座。

(2) 分光计是较精密的光学仪器,要加倍爱护,不应在制动螺钉锁紧时强行转动望远镜,也不要随意拧动狭缝。

(3) 一定要认清每个螺钉的作用再调整分光计,不能随便乱拧。掌握各个螺钉的作用可使分光计的调节与使用事半功倍。

(4) 分光计调整时应调整好一个方向,这时已调好部分的螺钉不能再随便拧动,否则会前功尽弃。

(5) 望远镜的调整是一个重点。首先转动目镜手轮看清分划板上的十字线,而后伸缩目镜筒看清亮十字。测量中应正确使用转动望远镜的微调螺钉,以便提高工作效率和测量准确度。

(6) 在测量数据前务须检查分光计的几个制动螺钉是否锁紧,若未锁紧,得到的数据会不可靠。

(7) 在游标读数过程中,由于望远镜可能位于任何方位,故应注意望远镜转动过程中是否过了刻度的零点。如越过刻度零点,则必须按式$(360° - |\theta' - \theta|)$来计算望远镜的转角。例如当望远镜由位置 Ⅰ 转到位置 Ⅱ 时,双游标的读数分别如表 5.2.6 所示。由左游标读数可得望远镜转角为:$\theta_左 = \theta'_1 - \theta_1 = 119°58'$,由右游标读数可得望远镜转角为:$\theta_右 = 360° - |\theta'_Ⅱ - \theta_Ⅱ| = (360° + \theta'_Ⅱ) - \theta_Ⅱ = 119°58'$。

表 5.2.6

望远镜位置	Ⅰ	Ⅱ
左游标读数	175°45′	295°43′
右游标读数	355°45′	115°43′

5.2.8　思考题

(1) 分光计调整的要求是什么?

(2) 分析分光计的设计原理。

(3) 分光计为什么要调整为望远镜光轴与分光计中心轴相垂直? 如果两者不垂直,对测量结果有何影响?

(4) 转动载物台上的平面镜时,望远镜中看不到由镜面反射的绿十字像,应如何调节?

(5) 若平面镜两面的绿十字像,一个偏高,在水平线上方距离水平线为 a;另一个偏下,与水平线距离为 $5a$,应如何调节?

(6) 用反射法测量三棱镜顶角时,为什么必须将三棱镜的顶角置于载物台中心附近? 试作图说明。

(7) 光栅光谱和棱镜光谱有哪些不同之处?

(8) 比较棱镜和光栅分光的主要区别。

(9) 实验中如何确定光栅光谱的级次?

(10) 分析光栅面和入射平行光不严格垂直时对实验有什么影响。

(11) 在调节过程中,如发现光栅的光谱线倾斜,这说明了什么问题? 如何调整?

(12) 如果光波波长都是未知的,能否用光栅测其波长?

（13）做本实验有何体会？

5.2.9 拓展实验：液体折射率的测量

1. 实验任务

光从一种介质进入另一种介质时会发生折射现象，当入射角为某一极值（掠射）时，会产生一特殊的光学现象，能同时看到有折射光和无折射光的现象，用望远镜看到的视场是半明半暗，中间有明显的明暗分界线。利用这一现象就可以实现固体和液体折射率的测量。

学生根据自己所学的知识，并在图书馆或互联网上查找资料，设计实验的整体方案，内容包括：①写出实验原理及理论计算公式；②给出测量方法并分析可操作性；③写出实验内容和步骤。然后根据自己设计的方案，进行实验操作，记录数据，做好数据处理，得出实验结果并进行误差分析，最后按书写科学论文的要求写出完整的实验报告。

2. 设计要求

（1）通过查找资料，并到实验室了解所用仪器的实物以及阅读仪器使用说明书，了解仪器的使用方法，找出所要测量的物理量，并推导出计算公式，在此基础上写出该实验的实验原理。

（2）选择实验的测量仪器，设计出实验方法和实验步骤，要具有可操作性。

（3）测量5组数据，用Matlab软件实现所有计算。

（4）应该用什么方法处理数据？并说明原因。

（5）实验结果用不确定度来表征测量结果的可信度。

3. 原理提示

掠入射法测三棱镜折射率的原理如图5.2.20所示。用钠光灯照射三棱镜的折射面AB，通过望远镜对棱镜的另一个折射面AC进行观测。在AB界面上图中光线a、b、c的入射角依次增大，而c光线为掠入线（入射角为90°），对应的折射角为临界角i_c。在棱镜中再也不可能有折射角大于i_c的光线。在AC界面上，出射光a、b、c的出射角依次减小，以c光线的出射角i'为最小，称为极限角。因此，用望远镜看到的视场是半明半暗的，中间有明显的明暗分界线。

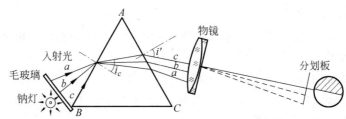

图5.2.20　掠入射法测量液体折射率示意图

可证明三棱镜的折射率n与三棱镜棱镜顶角A、最小出射角i'之间有如下关系：

$$n = \sqrt{1 + \left(\frac{\sin i' + \cos A}{\sin A}\right)^2} \tag{5.2.13}$$

试分析：若在AB面加折射率为n的待测液体，上述关系又如何？

实验 5.3　霍尔效应测量磁场

1985 年和 1998 年的诺贝尔物理学奖都与霍尔效应有关。早在 1879 年,霍尔(E. H. Hall,1855—1938)还是美国霍普金斯大学的研究生院二年级的研究生,年仅 24 岁,他在研究载流导体在磁场中的受力性质时,发现了一种电磁效应,后来人们称之为霍尔效应。

那时候,人们还不知道电子的存在,无法对霍尔效应作出正确解释。18 年后,1897 年,汤姆逊发现了电子,进而人们知道了金属导电的机理,金属中自由电子的定向运动形成电流,以及运动电荷在磁场中受到洛伦兹力的作用等。在此基础上,霍尔效应才由经典电子理论给出了解释,霍尔电位差是电子受到洛伦兹力作用的结果。

在当时霍尔效应的发现震动了科学界,许多科学家纷纷转向这一研究领域。但由于这种效应对一般的材料很不明显,因而长期未得到实际应用。半个多世纪以后,人们发现半导体也有霍尔效应,而且半导体的霍尔效应比金属强得多。近 30 多年来,由高电子迁移率的半导体制成的霍尔传感器已经广泛应用于磁场测量和半导体材料的研究。用于制作霍尔传感器的半导体材料有多种:单晶半导体材料有锗、硅;化合物半导体有锑化铟(InSb)、砷化铟(InAs)等。

近年来,霍尔效应实验不断有新发现。1980 年德国冯·克利青(Klaus von Klitzing,1943 年出生)教授在低温和强磁场下发现了量子霍尔效应而荣获 1985 年度诺贝尔物理学奖,这是近年来凝聚态物理领域最重要的发现之一。美籍华裔物理学家崔琦(D. C. Tsui,1939 年出生)、美籍德裔物理学家施特默(H. L. Stormer,1949 年出生)和美国物理学家劳克林(R. B. Laughlin,1950 年出生)因在发现分数量子霍尔效应方面所做出的杰出贡献而荣获 1998 年度诺贝尔物理学奖。崔琦成为荣获诺贝尔奖的第六位华裔科学家。

霍尔效应已在科学实验和工程技术中得到广泛应用。霍尔传感器主要用在以下几个方面:测量磁场强度;测量交直流电路电流强度和电功率;转换信号,如将直流电流转换成交流电流;对各种非电量的物理量进行测量并输出电信号供自动检测、控制和信息处理,实现生产过程的自动化。无论工科或理科学生,了解这一极富实用性的实验,对将来的工作和学习都将有所帮助。

5.3.1　实验目的

1. 了解霍尔效应的机理,掌握其测量磁场的原理。
2. 掌握利用霍尔元件测量磁场的方法。
3. 测量蹄形电磁铁气隙中一点的磁感应强度以及磁场分布。
4. 学习用"对称测量法"消除不等电压的影响。

5.3.2　预习要求

1. 理解霍尔效应及其测磁场的原理。
2. 理解"对称测量法"消除副效应的方法。
3. 掌握霍尔效应测磁场装置的结构和使用方法。
4. 掌握特斯拉计的原理结构和使用方法。

5. 制定实验的具体步骤并写出预习报告。

6. 列出测量数据记录表。

5.3.3　实验原理

1. 霍尔效应

霍尔效应从本质上讲是运动的带电粒子在磁场中受洛伦兹力作用而引起的偏转。当带电粒子(电子或空穴)被约束在固体材料中,这种偏转就导致在垂直电流和磁场的方向上产生正负电荷的积累,从而形成附加的横向电场。

以金属导体为例,一块长方形金属薄片或半导体薄片,若在某方向上通入电流 I_H,在其垂直方向上加一磁场 B,则在垂直于电流和磁场的方向上将产生电位差 U_H,这个现象称为霍尔效应,U_H 称为霍尔电压。霍尔发现这个电位差 U_H 与电流强度 I_H 成正比,与磁感应强度 B 的大小成正比,与薄片的厚度 d 成反比,即

$$U_H = R_H \frac{I_H B}{d} \tag{5.3.1}$$

式中 R_H 为霍尔系数,它表示该材料产生霍尔效应能力的大小。

霍尔电压的产生可以用洛伦兹力来解释。如图 5.3.1 所示,将一块厚度为 d、宽度为 b、长度为 L 的半导体薄片(霍尔片)放置在磁场 B 中,磁场 B 沿 z 轴正方向。当电流沿 x 轴正方向通过半导体时,若薄片中的载流子(设为自由电子)以平均速度 v 沿 x 轴负方向作定向运动,所受的洛伦兹力为

$$f_B = e v \times B \tag{5.3.2}$$

在 f_B 的作用下自由电子受力偏转,结果向板面 I 积聚,同时在板面 II 上出现同数量的正电荷。这样就形成一个沿 y 轴负方向上的横向电场,使自由电子在受沿 y 轴负方向上的洛伦兹力 f_B 的同时,也受一个沿 y 轴正方向的电场力 f_E。设 E 为电场强度,U_H 为霍尔片 I、II 面之间的电位差(即霍尔电压),则

$$f_E = eE = e \frac{U_H}{b} \tag{5.3.3}$$

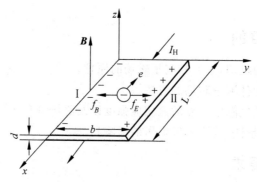

图 5.3.1　霍尔效应原理图

f_E 将阻碍电荷的积聚,最后达稳定状态时有

$$f_B = f_E$$

即

$$evB = e\frac{U_H}{b} \tag{5.3.4}$$

或

$$U_H = vBb \tag{5.3.5}$$

设载流子浓度为 n，单位时间内体积为 vdb 里的载流子全部通过横截面，则电流强度 I_H 与载流子平均速度 v 的关系为

$$I_H = vdbne$$

或

$$v = \frac{I_H}{dbne} \tag{5.3.6}$$

将式(5.3.6)代入式(5.3.5)得

$$U_H = \frac{1}{ne} \cdot \frac{I_H B}{d} \tag{5.3.7}$$

式中 $\dfrac{1}{ne}$ 即为前述的霍尔系数 R_H。

考虑霍尔片厚度 d 的影响，引进一个重要参数 K_H，$K_H = \dfrac{1}{ned}$，则式(5.3.5)可写为

$$U_H = K_H I_H B \tag{5.3.8}$$

K_H 称为霍尔元件的灵敏度。K_H 值有正负之分，这取决于载流子带电的正负。如果霍尔元件是 N 型半导体材料制成的，则 $K_H = -1/(ned)$；如果霍尔元件是由 P 型（即参加导电的载流子是空穴）半导体材料制成的，则 $K_H = 1/(ned)$。由此可知，根据电流 I_H 和磁场 B 的方向，实验测定出霍尔电压的正负，就可以判定载流子的正负。这是半导体材料研究中的一个重要方法。

从式(5.3.8) $U_H = K_H I_H B$ 可看出霍尔电压的一些特性：

(1) 在一定的工作电流 I_H 下，霍尔电压 U_H 与外磁场磁感应强度 B 成正比。这就是霍尔效应检测磁场的原理：

$$B = \frac{U_H}{K_H I_H} \tag{5.3.9}$$

(2) 在一定的外磁场中，霍尔电压 U_H 与通过霍尔片的电流强度 I_H（工作电流）成正比。这就是霍尔效应检测电流的原理：

$$I_H = \frac{U_H}{K_H B} \tag{5.3.10}$$

2. 消除各种副效应所带来的误差

伴随霍尔效应还存在其他几个副效应，这会给霍尔电压的测量带来附加误差影响到测量的精确度。这些副效应有以下几种。

1) 不等位效应

如图 5.3.2 所示，由于制造工艺技术的限制，霍尔元件的电极不可能接在同一等位面上，因此，当电流 I_H 流过霍尔元件时，即使不加磁场，两电极间也会产生一电位差，称不等位电位差 U_0。显然，U_0 只与电流 I_H 有关，而与磁场无关。

2) 埃廷豪森效应(Etinghausen effect)

由于霍尔片内部的载流子速度服从统计分布,有快有慢,因此它们在磁场中受的洛伦兹力不同,轨道偏转也不相同,如图5.3.3所示。动能大的载流子趋向霍尔片的一侧,而动能小的载流子趋向另一侧。随着载流子的动能转化为热能,使两侧的温升不同,形成一个横向温度梯度,引起温差电压U_E,U_E的正负与I_H、B的方向有关。

图5.3.2　不等位效应　　　　　　图5.3.3　埃廷豪森效应

3) 能斯特效应(Nernst effect)

由于两个电流电极与霍尔片的接触电阻不等,当有电流通过时,在两电流电极上有温度差存在,出现热扩散电流,在磁场的作用下,建立一个横向电场E_N,因而产生附加电压U_N。U_N的正负仅取决于磁场的方向。

4) 里纪-勒杜克效应(Righi-Leduc effect)

由于热扩散电流的载流子的迁移率不同,类似于埃廷豪森效应中载流子速度不同一样,也将形成一个横向的温度梯度而产生相应的温度电压U_{RL}。U_{RL}的正、负只与B的方向有关,和电流I_H的方向无关。

综上所述,由于附加电压的存在,实测的电压既包括霍尔电压U_H,也包括U_0、U_E、U_N和U_{RL}等这些附加电压,形成测量中的系统误差来源。但我们利用这些附加电压与电流I_H和磁感应强度B的方向有关的性质,测量时改变I_H和B的方向基本上可以消除这些附加误差的影响,这种方法称为"对称测量法"。具体方法如下:

当$(+B,+I_H)$时测量,

$$U_1 = U_H + U_0 + U_E + U_N + U_{RL} \tag{5.3.11}$$

当$(+B,-I_H)$时测量,

$$U_2 = -U_H - U_0 - U_E + U_N + U_{RL} \tag{5.3.12}$$

当$(-B,-I_H)$时测量,

$$U_3 = U_H - U_0 + U_E - U_N - U_{RL} \tag{5.3.13}$$

当$(-B,+I_H)$时测量,

$$U_4 = -U_H + U_0 - U_E - U_N - U_{RL} \tag{5.3.14}$$

式(5.3.11)-式(5.3.12)+式(5.3.13)-式(5.3.14)并取平均值,则得

$$U_H + U_E = \frac{1}{4}(U_1 - U_2 + U_3 - U_4) \tag{5.3.15}$$

可见,经这样处理后,除埃廷豪森效应引起的附加电压外,其他几个主要的附加电压全部被消除了。但因霍尔效应一般极为微弱,且$U_E \ll U_H$,可将上式近似写为

$$U_H = \frac{1}{4}(|U_1| + |U_2| + |U_3| + |U_4|) \tag{5.3.16}$$

5.3.4　实验装置

本实验采用的霍尔效应实验仪和霍尔效应测试仪结构简单,将仪器面板上的文字和符号对应连接即可。

5.3.5　实验内容及步骤

1. 熟悉并正确操作霍尔效应实验仪和霍尔效应测试仪

按仪器面板上的文字和符号将霍尔效应实验仪和霍尔效应测试仪正确连接,方法如下:

(1) 霍尔效应测试仪面板中提供励磁电流 I_M 的恒流源输出端(0~1000mA),接霍尔效应实验仪上电磁铁线圈电流的输入端(将接线叉口与接线柱连接)。

(2) “测试仪”提供霍尔元件控制(工作)电流 I_H 的恒流源(1.50~10.00mA)输出端,接“实验仪”霍尔元件工作电流输入端(将插头插入插座)。

(3) “实验仪”上霍尔元件的霍尔电压 U_H 输出端,接“测试仪”中部下方的霍尔电压输入端。

(4) 将测试仪与220V交流电源接通。

注意:决不允许将“I_M 输入”接到“I_H 输入”处,否则,一旦通电,霍尔样品即遭破坏。

2. 测量一定 I_M 条件下电磁铁气隙中心的磁感应强度 B 的大小

霍尔效应测量电磁铁气隙中心的磁感应强度 B 的原理如图 5.3.4 所示。

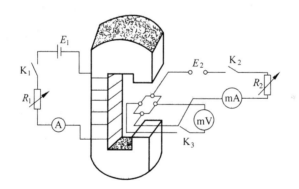

图 5.3.4　霍尔效应测量电磁铁气隙中心的磁感应强度原理图

(1) 调节励磁电流 I_M 为 0~1000mA 范围内的某一数值(建议 800mA)。

(2) 调节二维标尺,使霍尔元件处于电磁铁气隙中心位置。

(3) 调节 $I_H=2.00$mA,…,10.00mA(间隔为 1.00mA),记录相应的霍尔电压 U_H 填入表 5.3.1,在坐标纸上描绘 I_H-U_H 关系曲线,求得斜率 K_1($K_1=U_H/I_H$)。

(4) 将给定的霍尔灵敏度 K_H 及斜率 K_1 代入公式,可求得 B 的大小并比较。

(5) 用特斯拉计测出电磁铁气隙中心磁场,将特斯拉计的探头小心地伸入电磁铁间隙中心处,注意磁场方向要与探头的霍尔片垂直,与上述结果比较。

(说明:①测量中,应缓慢地调节特斯拉计的探头,使指针指示最大值,记录读数,然后将特斯拉计的探头从磁场中抽出,旋转特斯拉计的探头180°,再重新放入磁场中并缓慢转动读取最大值,这二次读数的平均值即为该 I_M 对应的 B 值;②特斯拉计的灵敏阈为 0.02mT；③特斯拉计的使用及校准见说明书。)

3．测量电磁铁气隙中磁感应强度 B 沿水平方向的分布情况

(1) 将霍尔元件置于电磁铁气隙中心位置，调节 $I_M=1000$m，$I_H=10.00$mA，测得相应的 U_H。

(2) 将霍尔元件从电磁铁气隙外一端向另一端移动，每隔 5mm 选一个点测出相应的 U_H，填入表 3.5.2。

(3) 由以上所测得 U_H 值，由公式计算出各点的 B，并在坐标纸上绘出 B-x 图，显示出电磁铁气隙内 B 沿水平方向的分布状态。

4．测量霍尔电压 U_H 与励磁电流 I_M 的关系

调节二维标尺，使霍尔元件处于气隙中心位置。调节 $I_H=10.00$mA，调节 $I_M=100$mA，200mA，…，1000mA(间隔为 100mA)，分别测量霍尔电压 U_H 值填入表 5.3.3，并绘出 I_M-U_H 曲线，验证线性关系的范围。分析当 I_M 达到一定值以后，I_M-U_H 直线斜率变化的原因。

为了消除附加电势差引起霍尔电势测量的系数误差，以上测量过程均采用"对称测量法"消除误差，即按 $\pm I_M$、$\pm I_H$ 的四种组合测量求其绝对值的平均值。

5.3.6　实验数据处理

(1) 记录仪器的型号、规格及霍尔灵敏度 K_H。

(2) 处理数据记录表 5.3.1 中的数据用式(5.3.16)计算出 U_H，将给定的霍尔灵敏度 K_H 及斜率 K_1 代入式(5.3.9)，分别得到电磁铁气隙中心的磁感应强度 B 的大小，并与用特斯拉计测出的结果相比较。

(3) 处理数据记录表 5.3.2 中的数据，用式(5.3.16)计算出 U_H，式(5.3.9)计算出电磁铁气隙中磁感应强度 B 的分布情况，并在坐标纸上绘出 B-x 图。

(4) 处理数据记录表 5.3.3 中的数据，用式(5.3.16)计算出 U_H，并在坐标纸上绘出 I_M-U_H 曲线，验证线性关系的范围。观察当 I_M 达到一定值以后，I_M-U_H 直线斜率的变化，并分析其原因。

5.3.7　注意事项

(1) 霍尔片又薄又脆，切勿用手摸。

(2) 霍尔片允许通过电流很小，切勿与励磁电流接错！

(3) 电磁铁通电时间不要过长，以防电磁铁线圈过热影响测量结果。

5.3.8　思考题

(1) 如果磁场 $\boldsymbol{B}$ 不垂直于霍尔片，对测量结果有何影响？如何由实验判断 $\boldsymbol{B}$ 与霍尔片是否垂直？

(2) 根据霍尔系数与载流子浓度的关系，试回答，金属为何不宜制作霍尔元件？

(3) 试判断，在其他条件一样时，温度提高，U_H 变大还是变小？根据这个判断结果，设想霍尔元件还可有什么用途？

(4) 利用霍尔元件可以读取磁带或磁盘记录的信息，试说明其原理。

班别_____　姓名_____　实验日期_____　同组人_____

原始数据记录

表　5.3.1　　　　　　　　　　　　　　　　　　　　　　　　　　　　　　$I_M = 800\text{mA}$

I_H/mA	2.00	3.00	4.00	5.00	6.00	7.00	8.00	9.00	10.00
$U_1/\text{mV}(+I_M, +I_H)$									
$U_2/\text{mV}(-I_M, +I_H)$									
$U_3/\text{mV}(-I_M, -I_H)$									
$U_4/\text{mV}(+I_M, -I_H)$									
U_H/mV									
B_1（由仪器给出 K_H）									
B_2（由曲线得出 K_1）									
B_0（特斯拉计测）									

表　5.3.2　　　　　　　　　　　　　　　　　　　　$I_M = 1000\text{mA}$，$I_H = 10.00\text{mA}$

x/cm	0.0	0.5	1.0	1.5	2.0	2.5	3.0	3.5	4.0	4.5	5.0
$U_1/\text{mV}(+I_M, +I_H)$											
$U_2/\text{mV}(-I_M, +I_H)$											
$U_3/\text{mV}(-I_M, -I_H)$											
$U_4/\text{mV}(+I_M, -I_H)$											
U_H/mV											
B_1（由仪器给出 K_H）											

表　5.3.3　　　　　　　　　　　　　　　　　　　　　　　　　　　　$I_H = 10.00\text{mA}$

I_M/mA	100	200	300	400	500	600	700	800	900	1000
$U_1/\text{mV}(+I_M, +I_H)$										
$U_2/\text{mV}(-I_M, +I_H)$										
$U_3/\text{mV}(-I_M, -I_H)$										
$U_4/\text{mV}(+I_M, -I_H)$										
U_H/mV										

实验项目名称___霍尔效应测量磁场___　指导教师_____

大学物理实验预习报告

实验项目名称 **霍尔效应测量磁场**

班别＿＿＿＿＿＿＿＿＿ 学号＿＿＿＿＿＿＿＿＿ 姓名＿＿＿＿＿＿＿＿＿

实验进行时间＿＿＿年＿＿＿月＿＿＿日，第＿＿＿周，星期＿＿＿，＿＿＿时至＿＿＿时

实验地点＿＿＿＿＿＿＿＿＿＿＿＿

实验目的：

实验原理简述：

实验中应注意事项：

（5）利用霍尔元件可制成罗盘指示方向，试说明其原理。

（6）在理想情况下 K_H 是常数，实际上它随温度而改变。试设计一种测量方法，可以消除 K_H 随温度而变的影响。

（7）设计用霍尔效应测量长直螺线管轴线上磁感应强度分布的实验方案，并写出实验步骤。

5.3.9　拓展实验：测载流长直螺线管内的磁感应强度分布

螺线管是由绕在圆柱面上的导线构成的，对于密绕的螺线管，可以将其看成是一列有共同轴线的圆形线圈的并排组合，因此一个载流长直螺线管轴线上某点的磁感应强度，可以从对各圆形电流在轴线上该点所产生的磁感应强度进行积分求和得到。对于一个有限长的螺线管，在距离两端口等远的中心点，磁感应强度为最大，且等于

$$B_0 = \mu_0 \, N \, I_M \tag{5.3.17}$$

其中，μ_0 为真空磁导率；N 为螺线管单位长度的线圈匝数；I_M 为线圈的励磁电流。

由长直螺线管的磁力线分布可知，其内腔中部磁力线是平行于轴线的直线系，渐近两端口时，这些直线变为从两端口离散的曲线，说明其内部的磁场是均匀的，仅在靠近两端口处才呈现明显的不均匀性。根据理论计算，长直螺线管一端的磁感应强度为内腔中部磁感应强度的 $1/2$。

自行列出表格，测出载流长直螺线管内的磁感应强度分布，并在坐标纸上绘出 $B\text{-}x$ 图。

图 5.3.5 给出了测载流长直螺线管内的磁感应强度装置示意图。

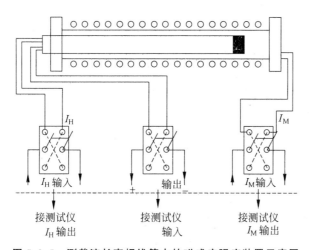

图 5.3.5　测载流长直螺线管内的磁感应强度装置示意图

实验 5.4　不同介质中超声速的测定

　　声波是在弹性媒质中传播的一种机械波。频率在 20～20 000Hz 的机械波,能引起人的听觉,称为可闻声波;频率低于 20Hz 的机械波为次声波;频率高于 20 000Hz 的机械波为超声波。

　　超声波具有波长短、易于定向传播等优点,所以声速测量所采用的声波频率一般都在超声波频率范围内。声波是纵波,声波在媒质中的传播速度与媒质的特性及状态等因素有关。

　　声速的测量方法可以分为两大类。一类称为时差法,是根据运动学理论 $v=L/t$,通过测量传播距离 L 和时间间隔 t 得到声速 v;另一类是根据波动理论 $v=f\lambda$,通过测量声波的频率 f 和波长 λ 得到声速 v。本实验中使用的驻波法和相位比较法这两种测量方法都是根据后一种原理设计的,此种方法在声学、电磁场与电磁波、光学等领域都具有十分重要的意义。

　　本实验采用压电陶瓷超声换能器,通过驻波法(共振干涉法)和相位比较法分别测量超声波在空气和水中的传播速度,这是一个非电量电测方法的应用。

　　声波特性的测量是声学技术中的重要内容。通过媒质中声速的测量,可以了解被测媒质的特性或状态变化,因而声速测量有非常广泛的应用,如无损检测、测距和定位、测气体温度的瞬间变化、测液体的流速、测材料的弹性模量等。

5.4.1　实验目的

(1) 加深对振动合成的理解。

(2) 了解压电陶瓷换能器的功能。

(3) 掌握用驻波法和相位比较法测声速。

(4) 提高综合使用示波器等仪器的能力。

(5) 对非电量的电测方法有进一步的认识。

(6) 熟练用逐差法处理实验数据。

5.4.2　预习要求

(1) 理解驻波法和相位比较法测量声速的基本原理。

(2) 了解形成驻波和李萨如图形的基本理论。

(3) 了解函数信号发生器和示波器的调整和使用方法。

(4) 理解测量波长的驻波法和相位比较法。

(5) 熟悉实验的具体内容并写出预习报告。

(6) 列出测量数据记录表。

5.4.3　实验原理

　　根据运动学理论 $v=L/t$,通过测量传播距离 L 和时间间隔 t 得到声速 v。这种方法原理简单,也较直观,人们常常以此种方法估算声速。如由看到闪电到听见雷声之间时间的长短来估算雷电发生处与我们的距离,但这个方法不适合在实验室有限的空间里做出精确的测量。

我们可以采取其他方式来测量声速。根据波动理论,在波动过程中,波速 v、波长 λ 和频率 f 之间存在下列关系:

$$v = f\lambda \tag{5.4.1}$$

通过实验,测出波长 λ 和频率 f,就可求出声速 v。其中声波频率可由产生声波的电信号发生器的振荡频率读出,波长则可用共振法和相位比较法进行测量。常用方法有驻波法和相位比较法两种。

1. 驻波法测声速

(1) 压电陶瓷超声换能器

本实验采用压电陶瓷换能器来实现声压和电压之间的转换。它主要由压电陶瓷环片、轻金属铝(做成喇叭形状,增加辐射面积)和重金属(如铁)组成。压电陶瓷片由多晶体结构的压电材料锆钛酸铅制成。在压电陶瓷片的两个底面加上正弦交变电压,它就会按正弦规律发生纵向伸缩,从而发出超声波。同样,压电陶瓷可以在声压的作用下把声波信号转化为电信号。压电陶瓷换能器在声-电转化过程中信号频率保持不变。

(2) 驻波共振法测声速

由声源发出的声波经前方平面反射后,入射波和反射波叠加,当两平面平行时,在它们之间有可能形成驻波。驻波某些点的振动始终加强,其振幅是两列波的振幅之和,这些点称为波腹。另一些点的合振幅为零,这些点称为波节。相邻两波节或波腹之间的距离就是半个波长。

设沿 x 方向入射波的方程为

$$y_1 = A\cos 2\pi(ft - x/\lambda) \tag{5.4.2}$$

沿 x 负方向反射波方程为

$$y_2 = A\cos 2\pi(ft + x/\lambda) \tag{5.4.3}$$

两波相遇干涉时,在空间某点的合振动方程为

$$
\begin{aligned}
y &= y_1 + y_2 \\
&= A\cos 2\pi(ft - x/\lambda) + A\cos 2\pi(ft + x/\lambda) \\
&= (2A\cos 2\pi x/\lambda)\cos 2\pi ft
\end{aligned}
\tag{5.4.4}
$$

上式为驻波方程。当 $x = (2n+1)\dfrac{\lambda}{4}, n = 0, 1, 2, \cdots$ 时,声振动振幅最大,为 $2A$,称为波腹。当 $x = n \cdot \dfrac{\lambda}{2}, n = 0, 1, 2, \cdots$ 时,声振动振幅为零,这些点称为波节;其余各点的振幅在零和最大值之间。两相邻波腹(或波节)间的距离为 $\lambda/2$,即半波长。

一个振动系统,当激励频率接近系统固有频率时,系统的振幅达到最大,称为共振。当信号发生器的激励频率等于驻波系统的固有频率时,发生驻波共振,声波波腹处的振幅达到相对最大值。此时最容易测出波长 λ,由此可求出声速。

要在空气中形成驻波,实验中使发射换能器与接收换能器两端面相向严格平行,发射换能器产生平面声波,接收换能器接收并反射平面声波。当两端面间形成驻波时,接收器端面处是波节,声压最大。未形成驻波时,接收器端面处声压较小,故可以从接收器端面处声压的变化来判断驻波是否形成。通过测量接收换能器在所形成的驻波场中波节的位置(此时

示波器显示波幅最大)就可获知波长,如图 5.4.1 所示。

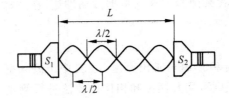

图 5.4.1　驻波法测量波长原理图

　　如图 5.4.2 所示,两个超声换能器间的距离为 L,其中左边一个作为超声源(发射头 S_1),信号源输出的正弦电压信号接到 S_1 上,使 S_1 发出超声波;右边的作为超声的接收头 S_2,把接收到的声压转变成电信号后输入示波器观察。S_2 在接收超声波的同时,还向 S_1 反射一部分超声波,这样由 S_1 发出的超声波和由 S_2 反射的超声波在 S_1 和 S_2 之间的区域干涉而形成驻波。驻波相邻两波峰(或波节)之间的距离为半波长。改变 L 时,在一系列特定的位置上,S_2 面接收到的声压达到极大值(或极小值),相邻两极大值(或极小值)之间的距离皆为半波长,此时在示波器屏上所显示的波形幅值发生周期性的变化,即由一个极大值变到极小,再变到极大,而幅值每一次周期性的变化,就相当于 L 改变了半个波长。若从第 n 个共振状态变化到第 $n+1$ 个共振状态时,S_2 移动的距离为 ΔL,则

$$\Delta L = (n+1)\frac{\lambda}{2} - n\frac{\lambda}{2} = \frac{\lambda}{2}$$

即

$$\lambda = 2\Delta L$$
$$v = f\lambda = 2f\Delta L \tag{5.4.5}$$

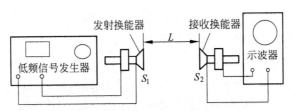

图 5.4.2　驻波共振法测声速装置示意图

　　2. 相位比较法测声速

　　相位比较法测声速的仪器装置与驻波共振法相同,只是信号输入示波器的方式,要注意选择是从 X 和 Y 两个方向输入,如图 5.4.3 所示。

　　从 S_1 发出的超声波通过媒质传到接收头 S_2,接收头和发射头之间便产生了相位差 φ,此相位差的大小与角频率 $\omega = 2\pi f$、传播时间 t、声速 v、波长 λ 以及 S_1 和 S_2 之间的距离 L 有下列关系:

$$\varphi = \omega t = 2\pi f\frac{L}{v} = 2\pi\frac{L}{\lambda} \tag{5.4.6}$$

由此可以推出,L 每改变一个波长 λ,相位差就变化 2π,通过观察相位差的变化 $\Delta\varphi$,便可测出 λ。

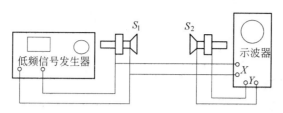

图 5.4.3　相位比较法测声速装置示意图

$\Delta\varphi$ 的测定可以用示波器观察相互垂直振动合成的李萨如图形的方法进行。设输入示波器 x 轴的入射波的方程为

$$x = A_1\cos(\omega t + \varphi_1)$$

输入示波器 y 轴由 S_2 接收到的波动方程为

$$y = A_2\cos(\omega t + \varphi_2)$$

则合振动方程为

$$\frac{x^2}{A_1^2} + \frac{y^2}{A_2^2} - \frac{2xy}{A_1 A_2}\cos(\varphi_2 - \varphi_1) = \sin^2(\varphi_2 - \varphi_1)$$

此方程轨迹为椭圆,椭圆的长短轴和方位由相位差 $\Delta\varphi$ 决定。

将发射头 S_1 和接收头 S_2 的正弦电压信号分别输入到示波器的 CH1 和 CH2 通道,在屏上便显示出频率为 1∶1 的李萨如图形。改变 L 时,两个谐振动的相位差从 0 变化到 π,图形就从斜率为正的直线变为椭圆,再变到斜率为负的直线;相位差再由 π 变化到 2π,图形又从斜率为负曲线变为椭圆,再变回斜率为正的直线,如图 5.4.4 所示。为了便于判断,选择李萨如图为直线时作为测量的起点,移动 S_2,当 L 变化一个波长时,就会重复出现同样斜率的直线。

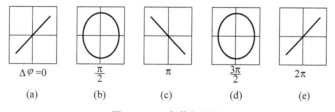

$\Delta\varphi = 0$	$\dfrac{\pi}{2}$	π	$\dfrac{3\pi}{2}$	2π
(a)	(b)	(c)	(d)	(e)

图 5.4.4　李萨如图形

3. 理想气体中的声速值

声波在理想气体中的传播可认为是绝热过程,由热力学理论可以导出其速度为

$$v = \sqrt{\frac{\gamma R T_K}{\mu}} \tag{5.4.7}$$

式中,R 为摩尔气体常数($R = 8.314\text{J}/(\text{mol}\cdot\text{K})$);$\gamma$ 为比热容比(气体定压热容与定容热容之比);μ 为分子摩尔质量;T_K 为气体的开氏温度。

考虑到开氏温度与摄氏温度的换算关系 $T_K = T_0 + t$,有

$$v = \sqrt{\frac{\gamma R (T_0 + t)}{\mu}} = \sqrt{\frac{\gamma R T_0}{\mu}\left(1 + \frac{t}{T_0}\right)} = v_0\sqrt{1 + \frac{t}{T_0}} \tag{5.4.8}$$

在标准大气压力下,$t = 0℃$ 时,$v_0 = 331.45\text{m/s}$,因此

$$v = 331.45 \sqrt{1 + \frac{t}{T_0}}$$

式中，$T_0 = 273.15\text{K}$。

5.4.4 实验装置

本实验的仪器由超声声速测定装置、信号发生器、示波器和温度计组成。

1. 超声速测定装置

该装置由超声波换能器、游标卡尺和支架构成。超声波换能器有一谐振频率 f_0，当输入的电压使发射换能器产生机械谐振时，此时发射换能器具有最高的灵敏度，作为波源将具有最强的发射功率。反过来，接收换能器利用压电效应，将超声波能量转换为电信号，当外加声波信号的频率等于此频率时，内部压电陶瓷片将发生机械谐振，得到最强的电压信号，接收换能器装在游标卡尺的副尺上，随副尺移动。这样可以精细地调节和测量两换能器之间的距离。

2. 信号发生器

提供适当频率的正弦电压信号给压电换能器来发射超声波，输出频率误差为 $\pm f_\Delta\%$，f_Δ 是仪器标注的精度等级。

5.4.5 实验内容及步骤

1. 熟悉仪器

参照仪器使用说明书有关内容，熟悉信号发生器及示波器面板上各按钮和旋钮的作用以及它们的操作方法，特别应注意相关的注意事项。

2. 驻波共振法测量空气中的声速

(1) 准备。接好线路，将两换能器间的距离调到 5cm 左右。打开信号源电源，输出波形选正弦波，输出频率挡位按钮选 30～40kHz。仔细调节示波器，使屏幕上出现稳定的正弦波波形。此时示波器接收到的信号强度可能较弱，因此在调节时需适当放大信号。

(2) 寻找换能器的谐振频率 f_0。调节信号源的输出频率微调旋钮，将输出频率从 30kHz 逐步增大，同时仔细观察示波器屏幕上信号振幅的变化。当振幅变化到最大时，信号源的输出频率就是换能器的谐振频率。将此频率 f_0 记录在表 5.4.1 和表 5.4.2 中，并且此谐振频率 f_0 在实验过程中保持不变。

(3) 测量。逐步增加两换能器之间的距离，记录下每次信号振幅变化到最大时的数据，此时接收换能器的位置为 X_i，连续测 10 个点，将数据记录表 5.4.1 中。

3. 相位比较法测量空气中的声速

(1) 准备。接好线路，在共振干涉法实验的基础上，将示波器的 X-Y 控制键按下，发射换能器的输入信号和接收换能器的输出信号一个作为示波器的"Y"输入，另一个作为"X"输入，即可观察到椭圆。将两换能器间的距离调到 5cm 左右。调节示波器，使屏幕上出现稳定的、大小适中的李萨如图形。

(2) 测量。逐步增加两块换能器间的距离，屏幕上的李萨如图形会作周期性的改变。选直线作为初始状态，以后每当出现与初始直线斜率相同的斜线时记录下接收器的位置 X_i，连续测 10 个点，将数据记录在表 5.4.2 中。

4. 驻波共振法测量干净的自来水中的声速

(1) 准备。将测量装置放在水槽中,并加入适量的净水,水量以高过换能器 1~2cm 为宜;接好线路。

(2) 重复实验内容 2 的步骤,自拟数据表格并记录。

5. 相位比较法测量净水中的声速

(1) 准备。将测量装置放在水槽中,并加入适量的净水,水量以高过换能器 1~2cm 为宜;接好线路,将两换能器间的距离调到 5cm 左右。调节示波器,使屏幕上出现稳定的、大小适中的李萨如图形。

(2) 测量。逐步增加两块换能器间的距离,屏幕上的李萨如图形会作周期性的改变。测量净水中的声速时,由于在相同频率的情况下,其波长比在空气中要大得多。选直线作为初始状态,以后每当出现与初始直线斜率相同的斜线时记录下接收器的位置 X_i,连续测 6 个点,将数据记录在表 5.4.2 中。

6. 计算声速的理论值

测量出室内温度 t,按式(5.4.8)计算出空气中声速的理论值。

5.4.6 实验数据处理

计算 λ 的平均值:

$$\bar{\lambda} = \frac{1}{n} \sum_{i=1}^{n} \lambda_i$$

其中,n 为 λ 的测量次数。

计算波长 λ 的不确定度:

A 类分量:

$$u_A = S_{\bar{\lambda}} = \sqrt{\frac{\sum (\lambda_i - \bar{\lambda})^2}{n(n-1)}}$$

B 类分量,取游标卡尺最小分度值为其误差限,考虑为均匀分布,则

$$u_B = \Delta_{仪} / \sqrt{3} = 0.02 / \sqrt{3} = 0.012 (\text{mm})$$

λ 的合成不确定度

$$u_{\bar{\lambda}} = \sqrt{u_A^2 + u_B^2}$$

即有

$$\lambda = \bar{\lambda} \pm u_{\lambda}$$

计算声速 v 的不确定度:

$$\bar{v} = f \bar{\lambda}$$

计算 f 的不确定度

$$u_f = \frac{f \times f_{\Delta} \%}{\sqrt{3}}$$

则 v 的合成不确定度:

$$u_v = \sqrt{(f u_{\lambda})^2 + (\lambda u_f)^2}$$

声速 v 的测量结果完整表示为

$$v = \bar{v} \pm 2u_v$$

v 的相对不确定度：

$$u_r = \frac{u_v}{\bar{v}} \times 100\%$$

当温度为 t 时,空气中声速的理论值为

$$v_t = v_0 \sqrt{1 + \frac{t}{273.15}}$$

则实验测量值与理论计算值的相对百分误差为

$$E = \frac{|\bar{v} - v_t|}{v_t} \times 100\%$$

5.4.7 注意事项

(1) 如果信号发生器的输出频率与换能器的谐振频率相差太大,示波器上显示出的波形振幅就会很小甚至就是一条水平线,根本无法进行测量。为了能进行实验并且使测量误差最小,要求信号发生器的输出频率必须等于换能器的谐振频率。

(2) 实验中使用的示波器是双踪示波器,两种方法的接线一次性接好了,在实验请仔细观察其接线情况,决定应按下示波器上的 CH1 按钮还是 CH2 按钮。

(3) 调节游标卡尺时,应该保持向一个方向转动手轮,防止来回转动引起的空程差。

(4) 切勿使信号源输出端短路。

(5) 禁止无目的地乱拧仪器旋钮。

5.4.8 思考题

(1) 声速测量中的共振干涉法和相位比较法有何异同?

(2) 本实验为什么要在谐振频率条件下进行声速测量? 如何调节和判断测量系统是否处于谐振状态?

(3) 两列波在空间相遇时产生驻波的条件是什么? 如果发射面 S_1 和接收面 S_2 不平行,结果会怎样?

(4) 相位比较法中作一个周期变化和共振干涉法中作一个周期变化,S_2 移动距离是否相同?

(5) 相位比较法为什么选直线图形作为测量基准? 从斜率为正的直线变到斜率为负的直线过程中相位改变了多少?

(6) 在相位比较法中,调节哪些旋钮可改变直线的斜率? 调节哪些旋钮可改变李萨如图形的形状?

(7) 用逐差法处理数据的优点是什么? 还有没有别的合适的方法可处理数据并且计算确定值?

5.4.9 拓展实验:固体中超声速的测量

声速即超声波在固体中传播的速度,是固体超声检测中一个主要参数。超声波探伤技术,就是利用超声波在零件中的匀速传播以及在传播中遇到界面时发生反射、折射等特性,

班别_____ 姓名_____ 实验日期_____ 同组人_____

原始数据记录

表 5.4.1　　　　　　　　　　　　　频率 $f=$_____ Hz　室温 $t=$_____ ℃　介质：_____

序　号	1	2	3	4	5	6	7	8	9	10
X_i/cm										
$L=X_{i+5}-X_i/\text{cm}$										
λ_i/cm										

表 5.4.2　　　　　　　　　　　　　频率 $f=$_____ Hz　室温 $t=$_____ ℃　介质：_____

序　号	1	2	3	4	5	6	7	8	9	10
X_i/cm										
$L=X_{i+5}-X_i/\text{cm}$										
λ_i/cm										

实验项目名称___不同介质中超声速的测定___指导教师_____

大学物理实验预习报告

实验项目名称 **不同介质中超声速的测定**

班别＿＿＿＿＿＿＿＿＿ 学号＿＿＿＿＿＿＿＿＿ 姓名＿＿＿＿＿＿＿＿

实验进行时间＿＿＿年＿＿＿月＿＿＿日,第＿＿＿周,星期＿＿＿,＿＿＿时至＿＿＿时

实验地点＿＿＿＿＿＿＿＿＿＿＿＿

实验目的：

实验原理简述：

实验中应注意事项：

来发现零件中的缺陷。因为缺陷处介质不再连续,缺陷处的界面就要发生反射等现象。

使用超声波探伤技术,首先要了解固体中超声速的测量。如:建筑物混凝土质量的检测是一项重要的工程技术。声速即超声波在混凝土中传播的速度是混凝土超声检测中一个主要参数。混凝土中的声速与混凝土的弹性性质有关,也与混凝土内部结构(孔隙、材料组成)有关。不同组成的混凝土,其声速各不相同。一般来说,内部越是致密,即其弹性模量越高,其声速也越高,而混凝土的强度也与它的弹性模量、孔隙率(密实性)有密切关系,因此对于同种材料与配合比的混凝土,强度越高,其声速也越高。

利用本实验的实验装置,还可以进行固体中超声速的测量。

设计实验步骤采用驻波法测量固体材料(实验室提供样品或自制样品)中的声速。

实验 5.5 变温黏滞系数的测定

1822 年纳维(Navier,1785—1836)导出了黏性流体动力学的动量方程;1839 年哈根(Hagen,1797—1884)和泊肃叶(Poiseuille,1797—1869)研究圆管内的黏性流动,给出了哈根-泊肃叶公式;1845 年斯托克斯(George Gabriel Stokes,1819—1903)则更加严谨而简洁地导出了黏性流体动力学的动量方程(纳维-斯托克斯方程)。斯托克斯研究了液体中物体运动的有关问题,建立了著名的流体力学斯托克斯方程组,比较系统地反映了流体在运动过程中质量、动量、能量之间的关系;一个在液体中运动的物体所受力的大小与物体的几何形状、速度以及液体的内摩擦力有关。

在流动的液体中,液体质点之间存在着相对运动,各流体层的流速不同。在相互接触的两个流体层之间的接触面上,形成一对阻碍两流体层相对运动的等值而反向的摩擦力,流速较慢的流体层给相邻流速较快的流体层一个使之减速的力,而该力的反作用力又给流速较慢的流体层加速,这一对摩擦力称内摩擦力或黏滞阻力,流体的这种性质称为黏滞性。从实验中得到的黏滞定律是:黏滞力 f 的大小与所取流体层的面积 ΔS 和流体层之间的速度空间变化率 $\dfrac{du}{dr}$ 的乘积成正比,即

$$f = \eta \Delta S \frac{du}{dr}$$

其中比例系数 η 称为黏滞系数,又称液体黏度(也称内摩擦系数)。黏滞系数是液体的重要性质之一,它反映液体流动行为的特征。黏滞系数与液体的性质、温度和流速有关。液体黏滞系数的测量在诸如物体在液体中的运动、机械的润滑油的选择、石油的开采和在管道中的输运、油脂涂料、医疗和药物等化学、医学、水利工程、材料科学、机械工业和国防建设等科学研究和工农业生产工程技术方面有着重要的意义和广泛的应用。对液体而言,不同的流体具有不同的黏滞系数,同一种流体在不同的温度下其黏滞系数的变化也很大。以蓖麻油为例,在室温附近,温度每改变 1℃,黏滞系数值改变约 10%。因此,测定液体在不同温度的黏滞系数有很大的实际意义。黏滞系数的国际单位是 Pa·s。

根据黏滞定律直接测量黏滞系数难度很大,一般都采用间接测量的方法。测量液体黏滞系数有多种方法,常用的有落球法、扭摆法、转筒法、毛细管法、落针法和转叶法等,其中落球法是最基本的一种,它可用于测量黏滞系数较大的透明或半透明液体,如蓖麻油、变压器油、甘油等。前三种方法是利用液体对固体的摩擦阻力来测定黏滞系数,其中落球法适用于测量黏滞系数较大的液体。对于黏度较小的液体,如水、乙醇等,常用毛细管法。毛细管法则是通过测定一定时间内流过毛细管的液体的体积来确定液体的黏滞系数。本实验采用落球法测量不同温度下蓖麻油的黏滞系数,其物理现象明显,物理概念清晰,综合了多方面的物理知识,实验操作和训练内容也比较多,非常适合大学一、二年级学生的实验教学。

实验中小球在待测黏滞系数的蓖麻油中垂直下落。利用 PID 温控仪控制实验温度,对待测蓖麻油进行循环水浴加热,通过温控装置,达到预定的温度,采用多功能秒表测量下落小球通过确定高度的时间计算小球的收尾速度,从而确定蓖麻油的黏滞系数。

本实验既适用于牛顿液体,又适用于非牛顿液体,还可测定液体密度。

5.5.1　实验目的

（1）了解并掌握斯托克斯定律,学会分析液体黏滞阻力。

（2）运用牛顿运动定律,学会分析力的平衡。

（3）理解小球达到收尾速度之前的运动方程,掌握收尾速度的计算。

（4）了解 PID 温度控制原理,寻找最佳控制参数设定,学会使用黏滞系数测定仪和 PID 温控仪,能进行温度的调节与控制。

（5）观察液体的内摩擦现象,学会用落球法测液体黏滞系数。

（6）研究不同温度下蓖麻油的黏滞系数的变化规律。

5.5.2　预习要求

（1）明确本次实验的目的和使用的仪器设备。

（2）了解液体的黏滞性,了解斯托克斯定律、定律的使用条件及液体黏滞阻力。

（3）理解落球法测量液体黏滞系数的基本原理和适用范围。

（4）运用牛顿运动定律分析力、小球达到收尾速度之前的运动方程及收尾速度的计算。

（5）了解 PID 温度控制原理,了解控制参数设定,学会使用黏滞系数测定仪和 PID 温控仪,能进行温度的调节与控制。

5.5.3　实验原理

1. 液体的黏滞系数

一个物体在液体中运动时,将受到与运动方向相反的摩擦阻力的作用,这种力即为黏滞阻力。黏滞阻力是由粘附在物体表面的液层与邻近的液层相对运动时速度不同而引起的,其微观机理都是分子之间以及在分子运动过程中形成的分子团之间的相互作用力。不同的液体这种不同液层之间的相互作用力大小是不相同的。所以黏滞阻力除与液体的分子性质有关外,还与液体的温度、压强等有关。

如果液体是无限广延的,且其黏性又较大,小球的质量均匀且半径很小,小球下落的速度 v_0 不大,同时小球下落产生的涡流可忽略不计时,则小球所受的内摩擦力

$$f = 3\pi\eta dv \tag{5.5.1}$$

式中,η 是液体的黏滞系数;d 是落球的直径;v 是落球的运动速度。

实验采用近似的斯托克斯定律条件,采用有限的液体,即盛放在量筒中的蓖麻油作为待测液体。

小球在液体中自由下落时,受到三个力的作用:重力 G、浮力 F 和黏滞阻力 f,如图 5.5.1 所示。这三个力都在竖直方向上,重力方向向下,浮力和黏滞力方向向上。黏滞阻力的大小随小球速度的增加而增加。小球从静止开始下落,先作加速运动。当下落速度达到一定值时,小球所受的三个力平衡,开始匀速下落,此时

$$G - F - f = 0$$

其中,$G = \dfrac{1}{6}\pi d^3\rho_0 g$,小钢球密度 $\rho_0 = 7.80 \times 10^3\,\mathrm{kg/m^3}$;

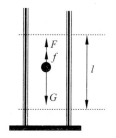

图 5.5.1　受力分析图

$F = \dfrac{1}{6}\pi d^3 \rho g$，蓖麻油的密度 $\rho = 0.95 \times 10^3\,\mathrm{kg/m^3}$；$f = 3\pi\eta d v_0$，式中 v_0 为小球匀速运动时的速度，g 为本地的重力加速度。可得液体的黏滞系数为

$$\eta = \frac{(\rho_0 - \rho)gd^2}{18v_0} \tag{5.5.2}$$

v_0 的测量可采用公式 $v_0 = l/t$ 求得，其中 l 采用米尺测量，t 采用秒表测量。

式(5.5.2)忽略了蓖麻油的上表面和筒底的影响，在假定小球沿圆筒中心轴线竖直下落时，近似成立。实验过程中小球在圆筒中下落，圆筒的深度和直径均有限，不能完全符合斯托克斯定律的"无限广延"的假设，另外还须考虑到湍流的影响，因此须对式(5.5.2)进行修正。

可以证明，修正后的液体的黏滞系数的结果为

$$\eta = \frac{(\rho_0 - \rho)gd^2}{18v_0\left(1 + 2.4\dfrac{d}{D}\right)} \tag{5.5.3}$$

据式(5.5.3)，测定小球的直径 d、量筒的内直径 D 和小球匀速运动时的速度 v_0，即可求得蓖麻油的黏滞系数。

2. 小球达到收尾速度之前所经路程 L 的推导

由牛顿运动定律及黏滞阻力的表达式，可列出小球在达到收尾速度之前的运动方程为

$$\frac{1}{6}\pi d^3 \rho_0 \frac{\mathrm{d}v}{\mathrm{d}t} = \frac{1}{6}\pi d^3 (\rho_0 - \rho)g - 3\pi\eta d v \tag{5.5.4}$$

经整理后得

$$\frac{\mathrm{d}v}{\mathrm{d}t} + \frac{18\eta}{d^2 \rho_0}v = \left(1 - \frac{\rho}{\rho_0}\right)g \tag{5.5.5}$$

这是一个一阶线性微分方程，其通解为

$$v = \left(1 - \frac{\rho}{\rho_0}\right)g \cdot \frac{d^2 \rho_0}{18\eta} + Ce^{-\frac{18\eta}{d^2 \rho_0}t} \tag{5.5.6}$$

设小球以零初速放入液体中，代入初始条件 $t = 0$，$v = 0$，确定常数 C 并整理后得

$$v = \frac{d^2 g}{18\eta}(\rho_0 - \rho) \cdot (1 - e^{-\frac{18\eta}{d^2 \rho_0}t})$$

随着时间增大，上式中的负指数项迅速趋近于 0，由此得收尾速度为

$$v_0 = \frac{d^2 g}{18\eta}(\rho_0 - \rho) \tag{5.5.7}$$

可见收尾速度与黏度成反比。

设从速度为 0 到速度达到收尾速度的 99.9% 的这段时间为平衡时间 t_0，即令

$$e^{-\frac{18\eta}{d^2 \rho_0}t_0} = 0.001 \tag{5.5.8}$$

由式(5.5.8)可计算平衡时间。若小钢球直径为 $10^{-3}\,\mathrm{m}$，代入钢球的密度 ρ、蓖麻油的密度 ρ_0 及 40℃时蓖麻油的黏滞系数 $\eta = 0.231\,\mathrm{Pa \cdot s}$，可得此时的收尾速度约为 $v_0 = 0.016\,\mathrm{m/s}$，平衡时间约为 $t_0 = 0.013\,\mathrm{s}$。平衡距离 L 等于收尾速度 v_0 与平衡时间 t_0 的乘积，则 $L =$

$v_0 t_0 = 0.016 \times 0.013 = 0.21 \times 10^{-3}(m)= 0.21$(mm)。在现有实验条件下,小球下落距离超过 1mm,即可基本认为小球已达到了平衡速度。

5.5.4　实验装置

黏滞系数测定仪,开放式 PID 温控仪,读数显微镜,计时秒表,蓖麻油,小钢球若干。

1. 黏滞系数测定仪

变温黏度仪的外形如图 5.5.2 所示。待测液体装在细长的样品管中,能使液体温度较快地与加热水温达到平衡,样品管壁上有刻度线,便于测量小球下落的距离。样品管外的加热水套连接到温控仪,通过热循环水加热样品。底座下有调节螺钉,用于调节样品管的铅直。

2. 开放式 PID 温控仪

温控实验仪包括加热器,水箱,水泵,控制及显示电路等部分。

本温控试验仪内置微处理器,带有液晶显示屏,具有操作菜单,能根据实验对象选择 PID 参数以达到最佳控制,能显示温控过程的温度变化曲线和功率变化曲线及温度和功率的实时值,能存储温度及功率变化曲线,控制精度高等特点,仪器面板如图 5.5.3 所示。

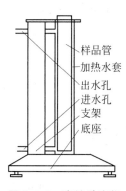

图 5.5.2　变温黏度仪

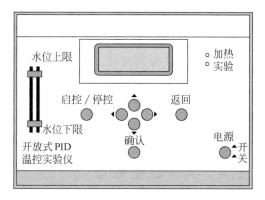

图 5.5.3　温控实验仪面板

开机后,水泵即开始运转。显示屏显示操作菜单,可进行工作方式选择,输入序号及室温,设定所需温度及 PID 参数。使用◀▶键选择项目,▲▼键设置参数,按"确认"键进入下一屏,按"返回"键返回上一屏。

进入测量界面后,显示屏幕上方的数据栏从左至右依次显示:序号、设定温度、初始温度、当前温度、当前功率、调节时间等参数。显示屏幕上的图形区以时间为横坐标,温度(以及功率)为纵坐标,并可用▲▼键改变温度坐标值。温控实验仪每隔 15s 采集 1 次温度及加热功率值,并将采得的数据标示在图上。温度达到设定值,并保持温度设定值两分钟内的波动小于 0.1℃,温控实验仪则自动判定达到平衡,并在图形区右边显示过渡时间 t_s、动态偏差 σ 及静态偏差 e。

一次实验完成退出时,温控实验仪自动将屏幕按设定的序号存储(共可存储 10 幅),以供必要时查看、分析、比较。

3. 读数显微镜

读数显微镜的使用见预备实验 1"常用仪器的使用"的内容。

5.5.5 实验内容及步骤

1. 熟悉仪器

参照仪器使用说明书有关内容,熟悉黏滞系数测定仪、开放式 PID 温控仪的使用,熟练掌握读数显微镜和电子计时秒表的使用方法,了解特别应注意的相关注意事项。

2. 实验初期准备

(1) 开启 PID 温控仪,进入操作界面,通过设定按钮设定测量温度,启动加热炉进行升温。注意,温度设定先从较低的温度开始,待完全在较低的温度测量完毕后才设定较高的温度。而且为保证时间测量的准确,可尝试着用表 5.5.4 中的数据结合后面步骤测量的数据来计算小球下落一定距离所用的时间。

(2) 选择合适的小钢球并进行编号,利用读数显微镜,分别测量小球的直径 d,记入表 5.5.1。

(3) 在量筒外壁上设定小球下落的起点和终点上下两条标志线,3 次测量上、下两条标志线之间的距离,亦即小球匀速下落的距离,记入表 5.5.2。

3. 进行测量并记录数据

(1) 用镊子夹住小球,使小球在量筒液面处中央下落。测量小球匀速下落的时间,即在量筒外壁上、下两条标志线之间的下落时间,记入表 5.5.3。

(2) 每隔 5℃ 改变设定温度,重复前面的操作,记入表 5.5.3。

4. 计算实验结果并绘制曲线

(1) 计算各小球匀速下落的速度 v。

(2) 计算各温度下蓖麻油的黏滞系数 η。

(3) 在坐标纸上绘制蓖麻油的黏滞系数随温度变化的曲线,即 η-T 曲线。

5.5.6 实验数据处理

(1) 落球直径为 d 及温度 T 时落球下落距离 l 所用的时间 t 的数据处理可参阅 3.1.2 节 4. 的方法进行,最后得到的结果如下:

d 的测量结果为

$$d = \bar{d} \pm 2u_C(d)$$

则落球的半径

$$r = \frac{1}{2}(\bar{d} \pm 2u_C(d))$$

t 的测量结果为

$$t = \bar{t} \pm 2u_C(t)$$

(2) 温度 T 时黏滞系数 η 不确定度计算:

$$\bar{\eta} = \frac{(\rho_0 - \rho)g\bar{r}^2}{72\dfrac{1}{t}\left(1 + 1.2\dfrac{\bar{r}}{D}\right)}$$

温度 T 时黏滞系数 η 的合成不确定度

$$u_C(\eta) = \bar{\eta}\sqrt{\frac{u_C^2(t)}{t^2} + \frac{4u_C^2(r)}{r^2}}$$

班别_____ 姓名_____ 实验日期_____ 同组人_____

原始数据记录

表 5.5.1

直径 d/mm 小球编号 测量顺序	1# 球	2# 球	3# 球	4# 球	5# 球	平均
1						
2						
3						
4						
5						

表 5.5.2

l/mm	第 1 次	第 2 次	第 3 次	平均

表 5.5.3　　　　$l=$___ m, $D=$___ m, $\rho_{油}=$_____ kg/m³, $\rho_{球}=$_____ kg/m³

实验温度/℃	小球下落时间/s						速度/(m/s)	黏滞系数测量值/(Pa·s)	黏滞系数标准值/(Pa·s)
	1# 球	2# 球	3# 球	4# 球	5# 球	平均			
30									
35									
40									
45									
50									

实验项目名称___变温黏滞系数的测定___ 指导教师_____

大学物理实验预习报告

实验项目名称　　　　　**变温黏滞系数的测定**

班别＿＿＿＿＿＿＿＿　学号＿＿＿＿＿＿＿＿＿　姓名＿＿＿＿＿＿＿

实验进行时间＿＿＿年＿＿月＿＿日，第＿＿周,星期＿＿，＿＿时至＿＿时

实 验 地 点＿＿＿＿＿＿＿＿＿＿＿

实验目的：

实验原理简述：

实验中应注意事项：

（3）当液体温度为 T 时,黏滞系数的完整表示

$$\eta_{测量值} = \bar{\eta} \pm 2u_C(\eta)$$

$$u_r(\eta) = \frac{u_C^2(\eta)}{\bar{\eta}} \times 100\%$$

5.5.7　注意事项

（1）实验前应先将黏滞系数测定仪的量筒管调整垂直,保证小球能沿量筒管的轴线下落。

（2）小球下落时要保持液体处于静止状态,不能连续施放小球下落。

（3）蓖麻油的黏滞系数随温度的变化较大,所以在实验过程中不要用手触摸黏滞系数测定仪,特别是量筒管,以免引起温度变化。

（4）量筒管外壁的起点标志线应距液体表面有足够的距离,以确保计时开始时小球已达到匀速。

（5）在观察小球通过量筒管外壁的起点和终点标志线时,视线要水平,避免视差。

（6）放落球时要从液体表面中央处开始,不能从高处或偏离玻璃管的中轴线放落球。

（7）蓖麻油应静置于黏滞系数测定仪中。实验时要保持蓖麻油静止,避免扰动。

（8）实验时,蓖麻油中应无气泡,小钢球要圆而清洁,实验前应保持干燥、无油污。

5.5.8　思考题

（1）实验中如何满足液体无限广延条件?

（2）落球法测量液体黏滞系数的基本原理和适用范围各是什么?

（3）观察小球通过量筒管外壁的标志线时,如何避免视差?

（4）小球下落时如果偏离中心较大或量筒管不铅直,对实验有无影响?

（5）讨论下落小球的个数和测量次数对测量结果的影响。

（6）分析实验过程中哪些因素会影响测量结果,如何在实验操作中避免这些影响?

5.5.9　蓖麻油的黏滞系数值与温度的关系

表 5.5.4 表示了蓖麻油的黏滞系数值 η 与温度 t 之间的关系,利用表中的数据结合式(5.5.3)可以估算小球下落一定距离所用的时间,这样在测量时可以用于分析测量时间的准确性,同时,还可以利用表 5.5.4 的数据来分析测量结果的准确性。

表　5.5.4

温度/℃	$\eta/(\text{Pa} \cdot \text{s})$	温度/℃	$\eta/(\text{Pa} \cdot \text{s})$	温度/℃	$\eta/(\text{Pa} \cdot \text{s})$	温度/℃	$\eta/(\text{Pa} \cdot \text{s})$
0	53.0	16	1.37	23	0.73	30	0.45
10	2.42	17	1.25	24	0.67	31	0.42
11	2.20	18	1.15	25	0.62	32	0.39
12	2.00	19	1.04	26	0.57	33	0.36
13	1.83	20	0.95	27	0.53	34	0.34
14	1.67	21	0.87	28	0.52	35	0.31
15	1.51	22	0.79	29	0.48	40	0.23

5.5.10 拓展实验

常温下液体的黏度数量级为 $10^{-3} \sim 10^2 \mathrm{Pa \cdot s}$，相差达到 5 个数量级，而在"落球法测液体的黏滞系数"实验中，需要液体的黏度较大，且选定一种小球只能测黏度较大的几种液体，测量范围狭窄，误差也较大。为了拓宽斯托克斯方法测液体黏度的测量范围，提高测量精确度，可将"落球法"改进为"双球升降法"。

1. 实验任务

本实验要求学生根据"双球升降法"测定蓖麻油的黏滞系数，学生自拟实验步骤和数据表格进行实验。

2. 原理提示

如图 5.5.4 所示，在一细丝两端悬挂两个完全相同的小球，且悬丝(在上方打一环结)绕过微滑轮。通过受力分析可知，整个系统处于静态平衡。

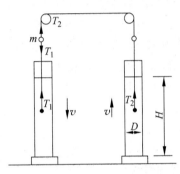

图 5.5.4 双球升降系统

设小球的密度为 ρ_0，液体的密度为 ρ，当任一侧的环结上挂一质量为 m 的砝码时，小球开始运动。达到动态平衡后，终极速度为 v，设小球半径为 d，悬丝张力为 T，则对于整个系统有

左球：
$$\frac{1}{6}\pi d^3(\rho_0 - \rho)g - T_1 = 3\pi\eta dv$$

右球：
$$T_2 - \frac{1}{6}\pi d^3(\rho_0 - \rho)g = 3\pi\eta dv$$

砝码：
$$mg = T_2 - T_1$$

由此得出

$$mg = 6\pi\eta dv$$

实际测量中考虑到滑轮阻力，上式应为

$$mg = 6\pi\eta dv + f'$$

滑轮的阻力与速度无关，当砝码的增量很小时，滑轮阻力保持恒定。设砝码质量为 m_1 和 m_2，相对应的小球的终极速度分别为 v_1 和 v_2，代入上式可得

$$(m_1 - m_2)g = 6\pi\eta d(v_1 - v_2)$$

也可得到液体的黏滞系数。考虑到器壁边界的影响，作出修正可得

$$\eta = \frac{(m_1 - m_2)g}{6\pi d\left(1 + 2.4\dfrac{d}{D}\right) \times \left(1 + 3.3\dfrac{d}{2H}\right) \times (v_1 - v_2)}$$

3. 实验器材

尼龙丝(直径 $20\mu\mathrm{m}$)，砝码，支架，滑轮，小球，粘合剂。

实验 5.6　不同材料导热系数的测定

导热系数对于材料的热物理性质方面的测量与分析起着关键的作用,是研究材料热物理性质的一种重要参数。绝热材料,如耐火陶瓷材料常被用作炉子的衬套,因为它们既能耐高温,又具有良好的绝热特性,可以减少生产中的能量损耗。再如在确定冷藏库的负荷时,就要了解保温材料的导热系数。在进行预冷时,要了解食品的导热系数才能确定处理时间。然而,材料的种类、结构及环境温度等的变化对导热系数的影响很大,所以用实验方法测定导热系数就成为必然。材料的导热系数的测量方法较多,有稳态方法、动态(瞬时)测量法、闪光扩散法等。作为学生实验,本实验主要采用平板稳态法测量热的不良导体如橡胶或牛筋,热的良导体如金属等材料的导热系数。

5.6.1　实验目的

(1) 了解热传导的规律及本质。
(2) 了解热电偶的工作原理及标度方法,学会使用热电偶测量物体的温度。
(3) 学会观察稳态法。
(4) 能够操作仪器设备测量热的良导体与不良导体的导热系数。
(5) 熟悉用图像处理数据的方法。

5.6.2　预习要求

(1) 了解热电偶的工作原理及标度方法,并学会使用热电偶测固体物质的温度。
(2) 了解热稳态的含义,了解物质的导热速率的求解方法。
(3) 了解降温曲线的描绘方法。
(4) 能够设计实验步骤,初步具备操作仪器进行实验的能力。

5.6.3　实验原理

1. 测量示意图

如图 5.6.1 所示,被测量的样品(图中阴影部分)固定于导热铜盘 C 和散热铜盘 D(下有散热风扇)之间,若材料为热的良导体如硬铝柱体,则其侧表面用绝热材料包裹,以避免大量热量由侧面散失。由导热铜盘 C 向上端供热,下端则由散热铜盘 D 与散热风扇来吸热。试样的温度则通过热电偶分别测量,用以判断是否达到稳态(即系统的温度不随时间的变化而改变)。

2. 实验原理

1) 傅里叶热传导定律

物体相互接触,若物体间存在有温度差,将进行热传导,即热量将由高温物体(或高温部分)向低温物体(低温部分)传递,最后物体达到热平衡(两物体或物体不同部分的温度相同)。

物体达到热平衡需要一定的时间,在这一过程

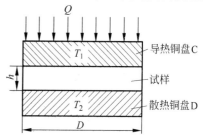

图 5.6.1　导热系数测量示意图

中,物体的不同部分将存在温度差。假设温度的变化只是沿着一个方向(如 z 方向)进行,热传导的基本公式可写为

$$dQ = -\lambda \left(\frac{dT}{dz}\right)_{z_0} ds \cdot dt \tag{5.6.1}$$

此微分式(5.6.1)为傅里叶热传导定律,其中 dQ 表示在 dt 时间内通过 ds 面的热量;dT/dz 为温度梯度;λ 为导热系数;式中"$-$"表示热量向着温度降低的方向传递。导热系数是表征物质导热性能大小的物理量,其大小由物体本身的物理性质决定,单位为 $J/(m \cdot s \cdot ℃)$ 或 $W/(m \cdot K)$。

实验中,如橡胶或牛筋等热的不良导体厚度比圆盘的直径小得多,而硬铝等热的良导体其侧表面包覆有一层绝热材料,设在试样同一平行平面上各处温度相等。测出样品的厚度 h 和两块铜盘在稳定传热时的温差 T_1、T_2,即可获得样品内的温度梯度

$$\frac{dT}{dz} = \frac{T_1 - T_2}{h} \tag{5.6.2}$$

式(5.6.1)变形可得待测物的导热速率为

$$\frac{dQ}{dt} = -\lambda \frac{T_1 - T_2}{h} dS \tag{5.6.3}$$

可见只要知道了导热速率 dQ/dt,则由式(5.6.3)即可求出 λ。考虑到加热一段时间 Δt,样品面积为 S,则式(5.6.3)的积分形式可表示为

$$\lambda = \left(\frac{\Delta Q}{\Delta t}\right) \Big/ \left(-\frac{T_1 - T_2}{h} S\right) \tag{5.6.4}$$

实验中,使上铜盘 C 和下铜盘 D 分别达到恒定温度 T_1、T_2(此时系统所处的状态称为热稳态),并设 $T_1 > T_2$,即热量由上而下传递,通过下铜盘 D 向环境中散热。此时由于 T_1 和 T_2 不变,则可知通过试样的热量就等于 D 向周围散发的热量,即试样的导热速率等于 D 的散热速率。因此,只要求出了 D 在温度 T_2 时的散热速率,就求出了试样的导热速率 $\Delta Q/\Delta t$。

2) 导热速率 $\Delta Q/\Delta t$

在实验装置中下铜盘 D 的上表面和试样的下表面接触,则 D 的散热面积为下表面面积和侧面积之和,设为 $S_{侧+下}$。而实验中 D 的冷却曲线是全部裸露于空气中测出来的,即在 D 的上、下表面与侧面都散热的情况下记录出来的。设其全部表面积为 $S_全$,根据牛顿冷却定律知:散热速率与散热面积成正比。所以可得以下关系式:

$$\frac{\left(\dfrac{\Delta Q}{\Delta t}\right)_{侧+下}}{\left(\dfrac{\Delta Q}{\Delta t}\right)_全} = \frac{S_{侧+下}}{S_全} \tag{5.6.5}$$

式中 $\left(\dfrac{\Delta Q}{\Delta t}\right)_{侧+下}$ 为面积 $S_{侧+下}$ 的散热速率;$\left(\dfrac{\Delta Q}{\Delta t}\right)_全$ 为面积 $S_全$ 的散热速率。而散热速率 $\left(\dfrac{\Delta Q}{\Delta t}\right)_{侧+下}$ 就等于式(5.6.4)中的导热速率 $\dfrac{\Delta Q}{\Delta t}$。

设下铜盘直径为 D_1,厚度为 δ,则有

$$\begin{cases} S_{侧+下} = \pi\left(\dfrac{D_1}{2}\right)^2 + \pi D_1 \delta \\ S_全 = 2\pi\left(\dfrac{D_1}{2}\right)^2 + \pi D_1 \delta \end{cases} \tag{5.6.6}$$

由比热容的基本定义 $c = \dfrac{\Delta Q}{m \Delta T'}$，得 $\Delta Q = cm \Delta T'$，故

$$\left(\frac{\Delta Q}{\Delta t}\right)_{全} = \frac{cm \Delta T'}{\Delta t} \tag{5.6.7}$$

将式(5.6.6)、式(5.6.7)两式代入式(5.6.5)得

$$\left(\frac{\Delta Q}{\Delta t}\right)_{侧+下} = \frac{D_1 + 4\delta}{2D_1 + 4\delta} cmK \tag{5.6.8}$$

式中，$K = \dfrac{\Delta T}{\Delta t}\Big|_{T=T_2}$ 为温度 $T = T_2$ 时的变化率；m 为下铜盘的质量；C 为下铜盘的比热容。

3）导热系数

将式(5.6.8)代入式(5.6.4)得导热系数为

$$\lambda = \frac{-2cmKh(D_1 + 4\delta)}{\pi D_1^2 (D_1 + 2\delta)(T_1 - T_2)} \tag{5.6.9}$$

4）热电偶工作原理

物体温度的测定，除了利用人们经常使用的液体温度计外，还可以采用一种金属材料制成温度计——热电偶来进行测量。热电偶具有结构简单、小巧、热容量小、测温范围宽等优点，因此被广泛用于生产和科学研究的测温和温度的自动控制中。热电偶实际上就是两种不同的金属导体，当将两种不同的导体接合成闭合回路时，若这两导体的温度不同，则在回路中将产生电动势，这个电动势就称为热电动势，这种现象称为热电效应，这两种不同的金属导体的组合就称为热电偶，或叫温差电偶。热电偶温度计就是利用热电效应来测量温度的。两种导体的材料固定以后，热电动势由两导体的温度差所确定，即温差已知时，热电动势随之确定，反之亦然。若把热电偶的一个接点放在温度 T_0 为已知的恒温物质（如冰水或大气）中，另一点放在待测温度 T 中，那么测量出热电势 U 就可以确定待测温度 T。

本实验所用的热电偶为铜-康铜热电偶，其热电势 U 与温度 T 之间的关系见表5.6.1。

表 5.6.1　铜-康铜热电偶分度表

温度/℃	热电动势/mV									
	0	1	2	3	4	5	6	7	8	9
−10	−0.383	−0.421	−0.458	−0.496	−0.534	−0.571	−0.608	−0.646	−0.683	−0.720
0−	0.000	−0.039	−0.077	−0.116	−0.154	−0.193	−0.231	−0.269	−0.307	−0.345
0+	0.000	0.039	0.078	0.117	0.156	0.195	0.234	0.273	0.312	0.351
10	0.391	0.430	0.470	0.510	0.549	0.589	0.629	0.669	0.709	0.749
20	0.789	0.830	0.870	0.911	0.951	0.992	1.032	1.073	1.114	1.155
30	1.196	1.237	1.279	1.320	1.361	1.403	1.444	1.486	1.528	1.569
40	1.611	1.653	1.695	1.738	1.780	1.822	1.865	1.907	1.950	1.992
50	2.035	2.078	2.121	2.164	2.207	2.250	2.294	2.337	2.380	2.424
60	2.467	2.511	2.555	2.599	2.643	2.687	2.731	2.775	2.819	2.864
70	2.908	2.953	2.997	3.042	3.087	3.131	3.176	3.221	3.266	3.312
80	3.357	3.402	3.447	3.493	3.538	3.584	3.630	3.676	3.721	3.767
90	3.813	3.859	3.906	3.952	3.998	4.044	4.091	4.137	4.184	4.231
100	4.277	4.324	4.371	4.418	4.465	4.512	4.559	4.607	4.654	4.701
110	4.749	4.796	4.844	4.891	4.939	4.987	5.035	5.083	5.131	5.179

读数方法：如在某一时刻测得热电动势值 $U=2.643\mathrm{mV}$，则可由上表先找到这一电压值，再看同一行温度栏所示的数值为 60，最后看这一电压所在的列值为 4，则热电动势值 $U=2.643\mathrm{mV}$ 相对应的温度为 $(60+4)℃$。

5.6.4　实验装置

导热系数测定仪，热电偶 2 支，杜瓦瓶 1 个，硬铝圆柱体 1 个，橡胶或牛筋材料 1 个，游标卡尺，天平，冰水。

5.6.5　实验内容及步骤

1. 熟悉仪器

参照仪器使用说明书有关内容，熟悉电路的连接及热电偶的使用。特别注意在判断热稳态的方法。

2. 橡胶材料导热系数的测定

1）测几何参数及质量

用游标卡尺多次(6～8 次)测量散热铜盘的直径 D_1、厚度 δ 和待测物厚度 h，然后取平均值。散热铜盘的质量 m 由天平称出，其比热容 $C=3.805\times10^2\mathrm{J/(kg\cdot℃)}$。

2）连接设备

安置导热铜盘、试样、散热铜盘时，须使三者紧密结合在一起，放置热电偶的洞孔与杜瓦瓶同侧。热电偶插入上、下两铜盘小孔，在插入时要抹些硅脂，并插到洞孔底部，使热电偶测温端(有红色标志的一端)与铜盘接触良好，热电偶冷端(有绿色标志的一端)插在冰水混合物中(或直接接低温实验仪提供冷端的热电偶，并使温度控制在 0℃)。

3）获得稳态

第一，打开电源开关，其电压值先取 220V 挡，加热时间约为 20min，期间注意观察热电偶的电压值。判断切换开关置于上、下时分别对应加热铜盘还是散热铜盘，热电势高者为加热铜盘，反之为散热铜盘。

第二，加热约 20min 后再打至 110V 挡，并观察热电偶的电压值。

第三，每隔 2min 通过切换热电偶挡位读取热电偶的电压值并记录于表 5.6.2 中，如在一段时间内(如 5～10min)两热电偶的电压值基本不变，则表示样品上、下表面温度 T_1、T_2 示值也不变，即可认为已达到稳定状态。记录稳态时两热电偶的电压值，并通过查表 5.6.1 得到 T_1、T_2 值。

4）测冷却速率

移去待测样品，再继续加热，当散热铜盘温度比 T_2 高出 10℃ 左右时，移去导热铜盘，让散热铜盘自然冷却。并每隔 30s 读一次其热电势示值记录于表 5.6.3 中，直到温度比 T_2 低约 10℃，最后选取邻近 T_2 的测量数据在坐标纸上绘制降温曲线 T-t，在曲线上找到温度 T_2，过该点作时间的平行线交曲线于一点，过该点做曲线的切线，切线的斜率便为待求的冷却速率。

5）求导热系数

将上述测量及计算的数据代入式(5.6.9)可得试样的导热系数。

3. 硬铝材料导热系数的测定

重复实验内容 2 的步骤 1)～5)，同时在步骤 2)中注意将热电偶插入硬铝柱体的小孔。

班别_____姓名_____实验日期_____同组人_____

原始数据记录

（1）稳态时各热电偶热电动势值

热电偶读数 $U_1 = $_____ mV，温度 $T_1 = $_____ ℃；

热电偶读数 $U_2 = $_____ mV，温度 $T_2 = $_____ ℃；

热电偶读数 $U_3 = $_____ mV，温度 $T_3 = $_____ ℃。

注意：上述数据第三组读数在测热的良导体时进行记录。

（2）温度随时间的变化

表 5.6.2

时间 $t/\min$	热电偶电势 U/mV	温度 $T/℃$
0		
2		
4		
6		
8		
...		

表 5.6.3

时间 t/s	热电偶电势 U/mV	温度 $T/℃$
0		
30		
60		
90		
120		
150		
180		
210		
...	...	...

$h = $_____，$D_1 = $_____

$\delta = $_____，$m = $_____

实验项目名称___不同材料导热系数的测定___指导教师_____

大学物理实验预习报告

实验项目名称　　**不同材料导热系数的测定**

班别＿＿＿＿＿＿＿　学号＿＿＿＿＿＿＿　姓名＿＿＿＿＿＿＿

实验进行时间＿＿＿年＿＿月＿＿日，第＿＿周，星期＿＿，＿＿时至＿＿时

实验地点＿＿＿＿＿＿＿＿＿＿＿

实验目的：

实验原理简述：

实验中应注意事项：

而在步骤 3)中则在测量完硬铝柱体上、下两孔的温度 T_1、T_2 后,还要测量散热铜盘的温度 T_3。

5.6.6 实验数据处理

(1) 查表 5.6.1 得到稳态时各热电偶的电动势相对应的温度,确定式(5.6.9)中的温度 T_1 和 T_2。

(2) 查表 5.6.1 得出不同时间下,样品散热铜盘的各个温度,并绘制温度与时间的关系曲线(T-t)图,在曲线上找到温度 T_2 作时间轴的平行线交曲线于一点,过该点作曲线的切线,切线的斜率 K 即为铜盘在温度 T_2 的降温速率,即

$$K = \frac{\Delta T}{\Delta t}\bigg|_{T=T_2}$$

(3) 将测量的结果代入式(5.6.9)计算得到材料的导热系数:

$$\lambda = \frac{-2cmKh(D_1 + 4\delta)}{\pi D_1^2(D_1 + 2\delta)(T_1 - T_2)}$$

(4) 若测量对象为硬铝,则将实验结果与硬铝的导热系数 $\lambda_{铝} = 4.01 \times 10^2 \text{J}/(\text{m} \cdot \text{s} \cdot \text{℃})$ 进行比较,求得相对误差:

$$E = \frac{|\lambda - \lambda_{铝}|}{\lambda_{铝}} \times 100\%$$

5.6.7 注意事项

(1) 实验过程中,要打开风扇开关且整个实验过程风扇处于开的状态。

(2) 本实验选用铜-康铜热电偶测温度,温差 100℃ 时,其温差电动势约 4.0mV,故应配用量程 0～10mV,并能读到 0.01mV 的数字电压表(数字电压表前面端采用自稳零放大器,故无须调零)。由于热电偶冷端温度为 0℃,对一定材料的热电偶而言,当温度变化范围不大时,其温差电动势(mV)与待测温度(℃)的比值是一个常数。由此,在用式(5.6.9)计算时,可以直接以电动势值代表温度值。

(3) 第一次实验结束,将加热器开关 K 切断,用电扇将加热器吹凉,待与室温平衡后,才能继续实验。样品不能连续做实验,必须经过半个小时以上的放置,与室温平衡后才能进行下一次实验。

(4) 实验全部结束后必须断开电源,一切恢复原状。

5.6.8 思考题

(1) 什么叫"稳态"? 怎样判断系统是否达到了稳定状态? 实验中如何实现"稳态"条件?

(2) 本实验中要测量哪些量? 其中哪几个是关键量?

(3) 比较不良导体和良导体导热性的差别,说明其导热系数测量方法的异同。

(4) 在 T'-t 图上求 $\dfrac{\mathrm{d}T'}{\mathrm{d}t}$ 时应该选取哪一点的斜率? 为什么?

(5) 注意观察实验过程中环境温度的变化,研究它对实验结果的影响。

5.6.9　拓展实验

冰作为日常生活中常见的物品,容易利用冰箱来制作,将其用于测量热的不良导体的导热系数具有原理简单、操作方便、实用的特点。学生通过此实验方法除可以测量硬质隔热材料的热导系数之外,还可对纤维状或粉末状隔热材料的热导率进行对比测量。

1. 实验任务

设计出用冰测量热的不良导体的导热系数的实验方案,自拟实验步骤实施测量,写出实验报告,并进行分析。

2. 原理提示

利用热传导的傅里叶定律

$$\Delta Q = -\lambda \left(\frac{\mathrm{d}T}{\mathrm{d}z} \right)_{z_0} \Delta S \Delta t$$

式中,ΔQ 表示在时间 Δt 内通过面元 ΔS 的热量,$\left(\frac{\mathrm{d}T}{\mathrm{d}z} \right)_{z_0}$ 是 ΔS 处的温度梯度,λ 是材料的热导率。

若隔热材料为密度均匀的不良导热体,厚度为 z,面积为 S,材料上下表面的温度为 T_1 和 T_2,其内部温度梯度可表示为$(T_2 - T_1)/z$,则在时间 t 内透过材料的热量为

$$Q = -\lambda \frac{(T_2 - T_1) St}{z}$$

T_1、T_2、S 和 t 可直接测量,热量 Q 可由熔解的 $0\,℃$ 的冰块质量 m 测出:

$$Q = lm$$

式中 l 为冰的熔解热,其大小为 $3.33 \times 10^5\,\mathrm{J/kg}$,则由上两式可得出导热系数的实验公式

$$\lambda = \frac{lmz}{(T_1 - T_2) St}$$

3. 实验器材

冰、保温瓶、盛冰容器(下方要有出水口)、小烧杯、温度计、卡尺、电子秒表、天平和砝码、恒温箱。

第 6 章

物理虚拟仿真实验简介

物理实验教学中,由于实验仪器复杂、精密与昂贵,往往不能让学生自行操作预习实验,这对学生想通过自行设计实验参数、反复调整仪器、剖析仪器性能来理解实验的设计思想和方法是很不利的。大学物理虚拟仿真实验可在相当程度上弥补这方面的不足。

物理虚拟仿真实验把实验设备、教学内容、教师指导和学生思考、操作有机地融为一体,一定程度上实现了理论教学与实验教学的结合;还可以缓解课时不足的困扰,使实验教学内容在时间和空间上得到延伸。虚拟仿真实验还可以作为课后操作复习的活教科书,为物理实验改革提供了有力工具,虚拟仿真实验将实验的原理、思想、方法和应用与仿真软件的虚拟实验仪器、实验环境相结合,将教学与实验教学有机地融为一体。学生可以在学习物理概念、思想、方法的基础上,利用仿真实验实现理论与实践的互动学习,培养学生的创新思维和能力。大学物理虚拟仿真实验的引入,丰富和细化了物理实验的教学手段,具体可分为仿真实验阶段、真实实验阶段,以及两者结合实验阶段。学生可以先通过仿真实验,学习实验设备的原理及使用方法、实验的设计方法等,提前感受实验中所遇到的现象,拟定好实验计划,再去做真实实验;也可先做真实实验,后做仿真实验,达到深化、提高对真实实验的理解和认识的目的。还可以将仿真实验与真实实验相结合,优势互补、提高综合实验能力。

本书编者调研使用了多个物理实验类的虚拟仿真软件,认为较为适合理工类本科生使用的有两种软件,分别是"PhET"和由中国科学技术大学研制的《物理仿真实验 2010》系列教学软件。

PhET 全称为 Physics Education Technology,由诺贝尔奖获得者卡尔·威曼于 2002 年创立,PhET 互动仿真程序计划由科罗拉多大学的团队专项运营,旨在创建免费的教学和科学互动程序。PhET 是基于拓展型教育的相关研究,并且激励学生在直观的、游戏化的环境中进行探索和发现。卡尔·威曼所带领的团队在 2000 年启动了 physics2000 项目,该项目的主要内容是发明一种电脑模拟系统,通过软件系统来模拟演示真实物理世界的各种原理和现象。卡尔·威曼很快意识到,该模拟系统在物理教学应用方面会大有用途,于是他在 physics2000 项目的基础上于 2002 年发起了物理教育技术计划。卡尔·威曼利用了部分诺贝尔奖奖金作为项目启动资金。PhET(https://phet.colorado.edu)网站提供了许多虚拟仿真工具,用于在线实时演示基础物理现象。PhET 最开始的含义是物理教育技术计划,随后加入数学、化学、生物、地理等学科的互动仿真程序。由于 PhET 的官方网站提供的仿真程序是基于 Java 和 HTML5 语言编写,并且各个仿真程序相对独立,可以基于 Java 语言和

HTML 超文本标记语言进行整合封装,所以选择 PhET 仿真程序作为仿真实验教学开发也是较为适合的。

　　由中国科学技术大学研制的《物理仿真实验 2010》系列教学软件,是较为成熟的大学物理仿真实验软件,该系统包含 40 个物理实验项目,都是《理工科类大学物理实验课程教学基本要求》所包含的项目。

　　以下是《物理仿真实验 2010》系列教学软件系统中的 4 个实验内容,可以配合软件使用。

实验 6.1　基本电学量的测量

6.1.1　实验简介

电路突然断电或电器罢工,我们需要排除故障,那么第一个想到的工具就是万用表。在工作中常常需要设计一些电路,在检测电路时又怎能少得了万用表? 可见,万用表是生活和工作中必不可少的基本工具。你知道短路会造成什么后果吗? 用电功率过大会引发什么事故? 你知道保险丝、空气开关在电路中的作用吗? 它们的原理是什么? 电器的漏电保护装置的作用和原理又是什么? 你知道地线和零线的区别吗? 接下来学习用万用表测量一些基本电学量,逐层揭开面纱。

6.1.2　实验原理

1. 万用表的结构

万用表是集多种仪表于一体的一种电学仪表。使用万用表可以对电阻、直流电流、直流电压、交流电流、交流电压等几类电学量进行测量。万用表的种类和型号有很多,功能也各不相同,但从结构上可大致分为指针式和数字式两大类。从外观上来看,指针式万用表用一个指针表头来指示测量数据,而数字式万用表则是用液晶显示屏,它们的基本原理相同。数字式万用表的核心部件是一块模数转换器,它能把输入的直流电压直接转换成数字量输出,并驱动液晶显示器进行十进制的数字显示。测量交流电压、直流电流、交流电流和电阻则和指针式万用表一样,通过电表的改装和量程的扩展实现。本次实验中所使用的万用表为数字式万用表。

图 6.1.1 中 (a)、(b)、(c)、(d)、(e) 分别给出了测量直流电流(DCA)、测量直流电压(DCV)、测量交流电流(ACA)、测量交流电压(ACV)和测量电阻(Ω)的电路原理图。

在图 6.1.1(a)中,表头的内阻一般为千欧量级,灵敏度一般为 $10\mu A$,$R_1 \sim R_5$ 被称为分流电阻,其作用就是减小通过表头的电流。它们的数值一般都很小,视表头的内阻而定,从零点几欧姆到几欧姆不等。因此当电流表过载后,这些精密电阻极易受损。这一点请大家务必牢记!

在图 6.1.1(b)中,$R_6 \sim R_{10}$ 为分压电阻,它们的作用就是减小分担在表头上的电压。在图 6.1.1(c)和(d)两图中 D_1 和 D_2 为整流二极管,它们是交流仪表所必备的电路组成部分。

2. 使用万用表检查电路故障

万用表还常用于检测电路中的故障,判断电路中发生故障的位置。经常使用以下两种判断方式。

(1) 电压法:电路正常工作时,各部分的电压和相对参考点的电位都有确定值。电路发生故障时,各点电压会发生变化。在接通电源的情况下,使用万用表检查电路中各元件上的电压值,根据电路中的电压分布情况来分析判断电路中发生故障的具体部位。

(2) 电阻法:在断开电源的情况下,使用万用表检查电路中各支路的电阻值,根据电路中的电阻分布情况来分析判断电路中发生故障的具体部位。注意在这一方法中,一定要先

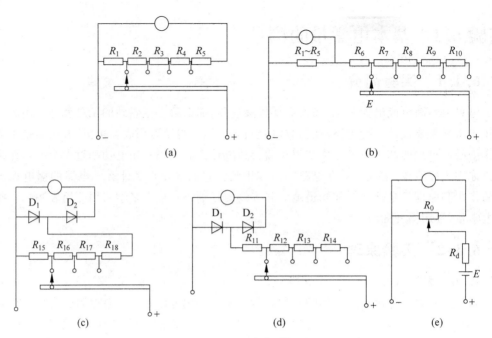

图 6.1.1　万用表电路原理图

(a) DCA 测量电路；(b) DCV 测量电路；(c) ACA 测量电路；(d) ACV 测量电路；(e) 电阻测量电路

切断电源后,方可使用电阻表对各支路的电阻值进行测量! 否则,在通电的情况下测量电阻,极易损坏电表! 另外,在通电的情况下测量电阻,得到的结果也是不正确的。

6.1.3　实验内容

1. 基本电学量的测量：测量电阻 R_1,电阻 R_2,灯泡的直流电阻,变压器初级线圈的直流电阻,变压器次级线圈的直流电阻的阻值；测量二极管 D_1 和二极管 D_2 的正向压降和反向压降；测量电容 C 的电容值；测量电池 A 和电池 B 的电动势。

2. 直流阻抗和交流阻抗的测量：测量直流电源的电动势 E,灯泡的直流压降 U,直流电流 I 以及求出相应的灯泡的直流阻抗 R 和电源内阻 r；测量交流电源的空载电压 U_0,灯泡的交流压降 U,交流电流 i 以及求出相应的灯泡的交流阻抗 Z 和变压器的输出阻抗 z。

3. 作图求电阻：通过改变可调电阻的阻值,记录未知电阻 r 两端的电压和通过的电流,作 U-I 曲线,求出电阻的阻值。

6.1.4　实验仪器

本实验所使用的仪器有实验线路板、干电池、万用表、直流稳压电源、电流表、电压表等。

1. 实验线路板

实验仪器和仿真仪器如图 6.1.2 所示。

操作方法：

(1) 双击打开实验线路板大视图(图 6.1.2(c))；

(2) 鼠标单击本实验中用到的接线柱,可以进行连线；

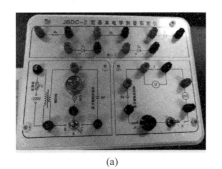

(a)

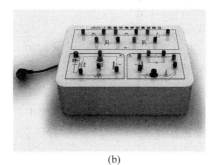

(b)

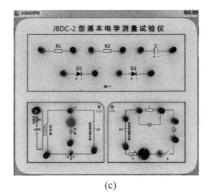

(c)

图 6.1.2

(a) 真实仪器；(b) 仿真仪器；(c) 实验线路板大视图

（3）图 6.1.2(a)开关 BAC 和图 6.1.2(b)开关 K 可以通过鼠标左击和右击切换断开或者闭合状态；

（4）图 6.1.2(b)中的可调电阻 R 可以通过鼠标的左击和右击，左旋或者右旋，来变大或者减小电阻的阻值。

2. 万用表

实验仪器和仿真仪器如图 6.1.3 所示。

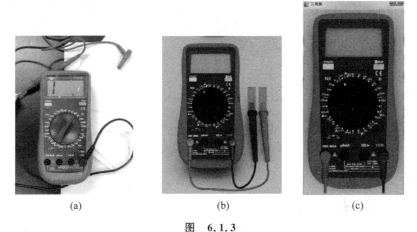

(a)   (b)   (c)

图 6.1.3

(a) 真实仪器；(b) 仿真仪器；(c) 万用表大视图

操作方法：

(1) 双击打开图 6.1.3(c)；

(2) 在图 6.1.3(c)中，鼠标左击万用表开关，打开万用表；再次左击开关，关闭万用表；

(3) 在图 6.1.3(c)中，鼠标左击挡位旋钮，旋钮逆时针转动；右击挡位旋钮，旋钮顺时针转动；

(4) 在图 6.1.3(c)中，鼠标左击选中红(黑)接线柱，拖动至要插入的插孔，松开鼠标，表笔自动接入该插孔。

3. 干电池

实验仪器和仿真仪器如图 6.1.4 所示。

 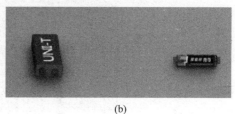

(a)　　　　　　　　　　　　　　　　　　(b)

图　6.1.4

(a) 实验仪器；(b) 仿真仪器

操作方法：

在主场景中，鼠标选中正(负)接线柱，拖动鼠标到相应的接线柱，可以将正(负)接线柱与该接线柱相连。

4. 直流稳压电源

实验仪器和仿真仪器如图 6.1.5 所示。

  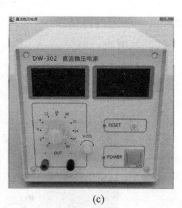

(a)　　　　　　　　　　　　(b)　　　　　　　　　　　　(c)

图　6.1.5

(a) 实验仪器；(b) 仿真仪器；(c) 电源大视图

操作方法：

(1) 双击打开电源大视图；

(2) 在电源大视图中，鼠标左击电源开关，打开电源；再次单击开关，关闭电源；

(3) 在主场景中，鼠标选中红(黑)接线柱，拖动鼠标到相应的接线柱，可以将红(黑)接线柱与该接线柱相连。

5. 电流表

实验仪器和仿真仪器如图 6.1.6 所示。

(a)　　　　　　　　　(b)　　　　　　　　　(c)

图　6.1.6

(a) 实验仪器；(b) 仿真仪器；(c) 电流表大视图

操作方法：

(1) 双击图 6.1.6(c)，进行读数；

(2) 在主场景中，鼠标单击接线柱，拖动到相应的接线柱，将该接线柱连接到相应的接线柱。

6. 电压表

实验仪器和仿真仪器如图 6.1.7 所示。

(a)　　　　　　　　　(b)　　　　　　　　　(c)

图　6.1.7

(a) 实验仪器；(b) 仿真仪器；(c) 电压表大视图

操作方法：

(1) 双击打开电压表大视图，进行读数；

(2) 在主场景中，鼠标单击接线柱，拖动到相应的接线柱，将该接线柱连接到相应的接线柱。

6.1.5　实验指导

实验重点

(1) 学习使用万用表、电压表、电流表等对一些基本电学量进行测量的方法。

(2) 了解利用万用表检查电路故障的基本方法。

实验难点

(1) 测量不同电学参数时,万用表插孔和挡位量程的选择。

(2) 作图法求电阻实验中,正确选择电压表和电流表的量程。

辅助功能介绍

界面的右上角的功能显示框:当在普通做实验状态下,显示实验已经进行的用时、记录数据按钮、结束操作按钮;在考试状态下,显示考试所剩时间的倒计时、记录数据按钮、结束操作按钮、显示考卷按钮(考试状态下显示)。

右上角工具箱:可以打开计算器。

右上角帮助和关闭按钮:单击帮助按钮可以打开帮助文件,单击关闭按钮就是关闭实验。

实验仪器栏:用鼠标选中仪器中的仪器,可以查看仪器名称,在提示信息栏可以查看相应的仪器描述。

提示信息栏:显示实验过程中的仪器信息,实验内容信息,仪器功能按钮信息等相关信息,按 F1 键可以获得更多帮助信息。

实验内容栏:显示实验名称和实验内容信息(多个实验内容依次列出),当前实验内容显示为橘黄色,其他实验内容为蓝色;可以通过单击实验内容进行实验内容之间的切换。切换至新的实验内容后,实验桌上的仪器会重新按照当前实验内容进行初始化。

实验操作方法:

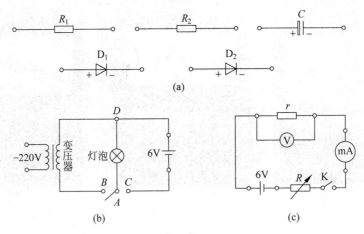

图　6.1.8

1. 基本电学参数的测量

(1) 元件直流电阻的测量

将万用表的黑色表笔插入"COM"孔,红色表笔插入"V/Ω"孔,将万用表的功能转换旋钮转到适当的挡位和量程,测量图 6.1.8(a)中 R_1、R_2 的阻值、图 6.1.8(b)中小灯泡的直流电阻、变压器初级线圈的直流电阻及次级线圈的直流电阻。注意:A、B 间断开时,电源插头两端的阻值为变压器初级线圈的直流电阻,B、D 间的阻值为次级线圈的直流电阻。

(2) 二极管性能和电容值测量

将万用表的黑色表笔插入"COM"孔,红色表笔插入"V/Ω"孔,将万用表的功能转换旋钮转到适当的挡位,用红色表笔连接图 6.1.8(a)中二极管的阳极,黑色表笔连接二极管的阴极,此时万用表显示的是二极管的正向压降。将两表笔对调,此时万用表显示的是二极管的反向压降。将万用表的功能转换旋钮转到适当的挡位和量程,测量图 6.1.8(a)中电容值 C。

(3) 干电池电动势的测量

将万用表的黑色表笔插入"COM"孔,红色表笔插入"V/Ω"孔,将万用表的功能转换旋钮转到适当的挡位和量程,测量两个不同干电池的电动势。

2. 直流阻抗和交流阻抗的测量

(1) 直流阻抗的测量

在图 6.1.8(b)中,将 6V 的直流电源接入电路,在 A、C 间断开的情况下,用万用表测量直流电源两端的电压值,用它近似代表电源的电动势 E,将 A、C 接通,再重复上述测量,即可得到灯泡上直流压降 U。

将万用表的红色插头插入"mA"孔,将万用表的功能转换旋钮转到适当的挡位和量程,再将 A、C 断开,用万用表测量 A、C 处的直流电流值 I。

最后用伏安法计算出灯泡的直流阻抗 R 及电源的内阻 r。

(2) 交流阻抗的测量

在图 6.1.8(b)中,将 220V 的交流电源接入电路,将万用表的红色插头插入"mA"孔,将万用表的功能转换旋钮转到适当的挡位和量程,将 A、B 断开,用万用表测量 A、B 处的交流电流值 i。

将万用表的黑色表笔插入"COM"孔,红色表笔插入"V/Ω"孔,将万用表的功能转换旋钮转到适当的挡位和量程,在 A、B 间断开的情况下,用万用表测量交流电源两端的空载电压值 U_0,将 A、B 接通,再重复上述测量,即可得到灯泡的交流压降 U。

最后用伏安法计算出灯泡的交流阻抗 Z 及变压器的输出阻抗 z。

3. 作图法求电阻

将 6V 直流电源、毫安表、电压表接入图 6.1.8(c)电路中,调整电位器 R,使电压表中的读数分别为 1V,2V,3V,4V,5V,记录相应的电流值。在坐标纸上以电流值为横坐标,电压值为纵坐标,画出 U-I 曲线(应为一条直线),通过两点式求其斜率,根据欧姆定律,从而求得电阻 r 值。

6.1.6　思考题

(1) 万用表的内阻在什么功能处最小,在什么功能处最大? 实验结束后功能旋钮应该旋到哪一挡位?

(2) 用万用表要注意哪些问题? 试举一例说明误用万用表的严重事故。

(3) 元件上通有一定的电流,此时可否用电阻表来测量其阻值? 为什么?

(4) 比较本次实验中通过不同方法测量得到灯泡的不同阻值,试解释之。

(5) 如何使用万用表来检查电路故障?

实验 6.2　用转筒法和落球法测液体的黏度

6.2.1　实验简介

在我们的周围存在着各种各样的摩擦现象。我们能走路、坐定和工作,都离不开摩擦。摩擦是普遍存在的。潺潺的流水里,甚至连能自由流动的空气里也存在着摩擦。人们把流体内的摩擦也称为黏滞性。物理学上用黏度 η(单位为帕秒[Pa·s])来表示流体黏滞性的大小,它取决于液体的性质和温度。实际上,所有流体都有不同程度的黏滞性,而且对于大多数液体,η 随温度的上升而下降。

本实验采用转筒法和落球法测量甘油液体的黏度。

6.2.2　实验原理

1. 用转筒法测量液体的黏度

1)液体内摩擦定律

在稳定流动的液体中,如果各层液体的流速不同,那么相邻两层液体的接触面上会形成一对阻碍两液层相对运动的等值反向的相互作用力,这一对力称为内摩擦力(即黏滞力)。

实验证明,内摩擦力 F 除了与两液层间的接触面积 S 成正比外,还与该处的速度梯度 dv/dt 成正比,如图 6.2.1 所示,即 $F=\eta S(dv/dr)$,其中 η 为液体的黏度。

2)用转筒法测量液体的黏度

仪器装置如图 6.2.2 所示,它由一个用来盛放液体的外筒 F 和一个与外筒同轴的内筒 C 所组成。圆轮 K 与内筒 C 相固定,半径为 r,上绕有细线,通过滑轮 E,与砝码盘相连接。当砝码盘下落时可带动内筒 C 绕轴 AB 旋转。外筒 F 的内径为 b,内筒 C 的半径为 a,两者数值相差很小,所以内筒 C 被液体所浸润的侧面积与外筒内壁面积相近。外筒 F 底部与内筒 C 底部间隔较大,实验中略去该部分摩擦力的影响,并且由于加入液体时不使其超过 C 上端部,故上端部与空气的摩擦作用也略去。因此,柱体所受的阻力绝大部分来自侧面。

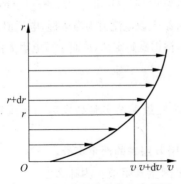

图 6.2.1　液层速度梯度示意图

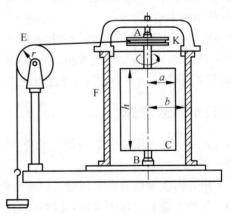

图 6.2.2　转筒结构图

本实验中,内筒 C 旋转,紧靠内筒表面的液体也随之旋转。在稳定状态下,紧靠内筒表面层液体速度应与内筒旋转速度相同,均为 v。由于液体的黏性,在内、外筒间隙中的液体逐渐形成一速度梯度。在内筒匀速旋转的一段时间内,可以认为外筒的内表面层液体的移动速度为零。这样,内、外筒间隙中的速度梯度值为 $v/(b-a)$。此时,作用在圆轮上的拉力等于砝码的重力。若内筒侧面作用在紧靠该表面液体层上的力的大小为 F,则有如下关系式

$$mgr = Fa$$

即

$$F = \frac{mgr}{a}$$

内筒的侧面积为

$$S = 2\pi ah$$

于是,根据流动液体内摩擦力公式 $F = \eta S(\Delta v / \Delta r)$,可求出黏度 η 为

$$\eta = \frac{\dfrac{mgr}{a}}{\dfrac{v}{b-a} \cdot 2\pi ah} = \frac{mgr(b-a)}{2\pi h \cdot va^2}$$

式中,速度 v 可在实验中用下述方法求得:使砝码由静止下落,选取其匀速下降部分,测量此时下落高度 H 及其相应的时间 t,利用匀速运动公式,得 $H = v_0 t$,v_0 为砝码下降的速率,也是内筒上圆轮 K 边缘的线速度,所以 $v_0 / r = v / a$,即

$$v = \frac{a}{r} v_0 = \frac{aH}{rt}$$

得黏度 η 的计算公式为

$$\eta = \frac{mgr^2(b-a)t}{2\pi h H a^3}$$

2. 用落球法测量液体的黏度

当小球在液体中运动时,见图 6.2.3,将受到与运动方向相反的摩擦阻力的作用,这种阻力即为黏滞力。它是由于黏附在小球表面的液层与邻近液层的摩擦而产生的。当小球在均匀、无限深广的液体中运动时,若速度不大,球的体积也很小,则根据斯托克斯定律,小球受到的黏滞力为

$$F = 6\pi \eta vr$$

式中,η 为液体的黏度,v 为小球下落的速度,r 为小球半径。

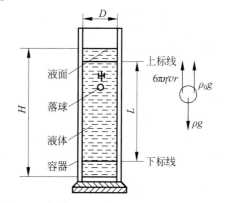

图 6.2.3 小球下落示意图

当小球在液体中下落时,作用在小球上的力有重力 ρgV,浮力 $\rho_0 gV$ 和黏滞力 $6\pi \eta vr$,其中 ρ 和 ρ_0 分别是小球和液体的密度,V 是小球的体积,三个力都在竖直方向,重力向下,浮力和黏滞力向上。当小球刚开始下落时,重力大于浮力和黏滞力之和,小球向下作加速运动。随着速度的增加,黏滞力逐渐加大,当速度达到一定值时,作用在小球上的各个力达到平衡,于是小球匀速下落,即

$$\rho g V = \rho_0 g V + 6\pi\eta v r$$

$$\frac{4}{3}\pi\left(\frac{d}{2}\right)^2 (\rho - \rho_0) g = 3\pi\eta v d$$

式中 d 为小球直径,则

$$\eta = \frac{(\rho - \rho_0) g d^2}{18v}$$

上式适用于小球在无限深广的液体内运动的情况。考虑到器壁对小球运动的影响,实验中要注意使小球以初速度为零沿轴线位置下落。如图 6.2.3 所示,设小球下落的距离为 L,小球通过距离为 L 所用的时间为 t,则

$$\eta = \frac{1}{18}\frac{(\rho - \rho_0) g d^2 t}{L}$$

6.2.3 实验内容

1. 用转筒法测量液体的黏度

(1) 砝码选用 40.0g、60.0g、80.0g 三种。

(2) 测量砝码下落高度 H 所需要的时间 t(H 在实验过程中不允许修改)。每种砝码要重复测量 3 次下落的时间 t,取平均值。

(3) 将测量数据填入数据表格。

2. 用落球法测量液体的黏度

(1) 用米尺测量小球匀速运动路程的上、下标记间的距离 L(L 在实验过程中不允许修改)。

(2) 用秒表分别测量直径 $d = 2.000\text{mm}$ 和 $d = 1.500\text{mm}$ 的小球下落 L 所需要的时间 t,重复测量 6 次,取平均值。

(3) 将测量数据填入数据表格。

6.2.4 实验仪器

液体黏度计、砝码盘、秒表、米尺、被测液体-机油、盛待测液体的玻璃量筒、小钢球、镊子、吸铁石。

1. 液体黏度计

液体黏度计由一个用来盛放液体的外筒和一个与外筒同轴的内筒所组成,实验中砝码盘带动内筒转动(图 6.2.4)。

操作提示:

(1) 在主场景中,该仪器不可以拖动,不可以删除。

(2) 双击场景中黏度计,打开黏度计大视图。

(3) 固定按钮:用来固定转盘的按钮。

① 在大视图中单击按钮,可以改变按钮弹起、按下状态。按钮弹起,转盘转动,按钮按下,转盘固定。

② 固定按钮弹起时,才可以进行绕线操作。

③ 砝码盘下落过程,不允许将按钮按下。

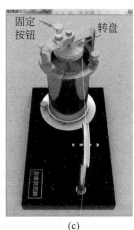

(a)　　　　　　　　　(b)　　　　　　　　　(c)

图 6.2.4　液体黏度计

(a)实际图片；(b)仿真图片；(c)大视图

(4)转盘：转盘转动，带动砝码盘上升、下降

① 固定按钮弹起时，单击转盘，砝码盘上升。

② 松开砝码盘，若很快按下固定按钮，转盘不转动，砝码盘位置不下降。

③ 松开砝码盘，若未按下固定按钮，转盘转动，砝码盘下落。

④ 砝码盘下落过程，不允许单击转盘。

2. 砝码盘

砝码盘在实验中提供作用在定滑轮上的外力(图 6.2.5)。

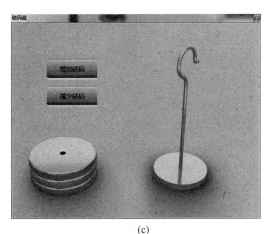

(a)　　　　　　　(b)　　　　　　　　　　　(c)

图 6.2.5　砝码盘

(a)实际图片；(b)仿真图片；(c)大视图

操作提示：

(1)在主场景中，该仪器不可以拖动，不可以删除。

(2)转盘转动(绕线)时，场景中砝码盘上升。松开转盘(固定按钮弹起)时，砝码盘下落。

（3）双击场景中砝码盘，打开大视图。有 3 个砝码，每个质量为 20g，砝码盘质量为 20g。默认砝码盘上无砝码。

（4）增加砝码按钮：单击按钮，砝码盘上砝码数量增加。

（5）减少砝码按钮：单击按钮，砝码盘上砝码数量减少。

3. 秒表

秒表用于记录砝码、小球在计时区间内的下落时间（图 6.2.6）。

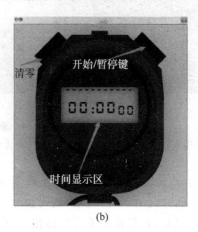

(a)　　　　　　　　　　　(b)

图 6.2.6　秒表

（a）实物图片；（b）大视图

操作提示：

（1）在主场景中，该仪器可以拖动，不可以删除。

（2）双击场景中秒表，打开秒表大视图。

（3）开始/暂停键：单击该键，秒表开始计时。再次单击，计时暂停。

（4）清零键：单击该键，清零秒表的计时。

（5）砝码/小球在进入有效计时区间时，秒表开始计时。离开计时区间时，秒表结束计时。计时过程中，清零或开始/暂停键不起作用。

4. 米尺（转筒法）

操作提示：

（1）在主场景中，该仪器不可以拖动，不可以删除。

（2）双击场景中米尺，打开米尺大视图（图 6.2.7）。

（3）大视图中有起始位置、开始计时、结束计时三个标签。起始位置固定为 70.0cm，为保证数据准确性，实验时需要将砝码盘位置上升到 70.0cm 以上。

（4）大视图中可以拖动开始计时、结束计时标签的位置。实验时，"开始计时"和"起始位置"的距离需要大于 15cm。"结束计时"和"起始位置"的距离需要大于 45cm。

（5）砝码盘在"开始计时"和"结束计时"区间内，秒表自动计时。

5. 玻璃量筒

玻璃量筒在实验中用于盛放甘油，模拟无限深广的液体环境（图 6.2.8）。

操作提示：

（1）在主场景中，该仪器不可以拖动，不可以删除。

(a)   (b)   (c)

图 6.2.7 米尺

(a) 实际照片；(b) 仿真照片；(c) 大视图

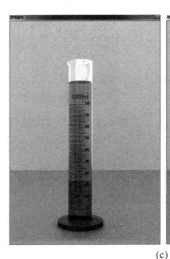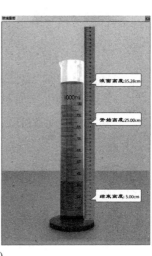

(a)   (b)   (c)

图 6.2.8 玻璃量筒

(a) 实际仪器；(b) 仿真仪器；(c) 大视图

(2) 双击场景中玻璃量筒，打开玻璃量筒大视图。

(3) 场景中未将米尺移到量筒右侧时，大视图不显示米尺(图 6.2.8(c)左)。此时，不能进行投放小球操作。将米尺移到量筒右侧时，大视图显示米尺(图 6.2.8(c)右)和三个标签。

(4) 液面高度标签：固定为 35.28cm，不能拖动。

(5) 开始高度标签：鼠标可拖动改变该标签高度。为保证数据准确，实验时要求"开始高度"和"液面高度"距离大于 10cm。

(6) 结束高度标签：鼠标可拖动改变该标签高度。为保证数据准确，实验时要求"开始高度"和"结束高度"距离大子 20cm。

(7) 小球在下落过程,不允许改变"开始高度""结束高度"的位置。

6. 米尺(落球法)

操作提示:

(1) 在主场景中,该仪器可以拖动,不可以删除(图 6.2.9)。

(2) 没有调节大视图。

(3) 实验时,在大场景中,需要将米尺拖动,竖立在玻璃量筒右侧,以测量小球的下落距离(图 6.2.10)。

7. 砝码盒

砝码盒是盛放钢球的盒子,钢球直径有 1.500mm 和 2.000mm 两种(图 6.2.11)。

图 6.2.9　仿真图片

图 6.2.10　米尺位置

图 6.2.11　仿真图片

操作提示:

(1) 砝码盒不允许拖动,不允许删除。

(2) 没有调节大视图。

(3) 实验时,使用镊子,可以从砝码盒中夹取不同直径的钢球。

8. 磁铁

磁铁(图 6.2.12)用来将玻璃量筒中的钢球取出。

图 6.2.12　实验图片

操作提示:

(1) 磁铁可以拖动,不允许删除。

(2) 没有调节大视图。

(3) 实验时,拖动磁铁到玻璃量筒底部,可以将量筒底部的钢球吸起。沿着玻璃量筒往上移动磁铁至量筒上边缘时,钢球自动回到砝码盒中(图 6.2.13)。

(4) 钢球下落过程,不允许拖动吸铁石。

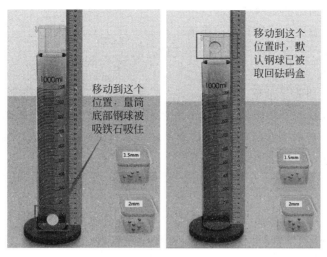

图 6.2.13　测量图示

9. 镊子

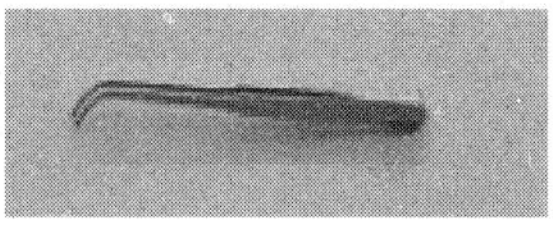

镊子是用来夹取小球的设备(图 6.2.14)。

操作提示:

(1) 镊子可以拖动,不允许删除。

图 6.2.14　仿真仪器

(2) 没有调节大视图。

(3) 拖动镊子至盛放 2mm 钢球的砝码盒处,镊子自动夹住盒内的小球(图 6.2.15)。

(4) 拖动镊子至盛放 1.5mm 钢球的砝码盒处,镊子自动夹住盒内的小球(图 6.2.16)。

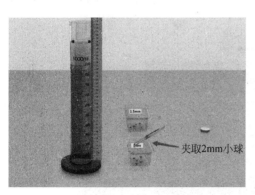

图 6.2.15　测量图示

图 6.2.16　测量图示

(5) 小球下落过程中,不允许用镊子夹取小球。

(6) 镊子上有小球时,镊子经过砝码盒时,不改变镊子上小球的质量。

6.2.5　实验指导

实验重点及难点

(1) 加深对液体内摩擦定律的理解。

（2）学会用转筒法测量液体的黏度。

（3）加深了解温度对液体黏度的影响。

（4）进一步学习不等精度测量的数据处理方法。

辅助功能介绍

界面右上角的功能显示框：当在普通做实验状态下，显示实验实际用时、记录数据按钮、结束实验按钮、注意事项按钮；在考试状态下，显示考试所剩时间的倒计时、记录数据按钮、结束考试按钮、显示试卷按钮（考试状态下显示）、注意事项按钮。

右上角工具箱：各种使用工具，如计算器等。

右上角 help 和关闭按钮：单击 help 按钮可以打开帮助文件，单击关闭按钮可以关闭实验。

实验仪器栏：存放实验所需的仪器，可以单击其中的仪器拖放至桌面，鼠标触及到仪器，实验仪器栏会显示仪器的相关信息；仪器使用完后，则不允许拖动仪器栏中的仪器了。

提示信息栏：显示实验过程中的仪器信息，实验内容信息，仪器功能按钮信息等相关信息，按 F1 键可以获得更多帮助信息。

实验状态辅助栏：显示实验名称和实验内容信息（多个实验内容依次列出），当前实验内容显示为红色，其他实验内容为蓝色；可以通过单击实验内容进行实验内容之间的切换。切换至新的实验内容后，实验桌上的仪器会重新按照当前实验内容进行初始化。

实验操作方法

1. 主窗体介绍

成功进入实验场景后，实验场景主窗体如图 6.2.17 所示。

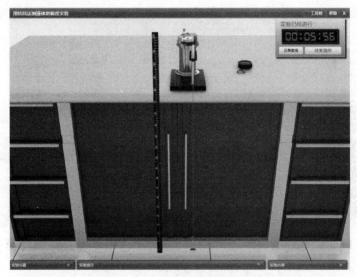

图 6.2.17　转筒法测液体的黏度实验场景

2. 实验内容及操作介绍

1）转筒法测液体的黏度实验指导

（1）双击场景中米尺，打开米尺大视图，调节开始计时、结束计时为合适位置。单击数据表格中"确认按钮"，保存状态。实验过程不允许再调整计时位置（图 6.2.18）。

图 6.2.18　屏幕

（2）双击场景中砝码盘,在砝码盘大视图中,向砝码盘上增加一个砝码(图 6.2.19)。

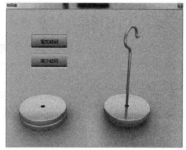

图 6.2.19　屏幕

（3）打开黏度计大视图,将固定按钮弹起,单击转盘,进行绕线操作,将砝码盘提到 70.0cm 之上。按下固定按钮,固定转盘(图 6.2.20)。

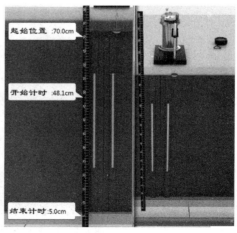

图 6.2.20　大视图

（4）打开秒表大视图。

（5）弹起固定按钮，测量并记录砝码下落时间。

（6）将秒表清零。重复步骤（2）～（5），测量最少三次。

（7）参照上述步骤，依次测量砝码质量分别为 60g、80g 时，相距计时区间内，砝码下落的时间，并记录到数据表格。

2）落球法测液体的黏度实验指导

（1）拖动场景中米尺至量筒右侧（图 6.2.21～图 6.2.22）。

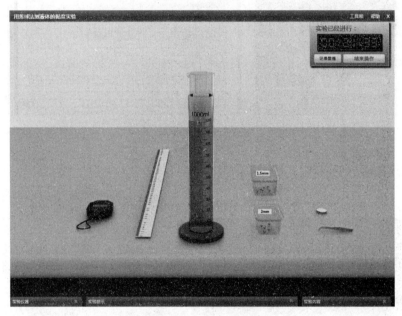

图 6.2.21　实验场景

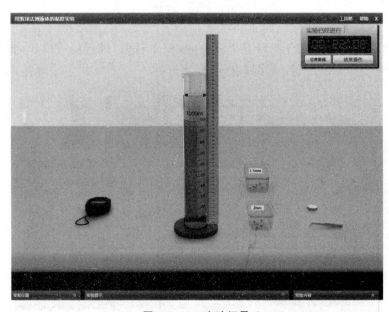

图 6.2.22　实验场景

（2）在玻璃量筒大视图中调节开始、结束高度，单击数据表格中"确认按钮"，保存状态。实验过程不允许再调整计时高度（图 6.2.23）。

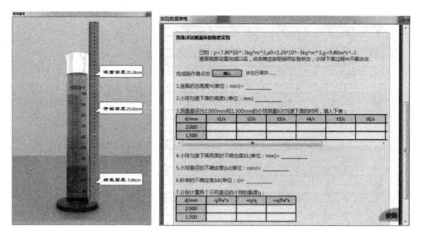

图 6.2.23 屏幕

（3）打开秒表大视图，准备计时。

（4）测量直径 2.000mm 小球的下落时间。

① 拖动镊子至盛放 2.0mm 钢球的砝码盒处，夹取钢球（图 6.2.24）。

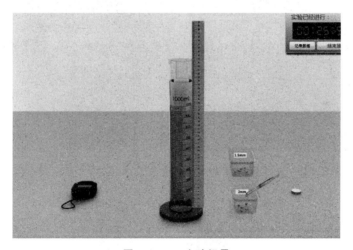

图 6.2.24 实验场景

② 拖动钢球至玻璃量筒处，松开鼠标，钢球下落（图 6.2.25）。

（5）测量钢球下落时间（图 6.2.26）。

（6）参照步骤（3）～（5），重复测量大、小钢球下落时间。记录到数据表格，计算液体黏度系数。

（7）拖动吸铁石，将钢球从量筒底部取出（图 6.2.27）。

（8）结束实验。

图 6.2.25　实验场景

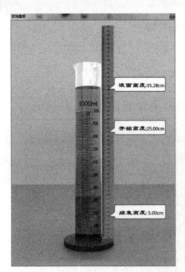

图 6.2.26　实验场景

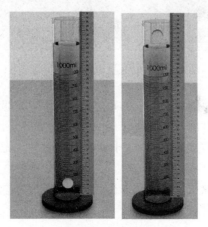

图 6.2.27　实验场景

6.2.6 思考题

（1）为了做好本实验,应特别注意哪几点？

（2）若将筒内油温升高一些,对测定结果有何影响？

（3）试举例说明哪些实验是不等精度测量？

实验6.3　红外波的物理特性及其研究

6.3.1　实验简介

波长范围在$0.75\sim1000\mu m$的电磁波称为红外波,对红外频谱的研究历来是基础研究的重要组成部分。对热辐射的深入研究导致普朗克量子理论的创立。对原子与分子的红外光谱研究,帮助我们洞察它们的电子、振动、旋转的能级结构,并成为材料分析的重要工具。对红外材料的性质,如吸收、发射、反射率、折射率、电光系数等参数的研究,为它们在各个领域的应用研究奠定了基础。

现代红外技术的成熟已经打开了一系列应用的大门,例如红外通信、红外污染监测、红外跟踪、红外报警、红外治疗、红外控制、利用红外成像原理的各种空间监视传感器、机载传感器、房屋安全系统、夜视仪等。

光纤通信早已成为固定通信网的主要传输技术,目前正积极研究将光通信用于微波通信一直占据的宽带无线通信领域。无论光纤通信还是无线光通信,用的都是红外光。这是因为,光纤通信中,由石英材料构成的光纤在$0.8\sim1.7\mu m$的波段范围内有几个低损耗区,而无线大气通信中,考虑到大气对光波的吸收、散射损耗及避开太阳光散射形成的背景辐射,一般在$0.81\sim0.86\mu m$,$1.55\sim1.6\mu m$两个波段范围内选择通信波长。因此,一般所称的光通信实际就是红外通信。

6.3.2　实验原理

1. 红外通信

在现代通信技术中,为了避免信号互相干扰,提高通信质量与通信容量,通常用信号对载波进行调制,用载波传输信号,在接收端再将需要的信号解调还原出来。不管用什么方式调制,调制后的载波要占用一定的频带宽度,如音频信号要占用几千赫兹的带宽,模拟电视信号要占用8MHz的带宽。载波的频率间隔若小于信号带宽,则不同信号间要互相干扰。能够用作无线电通信的频率资源非常有限,国际国内都对通信频率进行统一规划和管理,仍难以满足日益增长的信息需求。通信容量与所用载波频率成正比,与波长成反比,目前微波波长能做到厘米量级,在开发应用毫米波和亚毫米波时遇到了困难。红外波长比微波短得多,用红外波作载波,其潜在的通信容量是微波通信无法比拟的,红外通信就是用红外波作载波的通信方式。

红外传输的介质可以是光纤或空间,本实验采用空间传输。

2. 红外材料

光在光学介质中传播时,由于材料的吸收、散射,会使光波在传播过程中逐渐衰减,对于确定的介质,光的衰减dI与材料的衰减系数α,光强I,传播距离dx成正比:

$$dI = -\alpha I dx \tag{6.3.1}$$

对上式积分,可得

$$I = I_0 e^{-\alpha L} \tag{6.3.2}$$

式中L为材料的厚度。

材料的衰减系数是由材料本身的结构及性质决定的，不同的波长衰减系数不同。普通的光学材料由于在红外波段衰减较大，通常并不适用于红外波段。常用的红外光学材料包括：石英晶体及石英玻璃，半导体材料及它们的化合物如锗、硅、金刚石、氮化硅、碳化硅、砷化镓、磷化镓，氟化物晶体如氟化钙、氟化镁，氧化物陶瓷如蓝宝石单晶(Al_2O_3)，尖晶石($MgAl_2O_4$)，氮氧化铝，氧化镁，氧化钇，氧化锆，还有硫化锌，硒化锌，以及一些硫化物玻璃，锗硫系玻璃等。

光波在不同折射率的介质表面会反射，入射角为零或入射角很小时反射率：

$$R = \left(\frac{n_1 - n_2}{n_1 + n_2}\right)^2 \tag{6.3.3}$$

由式(6.3.3)可见，反射率取决于界面两边材料的折射率。由于色散，材料在不同波长的折射率不同。折射率与衰减系数是表征材料光学特性的最基本参数。由于材料通常有两个界面，测量到的反射与透射光强是在两界面间反射的多个光束的叠加效果，如图 6.3.1 所示。

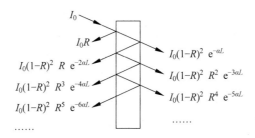

图 6.3.1 光在两界面间的多次反射

反射光强与入射光强之比为

$$\frac{I_R}{I_0} = R\left[1 + (1-R)^2 e^{-2aL}(1 + R^2 e^{-2aL} + R^4 e^{-4aL} + \cdots)\right] = R\left[1 + \frac{(1-R)^2 e^{-2aL}}{1 - R^2 e^{-2aL}}\right] \tag{6.3.4}$$

透射光强与入射光强之比为

$$\frac{I_T}{I_0} = (1-R)^2 e^{-aL}(1 + R^2 e^{-2aL} + R^4 e^{-4aL} + \cdots) = \frac{(1-R)^2 e^{-aL}}{1 - R^2 e^{-2aL}} \tag{6.3.5}$$

原则上，测量出 I_0、I_R、I_T，联立(6.3.4)、(6.3.5)两式，可以求出 R 与 α。下面讨论两种特殊情况下求 R 与 α。

对于衰减可忽略不计的红外光学材料，$\alpha = 0$，$e^{-aL} = 1$，此时，由式(6.3.4)可解出：

$$R = \frac{I_R/I_0}{2 - I_R/I_0} \tag{6.3.6}$$

对于衰减较大的非红外光学材料，可以认为多次反射的光线经材料衰减后光强度接近零，对图 6.3.1 中的反射光线与透射光线都可只取第一项，此时：

$$R = \frac{I_R}{I_0} \tag{6.3.7}$$

$$\alpha = \frac{1}{L}\ln\frac{I_0(1-R)^2}{I_T} \tag{6.3.8}$$

由于空气的折射率为1，求出反射率后，可由式(6.3.3)解出材料的折射率：

$$n = \frac{1+\sqrt{R}}{1-\sqrt{R}} \tag{6.3.9}$$

很多红外光学材料的折射率较大，在空气与红外材料的界面会产生严重的反射。例如硫化锌的折射率为2.2，反射率为14%，锗的折射率为4，反射率为36%。为了降低表面反射损失，通常在光学元件表面镀上一层或多层增透膜来提高光学元件的透过率。

3. 发光二极管

如图6.3.2所示，红外通信的光源为半导体激光器或发光二极管，本实验采用发光二极管。

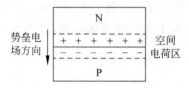

图6.3.2　半导体PN结示意图

发光二极管是由P型和N型半导体组成的二极管。P型半导体中有相当数量的空穴，几乎没有自由电子。N型半导体中有相当数量的自由电子，几乎没有空穴。当两种半导体结合在一起形成PN结时，N区的电子（带负电）向P区扩散，P区的空穴（带正电）向N区扩散，在PN结附近形成空间电荷区与势垒电场。势垒电场会使载流子向扩散的反方向作漂移运动，最终扩散与漂移达到平衡，使流过PN结的净电流为零。在空间电荷区内，P区的空穴被来自N区的电子复合，N区的电子被来自P区的空穴复合，使该区内几乎没有能导电的载流子，又称为结区或耗尽区。

当加上与势垒电场方向相反的正向偏压时，结区变窄，在外电场作用下，P区的空穴和N区的电子就向对方扩散运动，从而在PN结附近产生电子与空穴的复合，并以热能或光能的形式释放能量。采用适当的材料，使复合能量以发射光子的形式释放，就构成发光二极管。采用不同的材料及材料组分，可以控制发光二极管发射光谱的中心波长。

图6.3.3，图6.3.4分别为发光二极管的伏安特性与输出特性。从图6.3.3可见，发光二极管的伏安特性与一般的二极管类似。从图6.3.4可见，发光二极管输出光功率与驱动电流近似呈线性关系。这是因为：驱动电流与注入PN结的电荷数成正比，在复合发光的量子效率一定的情况下，输出光功率与注入电荷数成正比。

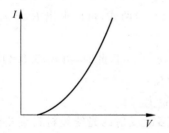

图6.3.3　发光二极管的伏安特性

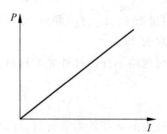

图6.3.4　发光二极管输出

发光二极管的发射强度随发射方向而异。方向的特性如图6.3.5所示，图6.3.5的发射强度是以最大值为基准，当方向角度为零度时，其发射强度定义为100%。当方向角度增大时，其发射强度相对减少，发射强度如由光轴取其方向角度一半时，其值即为峰值的一半，此角度称为方向半值角,此角度越小即代表元件的指向性越灵敏。

一般使用的红外线发光二极管均附有透镜,使其指向性更灵敏,而图 6.3.5(a)的曲线就是附有透镜的情况,方向半值角大约在±7°。另外,每一种型号的红外线发光二极管其辐射角度亦有所不同,图 6.3.5(b)所示的曲线为另一种型号的元件,方向半值角大约在±50°。

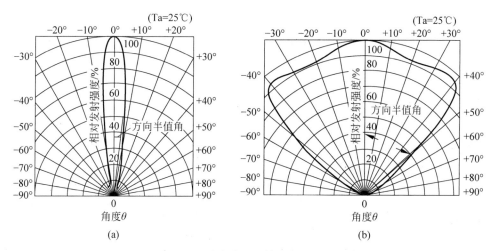

图 6.3.5　红外发光二极管的角度特性曲线

(a) A 型管(加装透镜);(b) B 型管

4. 光电二极管

红外通信接收端由光电二极管完成光电转换。光电二极管是工作在无偏压或反向偏置状态下的 PN 结,反向偏压电场方向与势垒电场方向一致,使结区变宽,无光照时只有很小的暗电流。当 PN 结受光照射时,价电子吸收光能后挣脱价键的束缚成为自由电子,在结区产生电子-空穴对,在电场作用下,电子向 N 区运动,空穴向 P 区运动,形成光电流。

红外通信常用 PIN 型光电二极管作光电转换。它与普通光电二极管的区别在于在 P 型和 N 型半导体之间夹有一层没有掺入杂质的本征半导体材料,称为 I 型区。这样的结构使得结区更宽,结电容更小,可以提高光电二极管的光电转换效率和响应速度。

图 6.3.6 是反向偏置电压下光电二极管的伏安特性。无光照时的暗电流很小,它是由少数载流子的漂移形成的。有光照时,在较低反向电压下光电流随反向电压的增加有一定升高,这是因为反向偏压增加使结区变宽,结电场增强,提高了光生载流子的收集效率。当反向偏压进一步增加时,光生载流子的收集接近极限,光电流趋于饱和,此时,光电流仅取决于入射光功率。在适当的反向偏置电压下,入射光功率与饱和光电流之间呈较好的线性关系。

图 6.3.7 是光电转换电路,光电二极管接在晶体管基极,集电极电流与基极电流之间有固定的放大关系,基极电流与入射光功率成正比,则流过 R 的电流与 R 两端的电压也与光功率成正比。

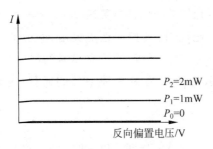

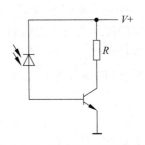

图 6.3.6　光电二极管的伏安特性　　　　图 6.3.7　简单的光电转换电路

6.3.3　实验内容

1. 部分材料的红外特性测量

将红外发射器连接到发射装置的"发射管"接口,接收器连接到接收装置的"接收管"接口(在所有的实验进行中,都不取下发射管和接收管),二者相对放置,通电。

连接电压源输出到发射模块信号输入端2,向发射管输入直流信号。将发射系统显示窗口设置为"电压源"。接收系统显示窗口设置为"光功率计"。

在电压源输出为0时,若光功率计显示不为0,即为背景光干扰或0点误差,记下此时显示的背景值,以后的光强测量数据应是显示值减去该背景值。

调节电压源,使初始光强 $I_0 > 4$mW,微调接收器受光方向,使显示值最大。

按照表 6.3.1 样品编号安装样品(样品测试镜厚度都为2mm),测量透射光强 I_T。

将接收端红外接收器取下,移到紧靠发光二极管处安装好,微调样品入射角与接收器方位,使接收到的反射光最强,测量反射光强 I_R。将测量数据记入表 6.3.1 中。

表 6.3.1　部分材料的红外特性测量　初始光强 $I_0 =$ _____ mW

材料	样品厚度/mm	透射光强 I_T/mW	反射光强 I_R/mW	反射率 R	折射率 n	衰减系数 /mm^{-1}
测试镜 1$^{\#}$						
测试镜 2$^{\#}$						
测试镜 3$^{\#}$						

说明:1$^{\#}$ 镜片可见与红外都透光,衰减可忽略不计($\alpha = 0$)。2$^{\#}$ 镜片不透可见光,透红外光,对红外光的衰减可忽略不计。3$^{\#}$ 镜片对可见光有部分透过率,对红外光衰减严重。

对衰减可忽略不计的红外光学材料,用式(6.3.6)计算反射率,式(6.3.9)计算折射率。

对衰减严重的材料,用式(6.3.7)计算反射率,式(6.3.8)计算衰减系数,式(6.3.9)计算折射率。

2. 发光二极管的伏安特性与输出特性测量

将红外发射器与接收器相对放置,连接电压源输出到发射模块信号输入端2,微调接收端受光方向,使显示值最大。将发射系统显示窗口设置为"发射电流",接收系统显示窗口设置为"光功率计"。

调节电压源,改变发射管电流,记录发射电流与接收器接收到的光功率(与发射光功率成正比)。将发射系统显示窗口切换到"正向偏压",记录与发射电流对应的发射管两端电压。

改变发射电流,将数据记录于表 6.3.2 中。(注:仪器实际显示值可能无法精确地调节到表 6.3.2 中的设定值,应按实际调节的发射电流数值为准)

表 6.3.2　发光二极管伏安特性与输出特性测量

正向偏压/V								
发射管电流/(10mA)	0	0.5	1.0	1.5	2.0	2.5	3.0	3.5
光功率/mW								

以表 6.3.2 的数据作所测发光二极管的伏安特性曲线和输出特性曲线。

讨论所作曲线与图 6.3.3,图 6.3.4 所描述的规律是否符合。

3. 发光管的角度特性测量

将红外发射器与接收器相对放置,固定接收器。将发射系统显示窗口设置为"电压源",将接收系统显示窗口设置为"光功率计"。连接电压源输出到发射模块信号输入端 2,微调接收端受光方向,使显示值最大。增大电压源输出,使接收的光功率大于 4mW。

然后以最大接收光功率点为 0°,记录此时的光功率,以顺时针方向(作为正角度方向)每隔 5°(也可以根据需要调整角度间隔)记录一次光功率,填入表 6.3.3 中。再以逆时针方向(作为负角度方向)每隔 5°记录一次光功率,填入表 6.3.3 中。

表 6.3.3　红外发光二极管角度特性的测量转动

转动角度	−30°	−25°	−20°	−15°	−10°	−5°	0°	5°	10°	15°	20°	25°	30°
光功率/mW													

根据表 6.3.3 中的数据,以角度为横坐标,光强为纵坐标,作红外发光二极管发射光强和角度之间的关系曲线,并得出方向半值角(光强超过最大光强 60% 以上的角度)。

4. 光电二极管伏安特性的测量

连接方式同实验 6.2。调节发射装置的电压源,使光电二极管接收到的光功率如表 6.3.4 所示。调节接收装置的反向偏压调节,在不同输入光功率时,切换显示状态,分别测量光电二极管反向偏置电压与光电流,记录于表 6.3.4 中。

表 6.3.4　光电二极管伏安特性的测量

反向偏置电压/V		0	0.5	1	2	3	4	5
$P=0$	光电流/μA							
$P=1\text{mW}$								
$P=2\text{mW}$								
$P=3\text{mW}$								

以表 6.3.4 中的数据,作光电二极管的伏安特性曲线。

讨论所作曲线与图 6.3.6 所描述的规律是否符合。

5. 音频信号传输实验

将发射装置"音频信号输出"接入发射模块信号输入端;将接收装置"接收信号输出"端接入音频模块音频信号输入端。倾听音频模块播放出来的音乐。定性观察位置没对正,衰减,遮挡等外界因素对传输的影响。

6. 数字信号传输实验

若需传输的信号本身是数字形式,或将模拟信号数字化(模数转换)后进行传输,称为数字信号传输,数字传输具有抗干扰能力强,传输质量高,易于进行加密和解密,保密性强,可以通过时分复用提高信道利用率,便于建立综合业务数字网等优点,是今后通信业务的发展方向。

本实验用编码器发送二进制数字信号(地址和数据),并用数码管显示地址一致时所发送的数据。将发射装置数字信号输出接入发射模块信号输入端,接收装置接收信号输出端接入数字信号解调模块数字信号输入端。

设置发射地址和接收地址,设置发射装置的数字显示。可以观测到,地址一致,信号正常传输时,接收数字随发射数字而改变。

地址不一致或光信号不能正常传输时,数字信号不能正常接收。

在改变地址位和数字位的时候,也可以用示波器观察改变时的传输波形(接发射模块的"观测点"),这样可以加深对二进制数字信号传输的理解。

6.3.4　实验仪器

整套实验系统由红外发射装置、红外接收装置、测试平台(轨道)以及测试镜片组成。

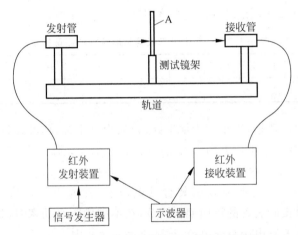

图 6.3.8　红外物理特性实验系统组成框图

在图 6.3.8 中,红外发射装置产生的各种信号,通过发射管发射出去。发出的信号通过空气传输或者经过测试镜片后,由接收管将信号传送到红外接收装置。接收装置将信号处理后,通过仪器面板显示或者示波器观察传输后的各种信号。

测试镜架的"A"处,可以安装不同的材料,以研究这些材料的红外传输特性。

信号发生器可以根据实验需要提供各种信号,示波器用于观测各种信号波形经红外传输后是否失真等特性(学校自备)。

红外发生装置、红外接收装置、轨道部分,三者要保证接地良好。

6.3.5　实验指导

实验重点

(1) 了解红外通信的原理及基本特性。

(2) 了解部分材料的红外特性。

（3）了解红外发射管的伏安特性、电光转换特性。

（4）了解红外发射管的角度特性。

（5）了解红外接收管的伏安特性。

辅助功能介绍

界面的右上角的功能显示框：当在普通做实验状态下，显示实验已经进行的用时、记录数据按钮、结束操作按钮；在考试状态下，显示考试所剩时间的倒计时、记录数据按钮、结束操作按钮、显示考卷按钮（考试状态下显示）。

右上角工具箱：可以打开计算器。

右上角帮助和关闭按钮：帮助按钮可以打开帮助文件，关闭按钮功能就是关闭实验。

实验仪器栏：用鼠标选中仪器中的仪器，可以查看仪器名称，在提示信息栏可以查看相应的仪器描述。

提示信息栏：显示实验过程中的仪器信息，实验内容信息，仪器功能按钮信息等相关信息，按 F1 键可以获得更多帮助信息。

实验内容栏：显示实验名称和实验内容信息（多个实验内容依次列出），当前实验内容显示为橘黄色，其他实验内容为蓝色；可以通过单击实验内容进行实验内容之间的切换。切换至新的实验内容后，实验桌上的仪器会重新按照当前实验内容进行初始化。

实验操作方法

1. 主窗口介绍

成功进入实验场景窗体，实验场景的主窗体如图 6.3.9 所示。

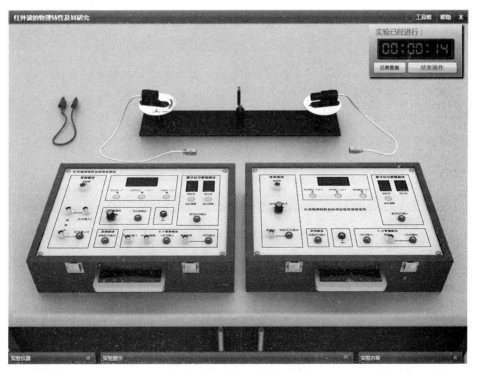

图 6.3.9 实验场景的主窗体

2. 实验操作介绍

(1) 连接仪器,连接"电压源输出"到发射模块"信号输入Ⅱ"(图6.3.10)。

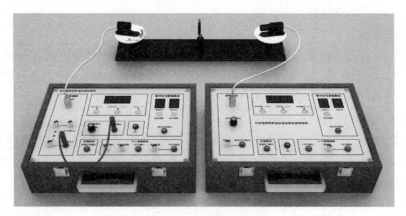

图 6.3.10 连接仪器

(2) 打开电源开关,设置合适的显示窗口(图6.3.11)。

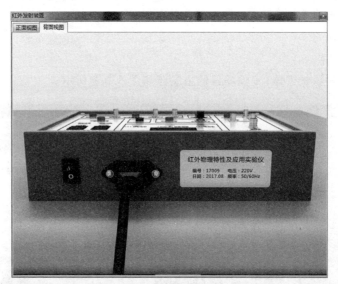

图 6.3.11 设置显示窗口

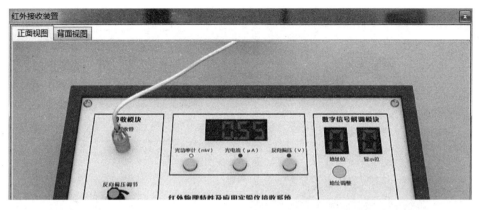

图 6.3.11(续)

（3）微调发射器、接收器受光方向，使光强显示值最大，然后调节电压源电位计，使光强值为 2.9mW（图 6.3.12）。

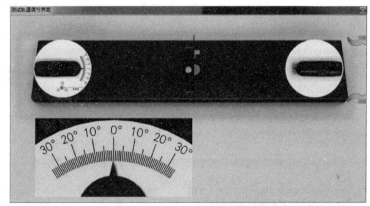

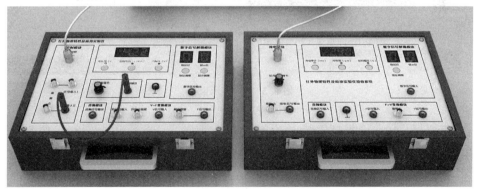

图 6.3.12　显示窗口

（4）按照表 6.3.1 样品安装样品，样品厚度为 2mm，测量透射光强（图 6.3.13）。

（5）将接收器移到发射器处，微调仪器方向，使接收到的反射光最强，测量反射光强（图 6.3.14）。

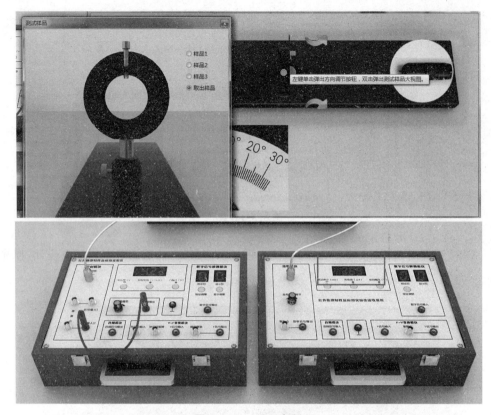

图 6.3.13　显示窗口

图 6.3.14　显示窗口

（6）发射器与接收器相对放置，不安装样品，根据表 6.3.2 调节显示窗口，调节"电压源调节"电位计，记录数值（图 6.3.15）。

（7）按照步骤（3）调节最大光强显示值，根据表 6.3.3 调节发射器方向，每隔 5°记录一次光功率（图 6.3.16）。

（8）按照步骤（3）调节仪器方向（图 6.3.17），调节电压源，使接收端的光功率如表 6.3.4 所示。

（9）调节接收装置的反向偏压调节（图 6.3.18），测量不同光功率下反向偏置电压与光电流，记录于表 6.3.4 中。

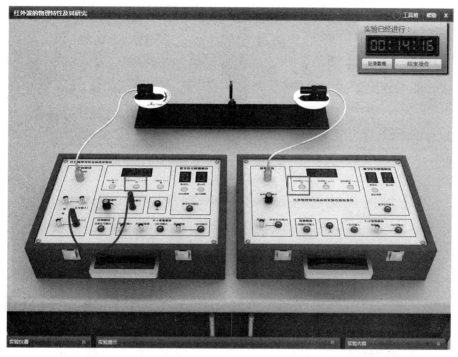

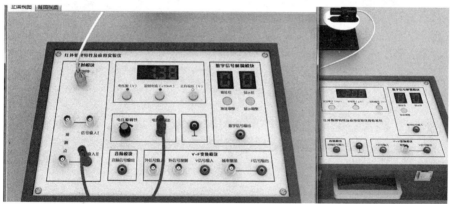

图 6.3.15　显示窗口

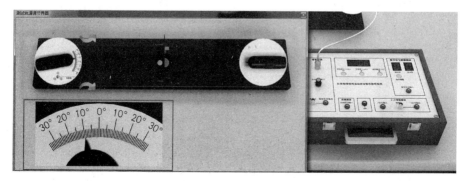

图 6.3.16　显示窗口

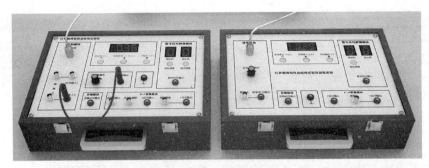

图 6.3.17　显示窗口

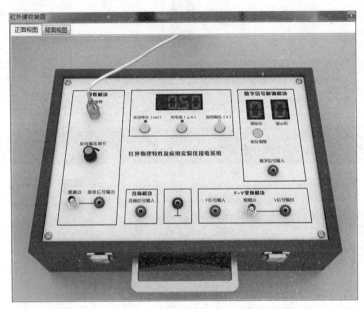

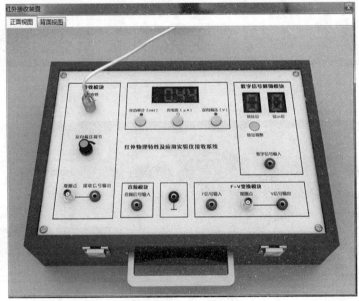

图 6.3.18　显示窗口

6.3.6　思考题

（1）红外理疗仪你也许见过,它已广泛用于临床,试讨论其原理。

（2）光宽带你一定不陌生,试论述红外通信的优点。

（3）红外光是怎样传输音频信号和数字信号的?

实验 6.4 驻波实验

6.4.1 实验简介

驻波在声学、无线电、雷达和激光等领域中都有重要的应用,可用它测量波长和确定振动系统的频率。本实验是由金属弦线形成驻波,量度波长,测得弦线的线密度。

6.4.2 实验原理

驻波是由两个同频率、同振动方向、振幅相等、传播方向相反的简谐波合成的。它们的波动方程分别为

$$y_1(x,t) = A\cos\left(\omega t - \frac{2\pi x}{\lambda}\right) \tag{6.4.1}$$

$$y_2(x,t) = A\cos\left(\omega t + \frac{2\pi x}{\lambda}\right) \tag{6.4.2}$$

两列波叠加后,合成波为

$$y(x,t) = 2A\cos\frac{2\pi x}{\lambda}\cos\omega t \tag{6.4.3}$$

从式(6.4.3)中看出,合成后各点都以角频率 ω 作简谐振动,但在不同的坐标 x 处,各质点的振幅不等。

若 $2\pi x/\lambda = k\pi$,则 $x = k\lambda/2$ 处振幅最大,为 $2A$,该处称为波腹。

若 $2\pi x/\lambda = (2k+1)\pi/2$,则 $x = (2k+1)\lambda/4$ 处振幅最小,为零,该处称为波节。

两相邻的波节(或波腹)间的距离 $\Delta x = \lambda/2$,如图 6.4.1 所示。

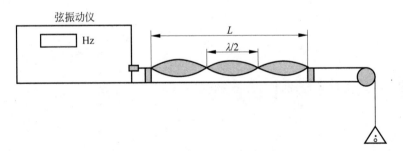

图 6.4.1　在弦线上产生驻波的装置

在弦线上产生驻波的装置如图 6.4.1 所示。

金属弦线的一端系在能作水平方向振动的可调频率数显机械振动源的弹簧片上,另一端通过定滑轮悬挂一砝码盘;在振动装置(振动簧片)的附近有可动刀口,在实验装置上还有一个可沿弦线方向左右移动并撑住弦线的动滑轮。当波源振动时,即在弦线上形成一维横波,波在弦线两端点发生全反射,叠加形成弦线上的驻波。两固定点一定是驻波的波节,所以在弦线上形成稳定的驻波的条件为弦长是半波长的整数倍。

在一根拉紧的弦线上,其中张力为 T,线密度为 μ,则沿弦线传播的横波应满足下述运动方程:

$$\frac{\partial^2 y}{\partial t^2} = \frac{T \partial^2 y}{\mu \partial x^2} \tag{6.4.4}$$

式中 x 为波在传播方向(与弦线平行)的位置坐标,y 为振动位移。将式(6.4.4)与典型波动方程:

$$\frac{\partial^2 y}{\partial t^2} = v \frac{\partial^2 y}{\partial x^2} \tag{6.4.5}$$

相比较,即可得到波动传播速度为

$$v = \sqrt{\frac{T}{\mu}} \tag{6.4.6}$$

若波源的振动频率为 f,横波波长为 λ,由于波速 $v = f\lambda$,故波长与频率、波速之间的关系为

$$\lambda f = v \tag{6.4.7}$$

从而由式(6.4.6)、式(6.4.7)可以得到弦线的线密度为

$$\mu = (n-1)^2 \frac{mg}{4L^2 f^2} \tag{6.4.8}$$

6.4.3　实验内容

1. 通过实验观察和测量,加深对驻波的形成机理及其特征的认识

(1) 调节弦振动仪的输出频率至合适值,移动可动滑轮的位置,观察弦线的振动及驻波的形成;

(2) 调节至得到驻波后,逐渐改变频率的大小,观察驻波的变化。

2. 用驻波法测量金属弦线线密度

(1) 接好线振动实验仪,在砝码盘中放入砝码,调节频率和弦线两端点的距离使弦线上出现明显的振幅最大且稳定的驻波,要仔细观察,使波节点静止不动为止。

(2) 用米尺测量 n 个节点间距离,即 $n-1$ 个半波长的长度 L。

(3) 保持砝码的质量不变,改变频率和弦线两端点的距离重新使弦线上形成稳定的驻波。再测量 n 个节点间的距离,即 $n-1$ 个半波长的长度 L。重复测量 6 次,由式(6.4.8)计算出弦线的线密度。

6.4.4　实验仪器

实验仪器:弦线上驻波实验仪(FD-FEW-Ⅱ型),包括:可调频率的数显机械振动源、振动簧片、平台、固定滑轮、可动刀口、可动滑轮、米尺、弦线、砝码等。

1. 弦线上驻波实验仪

弦线上驻波实验仪是一种带数字显示频率的高精度教学仪器,通过调节面板上频率调节旋钮、移动可动滑轮支架的位置,能明显地看到驻波的现象,用该仪器能使学生了解固定均匀弦振动的传播规律,观察固定均匀弦振动传播时形成驻波的波形,测量均匀弦线上横波的传播速度及均匀弦线的线密度(图 6.4.2,图 6.4.3)。

鼠标左键单击弦振动仪上的开关按钮,弦振动仪电源被打开,显示屏亮起;

鼠标左键单击频率调节的向上按钮,单次调节时输出频率增加 0.01Hz,连续调节时输

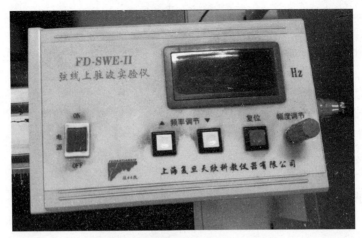

图 6.4.2 弦线上驻波实验仪实物图

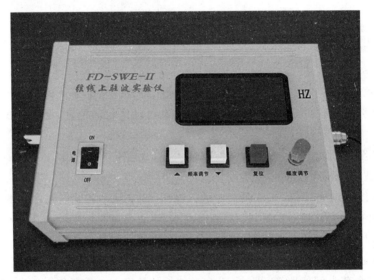

图 6.4.3 弦线上驻波实验仪仿真图

出频率增加 1.00Hz;

鼠标左键单击频率调节的向下按钮,单次调节时输出频率减少 0.01Hz,连续调节时输出频率减少 1.00Hz;

鼠标左键单击复位按钮,当前输出频率变成 0.00Hz;

鼠标左键单击右侧幅度调节旋钮,旋钮顺时针旋转,幅度减小;鼠标右键单击右侧幅度调节旋钮,旋钮逆时针旋转,幅度增加。

2. 平台

实验平台提供实验水平环境,刀口支架及滑轮支架都放置其上,米尺固定在实验平台之上,用来测量两点之间的距离(图 6.4.4,图 6.4.5)。

在主场景中,用鼠标左键双击平台所在范围可以打开仪器大视图,该仪器大视图主要是主场景的俯视图,在其中可以观察到驻波及驻波的形成。

图 6.4.4 米尺及平台实物图

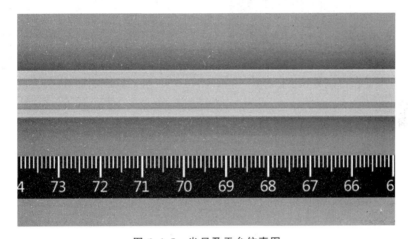

图 6.4.5 米尺及平台仿真图

3. 可动刀口

通过移动可动支架至驻波波节处,可以更加准确地读出波节所在的位置。

图 6.4.6 可动刀口实物图

图 6.4.7 可动刀口仿真图

在主场景中,用鼠标左键按住仪器可以对仪器进行左右拖动操作;

在主场景中,用鼠标左键单击或按住左键不动,仪器上方的绿色箭头可以对仪器的位置向左或向右微调;

在主场景中,鼠标左键双击仪器可以打开仪器的大视图,在仪器的大视图中可以读取仪器在平台上的位置。

4. 可动滑轮

可动滑轮在驻波的终点波节处,改变其位置可以对形成的驻波进行相关调节,本实验中取其与可动刀口之间的距离为弦长(图 6.4.8、图 6.4.9)。

图 6.4.8　可动滑轮实物图

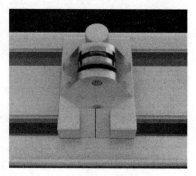
图 6.4.9　可动滑轮仿真图

在主场景中,用鼠标左键按住仪器可以对仪器进行左右拖动操作;

在主场景中,用鼠标左键单击或按住鼠标不动,仪器上方的绿色箭头可以对仪器的位置向左或向右微调;

在主场景中,用鼠标左键双击仪器可以打开仪器的大视图,在仪器的大视图中可以读取仪器在平台上的位置。

5. 砝码及砝码盘

砝码盘质量在一定的范围内随机产生,放置砝码后为弦线提供一定的张力(图 6.4.10、图 6.4.11)。

图 6.4.10　砝码及砝码盘实物图

图 6.4.11　砝码及砝码盘轮仿真图

用鼠标左键双击可以打开仪器的大视图,在仪器的大视图中可以获取当前砝码及砝码盘的质量。

6.4.5　实验指导

实验重点及难点

(1) 移动可动滑轮位置得到驻波,并调节驻波至稳定且振幅最大的状态;

(2) 对可动滑轮及可动刀口位置进行读数;

(3) 根据记录下的数据计算出弦线的线密度。

辅助功能介绍

实验项目:显示实验名称和实验内容信息(多个实验内容依次列出);可以通过单击实验内容进行实验内容之间的切换。切换至新的实验内容后,实验桌上的仪器会重新按照当前实验内容进行初始化。

实验仪器栏:存放实验所需的仪器,可以单击其中的仪器拖放至桌面,鼠标触及到仪器,实验仪器栏会显示仪器的相关信息;仪器使用完后,则不允许拖动仪器栏中的仪器了。

工具箱:各种使用工具,如计算器等。

数据记录:打开实验数据记录表格。

帮助按钮:单击帮助按钮可以打开帮助文件。

提示信息栏:显示实验过程中的仪器信息,实验内容信息,仪器功能按钮信息等相关信息,按 F1 键可以获得更多帮助信息。

实验操作方法

1. 主窗口介绍

成功进入实验场景窗体,实验场景的主窗体如图 6.4.12 所示。

图 6.4.12　驻波实验主场景图

2. 实验内容及操作介绍

弦线线密度求解

(1) 双击打开弦振动仪,并调节频率大小至一个合适的数值(图 6.4.13);

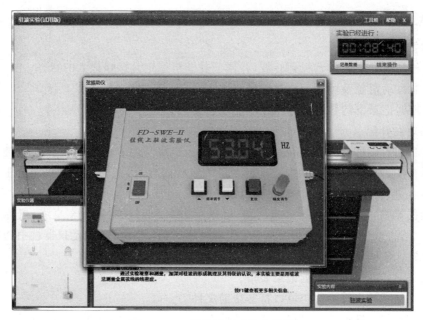

图 6.4.13　调节弦振动仪场景图

（2）双击平台打开俯视图（图 6.4.14）；

图 6.4.14　驻波俯视图

（3）移动主场景中的可动滑轮至俯视图上出现稳定且振幅较大的驻波，单击主场景可动滑轮上的微调按钮直至找到振幅最大的状态（图 6.4.15）；

（4）将可动刀口移动至某一波节点处（图 6.4.16）；

（5）记录砝码及砝码盘质量、可动滑轮与可动刀口之间的距离、波节个数、频率大小。

图 6.4.15　调至振幅最大状态图

图 6.4.16　移动可动刀口图

6.4.6　思考题

（1）在弦线上形成稳定驻波的条件是什么？

（2）若频率 f 固定，设计一个调节砝码质量的驻波实验来测量弦线的线密度。

附 录

常用物理数据表

注 1：本表参考国际数据委员会(CODATA)所公布之物理常数推荐值。

注 2：天文物理常用常数表请参考粒子数据组(Particle Data Group)推荐值。

物理量	物理量中文	符号	数值	单位
speed of light in vacuum	真空中光速	c	299 792 458(精确)	$\text{m} \cdot \text{s}^{-1}$
vacuum electric permittivity	真空介电常量	$\varepsilon_0 = 1/\mu_0 c^2$	8.854 187 812 8(13)$\times 10^{-12}$	$\text{F} \cdot \text{m}^{-1}$
vacuum magnetic permeability	真空磁导率	$\mu_0 = 4\pi\alpha\hbar/(e^2 c)$ $\approx 4\pi \times 10^{-7}$	1.256 637 062 12(19)$\times 10^{-6}$	$\text{N} \cdot \text{A}^{-2}$
Newtonian constant of gravitation	牛顿引力常数	G	6.674 30(15)$\times 10^{-11}$	$\text{m}^3 \cdot \text{kg}^{-1} \cdot \text{s}^{-2}$
Planck constant	普朗克常数	h	6.626 070 15$\times 10^{-34}$(精确)	$\text{J} \cdot \text{s}$
reduced Planck constant	约化普朗克常数	$\hbar = h/2\pi$	1.054 571 817$\cdots \times 10^{-34}$(精确*)	$\text{J} \cdot \text{s}$
elementary charge	基本电荷	e	1.602 176 634$\times 10^{-19}$(精确)	C
magnetic flux quantum	磁通量子	$\Phi_0 = h/2e$	2.067 833 848$\cdots \times 10^{-15}$(精确*)	Wb
electron mass	电子质量	m_e	9.109 383 701 5 (28)$\times 10^{-31}$	kg
proton mass	质子质量	m_p	1.672 621 923 69(51)$\times 10^{-27}$	kg
neutron mass	中子质量	m_n	1.674 927 498 04(95)$\times 10^{-27}$	kg
Compton wavelength	康普顿波长	λ_C	2.426 310 238 67(73)$\times 10^{-12}$	m
fine-structure constant	精细结构常数	$\alpha = e^2/4\pi\varepsilon_0 \hbar c$	7.297 352 569 3(11)$\times 10^{-3}$	
inverse fine-structure constant	精细结构常数的倒数	$\alpha^{-1} = 4\pi\varepsilon_0 \hbar c/e^2$	137.035 999 084(21)	
Bohr magneton	玻尔磁子	$\mu_B = e\hbar/2m_e$	9.274 010 078 3(28)$\times 10^{-24}$	$\text{J} \cdot \text{T}^{-1}$
Bohr radius	玻尔半径	$a_0 = 4\pi\varepsilon_0 \hbar^2/m_e e^2$	5.291 772 109 03(80)$\times 10^{-11}$	m
Rydberg constant	里德堡常数	R_∞	10 973 731.568 160(21)	m^{-1}
Avogadro constant	阿伏伽德罗常数	N_A	6.022 140 76$\times 10^{23}$(精确)	mol^{-1}
Faraday constant	法拉第常数	$F = N_A e$	96 485.332 12$\cdots$(精确*)	$\text{C} \cdot \text{mol}^{-1}$
molar gas constant	摩尔气体常数	$R = N_A k$	8.314 462 618$\cdots$(精确*)	$\text{J} \cdot \text{mol}^{-1} \cdot \text{K}^{-1}$
Boltzmann constant	玻尔兹曼常数	k	1.380 649$\times 10^{-23}$(精确)	$\text{J} \cdot \text{K}^{-1}$
Stefan-Boltzmann constant	斯特藩-玻尔兹曼常数	$\sigma = (\pi^2/60)k^4 \hbar^3 c^2$	5.670 374 419$\cdots \times 10^{-8}$(精确*)	$\text{W} \cdot \text{m}^{-2} \cdot \text{K}^{-4}$

续表

物理量	物理量中文	符号	数值	单位
electron volt	电子伏	eV	$1.602\,176\,634 \times 10^{-19}$（精确）	J
atomic mass constant	原子质量常数	m_u	$1.660\,539\,066\,60(50) \times 10^{-27}$	kg
standard atmosphere	标准大气压	atm	$101\,325$（精确）	Pa
astronomical unit	天文单位	AU	$149\,597\,870\,700$（精确）	m
parsec	秒差距	pc	$3.085\,677\,581\,49\cdots \times 10^{16}$（精确*）	m
light year	光年	l. y.	$0.946\,073\cdots \times 10^{16}$（精确*）	m

*数值由精确值计算所得，精确表示至所列位数。

参 考 文 献

[1] 教育部高等学校物理学与天文学教学指导委员会,物理基础课程教学指导分委员会.理工科类大学物理实验课程教学基本要求[M].2010 年版.北京:高等教育出版社,2011.

[2] 教育部高等学校物理学与天文学教学指导委员会,物理基础课程教学指导分委员会.高等学校物理学本科指导性专业规范[M].2010 年版.北京:高等教育出版社,2011.

[3] 郭奕玲,沈慧君.物理学史[M].北京:清华大学出版社,1993.

[4] 董有尔.大学物理实验[M].合肥:中国科学技术大学出版社,2006.

[5] 吕斯骅.基础物理实验[M].北京:北京大学出版社,2002.

[6] 李佩珊,许良英.20 世纪科学技术简史[M].北京:科学出版社,1999.

[7] 吴百诗.大学物理(下册)[M].新版.北京:科学出版社,2001.

[8] 刘跃,张志津.大学物理实验[M].北京:北京大学出版社,中国林业出版社,2007.

[9] 周克省,赵新闻,胡照文.大学物理实验教程[M].长沙:中南大学出版社,2001.

[10] 安忠,刘炳升.中学物理实验教学研究[M].北京:高等教育出版社,1985.

[11] 朱明.硅酸盐工业热工基础实验[M].武汉:武汉工业大学出版社,1996.

[12] 杨强生,浦保荣.高等传热学[M].2 版.上海:上海交通大学出版社,2005.

[13] 约翰·格里宾,玛丽·格里宾.迷人的科学风采——费恩曼传[M].江向东,译.上海:上海科技教育出版社,2005.

[14] 张三慧.大学物理学[M].2 版.北京:清华大学出版社,1999.

[15] 杨述武.普通物理实验[M].3 版.北京:高等教育出版社,2000.

[16] 龚镇雄,刘雪林.普通物理实验指导(力学、热学和分子物理学分册)[M].北京:北京大学出版社,1990.

[17] 梁秀慧,刘雪林,曾贻伟.奥林匹克物理实验[M].北京:北京大学出版社,1994.

[18] 曾贻伟,龚德纯,王书颖,等.普通物理实验教程[M].北京:北京师范大学出版社,1989.

[19] 郭奕玲.大学物理中的著名实验[M].北京:科学出版社,1994.

[20] 潘人培.物理实验[M].南京:东南大学出版社,1993.

[21] 林木欣.近代物理实验教程[M].北京:科学出版社,1999.

[22] 郑伯玮.大学物理实验[M].北京:高等教育出版社,1989.

[23] 孔祥洪.大学物理实验教程[M].上海:同济大学出版社,2012.

[24] 袁长坤.物理量测量[M].北京:科学出版社,2009.

[25] 霍剑青,吴泳华,等.大学物理实验[M].北京:高等教育出版社,2006.

[26] 李静,厉志明.普通物理实验[M].广州:华南理工大学出版社,1994.

[27] 王家慧,张连娣.大学物理实验教程[M].北京:机械工业出版社,2010.

[28] 刘爱华,满宝元.传感器实验与设计[M].北京:人民邮电出版社,2010.

[29] 李勇华,陈宗广.工科物理实验教程[M].北京:科学出版社,2009.

[30] 王素红,张胜海,王荣.大学物理实验[M].北京:国防工业出版社,2011.

[31] 杨广武,金玉玲,姚橙.大学物理实验[M].天津:天津大学出版社,2009.

[32] 黄建刚,何仁生,赵英,等.大学物理实验教程[M].长沙:湖南大学出版社,2007.

[33] 赵丽华,倪涌舟,戴朝卿,等.新编大学物理实验[M].杭州:浙江大学出版社,2007.

［34］ 徐建强,夏思沨,徐荣历.大学物理实验[M].北京:科学出版社,2006.

［35］ 厉爱龄,穆秀家.大学物理实验[M].北京:高等教育出版社,2006.

［36］ 赵亚林,周在进.大学物理实验[M].南京:南京大学出版社,2006.

［37］ 牛爱芹,曹钢,李淑华.大学物理实验教程[M].北京:科学出版社,2007.

［38］ 原所佳.物理实验教程[M].北京:国防工业出版社,2006.

［39］ 何志巍,朱世秋,徐艳月.大学物理实验教程[M].4版.北京:机械工业出版社,2017.

［40］ 李雅丽.大学物理实验教程[M].南京:南京大学出版社.2009.

［41］ 杜旭日.大学物理实验教程[M].厦门:厦门大学出版社,2016.

［42］ 郭松青,李文清.普通物理实验教程[M].北京:高等教育出版社,2020.

［43］ 姜玉平.钱学森与技术科学[M].上海:上海人民出版社,2015.

［44］ 崔砚生,邓新元,安宇,等.大学物理学要义与释疑[M].2版.北京:清华大学出版社,2020.

［45］ Jerry D. Wilson and Cecilia A. Hernández-Hall, Physics Laboratory Experiments［M］. Eighth Edition. Stamford:Cengage Learning,2015.

［46］ Giovanni Organtini. Physics Experiments with Arduino and Smartphones[M].Switzerland:Springer Nature Switzerland AG,2021.